Ryan Henson Creighton
Unity 4.x Game Development by Example
978-1-84969-526-8

Cover Image by Dan John Cox(http://danjohncox.tumblr.com/).

Unity游戏开发实例指南

〔加〕Ryan Henson Creighton　著
张　宇　译

科学出版社
北　京

图字：01-2015-0451号

内 容 简 介

本书从零开始教你如何在Unity里制作五款具备基础功能的游戏，在创建与完善游戏的过程中，让读者逐步掌握如何创建并摆放基本物体、添加如物理材质及刚体这样的组件、为游戏增添交互体验、创建三种不同的游戏计时器、将简单的基本几何体替换成3D模型、为3D炸弹模型添加烟火与爆炸效果、通过编写脚本实现3D角色动画的播放与停止、并在多个游戏物体上重复调用相同的脚本、设定一个双摄像机合成视角、使用代码为游戏物体添加动画、借助Unity 3D游戏制作工具创建一个双人版的3D《井字棋》游戏、将你的项目打包并以Web形式发布。书中所有脚本都有JavaScript和C#两种版本，读者可根据需要选择阅读适合自己的一种。

另外，书中对于每个工具的使用方法、操作小技巧都有介绍，对每个组件中各个参数的作用都有分析，还拓展了一些游戏开发方面的知识。

本书内容较为系统，非常适合初学者学习、熟悉、使用Unity，适合作为高等院校及相关培训机构的游戏开发类课程教材。

图书在版编目（CIP）数据

Unity游戏开发实例指南/（加）Ryan Henson Creighton著；张宇译. —北京：科学出版社，2016.6

书名原文：Unity 4.x Game Development by Example

ISBN 978-7-03-048237-2

Ⅰ.U… Ⅱ.①R…②张… Ⅲ.游戏程序-程序设计-教材 Ⅳ.TP311.5

中国版本图书馆CIP数据核字（2016）第095508号

责任编辑：杨 凯 / 责任制作：魏 谨

责任印制：赵 博 / 封面制作：周 密

北京东方科龙图文有限公司 制作

http://www.okbook.com.cn

科 学 出 版 社 出版

北京东黄城根北街16号

邮政编码：100717

http://www.sciencep.com

安泰印刷厂 印刷

科学出版社发行 各地新华书店经销

*

2016年6月第 一 版 开本：787×960 1/16

2016年6月第一次印刷 印张：31 3/4

印数：1—4 000 字数：555 000

定价：68.00元

译者序

毫无疑问，Unity 3D是当今最受欢迎的游戏开发工具，Unity 3D的开发者与日俱增，作品也是层出不穷。市面上的教学资源虽然不乏其类，却也良莠不齐。为了给Unity 3D的初学者们推出一本循序渐进、实用性强的指导书，我们在浩瀚的书海里苦苦寻觅，终于敲定了这本《Unity游戏开发实例指南》。Ryan先生拥有多年的游戏开发经验，他在书中精心策划了五个实战案例，从如何创建一个最简单的工程文件，到如何编写人工智能脚本实现人机博弈，逐步引领读者踏上奇妙的Unity 3D开发之旅。当你从头至尾认真学完本书后，你会发现自己在不知不觉中就变成了驾驭Unity 3D的能手。

作为一本由游戏开发领域资深人士所撰写的技术工具书，字里行间本该会充满中规中矩的程序员口吻。然而，Ryan先生诙谐生动的表述风格，让一本原本晦涩无味的工具书变得引人入胜，妙趣横生，同时又不失应有的严谨性。这在百花齐放的计算机丛书里是非常罕见的，也是极为难得的。我想，这也是广大读者所梦寐以求的。值得一提的是，这已经是本书的第三个版本了，足可见其受认可的程度。

还等什么，马上开启你的探索之旅吧！

致　谢

非常感谢Cheryl、Cassandra以及Isabel给我的爱与支持，以及他们的肉桂卷。感谢Jean-Guy Niquet让我了解了Unity；感谢Jim McGinley对本书大纲给予的帮助以及后续的指导；感谢技术审阅，以及Packt出版集团的员工，让我把几个笑话插到了书里；还有David Barnes，你的幽默感令人难忘。特别感谢Michael Garforth以及Freenode 上的#unity3d IRC频道的朋友们。我还要感谢妈妈和主，以及其他相关人士。

前　言

关于第三版

作为市面上的一本Unity 3D指导手册，很高兴能够看到这本书经受住了时间的考验，以及Unity Technologies飞速的更新进度。技术在日新月异地发展，短短几年中，很多事都发生了变化。C#大幅取代了UnityScript而成为一种推荐的语言，本书中所有的代码都用C#做了增补转译，也讲解了如何亲手对过往或未来项目执行这种转译的注释内容。

在第一版面市之初，计算机已经快速融入了我们的生产生活，并确立了其不可动摇的地位。在此基础上，第三版增加了两个额外章节，教你如何创建一个双人游戏，以及如何通过计算机编程实现一个百战百胜的玩家角色。当然，也介绍了如何打败电脑玩家角色，在必然会发生的机器起义当中，我把它作为抵抗运动的秘密武器呈献给大家。要永远保持警惕哦！

游戏开发者的未来

“游戏开发者”已经快速取代了“救火英雄”，成为孩子们心中长大后最想从事的职业。一摞打孔卡，还有一台屋子那么大的计算机编写简单的游戏，这种日子早已一去不复返。随着Unity 3D这样实惠的游戏开发工具的普及，游戏开发全民化进程正在悄然兴起。

然而，正如救火英雄的路上充满了艰险一样，游戏开发之路也并非一帆风顺。很多时候，有抱负的开发者低估了摆在他们前面的包罗万象的任务与挑战。他们要接受远超自己接受能力的事，最终偏离了自己的游戏开发梦想，而成了一名律师或是牙齿保健专家。这是很悲哀的事。这本书填平了“我做过很多游戏！”与“我想做游戏！”这两种状态间的鸿沟，先专注完成小而简单的项目，然后再去大干一场。

本书内容概要

第1章　绝对的利器：向你介绍一款惊艳的游戏引擎与游戏编写工具——Unity 3D，让你能够创作游戏并发布到多种设备平台上去。你将体验多个基于浏览器的Unity 3D游戏，去体会引擎的功能特性，从大型多人在线游戏到简单的卡丁车游戏。你将下载并安装自己的Unity 3D副本，并对软件自带的其中一个演示案例进行探索。

第2章 让我们从天空开始：探索游戏表面与内在机制之间的不同点。通过剖析电视游戏史上的案例，包括《百战天虫》、《马里奥网球》、《焦土》等，我们将充分挖掘其中的乐趣所在，这些乐趣也是很多更复杂的优秀游戏的基础。通过对视频游戏元素的分析，我们将学习如何将一个宏大复杂的游戏概念萃取成一个可控的启动项目。

第3章 游戏#1——Ticker Taker：带你进入你的第一个Unity 3D游戏项目。我们将探索Unity的软件环境，并学习如何创建并摆放基本物体、添加如物理材质及刚体这样的组件，并用Unity内建的物理引擎做出一个在球拍上弹跳的球。

第4章 代码探秘：继续进入游戏的脚本设定环节。只需写几行简单易懂的代码，你就可以让球拍跟着鼠标在屏幕上运动，为游戏增添交互体验。本章包含了游戏脚本的速成学习内容，让你重新找回中学计算机课上丢掉的编程兴趣。

第5章 游戏#2——修理机器人（一）：介绍了游戏开发中经常被忽略的一个方面—— 用户界面设计， 也就是按钮、标识、窗口、表盘、指示条，以及滑杆等位于游戏画面上的元素。Unity 3D包含了一套非常丰富的图形用户界面系统，让你创建控制器和精巧的元素，引导让你的玩家体验游戏。我们将探索这套系统，并在其中着手创建一个完整的2D游戏！到本章结束时，《修理机器人》游戏就算完成了一半，这是一款很耐玩的竞技游戏。

第6章 游戏#2——修理机器人（二）：接着上一章的内容继续讲解。我们在这个基于图形用户界面（GUI）的游戏中添加交互特性，并为我们的游戏开发工具包里添加重要的工具，包括绘制随机数以及限制玩家的操作等。当你读完本章时，仅用Unity的GUI系统即可制作一个具备完整可玩性的游戏，而且你也充分学到了知识，能够自行去探索该系统，为你的游戏创建出新的控制方案。

第7章 搞定计时器：本章将向你展示如何创建三种不同样式的游戏计时器：一种基于数字的计时器，一种基于消耗条的计时器，以及一种扇形计时器，所有这些计时器类型均使用同样的代码。然后你可以将其中一种计时器加到本书中的任何一个游戏项目当中，或者在你自己的游戏里复用此代码。

第8章 扣人心弦：重温之前的章节，并将简单的基本几何体替换成3D模型。你将学到如何创建材质，并应用到你所导入的外部用其他艺术创作软件制作完成的模型上去。你同样会学到如何检测游戏物体间的碰撞，以及如何让得分显示在屏幕上。学完本章后，你将充分掌握游戏《Ticker Taker》的制作方法，在游戏当中，你让一颗不断跳动的人心在医院的餐盘上跳跃着，飞奔着寻找着移植病房！

第9章 游戏#3——分手大战（一）： 该游戏可以让你对Unity内建粒子系统有充分的认知，让你能够创建出如烟雾、火焰、流水、爆炸等效果，就像魔术一样奇妙。你将学习如何为3D炸弹模型添加烟火与爆炸效果，以及如何通过编写脚本实现3D角色动画的播放与停止。只有了解了这方面的内容才能完成《分手大战》游戏。

第10章 游戏#3——分手大战（二）： 继续之前的章节完成《分手大战》这款游戏。你将学会如何在多个不同的游戏物体上对脚本进行重复使用，以及如何创建预制物体，从而让你点一下鼠标即可修改大批的物体。你也将学到如何在游戏中添加声音效果，这会大幅提升游戏的体验感。

第11章 游戏#4——射月： 是对第2章“让我们从天空开始”中承诺的兑现，带领你对游戏《分手大战》进行重温练习。通过更换某些模型、改变背景、添加一种射枪，你可以将游戏改成从地上捡起啤酒杯并把它们装填到一个炫酷的太空枪里去！在本章中，你将学习如何设定一个双摄像机合成视角，如何使用代码为游戏物体添加动画，以及如何复用代码，从而节省时间和精力。

第12章 游戏#5——井字棋： 本章将教会你完全借助Unity 3D游戏制作工具创建一个双人版的3D《 井字棋》游戏。你将学习为你的自定义函数编写返回值，并使用3D物体创建一个仿2D游戏。这个简单的策略型游戏为后面的章节打下了基础。

第13章 AI编程与主宰世界： 本章引导你逐步了解人工智能程序的开发过程，让你的电脑在《井字棋》游戏中获胜。从本章起，你可以对近乎完美的AI算法进行修改，让它随机犯些错误，让人类可以有机会在《井字棋》游戏中成功过关。

第14章 开拍： 本章让你满怀成就感地重温《Ticker Taker》游戏，增加一个重要特性——使用Unity内建的动画系统做出一个跳动的摄像机绑定效果，在医院内部进行漫游。借助在游戏《分手大战》中用过的一个双摄像机复合件，你可以做出一种错觉，让一颗心脏在托盘上跳动着在医院里穿行。本章最后准备了一个精彩环节，将你的项目打包并以Web形式发布，这样就可以让你那无数的忠实粉丝（包括你的奶奶）最终能够体验到你的杰作。

附 录： 最后一部分的内容，如果不感兴趣，尽可无视之。

阅读准备

你需要准备一顶结实的头盔、一张有安全带的座椅，以及一大摞美味且清淡的零食，以免把油弄到书上（如果你阅读的是电子版，那么就无需讲究这么多啦）。之前几章会指导你下载并安装Unity 3D（`http://unity3d.com/unity/download/`）。附录中列出了其他相关的软件资源与链接。

读者对象

如果你一直梦想着开发游戏，但却从未在应对复杂的规划时有游刃有余之感，那么本书就是为你准备的。对于从Flash、Unreal Engine以及Game Maker Pro等软件转过来的开发者而言，本书同样适合作为入门书去读。

本书约定

在本书中，你将遇到几种文字样式，用来区分不同类型的信息。以下列出了这些样式的几种样例，以及对应的解释。

正文中的代码词标示示例如下：

“`audio.PlayOneShot`命令非常适用于碰撞声效”

如果是一段代码，那么示例如下：

```
for(var i:int=0; i<totalRobots; i++)
{
  var aRobotParts:List.<String> = new List.<String>();

  aRobotParts.Add("Head");
  aRobotParts.Add("Arm");
  aRobotParts.Add("Leg");
}
```

当我们想要对某行需要添加或编辑的代码着重进行标示时，相应的行或条目会被加粗：

```
function Awake()
{
  startTime = Time.time + 5.0;
}
```

新的术语及重要词汇都会加粗显示。屏幕上显示的词语，如菜单或对话框中的词语，会以如下方式表述：“点击**Apply**按钮时，Unity会根据你所导入的字体创建栅格图像组”。

警告或重要注释会像这样写在方框中。

提示或技巧会像这里这样写出来。

读者反馈

我们始终欢迎读者提供反馈意见。我们渴望知道你对于本书的看法，喜欢哪些内容或者不喜欢哪些内容。你的真实感受非常有助于让我们开发出更多切实迎合读者需要的好书。

如果你有反馈意见，请发送电子邮件至feedback@packtpub.com，并在邮件主题中注明你评论的书名。

如果你对某个主题有经验或有兴趣，愿意撰写或参与撰写一本书，请查看www.packtpub.com/authors页面中的作者指南。

客户支持

现在，你已经拥有了一本Packt出版的书了，为了让你的付出得到最大的回报，请注意以下事项。

下载本书彩图

我们向你提供本书彩图PDF下载。你可以在以下网址下载本书的PDF彩图：https://www.packtpub.com/sites/default/files/downloads/5268OT_ColoredImages.pdf。

下载资源包

你可以登录 http://www.packtpub.com网站下载你所购买的所有与Packt出版书籍配套的脚本范例文件。如果你在别处购买了此书，可以访问 http://www.packtpub.com/support并注册账号，文件会通过电子邮件直接发送给你。本书中的每个项目都会以一个全新的项目从零开始创建。与本书对应的 .unitypackage可下载文件中包含了创建项目所需各种资源（声音、图像及模型）。你也可以下载每个项目的最终成品文件以供参考，但不建议在第一步就这样做，因为它们更像是一个课本后面的参考答案。

勘 误

尽管我们已竭尽所能地确保内容的准确性，但疏漏之处在所难免。如果你在阅读过程中，发现任何错误（可能一个文字或代码），希望并感谢你能反馈给我们，从而避免这些错误给其他读者带来困扰，同时帮助我们完善本书的后续版次。具体可通过访问http://www.packtpub.com/support，选择发现问题的书，点击errata submission表单链接，然后输入错误详情。你反馈的错误一经核实，便会更新到我们的网站上，或者添加到该书勘误区中已有的勘误表中。

盗版举报

网络盗版是各类媒体一直在努力解决的问题。Packt非常重视版权的保护和许可。如果你在互联网上发现对我们的作品的任何形式的盗版，请告诉我们其链接或网址，我们会深究到底。

请将涉嫌包含盗版资料的链接发送至copyright@packtpub.com。

感谢你保护作者的权益，这可以进一步保证我们继续为你提供有价值的内容。

疑问解答

有关于本书的任何问题，你可以通过questions@packtpub.com联系我们，我们将尽最大努力解答。

目　录

第1章　绝对的利器

第2章 让我们从天空开始

第3章 游戏#1 —— Ticker Taker

第4章 代码探秘

第5章 游戏#2——修理机器人（一）

第6章 游戏#2——修理机器人(二)

第7章 搞定计时器

第11章 游戏#4——射月

第12章 游戏#5——井字棋

第13章 AI编程与主宰世界

第14章 开 拍！

附 录

第1章 绝对的利器

技术即是工具。它可以帮助我们做出惊艳的作品，而且会比不使用工具时更高效、更轻松，结果也会更好。在我们有蒸汽动力锤之前，我们只有普通的锤子。而在我们有普通锤子之前，我们把钉子钉进板子的过程是痛苦的。技术就是为了让我们的生活变得更美好、更轻松，减少痛苦。

1.1 Unity 3D简介

Unity 3D就是一种技术载体，旨在让游戏开发者的工作变得更美好、更轻松。Unity是一个游戏引擎，也是一款游戏制作工具，可以让充满创意的你制作出视频游戏。

有了Unity，你可以比以前更快速、更方便地制作视频游戏。以前，创建游戏需要堆积如山的打孔卡，一台占满整个房间的电脑，还要为名叫Fortran的上古之神上香祈福。如今，你不再需要用手掌去把钉子拍到木板里去了，因为你有Unity在手，它就是你的锤子——是你的创意工具套件中的一个新的技术利器。

1.2 引擎，工具，全天候轮胎

你或许听别人曾经把Unity和其他软件叫做“游戏引擎”吧。这样的说法基本正确。其实我们有三种截然不同的东西，而我们把它们统称为“Unity”。

当你下载Unity时，也就是各位马上要做的，你要下载Unity 3D游戏制作工具。如果用汽车来打比方，那么制作工具的作用就相当于一个汽车修理厂，你可以在那里设计和创建汽车的底盘、手柄，还有那高端大气的车内环境和轮毂。

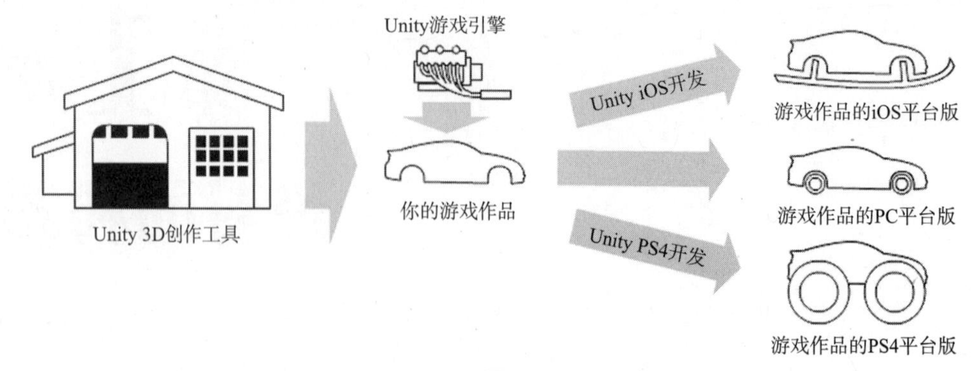

图1.1

进一步来说，这个制作工具使用的是Unity游戏引擎，相当于游戏的驱动力。除非你花大价钱取得Unity Technologies公司的授权，否则你无权修改引擎本身，而引擎就是你这台汽车的动力之源。

当你用Unity制作工具完成了游戏设计时，你所创建的内容就与Unity游戏引擎绑定在一起了。二者被另一个可以让游戏在特定环境下运行起来的工具打包在一起。图1.1的比方或许不够贴切，但可以把它当做轮胎：你可以加个雪地轮胎，以便在冻土上疾驰；也可以加个沙地轮胎，以便在沙漠中行驶。这就好比面向多种特定平台的游戏内容包：PC、Mac、iOS、Android，或者是众多家庭电视游戏机的其中一种。

1.3 Unity一统天下

在本书中，我们将把我们的游戏开发梦想设想得小一点，切实一点，而不是上来就要设计史诗般的开放世界型游戏。这里我们要专注的是可以让你真正完成的东西，而不是让你被一个不可能完成的任务所困扰。本书将教会你如何创建五款游戏，每个游戏都专注在某个小而简单的游戏玩法上面。你将学到如何创建可以用于各个项目的功能模块，丰富游戏内容，为玩家带来完美的体验。当你完成以后，你可以把这些游戏发布到网页、Mac、PC以及Linux系统平台上去。在Unity的众多插件中，如果你能获得其中某个插件的额外软件授权，那么你就能把游戏发布到家庭游戏机等其他的平台上去。

Unity 3D背后的团队在不断地开发软件包和导出选项（相当于“雪地轮胎”吧）。截至撰写本书时，Unity也已经支持将游戏发布到iOS、Android、Xbox One、PS4以及Wii U平台上了。这些发布工具是Unity核心套件中的功能插件，需要额外购买，而电视游戏的开发通常需要一名开发者与平台厂商保持联系。不过，这些许可证通常是不断变动的，而以前收费的移动平台开发插件现在开始免费了。当你看到本书的时候，谁知道又会怎样呢？为了保险起见，在本书的后续内容中，我们还是专注用Unity 3D的主程序来做吧。

借助你在本书中学习的基本技能，你可以运用自己学到的知识去开始创建更复杂的项目。关键是要先从一个能够完成的项目做起，然后在随后的各个新项目里逐渐添加小功能，以便检验并拓展自己的知识。好比你要主宰世界的话，至少先去后院圈一片领地出来再说，这本书就是你家后院啦。

1.4　为什么选择Unity？

在接触Unity 3D之前，相信你所听说或体验过的游戏创作工具、引擎及框架不胜枚举。Unity有什么吸引你的地方？以下就是几个亮点：

- 庞大的社区：想必你不希望去学一个只有你自己和几个西伯利亚的中学生才玩的东西吧。Unity有着相当庞大的用户基础，这可以让你快速容易地找到问题的答案，查找在线视频、教程，以及像本书这样介绍新概念的著作。一个大规模的社区也意味着软件的开发会持续下去。
- 社会的考验：很多大公司已经入股Unity Technologies公司或成为其合作伙伴，这已是不争的事实。美国艺电公司（Electronic Arts）已经购买了区域许可。截至撰写这段文字的时候，有三分之二的电视游戏主要制造商均已与Unity保持授权合作关系，以便能够投放精力开发与他们的平台相容的内容。
- 物有所值：如果你打算向专业用户发展，那就要考虑投资购买完整版的Unity产品了。除了不痛不痒的功能特性外，你还会获得大量的增强功能，让你真正体会到物有所值。
- 市场成功：无论何时，高居榜首的iOS游戏会有相当一部分是用Unity开发的。有大量的开发者都在用Unity制作商业游戏，并取得佳绩。
- 自定义：Unity创作工具本身也是可以被改编的。开发者可以创建他们自己的窗口、按钮、面板，并添加到Unity的创作工具中去，这促成了Unity资源商店（Unity Asset Store）的崛起，你可以在上面下载创作套件，让自己获得更好的开发体验。
- 多平台：我一直想不通为什么人们要花那么大的精力去用XCode之类的工具，这类工具是单平台的（或者是双平台？我也懒得去验证了）。面对复杂多变的市场环境，懂行的开发者都会将技术定位放在多平台上面。

1.5 为什么要烧掉这本书然后咆哮着跑开?

当然，十全十美的游戏开发工具是不存在的，其他工具也有胜过Unity的地方。以下就是几个逊于竞争对手软件的地方：

- 学习曲线：纵使有大量的教学资源，Unity依然需要开发者去学习如何编程，以及理解一些复杂的概念，例如着色器（shader）和第三维（third dimension）。如果你是冲着“它让游戏开发变得简单！人人都能做游戏！”这句话来学Unity的话，那么恐怕你遇到大忽悠了。
- 成本：尽管物有所值，但当你需要为整个开发团队购买专业版的Unity，以及Unity资源服务器和开发插件的时候，成本会逐渐累积。尽管前面我抨击过XCode，但好歹它是免费的。
- 纯粹性：如果你有过“纯粹”的编程背景，那么你在Unity里解决各种问题所使用的方式看上去可能会颠覆你的人生观了。如果你觉得在图形用户界面上用拖拽的方式创建自反关系就已经让你抓狂的话，那么恐怕你还没真正了解Unity的工作机理。

1.6 基于浏览器的三维世界——未来向你敞开大门

Unity的一大惊艳特色就是它可以将完整的3D游戏体验搬到你的网页浏览器里面去。它通过Unity网络播放器（Unity Web Player）来实现，这是一款免费的浏览器插件，能够嵌入网页并运行Unity的内容。

1.7 动手环节——安装Unity网络播放器

在正式进入Unity的游戏世界之前，请先下载Unity网络播放器（图1.2）。就像Flash播放器播放Flash创建的内容一样，Unity网络播放器是一个能够在网页浏览器运行Unity创建的内容的插件。

1. 前往`http://unity3d.com/webplayer`（根据自己的系统环境点击网页上的Windows或Mac OS X按钮）。
2. 点击下载（Download）。
3. 按照屏幕上弹出的提示信息操作，直到网络播放器安装结束（图1.3）。

图1.2

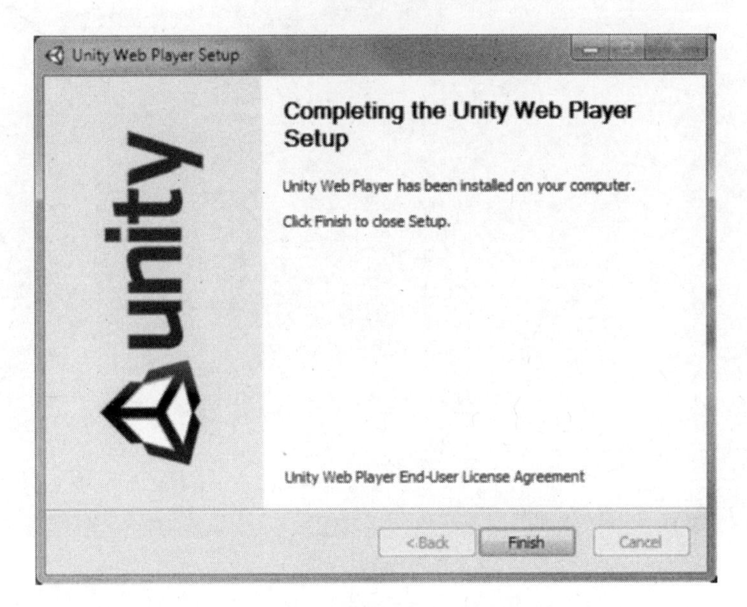

图1.3

4. Mac系统上的安装版本会稍有不同。你需要下载并运行一个扩展名为.dmg的文件，然后输入你的管理员密码才能安装此插件，但过程还是相对快捷方便的。

1.8 欢迎使用Unity 3D!

现在你已经安装好了网络播放器，你可以在浏览器中查看使用Unity3D创作工具制作的内容了。

1.9 我能用Unity做什么?

为了充分说明这个利器有多奇妙，不妨先来看几个项目案例吧，都是别人用Unity创作的。尽管这些游戏是我们目前所望尘莫及的，但起码能看出游戏开发者们如何将这款工具运用到淋漓尽致的地步。

FusionFall

如图1.4所示，我们的Unity学习风暴第一站就是FusionFall——一款大型多人在线角色扮演游戏（MMORPG）。详情请访问`fusionfall.com`。

图1.4

FusionFall是受美国Cartoon Network动画频道委托而开发的，场景设定为一个奇思妙想的卡通风格的世界。那些人们熟知的Cartoon Network的卡通角色在这个世界里面成长。还有更暗黑、更精致一些的《飞天小女警》（Powerpuff Girls）、《德克斯特实验室》（Dexter's Laboratory）、《亲亲麻吉》（Foster's Home for Imaginary Friends），以及《小孩大联盟》（Codename：Kids）中的熊孩子们四处追打着一只浑身黏滑的绿色外星怪物。

1.10　最佳案例

尽管FusionFall不是我们要了解的游戏当中最新的一款，但它依然是最大的、最烧钱的，也是技术上最为复杂的一款Unity游戏。FusionFall对于Unity Technologies公司来说有着重要的历史意义，因为在游戏发行的时候，它为当时还不知名的Unity游戏引擎赚足了眼球。作为一个技术演示典范，它也是立志要学这款工具的人可以参考的最好的展示案例之一！FusionFall支持实时多人联网游戏、聊天、闯关、对战、装备管理、

NPC（非玩家角色）、基础AI（人工智能）、起名、化身创建及自定义等。而这只是游戏的众多特性当中的一部分。这个游戏有太多值得深挖的地方了。

1.11 我们要不要向FusionFall看齐?

现在你可能会心想："当然要啦！FusionFall就是我要用Unity创作的那种游戏，这本书现在就该教我怎么做！"

很可惜，一步步教你制作像FusionFall这种规模的游戏的教程可能需要用一辆平板货车去装了，而且你还需要几个朋友去帮你去翻厚重的书页。

下面就是原因：FusionFall制作人员名单

`http://fusionfall.cartoonnetwork.com/game/credits.php`

网页中列出了所有参与过游戏制作的人的名字。Cartoon Network征募了一个名叫Grigon Entertainment的经验丰富的韩国MMO游戏开发商。列表中足足有80个名字！你只有两条路可选：

1. 制作一个克隆机器，复制出79个你。每个克隆人都去学校学习不同的课程，包括营销、服务器编程以及3D动画。然后和你的这些克隆人们一起花上一年时间去制作游戏，用一个精致的臂环去区分谁是谁。

2. 现在就放弃，因为你的这个梦想不切实际。

1.12 另一个选择

在你放弃游戏开发的想法回家种田之前，我们不妨从另一个角度来看。FusionFall是非常卓越的，而且看上去也很像你梦寐以求的那种游戏。这本书并不想毁掉你的梦想，而是让你别把期望值设得太高，先把这些梦想封存起来，然后一步步来，孔子曰：

"千里之行始于足下。"

我不知道他老人家有什么兴趣爱好，但如果他玩电视游戏的话，应该会说一些类似的话——制作一款有一千个炫酷特性游戏要从一个简单且特性不多的游戏开始做起。

那就让我们把FusionFall梦想封存起来，等以后有能力的那一天再来开启它吧。我们先来看几个比较小型的Unity 3D游戏案例，并讲解如何制作它们。

《越野狩猎迅猛龙》(Off-Road Velociraptor Safari)

没看过Blurst.com 的人就不算真正了解Unity 3D游戏，这是一个由独立游戏开发商Flashbang Studios所有并运营的游戏门户。除了让其他的独立游戏开发商入驻外，Flashbang将打造成Blurst众多优秀游戏的平台，包括《越野狩猎迅猛龙》（Off-Road Velociraptor Safari），如图1.5所示。

图1.5

在《越野狩猎迅猛龙》游戏里，你驾驭一只带着遮阳帽和单眼镜片的恐龙，驾驶一辆吉普车，上面装配着一条杀伤力巨大的铁链，铁链的一头有一个满是尖刺的球（就像考古学教科书里描述的那样）。你的任务就是要开着吉普车到处使坏，灭掉你的恐龙同类（那还用说，弱肉强食嘛）。

对于很多独立游戏开发者和评论人来说，是《越野狩猎迅猛龙》让他们初识Unity。有些评论人说，他们对这样一款能够运行在浏览器里的全3D游戏感到非常吃惊。还有的评论人有点抱怨说在较慢的电脑上运行时会卡顿。关于优化的事我们以后再说，但在起步阶段就有意识地去考虑性能还是比较好的。

特性不多，却很出彩

如果你玩过《越野狩猎迅猛龙》以及Blurst网站上的其他一些游戏，就会对一个没有经验丰富的韩国MMO开发者的团队能用Unity做些什么深有体会了。游戏当中有3D模型、物理效果（也就是控制物体如何逼真运动的代码）、碰撞（也就是检测物体何时与其他物体发生接触的代码）、音乐、声效。就像FusionFall那样，游戏可以在浏览器里运行，只需安装Unity网络播放器插件即可。Flashbang Studios也销售那些游戏的离线版，说明Unity也可以生成单机运行游戏文件。

要不我们也去做《越野狩猎迅猛龙》?

对呀！虽然我们目前还做不出FusionFall那样的游戏，但我们完全可以制作像《越野狩猎迅猛龙》这样的小游戏，对吗？这个嘛……还是不行。还是那句话，这本书可不是为了毁掉你的梦想而写的。我是说，实际上，《越野狩猎迅猛龙》这款游戏是由五位经验丰富的天才花了八周时间全职投入开发的成果，而且一直在完善与改进着它。相对于像FusionFall这样成熟的MMO游戏而言它已经算是小游戏了，但即便如此，对于个人开发者而言也是颇具挑战的。所以也把它放到架子上封存吧，让我们看看更有可能让你尝到成功喜悦的东西。

1.13 我爱我的Wooglie

Wooglie.com是一个由荷兰M2H游戏工作室主掌的Unity游戏门户网站。它的首页给你的第一感觉是，它与Blurst.com网站有很大不同。Wooglie网站上的很多游戏制作得较为粗糙，缺乏Blurst网站上的游戏的那种精细与专业。不过这才是我们能够起步的地方。这正是作为一名游戏开发新手的你所需要的，对想要了解像Unity这类新技术的人而言也是如此。

纵观Wooglie网站上的众多游戏，我着重为你推荐其中的几款：

《欢乐赛车》(Big Fun Racing)

Big Fun Racing是一款简单却效果出众的游戏，在游戏里，你乘坐一辆玩具卡车四处收集金币（图1.6）。游戏设定了不同的关卡，也有一些可被解锁的汽车。游戏设计者花了几个月的业余时间制作完成，而卡车模型则外包给别人做了。

图1.6

图1.7

《骰子消消乐》(Diceworks)

Diceworks是一款非常简单的、精心打造的运行在iPhone手机上的Unity 3D游戏（图1.7），我们不打算讲iPhone游戏的开发，但应该知道Unity游戏是可以发布到很多平台和设备上面去的。

Diceworks是由一名美工和一名程序员合力完成的。同时兼具编程和艺术天赋的人可谓是凤毛麟角。科学家们说，这两种技能分别位于大脑的不同叶区，我们往往只会侧重发展某一边。像Diceworks这样的由美工和程序员搭配的方式在游戏开发领域是很常见的。你的大脑属于哪种类型？你更倾向于视觉艺术还是逻辑思维？艺术还是编程？当你找到答案的时候，就是你该找个人弥补你的另一半大脑的缺憾的时候了，这样就可以让游戏做到二者兼顾了。

不管怎么说，Diceworks的游戏规模绝对是我们在学习Unity之初便可以掌控的。

同样值得一提的是，Diceworks是一款用3D引擎制作的2D游戏。几乎没有什么第三维度可言，所有的游戏元素都在一个平面上。在刚开始的时候不去考虑第三维度倒也不算是什么坏事。为游戏增加维度只会让游戏设计的难度陡升，在初学的时候只专注在X和Y轴向，而不去考虑Z轴向，这样会比较容易一些，因为后者是我们要暂时封存到梦想之罐里的其中一件东西。有几个像样的游戏案例在手，从存放梦想之罐的架子上拿下并开启这瓶“Z”罐的那一天就指日可待了。本书制作的游戏都会专注于二维平面，并且使用三维模型。即便如此，有些游戏依然会采用这种设计理念：《新超级马里奥兄弟》（New Super Mario Bros）。Wii平台将3D角色锁定在了2D平面上，打造出极其复杂而出色的令人满意的游戏平台。

《危险时空的恋人》（Lovers in a Dangerous Spacetime）

借着自己开发的这款Lovers in a Dangerous Spacetime（图1.8），Asteroid Base公司的这个天才三人组在此基础上又加了半个维度。这是一款2.5D游戏，结合了2D游戏的优点以及3D游戏的视觉冲击效果。

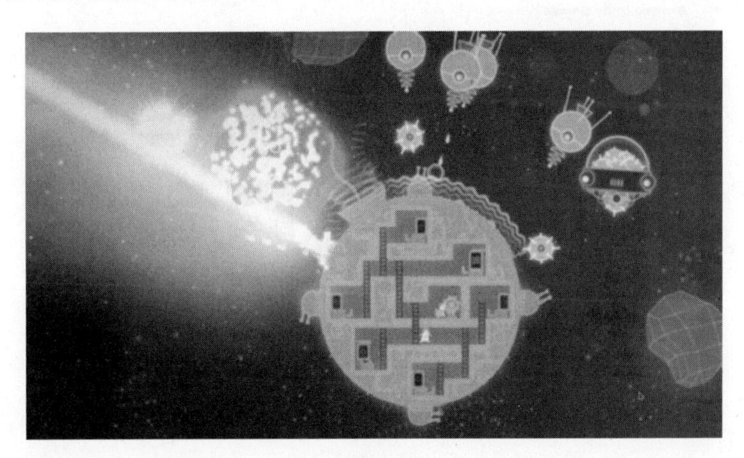

图1.8

压轴案例

Unity门户网——也就是指所有的Unity游戏展示网站——如雨后春笋般涌现。以下是另外几个站点，可以让你看到Unity都能做些什么：

Unity Technologies——“Made with Unity”页面

http://unity3d.com/gallery/made-with-unity/game-list

Unity自家的游戏案例展示页面，这里展示的并非都具有可玩性，但它们足以让你大开眼界。

Kongregate

http://www.kongregate.com/unity-games

一度是Flash游戏门户中的翘楚，Kongregate（图1.9）上面也有Unity制作的游戏。任何游戏开发者都可以把游戏提交给Kongregate，一旦游戏上线，Kongregate社区的玩家们就可以去游戏、评分和评论它了。如果你是第一次做开发，这听上去可能有点吓人；如果你是一名开发老手，那么你就会更深刻地体会到它究竟哪里让人望而生畏了！不过，当读完此书后，建议你去用Unity开发点自己喜欢的东西，而且可以把它提交给Kongregate这样的门户网站，让素不相识的人去评分。说实话，你自己只会看到作品好的方面。或许这是你获得真心反馈的最佳途径，也有助于你成长成一个开发者。

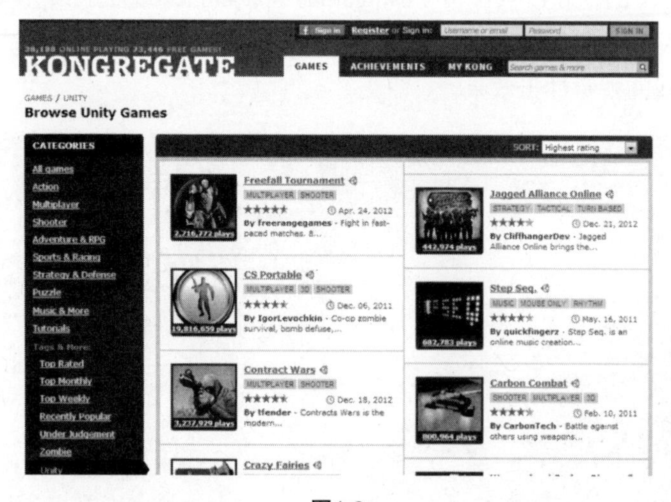

图1.9

1.14 iOS应用商店

Unity开发者彻底占领了Apple应用商店。每天排名前一百的游戏当中有相当一部分是用Unity开发的。强烈推荐试玩一下《密室》（The Room），如图1.10所示。这是一款短小精良的解谜类游戏，为你准备了很多复杂一环套一环的谜题。同样，制作The

Room这款游戏也是用了大量的时间、才能与精力，但这里主要是让你看到Unity的能力，以及你可以用它做什么（如果时间、才能和精力都很充裕的话！）。

图1.10

1.15 要想跑，先学走（或者双重跳）

游戏开发新手容易犯的错误就是不量力而行。即使是经验丰富的游戏开发者，当他们对一个项目产生浓厚兴趣时，或者是当他们接触一种新技术并想要快速去精通用法时，也有可能犯这样的错误。真正的危险在于，你坐下来试着实现你的梦想——比方说一个集《英雄联盟》、《咻咻火箭》还有Microsoft Excel的精华于一身的剑与魔法（S&S）型的RPG游戏。当你花几天或几周乃至几个月的时间，却依然没有让游戏达到期望中的效果，然后你放弃了。在创建游戏失败以后你才意识到，你就不适合去做一名这样的游戏开发者。

不积跬步，无以至千里！罗马不是一天建成的。只有循序渐进，才能体会到制作那些小游戏所带来的成功感。然后你可以运用自己学到的技能去完善它们，慢慢积累你的专业技能，直到你有能力从梦想之罐里取出梦想中的游戏。

就目前而言，我们先暂且不去碰那个摆放着梦想之罐的架子，先去专注比较小的、更容易实现的目标。等学完本书之时，你便会做完很多具有可玩性的游戏，从简单的开始，随着你的知识越来越丰富，会慢慢做得越来越复杂。我希望等你学完本书的时候，你会具备为你的游戏增加更多的特性的能力，也可以找到所需的资源去填补新的知识鸿沟。

在第2章我们将详细说说该从哪里着手，以及什么时候该去做什么样的游戏。我们也会看到一些现实的游戏案例，也都是从简单且出众的想法做起，后期逐渐发展成复杂且功能繁多的精品游戏。小小的树种就能培育出参天大树。

1.16　永无止境

我们将在本书里学习很多案例，有些专为游戏盘、卡带这样的特定媒介开发游戏的人通常会制作一个最终版本，然后就算大功告成了。而对于网页或移动平台上的游戏而言，乐趣之一在于，游戏的开发永远没有终结的那一刻。你可以一直去完善和修改你的网页游戏，直到它比最初的版本要有趣且精良得多为止。

如果你在Twitter网上关注Flashbang Studios的微博，或者你看过他们工作室的博客，你就会知道他们也是一直在不断地修改并改进他们的游戏，即使是他们“开发完成”多年以后。Flashbang团队甚至在《越野狩猎迅猛龙》开发出来三年以后依然在不断地对它进行完善。

同样，我们将会先制作出一些称不上是完整的游戏。但随着我们学习的深入，了解了如何编写适用于很多游戏的关键而常见的功能的代码，我们会回过头来重温最初的这些粗糙的游戏，为它们添加功能模块，为它们带来改进。

1.17　够了! 开始讲吧

现在你已经看到了Unity的能力，该去Unity 3D的官网把它下载下来好好探索一下了！Unity免费版价格低到……当然是不花钱的喽（至少我写这段文字的时候是这样）。

1. 访问`http://unity3D.com`。

2. 点击Download（下载）按钮。

3. 下载适合你的系统平台的Unity 3D制作工具的最新版本，也就是Mac版或PC版。如果你选定了平台版本，记得也要把随程序附带的工程案例文件一并下载下来。

4. 按照屏幕上的提示信息进行安装，直至Unity制作工具安装结束。

5. 启动Unity吧！

先打几个愤怒的机器人

在完成了快速的注册过程后，如果一切顺利的话，会自动为你打开名为AngryBots Demo的案例演示。如果没有打开，你会看到一个对话框让你打开一个工程，默认情况下，你可以在下面的路径找到名为AngryBots Demo的工程：

- **Mac OS**：`/Users/Shared/Unity/4-0_AngryBots`。
- **Windows XP**：`C:\Documents and Settings\AllUsers\Documents\Unity Projects\4-0_AngryBots`。
- `C:\Documents and Settings\All Users\Shared Documents\Unity Projects\4-0_AngryBots`。
- **Windows 7/ 8/ Vista**：`C:\Users\Public\Public Documents\Unity Projects\4-0_AngryBots`。

如果你当初没听我的话，在下载Unity的时候并未勾选sample projects（案例工程）的复选框，那么你可能觉得需要再去重复一遍Unity的下载步骤才能下载到AngryBotsDemo演示工程。其实你也可以去下面这个网址下载很多其他的工程学习案例，包括AngryBots Demo案例：

`http://www.assetstore.unity3d.com/cn/#!/content/12175`

上面这些路径可能会视你所下载的Unity版本而定。随着Unity Technologies团队改进软件，他们也会发布新的精彩案例来展示Unity的能力。如果你正在阅读本书，同时你下载的Unity 3D加载的是不一样的案例，或者，当你开始阅读本书的时候，如果找不到Angry Bots Demo这个演示工程，不要紧！我们将要探讨的所有知识都将适用于绝大多数的演示。

当首次打开Angry Bots Demo工程时，你会看到一个启动画面，上面列出了各种教学资源和语言指导。这太有用啦！现在先把它关掉（别担心，下次启动时它还会蹦出来的，除非你把Show at Startup（启动时显示）前面的勾去掉）。如果你勾选了那一项，但你以后还想看到那个欢迎窗口的话，可以依次进入菜单Help（帮助）| Welcome Screen（欢迎窗口）。在菜单中点击Window（窗口）| Layouts（布局）| 2 by 3，会看到面板布局变成了另一种方案。

重新排列面板后，找到Project（工程）面板，应该就是纵向排列的三个初始面板之一，位于窗口右侧。在Project面板的右上方，有一个很小的按钮，看上去像是一个倒三角，旁边是三条横线。点击这里，在随后出现的菜单中选择One Column Layout（单栏布局）。这会关掉碍眼的拆分式视图（图1.11）。

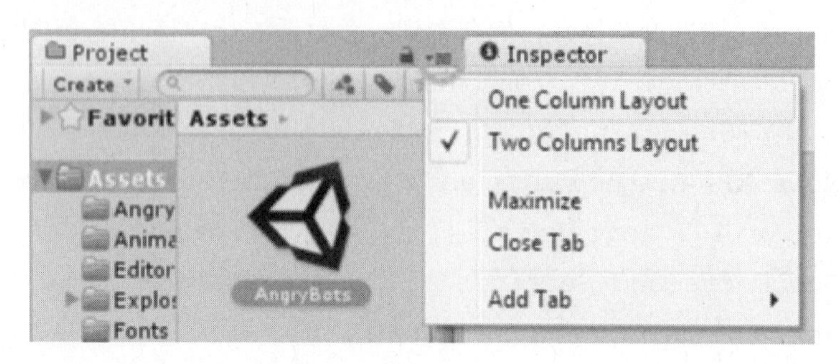

图1.11

如果你没有在Scene（场景）和Game（游戏）窗口中看到那美妙的3D场景，那么你只需加载主游戏场景即可。方法是：在Project（工程）面板上方找到名为Angrybots的场景（是黑白色的Unity图标），然后双击它（图1.12）。

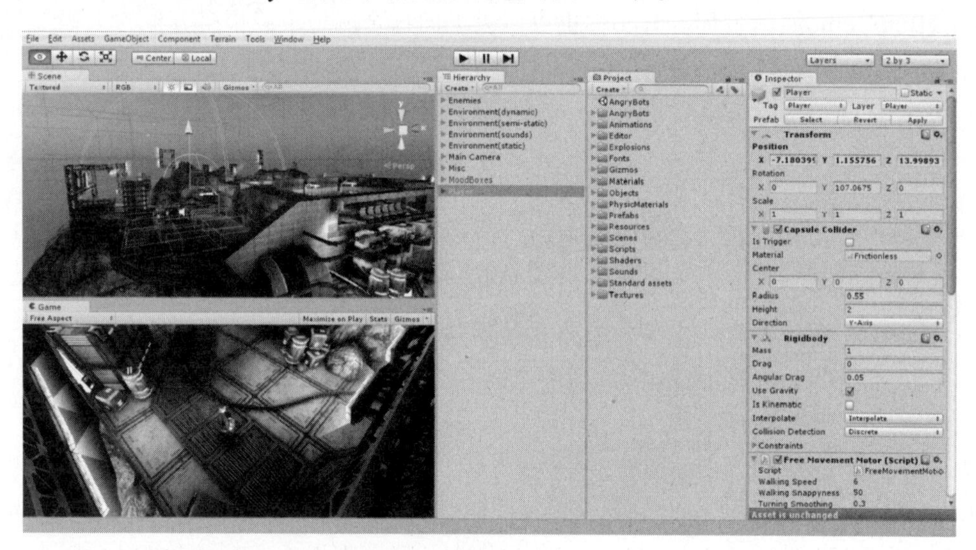

图1.12

要想试运行一下这个演示，点击窗口上方中间的Play（播放）按钮即可（图1.13）。

图1.13

你可以用键盘上的WASD键在Angry Bots 演示场景中四处走动。按住鼠标左键发送用扫帚柄去戳那个发怒的机器人。当你体验结束时，可按Esc键暂停游戏，此时可以重新控制鼠标。再次点击Play按钮可结束演示（图1.14）。

图1.14

1.18 技术的奇迹!

你在AngryBots演示中看到的一切几乎不能在Unity里直接创建。绝大多数的资源都是用其他软件制作的。Unity可以让你将所有资源整合到一起，并为它们添加交互。该演示包含一些特殊模型，例如气闸，是从像3D Studio Max、Maya或Blender这样的3D软件里制作后导入进来的。像机器敌人这样的元素，都有相应的脚本控制。Script（脚本）是指定义物体在游戏世界中的行为的一系列的指令，

在本书里，我们将学会如何导入3D模型并编写代码控制它们。我们先来概览一下Unity的界面吧，看看有没有让你感兴趣的地方。

1.19 Scene（场景）窗口

Scene（场景）窗口是供你摆放并移动GameObjects（游戏物体）的地方。此窗口有一些能够更改细节级别的控件。使用这些控制可以开启或关闭光照（仅对编辑器的操作而言，而不是在实际的游戏里），也可以用纹理、线框或同时使用这两种方式显示窗口内容。你可以使用窗口右上角的那个彩色的Gizmo（视图操纵件）将视角约束到X、Y和Z轴上，以便能够切换到顶视图或侧视图去查看场景。点击视图操纵件中间白

色方块可切换回透视视图。另外，此窗口内也有一个搜索栏。

试着点击视图操纵件上的绿色Y轴，用顶视图查看AngryBots演示场景，然后在搜索栏中输入rock。所有名称里包含rock一词的物体都将会高亮显示出来，而其他场景元素会显示为灰色，点击搜索栏后面的小叉图标可清空搜索栏（图1.15）。

图1.15

Game（游戏）窗口

Game（游戏）窗口显示的是玩家能看到的内容。当你点击Play（播放）按钮测试游戏时（就像刚才对AngryBots演示场景做的那样），你所设计的游戏会在这个窗口里呈现。点击Maximize on Play（播放时最大化）按钮可以用全屏模式运行游戏（图1.16）。

图1.16

Hierarchy (层级) 面板

Hierarchy（层级）面板列出了场景中的所有游戏物体，包括摄像机、灯光、模型及预置件，这些物体共同构成了场景（图1.17）。它们可以是“有形”的东西，像Angry Bots演示场景中的发电机或巨型机械手臂。也可以是看不见摸不着的东西，只有游戏开发者才能看到并控制它们，例如摄像机、灯光和脚本，还有碰撞器——也就是用来告诉游戏引擎两个游戏物体发生接触的特殊的隐形物体。

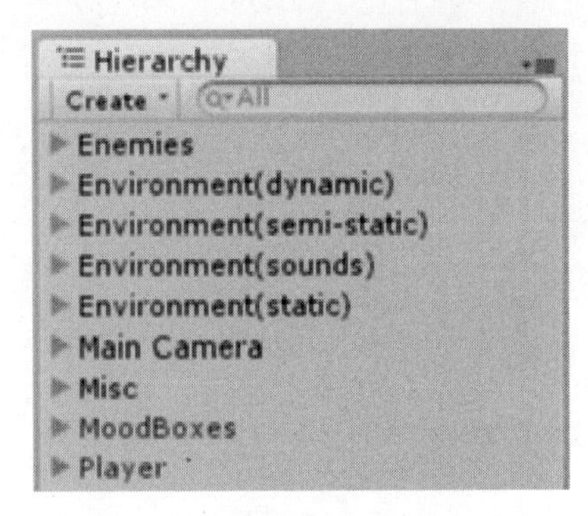

图1.17

AngryBots演示案例的层级面板包含了用来表现容器、桌子、气闸和电脑终端等物件的游戏物体。里面同样列出了Player（玩家），这是一个非常复杂的游戏物体，用来控制角色在场景环境中的运动和碰撞。玩家的角色有一个摄像机跟随着它。该摄像机相当于我们浏览游戏世界的眼睛。这个演示案例列出了一个名为Environment(sounds)的层级，里面包含了玩家行走到不同位置时能听到的声响（例如外面的大雨声，以及他在室内行走时听到的机器的轰鸣声）。因此，游戏物体既包括像容器、气闸这样的有形物体，也包括看不见的无形物体，例如灯光、摄像机和动作脚本。

在层级面板中点击一个游戏物体，然后将鼠标指针悬停在场景窗口内，按键盘上的F键，场景窗口便会直接自动平移并缩放到那个物体上。另外，你也可以依次进入菜单Edit（编辑）| Frame Selected（定位到所选物体），这会比用快捷键稳妥点（我把F键理解为“Focus（聚焦）”的首字母，便于记忆）。你也可以在层级面板中双击游戏物体来定位。

Project (工程) 面板

Project（工程）面板列出了可供用来在你的工程里创建游戏物体的所有元素。例

如，在Objects | Enemies文件夹里找到mech_bot，AngryBots演示中的EnemyMech游戏物体是用一系列网格物体组成的，它们共同呈现了机甲的外形。还有一个表现蒙皮或色调的材质，以及一个运动动画。所有这些好东西都列在了Project面板中（图1.18）。

Project面板中还有一个特殊文件夹叫Assets，该文件夹其实位于你电脑的操作系统里。当你创建一个新工程的时候，Unity会自动为你创建这个Assets文件夹。如果你将某个兼容的文件，如3D模型、音效或图像拖放到Project面板中，那么Unity会在后台把它复制到Assets文件夹里去，并在Project面板中显示。

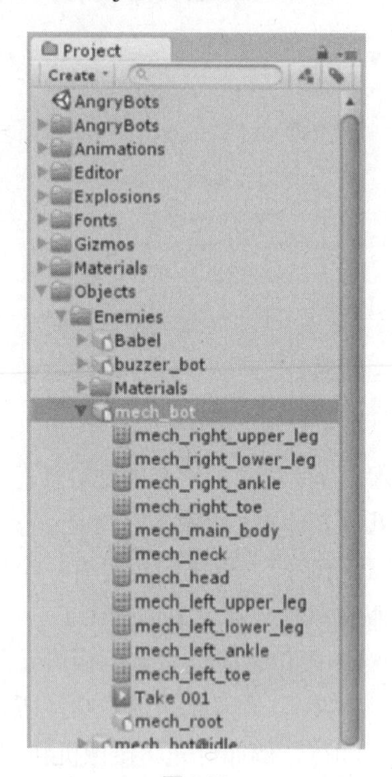

图1.18

Inspector（检视）面板

Inspector（检视）面板的内容不是固定的，也就是说，它会视你在Unity里选定的对象而定。你可以在这里调节那些列在Hierarchy（层级）面板中的游戏物体的位置、旋转和缩放，Inspector面板也可以显示一些组件的配置控件，这些小组件能够为游戏物体添加功能。在Unity的这三大面板（层级面板、工程面板和检视面板）中，最常打交道的就是这个检视面板了，因为这里是你调节游戏工程元素的各项属性的地方。

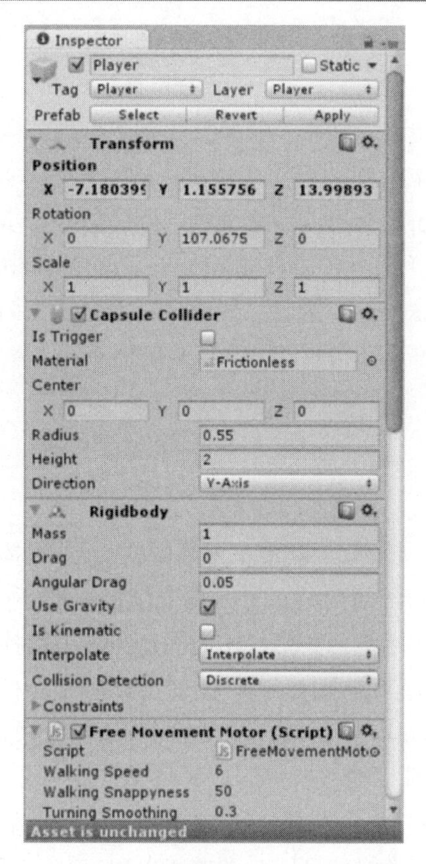

图1.19

图1.19是Inspector（检视）面板的屏幕截图，显示了Angry Bot演示场景中名为Player的游戏物体上的组件。包括：

- 一些脚本（包括Free Movement Motor和Player Move Controller）。
- 一个Rigidbody组件。
- 一个Caspule Collider（胶囊型碰撞器）。

要想在电脑中查看这些内容，可在Hierarchy（层级）面板中点击展开Player游戏物体层（图1.20）。在后续章节里，我们将对各种组件进行深入的学习。

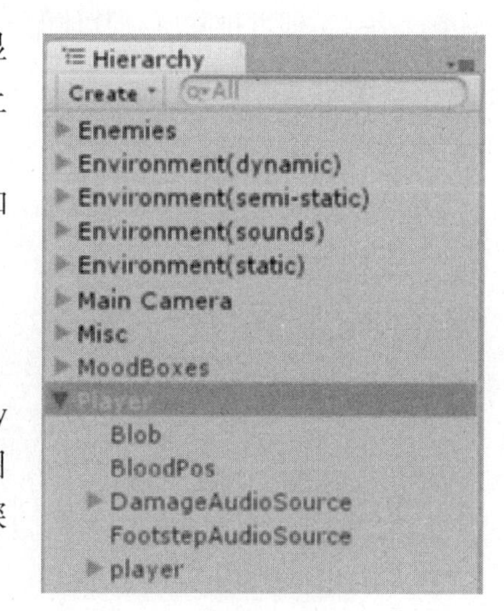

图1.20

注意事项有哪些?

让我们用Inspector（检视）面板来快速改一下角色的朝向吧。我们就用一个大头朝下的角色示范（顺便提一句，这也是让那些机器人更加愤怒的一种方式哦）。

我们可以使用Inspector面板更改玩家角色的旋转角度。步骤如下：

1. 在Hierarchy（层级）面板中，点选名为Player的游戏物体。

2. 点击屏幕左上方的Rotate（旋转）按钮，看上去像是两个箭头相互追逐的那个图标（图1.21）。

图1.21

如图1.22所示，此时，Scene（场景）视窗中的Player物体周围会出现一个球形（如果你没看到那个叫player的游戏角色，可以把鼠标指针悬停在场景视窗内并按F键进行定位）。蓝色的Z轴旋转柄围绕在角色身体周围。点击并拖拽它可以旋转角色的模型，仿佛它置身在一个左右摇摆不定独木舟上。红色的X轴旋转柄可以前后旋转它，仿佛它是桌面足球台上的一名球员一样，固定在一根金属棒上。如果我们点击并拖拽这个旋转柄，角色要么会面部着地，要么背部着地，仿佛它患上了太空症。而绿色的Y轴旋转柄仿佛在让角色玩呼啦圈一样。拖拽这根手柄可以让角色左右摇摆，面朝各个方向旋转。Player游戏物体可能不太好找到，为了便于单独旋转，可在场景窗口的搜索栏中键入`player`，即可排除所有其他的游戏物体。

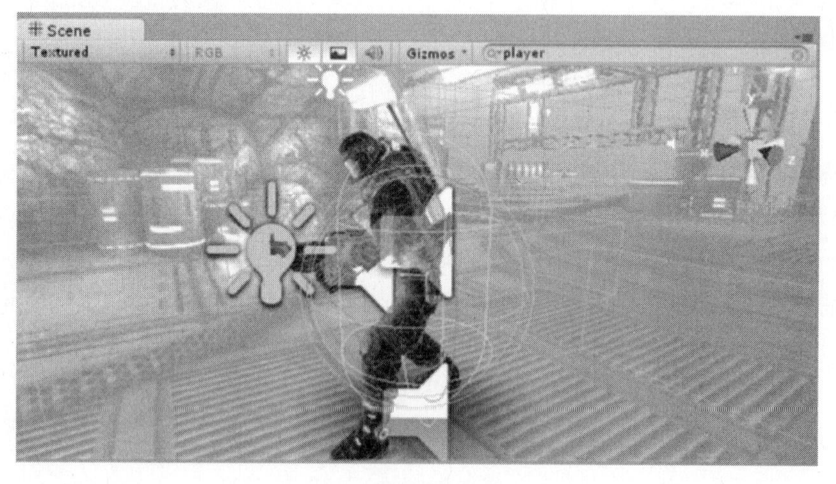

图1.22

3. 你固然可以点击并拖拽红色的X轴旋转柄让玩家角色上下颠倒过来，但更好的方法是在Inspector（检视）面板中更改X轴的旋转角度数值。如果该面板没有展开，可点击Transsform（变换）面板前面的灰色箭头展开它，并将Rotation（旋转）属性中的X轴转角值改为`180`（图1.23）。可以看到玩家角色的角度被上下颠倒过来了。

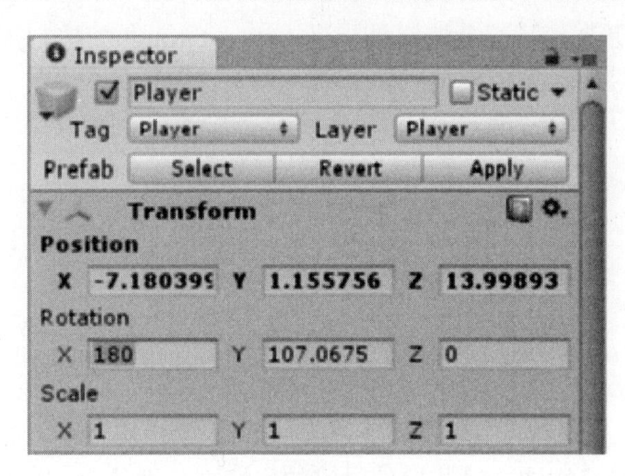

图1.23

4. 现在，当你点击Play按钮测试游戏时，玩家会在Angry Bots演示场景中跳霹雳舞，就像电子舞那样。而机器人被吓坏了，心想"错误！无法计算！"，以致它们呆在原地不动。

Transform（变换）是掌管游戏物体的位置、旋转及缩放的组件。场景中的每个物体都有一个变换组件，确定它在哪里（位置），多大尺寸（缩放），朝向哪边（旋转）。沿某个轴向缩放物体可以让它们产生拉伸和变形，我们会在后面章节中看到。

层(Layer)和布局(Layout)下拉菜单

在Inspector（检视）面板上方，你会看到层（Layer）和名称（Tag）下拉菜单。游戏物体可以按层归组，类似于Photoshop或Flash里的层的概念。Unity预置了几种常用的布局方案，列在了布局（Layout）下拉菜单中（图1.24中可见，我用的设定是2 by 3）。你也可以保存及加载你自己的自定义布局。

图1.24

播放控制

可以看到，这三个按钮有助于你测试游戏并控制播放（图1.25）。Play（播放）按钮用于控制游戏的开始或停止。Pause（暂停）按钮的作用也不言自明——它可以将游戏暂停，便于随时更改。第三个按钮是步进（step-through）控制按钮，它可以让游戏逐帧播放，便于进行更细微的控制。

图1.25

场景控制

如图1.26所示，在窗口的左上方，你可以看到四个控制按钮，它们供你在场景中漫游，并在其中放置游戏物体。这些控件对应的快捷键分别是Q、W、E和R。

图1.26

● 抓手工具（Q）：用来点击并拖拽场景。按住Alt键可旋转视图。用鼠标滚轮可以拉近或推远视图。按住Shift键可以以较大的增量去平移、缩放及旋转，便于提升操作速度。这就是你在游戏世界中的导航方式了。实际上，它并不会影响到玩家的游戏视角。要想修改游戏视角，你需要使用移动（Move）或旋转（Rotate）工具修改摄像机的方位。按Shift键可将摄像机推远。按鼠标右键可以以一个3D摄像机的视角控制场景视图。

● 移动工具（W）：此工具用于在场景中移动游戏物体。你可以通过拖拽X、Y或Z轴控制柄来移动物体，或者通过中间那个白色方块实现自由移动。按住Ctrl键或Command键（苹果系统）可吸附到栅格点上。

● 旋转工具（E）：使用球形操纵件旋转物体。红色、绿色和蓝色弧线分别对应X、Y和Z轴。

● 缩放工具（R）：此工具的操作方式和移动及旋转工具基本相同。它可以对物体进行缩放编辑。拖拽X、Y或Z向手柄可实现不等比缩放（压扁或拉伸），而在中间的灰色方块上拖拽可以实现等比例缩放。

1.20 等等——后面还有呢!

我们大致了解了Unity界面上的主要元素，但不必就此打住。除了本书介绍的内容外，还有大量的菜单选项、按钮和控件不会在本书中出现。何不探索一下那些菜单或者在你所好奇的地方随便戳戳看呢？现在是时候去稳妥地搞点破坏了。既然努力开发Angry Bots演示场景的人不是你，那么把它弄乱一点又有何不可呢？

你对演示场景所作的某些改动可能是永久性的，即使你并没有选择保存那些改动。所以建议在大肆鼓捣之前还是先为Angry Bots Demo这个文件夹创建一个副本吧。

下面是可以尝试的操作：

● 在Hierarchy（层级）面板中选择某些游戏物体，并在Scene（场景）窗口中使用场景控制按钮去移动它们的位置。如果你把一个气闸放到空中会发生什么呢？玩家是否依然能够通过？如果你在游戏开始之前把罐子或电脑放到玩家头上会怎样？它们是会掉下来呢，还是会悬停在那里？你能挪走一些物体让玩家爬上阳台的边缘吗？如果能爬得上去，又会发生什么？

● 在三个面板中随意点击鼠标右键，查看菜单选项，看看能发现些什么。

● 进入GameObject[1]（游戏物体）| Create Other（创建其他物体）菜单，这里列出了一些好玩的物体，无需使用3D建模软件去建模便可直接添加到场景中去。

● 如果你把场景中的灯光或者摄像机删掉会发生什么？你能再添加一个摄像机或是更多的灯光吗？这会为场景带来什么影响？

● 你能把玩家角色放到演示场景的其他位置，好让他从另一个位置开始？你能把声音文件替换成哞哞声，让每次开枪的声音都是牛叫声吗？

● 从网上下载一张小猫的图片，看看能否把它贴到一个大石头上。小猫岩！你可以通过Assets（资源）| Import New Asset（导入新的资源）菜单项将小猫图片拉入工程里。

1.21 总 结

本章旨在对Unity的能力有个概念，并了解程序的界面元素。以下是我们了解到的事实：

● 大到80人规模的团队，小到一两个人组成的团队，都在使用Unity创建好玩的游戏。

1) 较新版本中已改叫3D Object（3D物体）。

● 将目标设得低一点，我们就会获得更多的成功。在此过程中，我们学习Unity，并作出功能完整的游戏，而不是一个规模宏大却半途而废的工程。

● Unity支持发布多个平台的版本，这有助于我们将游戏发布到不同的平台上面去。我们用免费版就能发布到网页、Mac、PC、Linux以及特定的移动平台上面去。

● Unity界面上的控件和面板让我们直观地布置游戏资源，并且可以在程序中实时测试游戏！

想必你已经花了些时间去彻底破坏Angry Bots演示场景了吧。如果你通过File（文件）| Save Project（保存工程）菜单来保存文件，那么你的演示工程算是没救了。如果你以后想回到AngryBots演示场景的原始状态去搞点更大的破坏，那就不必去保存我们在本章中做过的那些改动了。

大志向，小游戏

现在我们已经了解了很多。我们不妨快速了解一下几种游戏设计理论吧。在下一章里，我们将确定一个独立的游戏开发新手应当处理的游戏的规模。摩拳擦掌，整装待发吧，因为你即将开启一段奇妙之旅。

第2章

让我们从天空开始

好了，你已经下载并体验过一个崭新的Unity副本了，也看到了别人用这款游戏引擎做过的几个案例，也大致了解了界面。现在你可以在菜单中点击File（文件）| New Project（新建工程），将Angry Bots演示工程清扫一空。当你选一个空文件夹（你可以给它取名叫Intro）作为新的工程后，Unity会完全退出并再次开启。然后，你能看到的只有一个3D平面物体。

点击Scene（场景）视图上方中间的风景画图标（图2.1）可以查看这个平面，如图2.2所示。它向四面八方无限延展——无论哪个方向上似乎都是望不到尽头的，你的前面，你的后面，一路通往深邃，一路直入云霄。

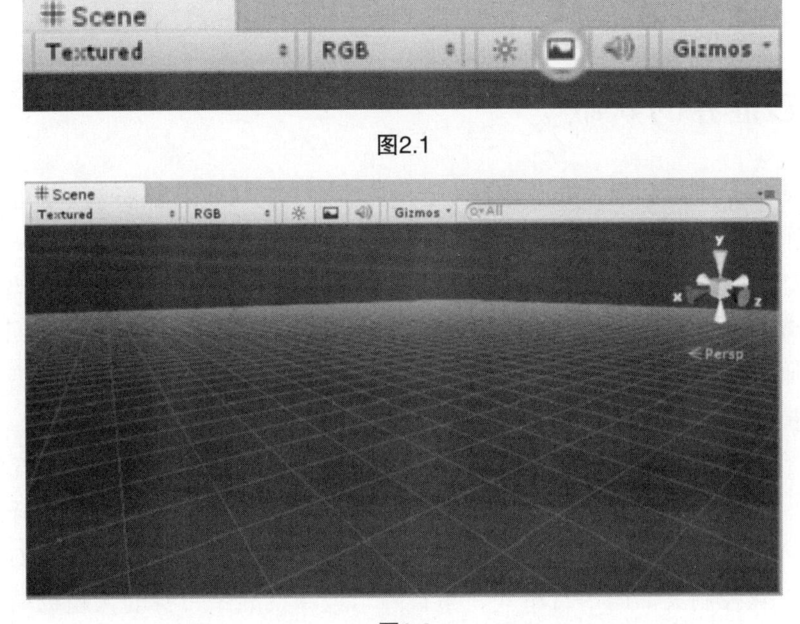

图2.1

图2.2

现在可以制作游戏了是吧？但你该从何做起呢？从哪里入手呢？

2.1 那个小灯泡

想法才是关键。每个游戏都始于一个想法——那就是你头顶上的那个小灯泡，轻轻一点然后它突然一亮，你随即脱口而出："啊哈！"如果你已经决定选本书来学Unity了，那么你心里可能已经有至少一个关于游戏的想法了。如果你像我这样，那么想必已经有一万个游戏的点子浮现在你的脑海里了。它们都在吵嚷着博取你的关注："做我吧！做我吧！"这些想法该选哪个做才好呢？

决定一名游戏开发者是否成功的品质并不在于他有多少想法。一个拥有10个游戏想法的家伙等同于一个脑袋里装着500个游戏点子的小女生。这些点子都一文不值！游戏开发者开发的是游戏。阻碍你成功的因素并不在于你所拥有的想法多少，也不在于你半途而废的工程有多少。而是在于你真正完成的游戏有多少。打个比方：真正执行的人才是赢家。先别去考虑做得对不对，先考虑把它做完吧。

既然压力这么大，你怎能保证把第一个游戏做好呢？詹姆斯·卡梅隆执导电影《泰坦尼克号》和《阿凡达》之前，他曾执导过《食人鱼2：繁殖》，这是一部成本超低的关于食人鱼的小制作电影。别担心，你就是未来游戏界的卡梅隆。但现在我们还是先把鱼做好吧。

2.2 3D世界的妖歌

在你成为一名成功的Unity游戏开发者的过程中，最大的拦路石就是真正做出一个工程了。你坐在那里，盯着界面上的那个无限延展的3D栅格平面，心中酝酿着想法，这个过程对于你击碎这个拦路石至关重要。如果你选对了想法，那么就相当于成功了一半。选错了想法可能会将你带入万劫不复的深渊。然后你可能就要打道回府重新学一门会计师之类的专业了。开始是一心想着学游戏开发，结果却学了会计专业，没有比这更悲催的了。所以我们要尽可能避免发生这样的事情。

在开始前，难免会遇到各种不顺。那个无限延展的3D平面在召唤着你，祈求你在心中去酝酿一个工程，你可能在回想其他曾经玩过的3D游戏：那些开放的沙盒（Sandbox）类游戏，例如《黑街圣徒》（Saints Row）或《侠盗猎车手》（Grand Theft Auto）；以及控制灵活的平台游戏，集冒险与趣味挑战于一身的《超级马里奥64》（Super Mario 64）这样的游戏（图2.3）；还有横扫千军、规模宏大的角色扮演游戏，例如《天际》（Skyrim）或《辐射3》（Fallout 3）。所有这些游戏有一些共同点：一个动画角色或第一人称摄像机，在一个基于物理真实感的环境里；一个丰富细腻的3D世界，有地图、关卡、非玩家角色和道具等；背后还有一个花费数百万预算的数百人的团队。

图2.3

还有就是，你有99位想要帮你的制作游戏的挚友，却没有和他们一同阅读本书。你要无视那个无限延展的3D栅格平面对你的影响——要培养能够让你从起点到达终点的创意与才智，换句话说，就是从一个想法到达最终的游戏。

2.3 特性vs内容

游戏开发者容易掉进的另一个误区就是降低他们的想法标杆，但却依然用了不切实际的方式。例如，他们会说："我不想把目标设得太高，所以我打算做一个像《GT赛车》这样的游戏，只不过没那么多车而已。"或者"我想做一款关卡少点的《暗黑破坏神III》。"又或者"我想做一款等级少点、物品减半的《魔兽世界》。"

为什么说这种想法很危险呢？先来了解一下游戏是如何制作出来的。这里的两大问题在于特性与内容。同等条件下，一个设计了50关的游戏要比一个设计了5关的游戏内容更丰富。50关的游戏内容大概是另一个游戏的十倍，但两个游戏的特性是相同的：那就是关卡。一个拥有12个角色等级的角色扮演类游戏，其内容要比一个拥有3个角色等级的游戏更丰富，但二者都有相同的特性：角色等级。

所以，当你意识到为游戏制作额外的内容要付出更多的工作量的时候，请试着想想，一个游戏会包含多少个特性。游戏里的每个特性都需要更多的工作量。有时候，创建20个不同的敌人角色其实要比制作“敌人”这个特性本身要简单。

2.4 一个没有特性的游戏

我们了解了挑选一个特性丰富的游戏并削减它的内容的做法有多么危险，这无异于搬石头砸自己的脚。而且，由于某些特性的开发非常耗时间，所以试图挑选一个特性完整的游戏并试图削减工程规模的做法也是不稳妥的。

有一种非常稳妥、同时也是最易获得成功的方法，那就是先从一个没有特性的游戏做起，然后把特性逐一添加进去。通过这种方法，你可以确定你的游戏什么时候可以达到和玩家见面的程度，至于其他已经计划好的特性，可以加到未来的第二代里。这是一种稳赚不赔的方法，能够让你体验到很多小胜利，也可以制作出更多完整的游戏!

2.5 内在机制vs外在表现

还有一条有助于你完成游戏的技能，那就是意识到内在机制与外在表现间的区别。游戏的内在机制是指它具体是如何作用的。最好的游戏都包含一套容易学会却不易精通的机制，能够持续吸引玩家的兴趣。《俄罗斯方块》（Tetris）的机制是移动并旋转落下的砖块，创建并消除一行或多行实线。很多高尔夫球游戏的机制是用玩家的拇指模拟挥杆，或者当“力量”与“精准度”都到达最适等级的时候按下某个按键。例如，《打砖块》（Breakout）的机制是左右移动一个球拍，将球弹到易碎的砖墙上去。

游戏的外在表现是指它给人的视听感受。可以是叙事的过场动画，也可以是你为游戏挑选的主题。想象一款游戏，你在里面设计了一个跟随鼠标指针运动的物体。你要避开屏幕上的“坏”物体，收集那些“好”物体。这就是游戏的内在机制。而游戏的外在表现可以是任何东西。代表玩家的物体可以是一只收集“好”奶酪躲开“坏”奶酪的老鼠，也可以是一艘收集太空金矿、躲开黑洞的宇宙飞船，还可以是一支收集动词躲开连接代词的钢笔。正所谓“天有多高，心就有多高”！

2.6 被自己的外在表现所困

你学会了区分内在机制与外在表现，就可以摸清游戏的套路并随心所欲地开发任何东西了。如果“我想制作一个太空主题的策略游戏”，那么就回想之前玩过的那些太空主题的策略游戏好了。你可能会想到《半人马座阿尔法星》（Alpha Centauri）或《银河霸主》（Master of Orion）这样的4X游戏[1]，它们都会让你开启征服宇宙的探索之旅。像这样的大型游戏恐怕不是你能独立完成的。所以，不妨先把它们精简一下——“我只建造只有几个星球的《银河霸主》。”或“我只建造只有几项个性的《半人马座阿尔法星》。”现在你已经不知不觉地掉进了自己挖好的陷阱。因而即便如此，你的工程依然太过庞大，你最终会在绝望中放弃。若干年后，身为会计师的你还在想不通为什么。

2.7　那个单一的乐趣点

与其沿着模仿的道路继续走到黑，不如自己先思考一下外太空主题和策略游戏的机制。每个游戏的乐趣点在哪？像《银河霸主》这样的游戏，有哪个时刻会让你脑洞大开？你喜欢去开采一个星球的矿藏并购买新物品吗？你喜欢探索新星球的刺激感吗？或者，打造一支无敌舰队并征服敌人是否会让你兴奋不已？

把你的游戏浓缩成一个要素——就是那个单一的乐趣点。为你的玩家创造一种欢乐的体验，并围绕它来做文章，这就是你的游戏。其他的一切都只是陪衬罢了。

2.8　百分之一的灵感

互联网上充斥着简单免费的小游戏，它们可以为你带来单一乐趣点。我们就来分析其中的几个，看看我们可以从中学到什么。对于每个游戏，我们会找出以下几个方面：

- 游戏的核心机制——也就是单一乐趣点。
- 外在表现元素。
- 特性组合。
- 潜在的附加特性。
- 可替换的外在表现元素。

这些游戏需要安装Flash播放插件，想必你已经安装过了。如果你的电脑由于某种古怪的原因尚未安装它，可以去`http://get.adobe.com/flashplayer/`按照指导进行安装。

---

1) 译者注：4X游戏是指策略游戏中的探索（eXplore）、扩张（eXpand）、开发（eXploit）和消灭（eXterminate）这四种要素。

2.9 《钻探机》（Motherload）

XGen工作室开发的《钻探机》（http://www.xgenstudios.com/play/motherload）将一个像《银河霸主》这样复杂的4X游戏浓缩成两个充满乐趣的任务：开采资源和购买物品。图2.4是游戏的截图。

图2.4

核心机制：用键盘上的方向键驾驶你的汽车——挖土、飞行、避免高处坠落——带着有限的燃料。游戏的真正关卡只有一个，一直延伸到屏幕下方很远的地方。在返回地表卖掉矿物清空货仓之前，你的钻探机车只能钻探有限的距离，并挖掘有限的矿石。技巧就是挖掘并卖掉足够多的矿石来升级你的座驾，以便可以钻探到更深的地方，也可以携带更多的战利品。最初的目标是获得可笑的奖赏，但故事最终发展成了让获得战利品具有意义。这种机制类似于另一款简单许多的游戏《平衡飞船》（Lunar Lander）：在该游戏中，玩家必须让飞船在油料耗尽之前轻稳地着陆在一处平坦的地面上。你可以把《钻探机》看成是一个极度简化的《银河霸主》或是一个高级版的《平衡飞船》！

外在表现：一个准卡通式的太空矿，上面盖着砂砾层。玩家角色是一个未来风格的采矿车。唯一的非玩家角色就是一个人类（或者他不是人类？）。

特性组合：

- 矿车控制。
- 矿车升级（包括矿车本身和地层的硬度及属性）。
- 商店。
- 可挖掘的地层。
- 可滚屏显示的故事介绍或对话窗口。
- 保存游戏的选项。
- 面向玩家的特性。

面向玩家

我们随后会接触面向玩家的游戏视觉元素，包括标题画面、介绍画面、暂停画面，以及输赢结果显示画面。这些都是你的完整游戏的基础部分。最好的结果是，如果你做得好，那么就可以在每个新的游戏作品中再度利用！

潜在的附加特性

第二代的《钻探机》游戏的特性包括：

- 切换矿车种类。
- 开采其他星球。
- 同时管理多辆车。
- 一种角色模式，你可以像《超惑星战记》（Blaster Master）的小人那样从车里出来四处走动。

此外，二代游戏可以添加新的内容：更多的货船升级，更多种类的矿石，更广阔的游戏空间，更多的故事序列，更多的声效和音轨等等。这就是游戏评论人所嗤之以鼻的换汤不换药型（MOTS）续作。按照现在的说法，你可以把它叫“资料片”。

为了和完全不同的团队用几乎一样的机制所做的游戏进行对比，可以玩一下InMotionSoftware公司开发的《钻头老爷》（I Dig It）和《钻头老爷之远征》（I Dig It Expeditions），把水下钻探算作是一种创新（图2.5）。

图2.5

拓展你的技能

我们也就是说说罢了，但如果你想为自己的游戏推出续作，那么至少要添加一个新特性。而且，由于你依然在学习Unity，确保开发这个新特性不会用到你学过的技能。这样一来，你所制作的每个游戏都会将你的能力拓展得更为宽广，直到你成为一个所向披靡的Unity大师。

2.10 抬起头来!

务必要注意游戏的平视显示元素（HUD），视频游戏的HUD包括不属于游戏世界实际内容的图形元素，却为玩家提供了重要的信息。一个比较典型的例子就是《塞尔达传说》（Zelda）中的健康度指示表或是格斗类游戏中的能量棒。《钻探机》中的HUD元素包括一个不断消耗的燃料桶，以及一个船体新旧程度指示条。此外还显示了动态变化的金钱数额以及钻探深度指示。三个可以点击的元素可让玩家分别打开存货

（Inventory）、选项（Options）和指示（Instructions）界面。最后，还有一条文字信息提示玩家在当前视图区域外还有更多的商店。

Unity有非常棒的HUD创建特性。你在《钻探机》游戏里见到的每个HUD项目——包括图形指示条、动态（可变的）文本、可点击的图标，以及闪烁的帮助文本提示——这些都可以用Unity游戏引擎制作出来。如果你已经迫不及待，可以直接跳转到第4章牛刀小试一下哦！

2.11 《打炮在线版》(Artillery Live!)

《打炮在线版》（Artillery Live!）（http://www.gamebrew.com/game/artillery-live/play）是众多打炮机制类游戏当中的经典之作，堪称视频游戏的鼻祖（图2.6）。它也是用Flash制作而成的，但是完全可以用Unity制作出来，使用3D风格的坦克模型以及炫酷的爆炸烟火效果。

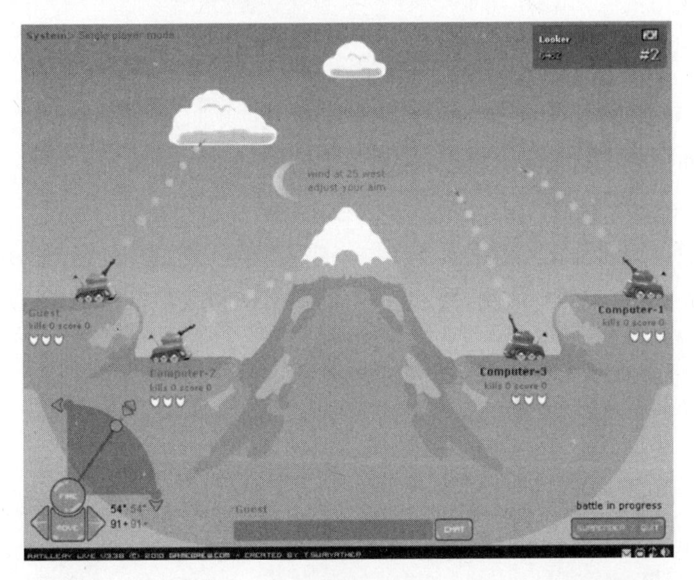

图2.6

核心机制：打炮类游戏的机制大同小异，玩家设定好射击的轨迹和力度，摧毁敌方坦克。此版本也包含了风速因素，能够影响坦克炮弹在空中的穿行轨迹。随着时间的推移，游戏机制演变成了拉回后松手的操作方式，模拟弹弓的原理。其他版本中还有炮塔，自动瞄准到鼠标指针的位置，玩家按住鼠标键可为射击积蓄能量。

外在表现：Gamebrew网站上的版本是一种典型的坦克+山地的对阵局面，保留着游戏开发先驱们在20世纪70年代开发的最初的打炮类游戏的精髓。这些游戏从纯文本主题到最初的由像素风格的坦克构成的图形化游戏。当然，外在表现元素还可以被替换成上面坐着驾驶员的坦克，人的手里拿着一把弓箭（效果可参考《弓箭手》（Bowman）系列的在线游戏），如图2.7所示。

图2.7

在趣味性更强的打炮类游戏的衍生版当中，近期比较著名的是《百变天虫》（Worms）系列，把坦克元素换成了一队拟人化的全副武装的蠕虫，还有另一款叫《宝贝坦克》（GunBound）的游戏，这是一款多人在线游戏，玩家在里面驾驶大车相互火拼。除了坦克元素外，《宝贝坦克》也融入了动物和神话生物（图2.8）。甚至可以认为《愤怒的小鸟》（Angry Birds）那种“拉回后松手”的弹弓机制就是打炮游戏机制的进化。

图2.8

特性组合：除了核心机制、面向玩家的特性，以及电脑控制的玩家角色外，Gamebrew网站的《打炮》游戏版本提供了回合制的多人玩法。多人游戏这个话题可就大了去了，恐怕要单独成书才行。Unity具备支持多人玩法的特性。Unity可以很好地兼容即开即用的Socket服务器解决方案，或是你打算自己写的其他类型的服务器。尽管多人游戏远远超出了本书的范畴，不过，第12章的游戏会教你制作一个双人游戏，对方是一个由计算机控制的对手。如果你从未编写过多人游戏，那么你难免会遇到很多令人头疼的问题！一般来讲，在刚开始学习的时候，最好还是先从单人游戏做起。

多人游戏的那些事

游戏正趋向于从一个熊孩子藏在老妈的地下室里玩着单人单机游戏发展成一种群体娱乐的模式，无论是现实还是虚拟。无论何时，当你要超越单人游戏的体验时，就会花费更多的时间、金钱和脑力去创建游戏。以下列出了理想的多人游戏特性，从最烧钱、最难的直到最简单的：

- 多人，多机，实时：想象一款像《雷神之锤》（Quake）这样的动作游戏，玩家们可以在里面四处走动并同时射击。实时特性的开发成本是最高的，因为你需要确保所有的电脑都能同时“看”到同样的东西。如果电脑掉线了或者比其他电脑慢怎么办?
- 多人，多机，回合制，同步处理：像《拼词游戏》（Boggle）、《战舰》（Battleship）等多种卡带及客厅游戏都属于这一类，你无须担心电脑每秒收发数次的信息是否正确无误，所以这种机制还算说得过去。
- 多人，多机，回合制，异步处理：这种机制中，人们不是同时玩游戏，而是最新的回合赛会通过Facebook信息或电子邮件的形式发送。这让玩家们可以放缓出招的节奏，压力也没有那么大。类似于Scrabble风格的拼字游戏《Words With Friends》就是个绝佳的例子。
- 多人，人机对战：选用这种机制的成本会较高，因为你需要编写代码，让电脑玩家角色足够智能化，以便能够对抗真人玩家。实现这种机制的难度视游戏类型而定。对于游戏《四连棋》（Connect Four）来说，其人工智能（AI）的编程难度要比《国际象棋》（Chess）低。
- 多人，同机，人人对战：这是最容易实现的一种机制。计算机的信息传送也不复杂，而且你也不需要为计算机玩家角色编写人工智能代码。不管怎样，这依然会比纯单人游戏投入更多的精力去开发。

潜在的附加特性：《百变天虫》系列在复制打炮类游戏概念方面做得非常出色，它添加了大量的附加特性：

- 武器仓库（包括标配的火箭炮，以及非标配的飞天羊和圣手雷）。
- 数量有限或可以收集的弹药。
- 基于团队的玩法，采用限时回合制。
- 周边物品，例如地雷、油桶和卸货架。
- 移动和跳跃。
- 基于物理的平台，用忍者绳吊起。
- 过场动画。
- 可命名的角色。
- 单人闯关模式。
- 其他可解锁的物品。

如图2.9所示，作为一个绝佳的案例，《百变天虫》系列向你展示了如何选用一种简单有趣的机制，结合创造性的外在表现元素，尽情添加各种奇思妙想的特性。不过，最重要的是先从最简单的打炮游戏做起，而不是《百变天虫》。

图2.9

物有所值

目前，特性开发的秘诀就是要找到开发起来既省时间又省成本的特性，但同时又要让玩家体会到最大的乐趣。能为自己的虫虫战队命名真是乐趣无穷。我记得曾经在该游戏的某个版本中花了大量的时间去创建我自己的虫声，改成一些比较有震慑力的话语。对于游戏开发者来说，这并不是一个太难实现的特性，而且我在自定义战队方面所花的时间比我真正去玩游戏的时间还要多！

做个游戏，能买个房？

如果你认为玩家只对大想法和大团队制作的游戏感兴趣，那么打炮游戏着实会颠覆这种想法！iPhone开发者Ethan Nicholas发布了一版iPhone平台上的打炮游戏，并为《Wired》杂志写了篇报道，结果他的游戏为他赚了60万美元。毫无疑问，小游戏也会获得大的成功。

2.12 Pong

没写错吧，Pong？没错，就是Pong。英国影视艺术学院推出了这款经典游戏的在线版本（`http://www.bafta.org/games/awards/play-pongonline,678,BA.html`）。最初版本的Pong被认为是我们今天所说的商业电视游戏产业的开山之作（图2.10）。

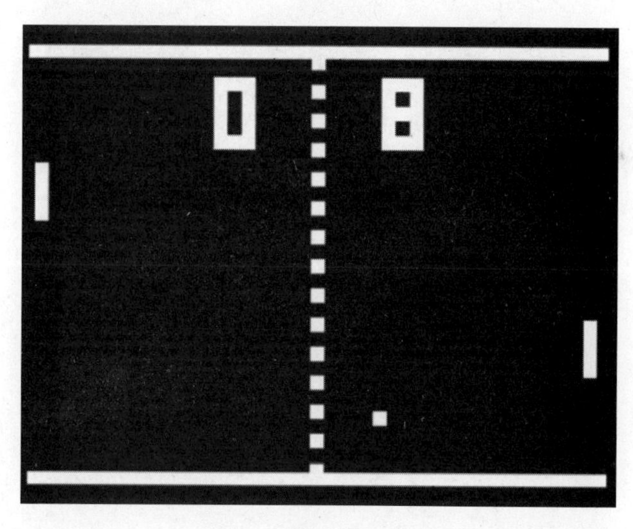

图2.10

机制：Pong的名字取自“ping pong（乒乓）”一词，这是现实世界中的一种运动，两个玩家用球拍把球打到对方那边的桌子上，中间以网为界。乒乓球是从网球演化而来的运动，因为人们后来意识到满场跑来跑去的真是太累了。

某些现实世界中的运动和电视游戏机制结合得非常好。大概50年前，电视游戏产业还刚刚起步。现实世界中有太多有趣的东西（例如玩乒乓球或炸坦克等）等着被人们结合到奇妙的电视游戏机制里去。你能否从中找到一种未被发现的机制，然后制作出下一个Pong?

就像很多早期的游戏那样，Pong还有很多不如人意的地方。要想完全把网球和乒乓球搬到电视游戏中还有很长的路要走，而且效果也可能差别很大。就拿Rockstar游戏公司出品的那款《乒乓球》（Table Tennis）（图2.11）中的身临其境感与任天堂公司出品的《马里奥网球》（Mario Tennis）（图2.12）游戏做个对比好了，后者在比赛场地内加入了旋转星和食肉植物。

图2.11

图2.12

请留意以上两个案例中的HUD元素。上述所有的三个游戏——《Pong》、《乒乓球》和《马里奥网球》，都在屏幕上显示一个动态可变的文本块，以显示得分数据。《乒乓球》中还有玩家的名称，发力尺，还有几个小圆圈代表玩家的赢局数量。注意看那些元素的位置。在所有的案例中，包括《钻探机》案例，这些HUD元素都显示在屏幕上方。

特性组合：随着《Pong》的演化，特性组合变得非常丰富。把那种来回击打一个虚拟球的简单机制发挥得淋漓尽致，足以让游戏的可玩性大幅提升。Rockstar公司与任天堂公司都能以压倒性的特性组合把《Pong》甩开几条街，让它黯然失色。通过引入网球风格的积分系统，他们仅花了这一点点的心思就让这款游戏明显突出了网球的主题。这两款游戏都增加了锦标赛和排行榜机制，并且不同的玩家角色会带来不同的技能组合。《马里奥网球》加入了约三十个新特性，包括蘑菇。而《Pong》则诠释了一个简单可靠的游戏机制能做到多么"复杂"。不过，如果你想要制作一个像《乒乓球》或《马里奥网球》这样的功能完整的游戏，关键是要从《Pong》这样简单的游戏做起。

2.13　经典的机制

《Pong》的游戏机制是那样的简单出色，以至于它所带来的深远影响贯穿了整个电视游戏编年史。

如图2.13所示，从《Pong》又衍生出来《打砖块》（Breakout）。这里的创新点在于将Pong变成一个现实世界中的手球或壁球那样的单人游戏，只是砖墙可以被击碎。《打砖块》为Pong类游戏引入了关卡的概念。每关的砖块配置都不一样。

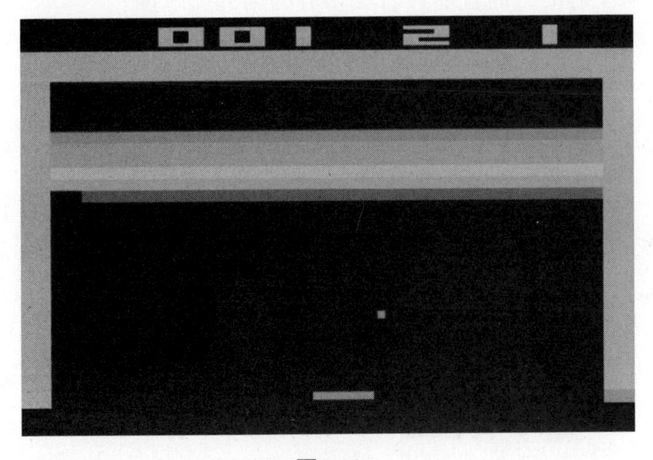

图2.13

如图2.14所示，《快打砖块》（Arkanoid）又在《打砖块》的基础上把皮肤换成了太空主题。球拍也变成了一艘飞船。《快打砖块》加入了几种新特性，最重要的是，当球击碎砖块时，胶囊形状的道具会掉落下来。当玩家用太空船接住了胶囊后，游戏规则就会发生变化。飞船可以变得更长，也可以变得有粘性，以便能够接住球后打算下一个发球位。我最喜欢的《快打砖块》道具就是写有字母L的红色胶囊。它可以让球拍射出激光摧毁砖块！

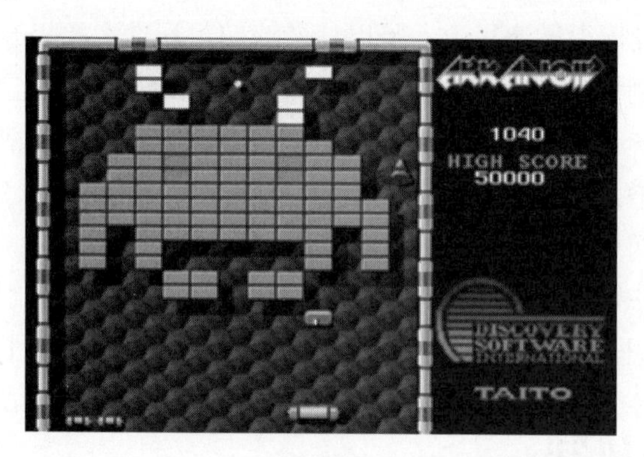

图2.14

Pong机制的出现让我们一直沿用到了今天，包括PopCap游戏公司出品的《幻幻球》（Peggle）。如图2.15所示，它整合几种不同的游戏机制：碎砖和弹球；《泡泡龙》（Bust-A-Move 或Puzzle Bobble）游戏中的那种角度瞄准；以及现实世界的弹珠台游戏那样的随机性。为了突出外在表现元素，PopCap公司加入了独角兽和囊地鼠的卡通角色。说到电视游戏史上最为人津津乐道的乐趣点之一，《幻幻球》让玩家可以用绝对夸张的慢动作射击，而且播放着贝多芬的第九交响曲！

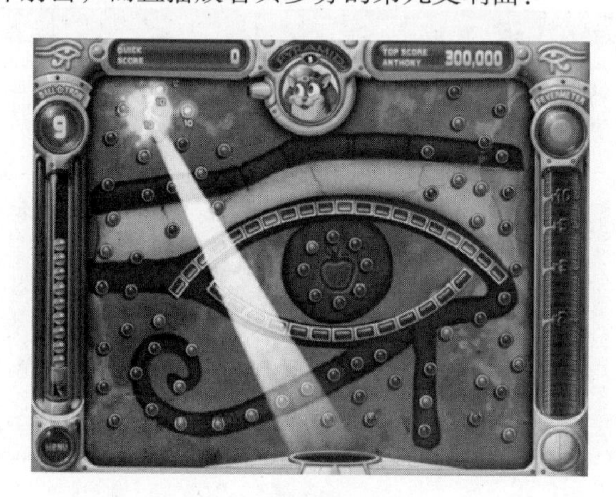

图2.15

《幻幻球》向我们展示了几个重要方面：

- 对经典机制稍加改动依然会有卖点。《幻幻球》的下载次数已经超过了5000万！
- 小游戏和大游戏可以放在一起玩。著名的大型多人在线角色扮演游戏《魔兽世界》（World of Warcraft，简称WoW）就内置了一个特别版的《幻幻球》游戏，还有PopCap游戏公司的另一款叫《宝石迷阵》（Bejewelled）的游戏。《魔兽世界》玩家可以用《幻幻球》游戏来决定如何与联盟成员分配战利品，这要比掷硬币更有趣。
- 如果你把形象更好的独角兽和囊地鼠植入游戏当中，而不是两个叫“凯恩”和“格劳戈”的拿着斧头一声不吭的超级战士，这样会吸引更多的玩家。
- 音乐和声效在游戏设计中起着关键的作用，直接决定游戏的成败。

出发吧英雄——重新设计你最喜爱的游戏

如果是你负责开发某些非常著名的游戏的续作呢？《吃豆人》（Pac-Man）的续作加入了3D迷宫、跳跃，以及主人公头上的一把红色弓箭。这些你可曾想到过？来看看下面这几个广受欢迎的游戏，并且思考一下，如果你来负责这些游戏续作的开发，你会加入哪些游戏设置特性：

- 吃豆人（Pac–Man）。
- 俄罗斯方块（Tetris）。
- 重返德军总部 3D（Wolfenstein 3D）。
- Wii 体育之拳击（Wii Sports–Boxing）。
- 国际象棋（Chess）。
- 太空入侵者（Space Invaders）。

2.14 玩具还是“玩剧”

我们在带你进入初始想法阶段时所用的方法并不是自然产生的。游戏开发新手往往想要先去设定故事和角色，就像写书那样。这就是别人教我们的工程创作方式。鉴于著作、电影、电视秀等都有很多相通之处，所以会自然而然用到这样的方式。“我的游戏讲的是一个名叫凯恩·格劳戈的冷酷铁血的超级战士，他对自己的身世一无所知，于是他凭着手中的两把战斧和他那凶狠的树懒战友，横扫邪恶的魔虫族，所向披靡，无所畏惧。”

本章只是大致梳理一下。当你刚刚开始做的时候（除非你打算制作一部纯叙事型游戏，例如那种图文并茂的冒险类游戏），故事、设定和角色都只是终点，而不是起点。有太多所谓的游戏开发者都卡在了他们的故事设计阶段，而忽略了最重要的一点：我的游戏机制是否既好玩又简单，而且还能够让玩家乐此不疲?

当你设计游戏的时候，你创作的并不是小说，而是玩具，就像是香肠肉卷。里面有美味的情节、性格弧线以及大逆转等，不过你还是要从玩具做起。你得从那个小且单一的、能够为玩家带来乐趣的乐趣点做起，引用《马里奥》、《大金刚》和《塞尔达传说》的缔造者宫本茂在2007年度游戏开发者大会上的演示稿中的一段话：

“从想象玩家开心地玩你的游戏开始，然后往回进行。”

他山之石

你当地的玩具店就是一个寻找灵感的好去处。别去理会玩具的外在表现（例如乐高海盗系列的远海历险），而是看它的内在机制：搭建。也别去理会风火轮赛道装置上那个喷火的大蝎子头，而是思考它的机制：小车在轨道上像真车那样飞驰的趣味性。并要观察走廊尽头的那个小且简单的玩具，它藏在财宝箱里，就藏在那些巧克力豆和焦糖爆米花袋里面。你一定要在那里找到关于游戏机制的奇思妙想。

突击测验——找到那个单一乐趣点

以下列出了几款基于现实世界中的体感游戏的电视游戏。当中有些是基于体感游戏的，有些则是基于休闲游戏的。你能从中找出那个关键的兴趣点吗？我已经把答案写在一张纸上折好放在你的椅子下面啦。

- 《超级猴子球》（Super Monkey Ball）：通过倾斜平板来控制球沿着坡道、螺旋道，以及悬浮的狭窄平台上滚动，而下面则是万丈深渊。
- 《合金装备》（Metal Gear Solid）：当荷枪实弹的守卫搜捕你的时候，躲在板条箱等掩体的后面。
- 《轰隆魔块》（Boom Blox）：把一个球抛向一堆物理属性各不相同的箱子，把它们打落或打爆。
- 《块魂》（Katamari Damacy）：在有碎石散落的平面上滚一个球，然后看着它渐渐变大。把各种东西粘成足够大的球就算过关了。
- 《劲舞革命》（Dance Dance Revolution）：通过踩踏跳舞毯设备上的箭头来点亮屏幕上不断滚动出现的对应的箭头。脚踏键被踩下的时机取决于音乐的节拍。

2.15 重新定义天空

天有多高，心就有多高，而Unity给我们的是一个没有尽头的天空。在本章节里，无尽的天空也会让我们茫然不知所措，进而离成功越来越远。那就让我们来重新定义天空吧。与其想着自己的游戏能有多么庞大复杂，不如思考一下我们身边的那些数不尽的简单的互动和欢乐的时刻。抛接球、击倒一堆东西、喂养动物、种植花草——生活中处处都是简单且精彩的互动，能够激起我们最原始的、最基础的“欢乐皮层”，这是我刚刚发明的一个神经学术语。

如果你想探索现实世界中的无数欢乐时刻当中的一个，那就去观察儿童吧。因为游戏就是玩耍，能让儿童和宝宝感到欢愉的游戏，纵使简单无比，也足以饱受欢迎。如果《合金装备》不是个捉迷藏游戏的复杂版，又会是什么样子？《摇滚乐团》和《吉他英雄》就是你把卧室的门关上然后弹着幻想的吉他并扮成摇滚明星的情境的数字化版本，你是否喜欢把雪滚成大雪球去堆雪人？《块魂》（图2.16）就是这种乐趣在电视游戏中的再现。

图2.16

创意方面的约束并不是什么坏事——反倒是我们所提倡的！当我们遇到最具创意和趣味性的解决方案时难免会受到束缚。相反，当我们毫无约束的时候，就会面临制造垃圾游戏的风险。这也是乔治·卢卡斯的《星球大战》的那些续作收到的最常见的批评之语。于是理论继续应验着，没人敢于对乔治说“不”，于是就有了那位更夸张的加·加·宾克斯[1]。

在你受约束期间，有可能会偶然发现一个游戏bug，亦或是一种十分有趣的古怪表现，这会成为你的核心游戏玩法机制！在电视游戏的世界里，一切皆有可能。

2.16　总　结

为了帮你归纳一下本章的内容，以下列出了我们学过的要点：

● 高不可攀的游戏想法统统是敌人！建议从小想法着手，然后慢慢创建，直到获得大成功。

● 通过削减你的游戏特性，你可以把设计降到一个可以管控的规模，这比削减内容更明智。

● 游戏的机制不同于它的外在表现。一个简单却很靠谱的游戏机制可以与大量优秀的游戏外在表现方案相结合。

● 开始留意你所玩的游戏中的那些面向玩家的特性及HUD元素。在接下来的几章里，你将动手制作自己的！

我们开始吧

在本书余下的章节里，我们将无视Unity场景视图里的那个漫无边际的3D栅格平面，而把焦点放在小且简单，而且有趣的游戏机制上。当你合上本书时，你可以把那些简单的概念结合起来，甚至可以把它们打造成像《银河霸主》或者《马里奥网球》这样特性完备的游戏。但要将成功的秘诀践行到底——从零开始，探索单一乐趣点，并逐渐丰富它，直到把游戏制作完成。

---

1) 译者注：《星球大战》中的人物。

第3章

游戏#1 —— Ticker Taker

截至目前，我们已经领略过了其他的开发者（无论团队规模大小）在用Unity做些什么。我们也讲过作为一名游戏开发新手获得成功的方法，那就是做出一个功能完备的游戏。现在是时候去挽起袖子了，把内心的那个懒惰的你捆起来，并锁在车的后备厢里，开始学习用Unity制作一款游戏。

以下是我们将要做的事：

1. 酝酿一个游戏想法。
2. 把它萃取成一个小且单一的游戏兴趣点。
3. 开始用占位物体在Unity里制作游戏。
4. 向场景中加入灯光。
5. 了解Unity内建的物理引擎。
6. 运用组件修改某个游戏物体，把它做成你想要的效果。

咱们这就开始吧！

3.1 创建一个新的Unity工程

首先是决定阶段，也就是我们盯着窗口中的那个空空如也却广袤无垠的3D世界的时候：

1. 打开Unity 3D。此时应该会显示你上一次的工程（可以以第1章的Angry Bots做演示，那可是个非常典型的例子哦！）。

2. 在菜单中，依次进入文件（File）| New Project…（新建工程）。

3. 在工程路径界面，手动输入或浏览至你想创建工程的文件夹。建议在电脑的某个路径下新建一个文件夹，随后你可以导览到那里，并且为它取一个合适的名字。我在我电脑的桌面上创建了一个文件夹，命名为`UnityProjects`，并将我创建的工程保存到某个命名为`Chapter3Game`的空文件夹里。

4. Unity为我们提供了导入大量实用的现成资源的选项。我们目前还用不到它们，因此请确保所有的复选框均未被勾选（图3.1）。

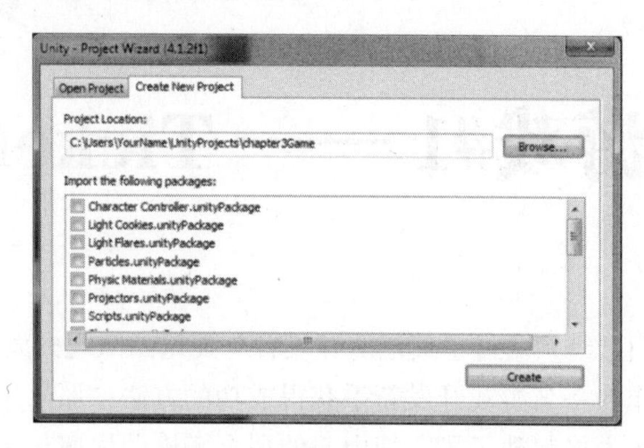

图3.1

5. 接下来，点击Create（创建）按钮，Unity会暂时关闭并重启。等我们选中的那些资源导入完毕之后，程序会启动。

6. 关掉Welcome to Unity的启动画面（如果还能看到的话），你会发觉自己正面对着那个广袤无垠的3D栅格平面。

东西都在哪?

除了3D视图的那个3D平面外，如果你什么也没看到，那么Unity可能是在戏弄你了。要想切换回某个布局，例如你在AngryBots演示案例中见到的那种，请在屏幕右上方的Layout（布局）下拉菜单中选择2 by 3。这里还有其他几种选择，包括可以保存并加载自定义的布局方案（图3.2）。

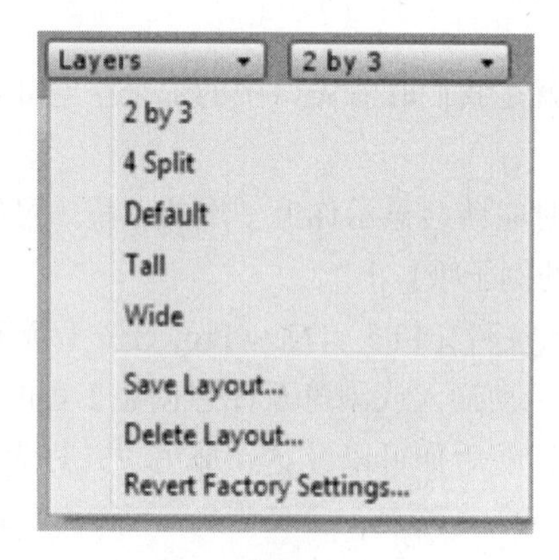

图3.2

3.2 这是个排球游戏

我们要做一款什么样的游戏呢？好吧，我们假设你十分喜爱排球运动吧（和我一样）。你日思夜想的就是排球，做梦都想玩，也不会放过任何玩排球的机会。因此，如果要你选一个用Unity做游戏的想法，那么毫无疑问：排球游戏就是你的最佳选择。

我们先回想一下，使用我们在第2章里学到的知识，来评估一款排球游戏的开发难度。排球是两队对战的游戏，每队各六个人。一名“发球员”用他（她）的手将球击到球网的另一侧，而所有的球员都要一直颠球，不能让球落地，在球网两侧来回击打，直到遇到下面三种情形：

- 某一方让球落地了。
- 球出界了。
- 一头猛兽突然冲进球场撕咬球员[1)]。

哪一队先拿到25分就算赢了该局。比赛为五局三胜制。再有就是一些规则，规定球员的击球时机和方式（提示：不是用手抓哦）。

应该说，显然排球游戏算是一款“大”游戏了，融入了很多规则和复杂性，多队对战意味着你有四种方案可选：

- 双人同机：双方玩家共用同一组键盘和鼠标相互竞技。
- 单人同机：你需要编写AI（人工智能），让电脑对抗真人玩家。
- 双人多机：不用解释了吧。
- 多人多机：每个真人玩家操纵各自球队的球员。

我们在前一章里看到了，这些多人的方案会让一款简单游戏的复杂度显著提升。即使是起步阶段，也会面临很大的挑战。除了要设计出两个队伍外，要想让每支队伍包含多名球员，你需要做出一种能在不同角色间切换的方法。具体要如何实现只有靠你自己了。

3.3 不要放弃梦想

归根结底就是一个数学等式：你 + 排球游戏 = 坏主意的十次方。而且是糟糕透顶、无与伦比的坏主意。

可是排球是你的最爱。这是否意味着你不能追求自己的梦想，永远也不能做自己

1) 译者注：这是作者的玩笑之语。

想做的游戏？当然不是！让我们来看看能不能从排球游戏里提取出它的本质要素，也就是那个小且单一的乐趣点。

3.4 刀耕火种!

如果你想做出一个游戏，那么你需要去掉一些复杂元素和特性。拿出你的红笔和大砍刀，然后找下面去做：

1. 放弃五局三胜制。
2. 解散团队。
3. 不搞多人对战。
4. 不联机。
5. 不要裁判和观众。

我们还剩下什么？一个人和一个球而已，看上去简单多了。等等！人的模型、贴图、装配和动画的实现也挺麻烦，不如把这些也砍掉算了。

6. 把球员扔进垃圾桶。

现在怎么样？我们有一个球，浮在空中；一个不能落地的球。那么，我们需要找点简单的东西来击打这个球。人形角色太过复杂了，所以我们就用一个平板好了。现在我们有了一个能把球弹起来的东西。

3.5 生活中的颠球游戏

知道吗？这个游戏听起来已经很有颠球游戏的意思了。儿时的你可能玩过不让气球落地的游戏吧。或者你可能和朋友们玩过叫“踢沙包”的游戏。你可能在足球课上做过用身体的不同部位颠球的练习。你可能也有过从热锅里拿东西的经历，同时嘴里叫着“哎呦！哎呦！哎呦！烫死我啦！哎呦！”

颠球游戏很像第2章介绍过的《Pong》或《打砖块》。你有一个不能落地物体，还有一个不让它落地的物体。游戏的创意借助了物理原理——本例中是重力——也就是持续把物体向下牵引的力。既简单又好玩，你的玩家绝对会买账的。这样就把排球游戏简化到了这样的一个单一乐趣点。在制定规则的那个家伙给它加了各种条条框框的规则之前，排球就是这个样子。况且，小孩子们喜欢玩颠球游戏，你知道自己正在挖掘一个原始且直观的游戏机制，适合拿来做测试。

如此看来，颠球游戏貌似是一个学习Unity的第一个绝佳案例。我们这就来做一个颠球游戏吧！

3.6　制作球和球员

现在，我们要使用Unity的内建3D基型物体制作我们的游戏物体。除了地形编辑器，Unity并没有内建什么出色的建模工具。你需要找个3D软件去做。我们来看看可以用Unity建什么。

动手环节——创建球体

我们在Scene（场景）视图中新建一个内建的游戏物体（图3.3）：

1. 打开GameObject（游戏物体）菜单。
2. 指向Create Other（创建其他物体）[1]。
3. 点击Sphere（球体）。

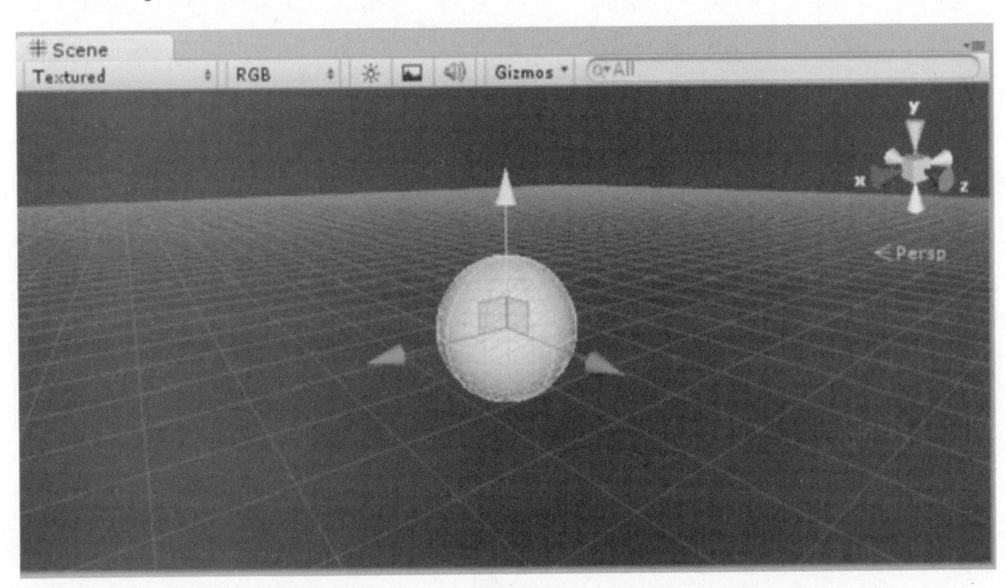

图3.3

怎么，这就完事儿了？

呃，可以这么说吧！Unity预置了多种简单3D模型，也叫基型（primitive），我们可以直接拿来使用。如图3.4所示，你刚刚创建的这个内建的游戏物体包含四个组件

1）译者注：较新版本中已改叫3D Object（3D物体）。

（component）。组件是指能够修改游戏物体或对其进行参数设定的功能模块。观察检视（Inspector）面板，看看那个名为Sphere的球体包含了哪些组件：

- Transform（变换）：该组件决定了游戏物体在场景视图中的位置、转角和缩放（即大小）。
- Mesh Filter（网格过滤器）：该组件会选取一个网格，并把它传递到网格渲染器（Mesh Renderer）当中。网格（Mesh）定义了构成某个3D结构的相互连接的顶点。
- Sphere Collider（球体碰撞器）：这是游戏物体的一个球形边界，能够让Unity知道游戏物体何时发生接触、重叠或停止接触。
- 网格渲染器（Mesh Renderer）：该组件用于将网格呈现给玩家，让玩家能够看到它。没有它，网格是不会渲染到屏幕上的。

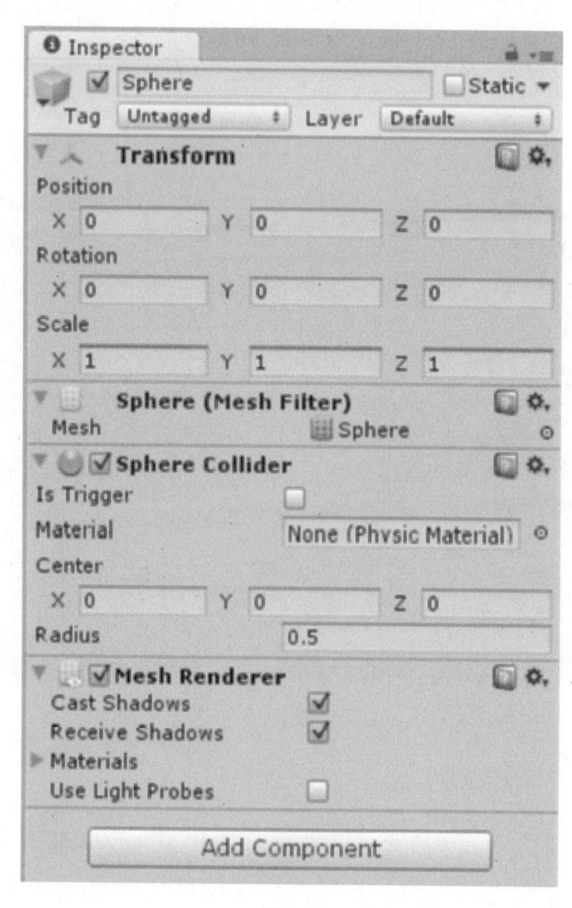

图3.4

当我们稍后向场景中加入球拍的时候，会进一步理解什么是网格。

3.7 随便给球取个名

下面来对我们的球稍作修改。我们给它改个名字，并把它移动到空中，好让它能够从那里落下。

动手环节——为球重命名

1. 在Hierarchy（层级）面板中，找到名为Sphere的游戏物体，它位于Main Camera的下面。

2. 要想为球重命名，你可以鼠标右键，从弹出菜单中选择Rename（重命名），或者，如果你使用的是PC机，可以按键盘上的F2键。Mac用户可以按回车键来重命名这个球。你也可以先选中游戏物体，然后在检视面板上方的名称栏里输入新的名称。

3. 将游戏物体重命名为Ball（图3.5）。

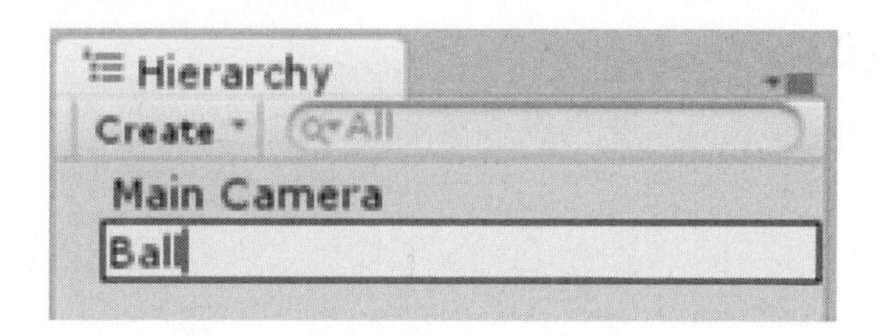

图3.5

你的工程会很快被名称极为相似的物体和其他各类元素所填满，所以让我们要时刻注意在创建物体的时候为它重命名。

3.8 关于原点

游戏世界的中心叫做原点（origin），3D空间中的原点是一个神奇的地方，一切都始于这里。3D空间被划分成三个轴向：X、Y和Z轴。如果你还记得小学学过的那个笛卡尔网格，或者如果你见过柱状图或线状图，那么X轴朝向某个方向（通常是横向），Y轴朝向垂直方向（通常是竖直向上）。3D就像是再拿一张纸并把它立着粘在你的图表上，让这条轴与X轴和Y轴都垂直，这第三条轴径直从桌子上指向你的脸，而相反的方向指向地下（图3.6）。

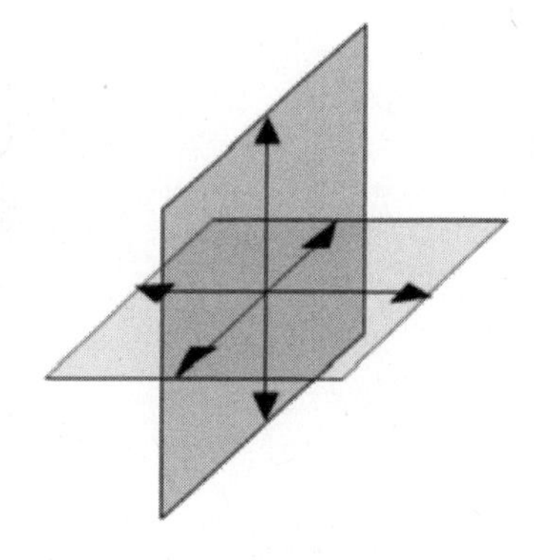

图3.6

坐标系（X、Y和Z轴的方位）因软件而异。Unity采用的是Y轴上指型坐标系。X与Z轴在“地面”上相互垂直。如果你像稻草人那样将双臂抬起，那么你的双臂就是X轴，Z轴则穿过你的肚脐，Y轴径直向上指向天空，径直向下指向地心，也就是可能会有地精等生物地方[1]。

我们进一步观察这个球。要想旋转场景视图，可按下键盘上的Alt键或Option键（取决于你的电脑是PC还是Mac）并按住鼠标键（一般是左键）。如果球位于原点附近，可以看到“地面”切面穿过了它。这是因为球的变换点（其他软件也称“注册点”或“轴心点”）位于世界的中央。球的一半位于地面以上，另一半位于地面以下。如果你的球在X、Y和Z轴上的位置数值都是零，球的中心位于世界的原点处，那里也是这三个三维平面所覆盖的地方。当然，你的球可能浮在场景某处。我们这就去把它修正一下吧。

迷失方向了?

如果你在对场景视图进行旋转、平移和缩放操作时迷失了方向，可以点击右上角的那个操纵件重新定位。如图3.7所示，点击绿色的Y锥将切换为顶视图，点击红色的X锥将切换为右视图，点击蓝色的Z锥将切换为前视图，点击操纵件中间的灰色方块切换透视视图。如果你想完全翻转视图方向，可以点击与朝向相对的白色锥——这样会将视图翻转，实现从反向视角视图。锥形下方的标签显示的是你当前所使用的视图。

请记住，你随时可以按F键将当前选中的物体居中显示。

图3.7

1) 译者注：作者的玩笑之语。

XYZ/RGB

如果你以前曾听你的科学或美术课的老师讲过有关光谱的事，那么你可能注意到了——X、Y和Z分别对应着红绿蓝三色，红绿蓝是光的三原色，而且始终是按这个顺序表述的。如果你更倾向于用视觉去识别，那么当你看到Unity里的任何关于轴向的描述时，X为红、Y为绿、Z为蓝的方式会有助于你去理解。通常，当你的鼠标指针悬停或选中某个轴时，它会显示为黄色。

动手环节——将球放到“天”上去

我们想要让球从空中的某个地方落下（也就是地面以上的地方），需要以下操作：

1. 确保选中该球体，然后在Hierarchy（层级）面板中点击它。

2. 看到球中间伸出来的操纵件了吗？你可以点击并拖拽绿色的Y轴把它向上移动，也可以在Inspector（检视）面板中的position（位置）栏的Y值输入框里输入数值。鉴于我们已经看到检视面板了，那么我们就用输入的方式吧。在检视面板中找到位置的Y栏——它就在Transform（变换）组件面板里（图3.8）。

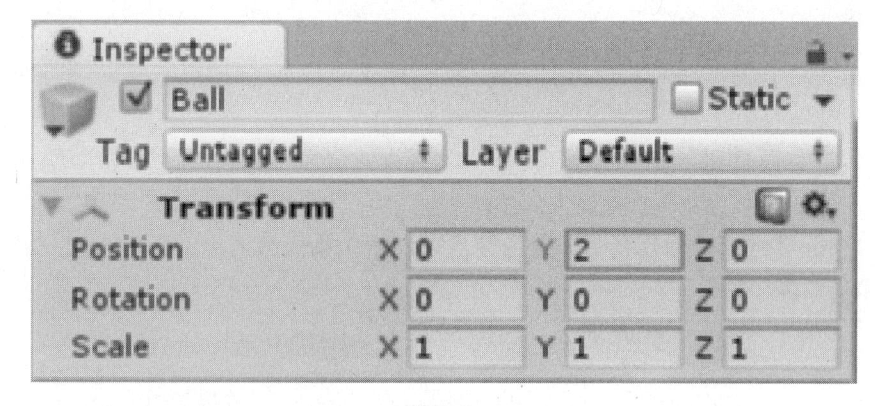

图3.8

3. 将Y向位置值从0改为2。

4. 按回车键确定更改。

5. 球在原点那里是动不起来的哦。另外确保X向和Z向的位置值都是0。

6. 球体现在应该位于地平面上方两个单位的位置处了，这个高度足以让任何有重量的球落下来（图3.9）。

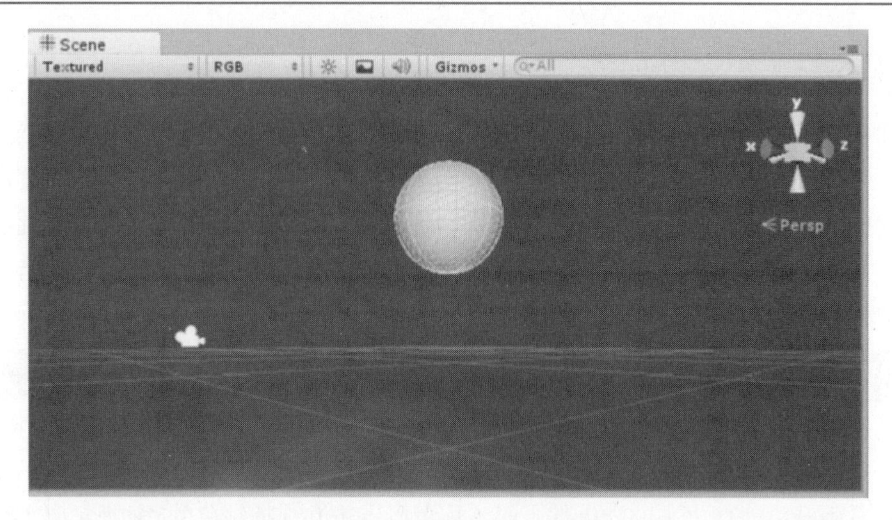

图3.9

动手环节——把球变小

3D世界中的单位可以是任意的。当你制作游戏的时候，采用现实世界的度量制会带来便利。或许一个单位等于一尺或一米？如果你正在制作一个场景庞大的即时策略游戏，或许一个单位等于一英里或一千米？对于我们的目的而言，我们刚刚创建的那个球着实有点大了，那就让我们把它变小一点吧：

1. 依然保持球被选中，在它的Transform（变换）组件X、Y和Z向缩放值框里输入0.4。

2. 按Tab键将指针移动到各个数值输入框，每次输入完成后都按一次回车键以确认更改（图3.10）。

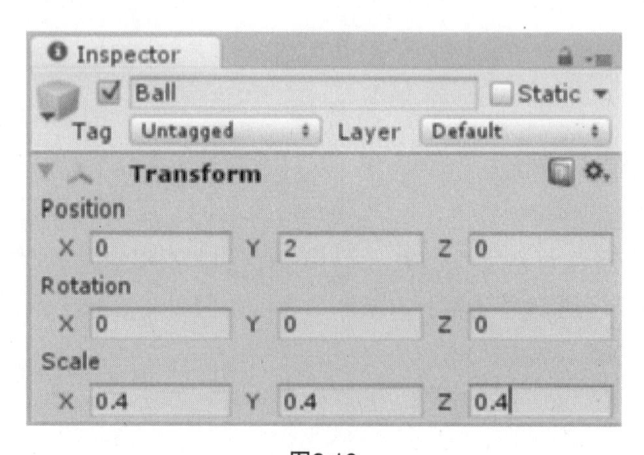

图3.10

此时的球应该被缩小了0.4倍，或者说是原来大小的40%。注意，如果你只在某一个或某两个缩放数值框内输入0.4，那么你会不小心做出一个模样古怪的蛋形或者卵形球。如果你观察操纵件，会发现你也可以使用Unity的缩放操纵件，就像我们讲过的，快捷键是R键。点击并拖拽操纵件中间的灰色方块可以等比例缩放它。

尺寸很重要

当你对游戏物体应用Unity的物理模拟时，就像我们在本章后面要做的那样，缩放比例其实是很重要的。Unity官方手册建议你将Unity中的1个单位当成现实世界中的1米（换算成英制也就是大概3.2英尺）。

动手环节——保存场景

我的一位计算机老师曾经教导我说：“保存好，没烦恼”。我不会在本书里一而再再而三地提示你在完成每一段的实践后去保存一下工程——如果你正在雷电交加的时候阅读本书，那就要看你对自家的电力供应有多自信了。但起码我们也要知道如何保存当前场景吧。从此刻开始，保存频率由你自己定吧！

1. 点击菜单中的File（文件）| Save（保存）或Save Scene As（场景另存为）。这是要让Unity保存指定的场景，可现在没有指定的场景可供保存。我们来解决一下这个事。

2. 在弹出的对话框中，为你的场景输入一个名称。我打算叫它Game。

3. 点击Save（保存）按钮，Unity会在Project（工程）面板中创建一个名为Game的场景资源。由于这是一个场景，所以它旁边有一个Unity 3D的图标（图3.11）。

图3.11

4. 现在你已经为自己的场景命名了，你可以随时按Ctrl + S快速地保存改动，也可以点击菜单中的File（文件）| Save（保存）。而点击菜单中的File（文件）| Save Project（保存工程）则可以对当前的整个工程进行保存。

动手环节——添加球拍

我们从《Pong》里借用一个术语，把这个能击打物体的平面叫做paddle（球拍的意思）。玩家要用这个paddle物体把球弹起来，让它始终待在空中。我们可以用Unity内建的Cube基型物体来做，就像之前创建Sphere物体那样。

1. 在菜单中依次点击GameObject（游戏物体）| Create Other（创建其他物体）| Cube（立方体）[1]，结果如图3.12所示。

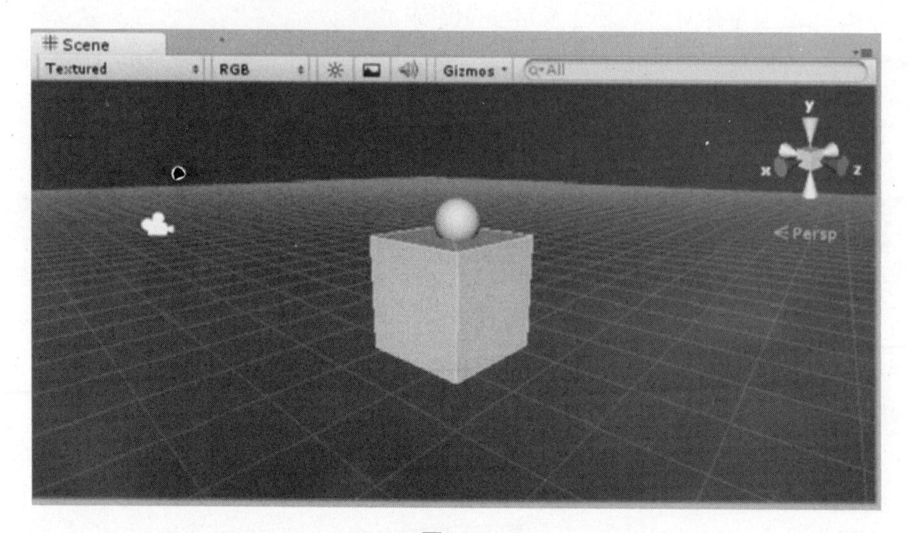

图3.12

现在，在Hierarchy（层级）面板中可以看到，我们的场景中有三个游戏物体实例：Ball、Cube和Main Camera。我们为Cube改个名，描述一下它在游戏里的角色。

2. 如果还没选中Cube，可以在层级面板中点击它的名称，然后重命名为Paddle（图3.13）。

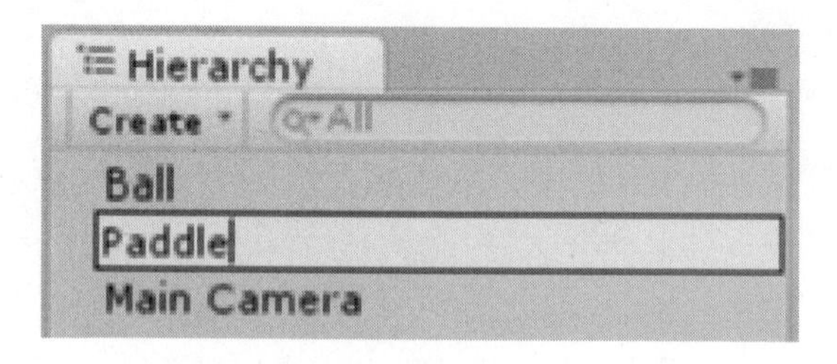

图3.13

现在，我们应该把这个球拍做得更像球拍一点了，要用到Transform（变换）面板

1) 译者注：新版菜单项稍有改变。

中的Scale（缩放）属性。

3. 确保层级面板中的Paddle仍然为选中状态。

4. 在Inspector（检视）面板中，将Paddle物体的X向缩放值改为1.1（图3.14）。

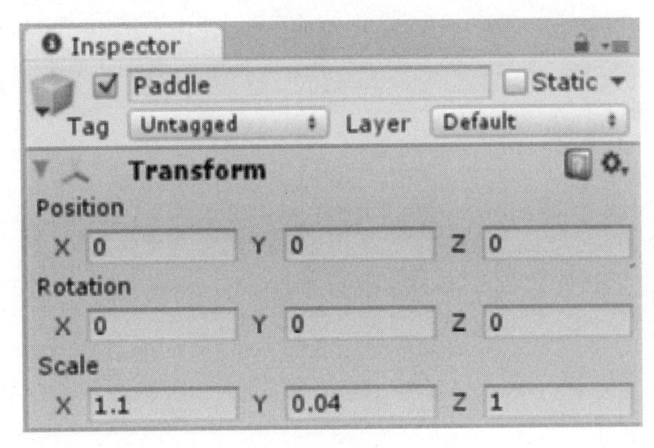

图3.14

5. 将Y向缩放值改为0.04。

6. 确保它的Position（位置）值都归零，让它位于原点（图3.15）。

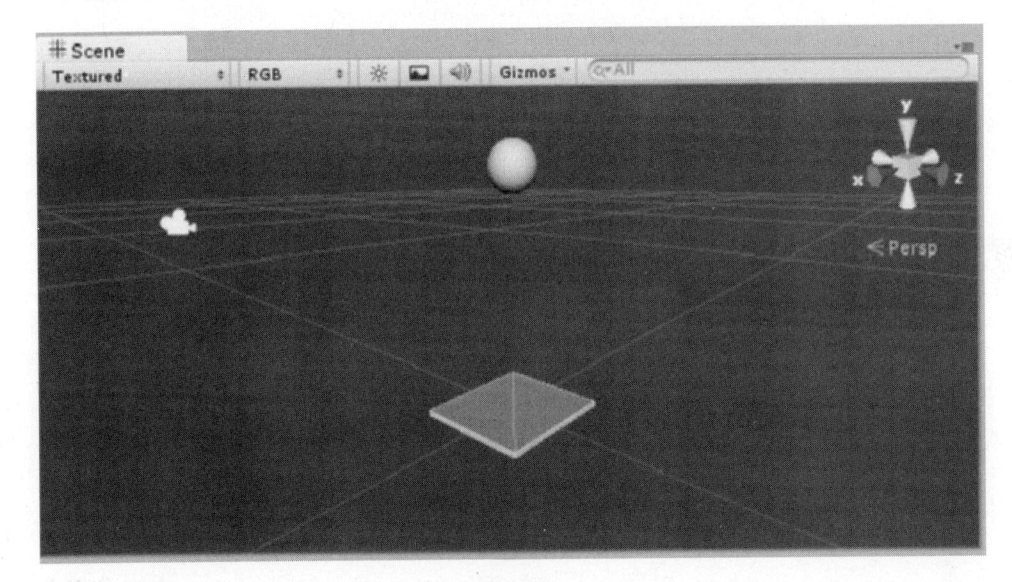

图3.15

哈，这回效果好些了！Paddle物体变成了一个扁扁平平的面——用来击球再合适不过了。

什么是网格?

尽管当今的技术日新月异，但3D艺术往往都是由三大元素构成的：顶点（Vertex）、边（Edge）和面（Face）。顶点是指3D空间中的点。我们刚刚添加的那个球拍有8个顶点（或者叫点）——每个顶角上各有一个。在图3.16中，出于简单直观的目的，我们就用一个立方体的网格来解释。

图3.16

边将这些点连在一起——在顶点之间形成线条。我们的球拍有12条边：4条边位于上方，4条边位于下方，还有4条边位于每个顶角上，将顶部和底部连接起来（图3.17）。

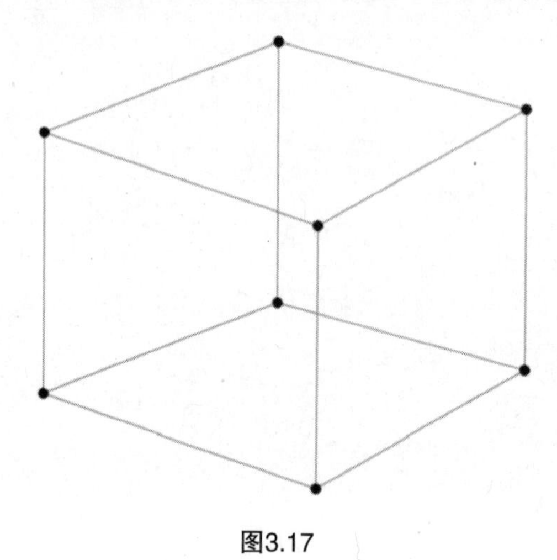

图3.17

面是由3个顶点（通常是3个）构成的平面。我们的球拍有6个面，像个骰子一样。边定义了一个面的终止位置，以及另一个面的起始位置（图3.18）。

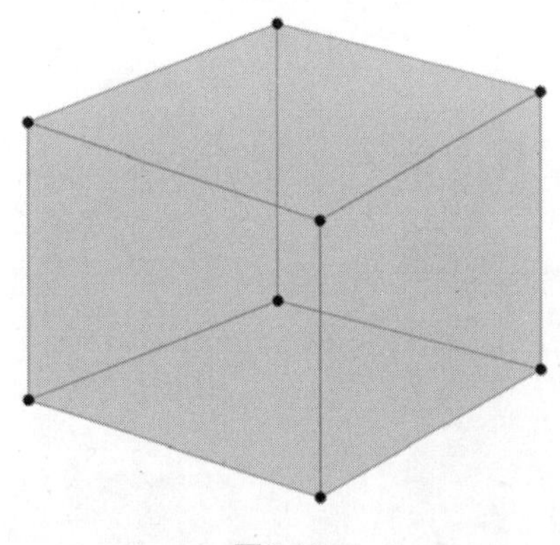

图3.18

实际上，球拍上的每个面都有一条隐藏边，把四边面分割成两个三角面。所以严格来说，球拍是由6×2=12个三角面构成的（图3.19）。

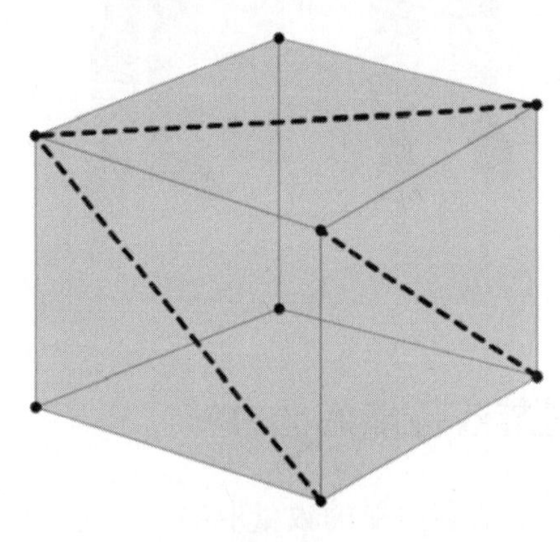

图3.19

而3D模型是由若干个三边面（有时候是四边或更多边）构成的表面体。有多条边的图形叫做多边形（Polygon）。当你听到某人说“多边形数量”的时候，通常指的是构成3D模型的三角面的数量。多边形数量越少，计算机渲染或绘制模型所需的运算资源就越少。这就是为什么你可能听说过游戏艺术家们需要制作出低多边形数量的模型（简称“低模”）了。而影视艺术家们则可以自由制作高多边形数量的模型。在电影或电视里，一个镜头只需要在最终成片之前渲染一次即可，而像Unity这样的电视游戏引擎则必须不断地实时更新画面。多边形越少，游戏的潜在运行速度就会越快。

低面数模型看上去要比高面数模型更显粗糙。由于电视游戏面向的是更好更快的系统，模型的面数会更高。《半条命》（Half-Life）续作中的角色模型比一代的面数更高，这也意味着需要更快的电脑去运行它（图3.20）。区别显而易见！

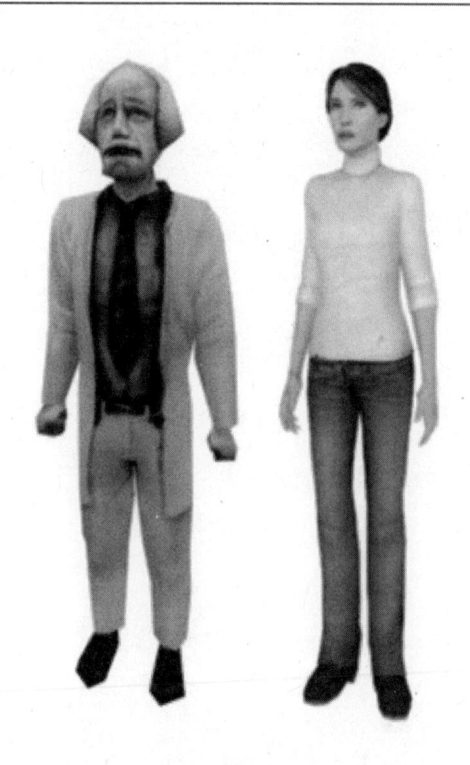

图3.20

如果面数过多影响到游戏性能怎么办?

Unity能够处理的单场景的多边形的数量取决于你运行游戏的硬件。Unity游戏靠的是硬件加速——运行游戏的机器的运行速度越快，你就能放更多的多边形进去。最好的办法是让你的模型拥有尽可能少的面数，同时又不能太过简化（除非你是在做Minecraft，这种刻意追求的方块风格游戏除外）。确定一个最低系统需求，然后尽早并经常在那样性能的系统中测试，以保证游戏能够运行起来!

当然，这完全取决于你的游戏。但一般来讲，将每个网格的三角形面数控制在1500~4000之间是没问题的。

值得注意的是，除了面数外，还有很多因素决定了游戏运行速度的快慢。学习如何制作一款精简、匀称、优化的游戏需要你在开发游戏的过程中去慢慢学习。

当你将3D模型从其他软件导入到Unity时（随后我们将会实践），Unity会将模型原本的各种网格面统统转换成三角形面。了解过Unity的模型结构你就会知道，“三角形面”是最经常用到的术语。

3.9 隐藏自己

如果你观察Game视图，也就是玩家能看到的视图，你会发现场景中的Mesh物体显示为一种暗灰色。如果我说它们的颜色其实更接近于白色，你会相信吗？

正如在真正的电影或电视里一样，3D场景需要灯光为物体提供照明。灯光并不是真正意义上的物体（球和球拍网格才是），而是3D空间中虚拟出来的物体，它们决定了网格面的明暗。计算机根据我们使用的这种“光”来进行计算，包括摆放的位置和旋转的角度，以及我们对它的设定等。

因此，尽管你可以在场景中移动灯光，就像移动球和球拍那样，但灯光并不包含任何实际的几何元素或三角面。灯光并不是由三角面构成的，而是由数据生成的。在Unity和其他很多3D程序中，灯光在场景中会以一个图标呈现出来（Unity里称之为“操纵件”），上面有线条用来指示它的方向和影响。

动手环节——添加灯光

让我们为场景添加其中一种虚拟灯光吧，好让我们把物体看得更清楚：

1. 如果你当前仍处于Wireframe（线框）模式（在这种模式下，场景中的所有物体看上去就像是用铁丝围起来的），你需要将显示模式切换为Textured（纹理化）。在场景窗口中，点击Wireframe下拉菜单，并切换为Textured（纹理化）渲染。然后点击那个小灯图标（看上去像个太阳）观察当前的光照效果（尽管现在还没有任何光）。你的球和球拍看上去就像游戏视图中那样的深灰色（图3.21）。

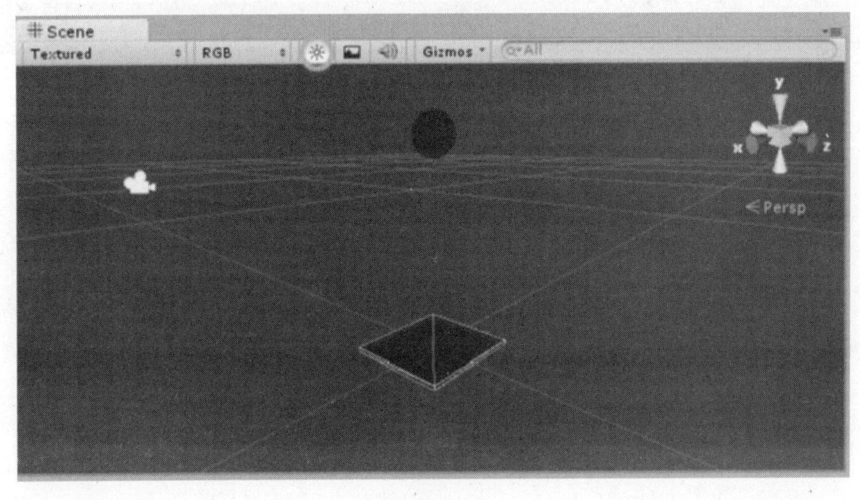

图3.21

2. 在菜单中，依次点击GameObject（游戏物体）| Create Other（创建其他物体）[1)]。便可以看到Unity所支持三种灯光类型：point light（点光）、sportlight（聚光）和directional light（平行光）。

3. 选择Directional Light（平行光）。一个新的平行光就被加到了场景中。如图3.22所示，图标看上去同样像是个形象的白色太阳。当灯光被选中时（就像目前的状态），会看到一束黄色的射线从它那里射出去，这束光告诉我们灯光的朝向。

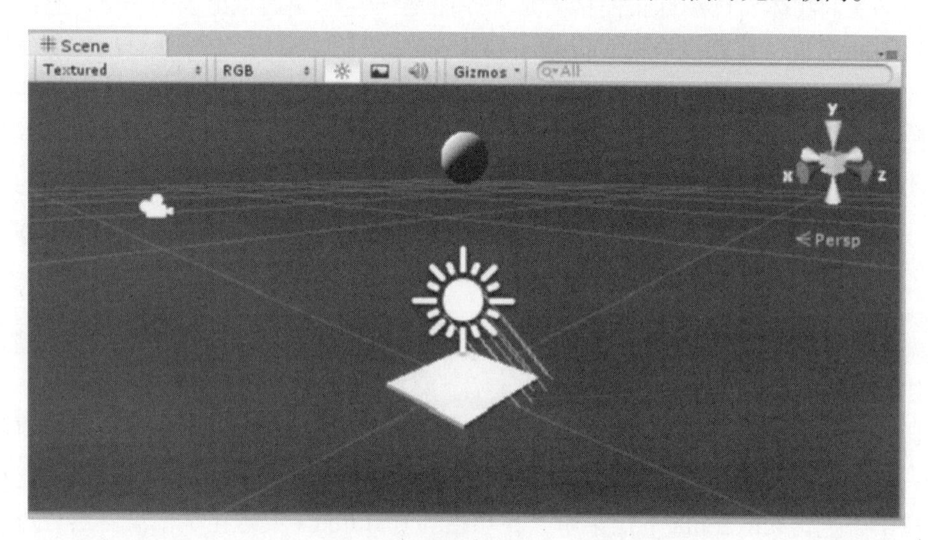

图3.22

可以看到，小球的一侧已经被照亮了，而Game（游戏）视图中的物体也被照亮了。

动手环节——移动并旋转灯光

这个新建的灯光的位置不太合适，我们的球有很大一部分都没有被照亮。下面我们这就来改善一下：

1. 确保平行光仍然是被选中的状态。如果不是，可在Hierarchy（层级）面板中点击Directional Light物体的标签。

2. 如图3.23所示，在Inspector（检视）面板中，更改灯光的位置属性，把它从当前位置移开。在X向位置值那里输入0，Y向位置值输入4，Z向的输入-4。像这样移动一个平行光并不会改变它的强度，但起码我们确定把它呈现在了场景视图中。

3. 旋转灯光，让它向下照亮物体。在检视面板中，为灯光的X向转角输入44。另外两个轴向的转角保持0。

1) 新版菜单已改。

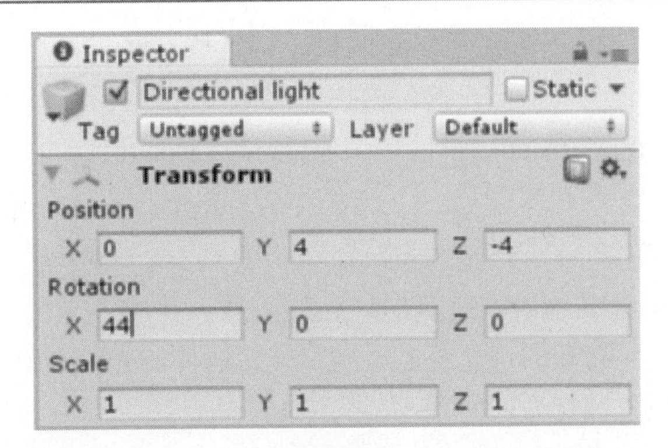

图3.23

4. 现在的灯光照明效果就理想一些了（图3.24）。

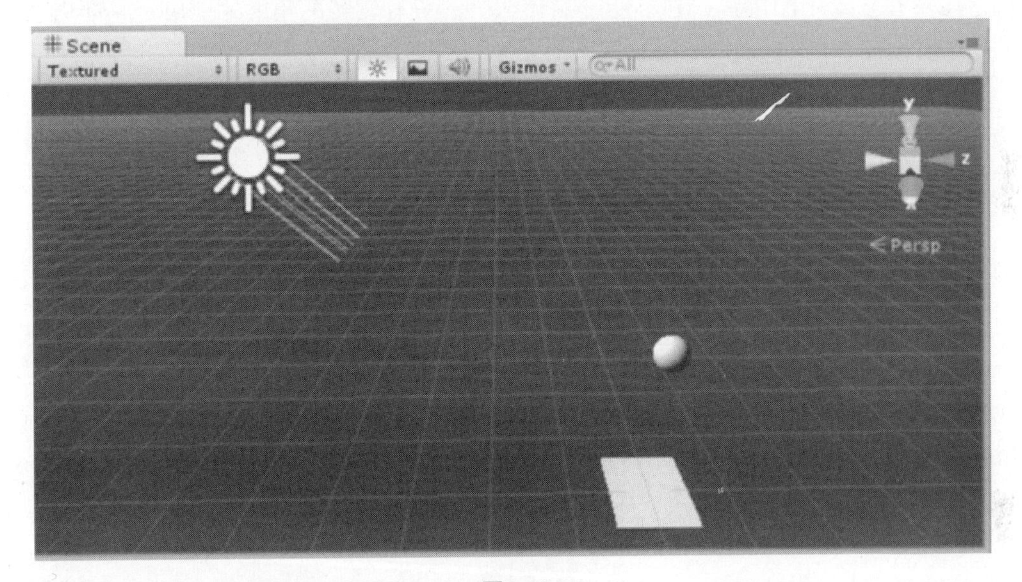

图3.24

探索吧英雄

如果你有冒险情结，现在正是你拿这些虚拟灯光一显身手的大好时机。将屏幕左上角的控制按钮栏切换到旋转模式，或者按键盘上的E键亦可。你可以自由地旋转灯光，并观察物体的光照效果（图3.25）。

图3.25

点击那个十字形图标，切换到移动模式，或者按W键。点击并拖拽变换操纵件在场景中移动灯光。移动这个平行光的时候物体的光影效果会有变化吗？

按键盘上的Delete键（Mac用户请按Command + Delete），在另外那两种灯光中任选一种添加到场景中（聚光或点光），方法是依次点击GameObject（游戏物体）|Create Other（创建其他物体），并选择一种灯光。你也可以在Inspector（检视）面板的Type（类型）下拉菜单中更改场景中已有的灯光的类型。新的灯光和之前的平行光有什么不一样吗？在场景中移动新的灯光就能看到灯光对物体的光照影响会略有不同。

下面就大致说说各种灯光的区别：

- Directional light（平行光）：这种灯光可以照射到无限远的地方，为场景中的一切物体提供照明。这种灯光相当于太阳光。我们已经看到了，平行光本身的尺寸大小，以及在场景中的位置，并不能影响什么——只有旋转的角度才能决定它照射物体的哪个方向的表面。
- Point light（点光）：这些灯光会从3D空间中的某一点向四面八方发射光线，就像灯泡一样。和平行光不同的是，点光的光照是有范围的——超出这个范围的物体就不会被它照亮。
- Spotlight（聚光）：聚光的范围呈锥形。有范围也有方向。位于聚光的锥形范围外的物体将无法被它照亮。
- Ambient（环境光）：这是场景的默认照明光。在没有添加任何灯光物体的时候，基本就是靠环境光为场景提供照明的。但也是效果最差的。你可以将场景的环境光强度调高或调低，选项位于Edit（编辑）| Render Settings（渲染设置）。点击Ambient Light（环境光）色块，选用一种诡异的亮绿色照亮你的场景吧，如图3.26所示。

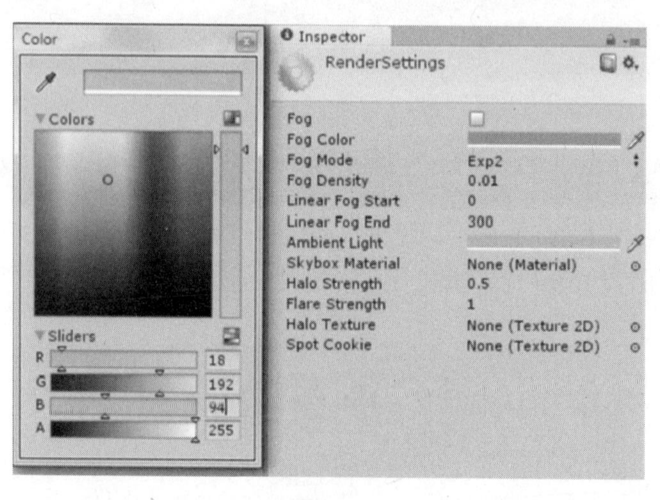

图3.26

更多提示

如果上述这些关于灯光的事让你感到困惑，那就选中一个灯光，自己去Inspector（检视）面板里调试所有的设置吧。点击每个面板上的那个带有问号的蓝色小书图标，即可查阅关于该组件的更多信息。

3.10 你是善于用光的人吗?

Unity为我们实现了场景照明技术，但设计光照效果则是一门艺术。在很多的3D动画影视中，包括在大型的游戏开发团队中，至少有一个人是专门负责布置场景灯光的，正如现实世界中的电影剧组的灯光师一样。虚拟的灯光用来模拟现实世界的光照属性。和建模一样，在3D游戏开发界，布光可以是一个完全独立的学科。

当你完成了灯光的探索后，按照上面“动手环节——移动并旋转灯光”那段提到的步骤把平行光的状态复原，或者按Ctrl + Z（Mac系统按Command + Z），撤销上几步的操作，直到退回到之前的初始状态。

谁把灯关了?

当你用多个灯光为场景提供照明时，要想了解各个灯光物体的影响范围就不太容易了。要想把灯关掉，可先在Hierarchy（层级）面板中选中那个灯，然后取消Inspector（检视）面板上方的那个勾（图3.27）。哇！灯不见了，但别忘了，再次勾选它又会让灯重新显示哦。

其实，你可以利用这个勾选项让任何的游戏物体显示或隐藏。用这种方式让物体从场景中消失要比删掉辛苦创建的成果方便得多。

图3.27

黑暗降临

如果你正在做一个特别阴暗主题的游戏，并想要查看场景情况的话，可以点击场景视图上方的那个小太阳图标启用内置光照。点亮图标后，灯光物体会生效。熄灭它以后，将使用内置光照来照亮网格，让你看清楚一切（图3.28）。

图3.28

玩转摄像机

如果你觉得灯光的所有设置属性还算有意思，那么等你接触摄像机的时候会不能自已！3D程序中的摄像机是模拟光的射线在某个单透视点处呈现的方式。3D摄像机能够模拟多种不同的镜头、焦距和效果。现在，我们要确保我们的摄像机设置得当。好让我们能够看到应该看到的东西，但如果你遇到了什么麻烦，也不用怕，尽管去尝试调节摄像机的控件吧。

1. 在Hierarchy（层级）面板中，点击名为Main Camera的游戏物体。你会看到屏幕上出现了一个小巧的Camera Preview（摄像机预览）窗口，实时显示当前摄像机能"看到"的内容（图3.29）。

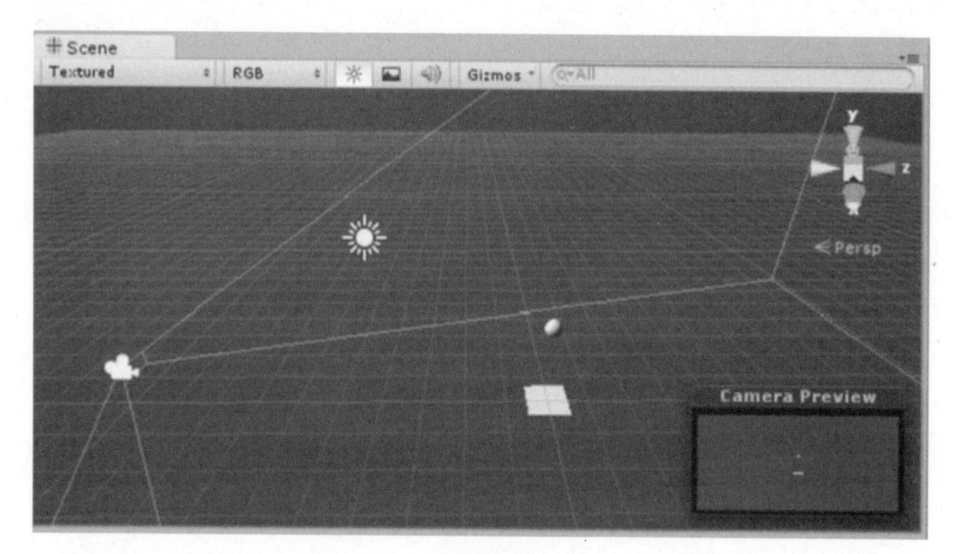

图3.29

2. 在Inspector（检视）面板中，按如下数值调节摄像机的位置坐标：X=0，Y=1，Z=-2.5。球拍和球现在应该出现在游戏视图窗口中（图3.30）。

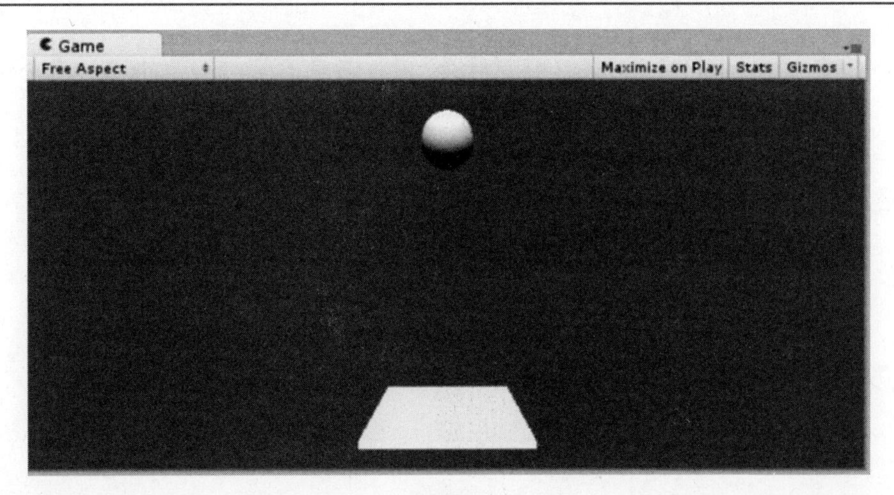

图3.30

动手环节——测试你的游戏

我们有一个照明效果和摆放方式都还不错的场景，里面有一个球和一个球拍。球位于半空中，准备下落。一切看上去都很好。现在我们就来测试一下我们的游戏吧，看看接下来会发生什么：

点击播放按钮测试你的游戏（图3.31）。

图3.31

哎呀！怎么搞的，小球竟然还是悬停在那里，并没有掉落下来，而球拍也纹丝不动。在不远处，仿佛响起了一阵凄凉的小提琴声……

不过也不用慌！离见证奇迹的时刻仅有一步之遥啦。再次点击播放按钮停止游戏测试。

播放的陷阱

还记得吧，当你按播放按钮测试游戏的时候，你依然可以对场景进行更改的，不过这些更改是无法保存下来的！当你停止测试的时候，一切都会回到播放前的状态，就像灰姑娘跳舞归来回到家中的那种感觉。要想确保不会出现这种情况，可点击Game（游戏）窗口上方

的Maximize on Play（播放时最大化）按钮（图3.32）。现在，无论你何时测试游戏，窗口都将填满屏幕，以免你不慎改动某些东西。

图3.32

3.11 让它动起来

我之所以让你此时去测试游戏，是想让你体会到Unity逐渐为你呈现的惊喜时刻，尽管什么效果也没有。如果这就让你满足了，那么后面还有更多惊喜等着你！

为游戏添加物理效果

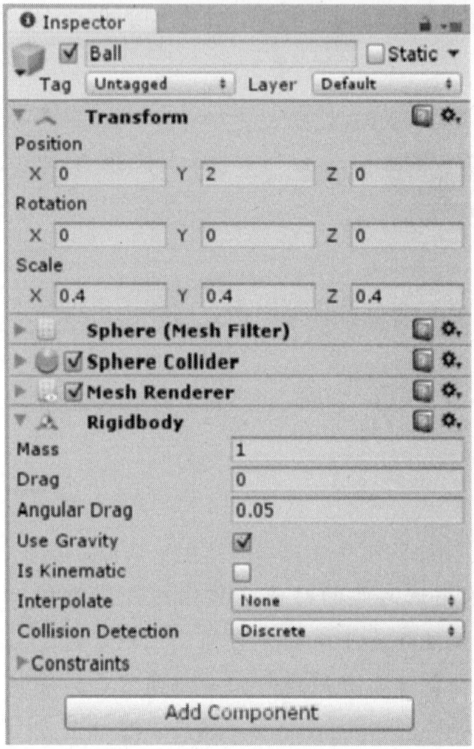

我们现在就来了解Unity的内建物理引擎。先来为小球添加一个Rigidbody（刚体）组件：

1. 在层级面板中选中Ball物体。

2. 在菜单中依次点击Component（组件）| Physics（物理）| Rigidbody（刚体）。

3. Rigidbody（刚体）组件被添加给了球。你可以在检视面板中看到Ball物体的组件列表（图3.33）。

图3.33

4. 确保在检视面板中勾选Rigidbody组件的Use Gravity（使用重力）选项。

5. 按播放按钮测试游戏。

6. 当你完成测试后，再次按播放按钮退出测试。

真的耶！当你测试游戏的时候，你应看到球垂直向下落到球拍上了（图3.34）。很酷是吧？如果你的回答是“酷毙了”，那就给自己打十分吧。

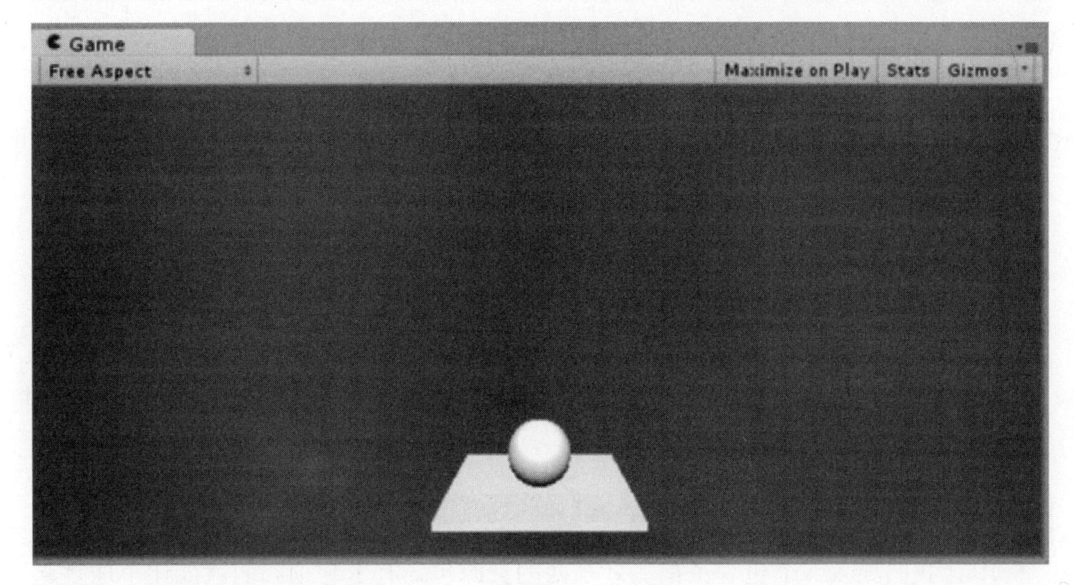

图3.34

3.12 理解这种情况下的重力

Unity的内建物理引擎可以方便地做出这种效果，但它只对那些手动添加了像Rigidbody这种组件的物体有效。Rigidbody（刚体）组件之所以这样命名，是为了和soft body dynamics（软体动力学）区别开，后者是用来模拟网格变形效果的。

力挺Unity软体组件

在众多的开发者提出了需求后，像布料这样的软体在Unity 4.x里得到了一定程度的支持。你可以在下面这个网址查看Unity的未来特性，并且可以投票：http://feedback.unity3d.com/

Rigidbody（刚体）动力学会将所有的物体当成诸如木材、钢铁或很不新鲜的蛋糕那样对待。而Collider（碰撞器）组件能够让Unity知道游戏物体间何时发生碰撞。由于我们的球和球拍的网格外围已经分别包含了一个球形和块型的碰撞器，所以只差添加刚体组件就能实现碰撞效果了。通过为球添加刚体组件，我们让球参与到了Unity的物理运算当中。结果就是我们想要的球落在球拍上的动作。

3.13　弹跳让重力更真实

球落在球拍上立即就停了下来。目前来看已经是很不错了，但这并不足以做出颠球游戏的效果。我们要让球弹起来！

选中小球，在检视面板中仔细观察它的Sphere Collider（球形碰撞器）组件。其中有一个参数或者叫选项，叫做Material（材质）。旁边可以看到一行None (Physic Material)（这行文本可能会由于你的屏幕分辨率过低而无法完整显示出来，要想让它完整显示，可以点击并拖拽检视面板左侧的边界加大它的宽度）。在这行文本后面有一个小圆圈图标，这种图标代表我们可以点击打开一个选择窗口。那个窗口里有什么东西等着我们呢？

动手环节——让球跳起来

1. 让我们导入一个包含了很多好东西的资源包，有了它，我们就能让小球跳起来。如图3.35所示，在菜单中依次点击Assets（资源）| Import Package（导入资源包）| Physic Materials（物理材质），然后点击Import（导入）按钮。这样就在我们的Project（工程）面板中添加了一堆物理材质（且不管都是些什么东西）。

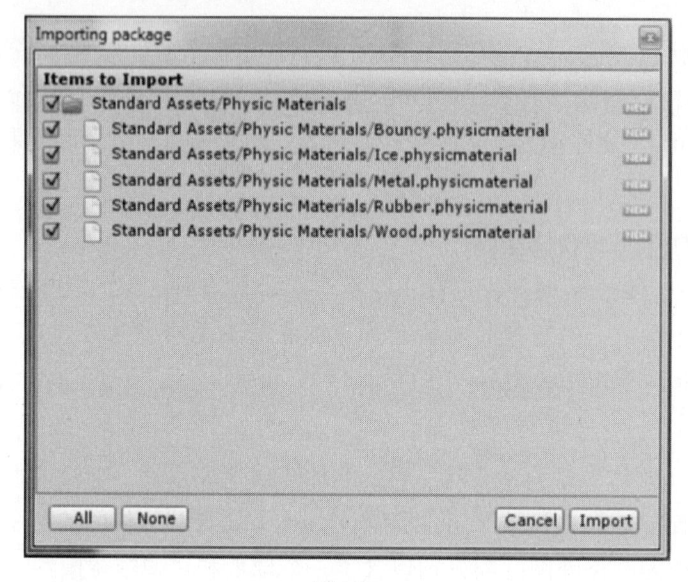

图3.35

2. 确保小球为选中状态。

3. 如图3.36所示，在检视面板中，找到Sphere Collider组件，如果该面板是折叠起来的，可点击灰色的三角箭头展开它，这样就可以看到里面的内容了。

4. 找到该组件的Material（材质）参数。
5. 点击写有None（Physic Material）的标签旁边的小圆圈。
6. 在列表中双击Bouncy（弹跳）。
7. 点击播放按钮测试游戏。
8. 测试完成后，再次按播放按钮退出那个让人昏昏欲睡的效果。

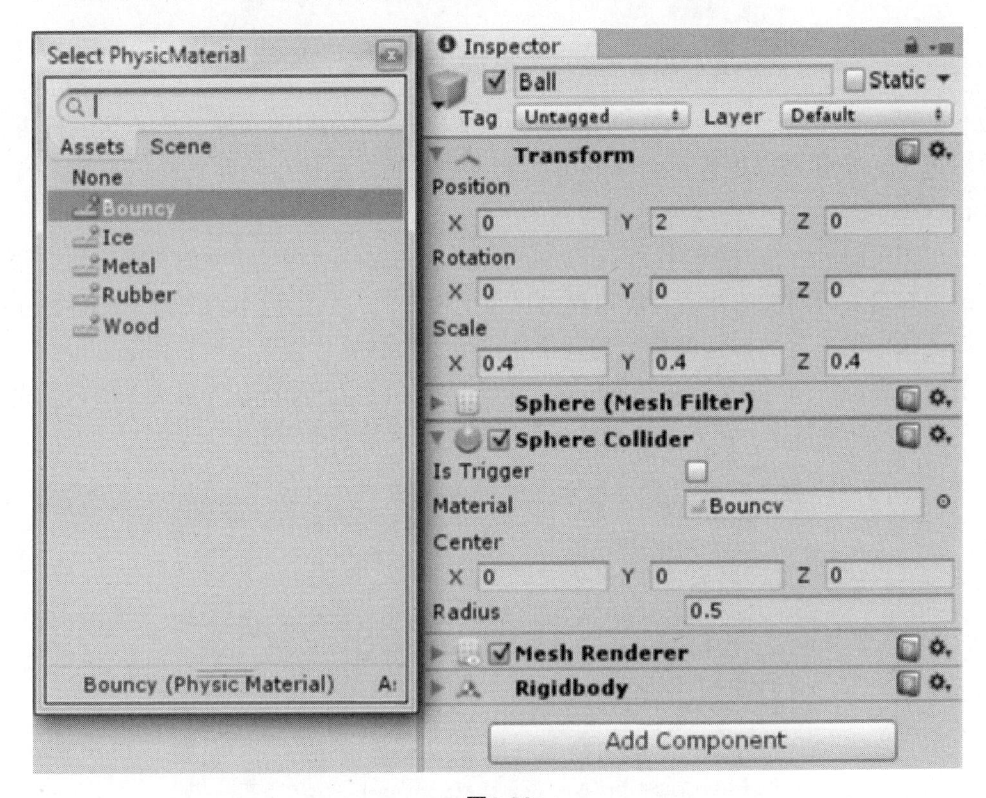

图3.36

我们刚刚导入的物理材质资源包包含了很多实用的预建物理材质。这些专门的材质会让一个碰撞物体接触到另一个碰撞物体时的效果发生变化。我们选择了名为Bouncy的物理材质。你瞧，当球的球形碰撞器接触到球拍的块形碰撞器时，球就表现出了应有的弹跳效果。以人类目前的技术进程来看，这已经和一个“一键制作游戏”的按钮差不多了！

探索吧英雄

Unity的标准资源包（Standard Assets）为我们提供了一个Bouncy（弹跳）物理材

质，但我们自己亲手做一个也是很容易的。如果你想从零开始创建自己的物理材质，鼠标右键点击Project（工程）面板的空白区域（图3.37），然后选择Create（创建）| Physic Material（物理材质）。此外，你也可以在工程面板顶部的Create按钮上点击并按住鼠标不放，然后选择一种物理材质。

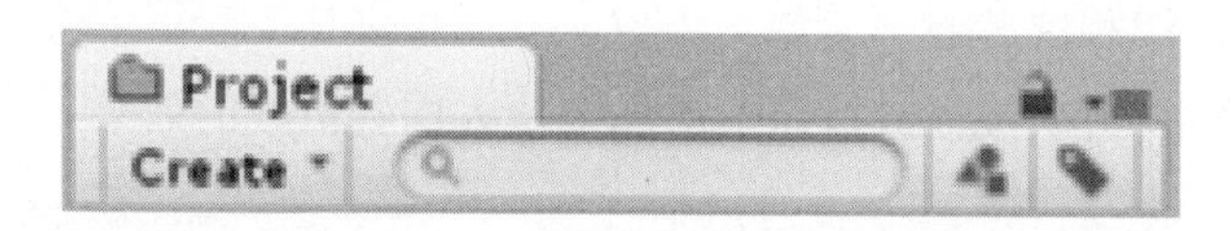

图3.37

工程面板中会多出一个新的名为New Physic Material的物理材质（这名称再合适不过了）。你可以把它重命名一下，就像之前对球和球拍物体重命名那样，就叫BouncyBall吧。

在工程面板中点击并选择Physic Material，它的属性列在了检视面板中。如果你等不及想知道所有属性的作用，可以点击那个上面带问号的蓝色小书图标，准备好迎接枯燥乏味的关于各向异性摩擦力的理论知识吧。何必呢！你只需要把Bounciness（弹力）的值改为1，并将Bounce Combine（弹跳合并）设为Maximum（最大）即可。或者也可以自己随意设定，去观察它们的效果（图3.38）。

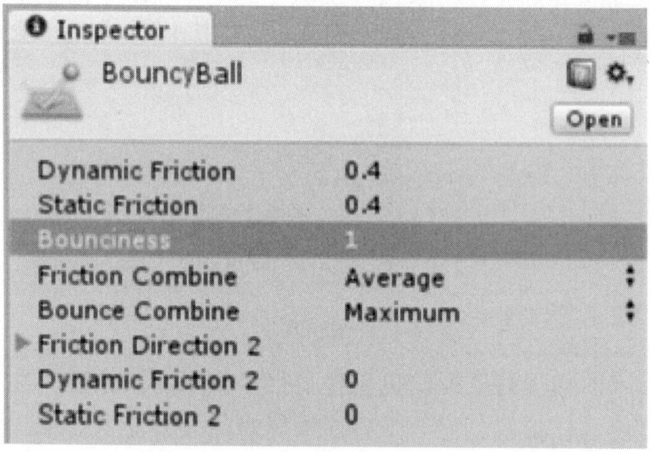

图3.38

再次选中小球。找到Sphere Collider（球形碰撞器）组件中的Material（材质）参数并将其设定为内建的Bouncy Physic Material（弹跳物理材质）。将你的BouncyBall物理材质拖拽到内建的弹跳材质栏上。你也可以从菜单中选择你的BouncyBall物理材质。弹跳物理材质即被切换成了你自建的那个BouncyBall物理材质了。

拖拽大法!

以后我们用Unity的时候，经常会用到这样的拖拽操作。如果你还没习惯上面的那些操作，也没关系，以后我们制作更多游戏的时候有的是机会。

点击播放按钮测试游戏。球拍是平的，球是弹跳的，一切都没什么问题了！我们还没编写任何交互行为，但可以在游戏运行的时候试着用Unity的工具去移动和旋转球拍，看看球会对鼠标的行为作出何种反应，为我们下一章的内容铺路（要想使用移动和旋转工具，需要点击Maximize on Play按钮退出全屏后才能看到它们）。当游戏运行的时候，在层级面板中对游戏物体所作的任何更改都是临时的，而对工程面板中的更改则会保存。这个特性可以让你在运行游戏时实时调节BouncyBall材质的弹力。

3.14 总 结

在本章中，我们开始真正用Unity 3D引擎制作实际的工程。我们学会了：

- 为场景添加内建的游戏物体。
- 调节那些游戏物体的位置、旋转及缩放。
- 向场景中添加灯光物体。
- 为游戏组件添加Rigidbody（刚体）组件，使其参与Unity的物理运算。
- 创建Physic Materials（物理材质）。
- 自建Collider（碰撞器）组件，为游戏物体赋予弹跳属性。

我们选择一个极其复杂的游戏想法，并抽丝剥茧，找到它的核心乐趣点。我们了解了原点——游戏世界的中心。我们了解了3D模型的构成元素：顶点、边和面。我们也讲解了多边形数量对游戏性能的影响。我们笑过，哭过。这是意义深远的一章。

遵从脚本的指示

我们目前的成果还算不上是游戏，只能算是一个索然无味的电影，讲的是一个颠球游戏高手在他的世界中从未让球落过地。电影和游戏的关键区别之一在于需不需要爆米花。而且，游戏是有交互性的。我们需要为我们的游戏引入交互元素，好让玩家能够移动球拍。

我们用脚本来实现。就像电影那样，人人都要按照剧情、故事线和台词去演，才能让故事完整。Unity里的游戏物体能够通过脚本控制行为。脚本是供玩家或游戏物体遵从的指令列表。在下一章节里，我们将学习如何为我们的游戏物体添加脚本，以实现游戏的交互性。

第4章 代码探秘

我们已经走到了绝路：摆在我们眼前的是一个基本没啥功能也不会有啥功能的游戏，除非我们编写一些代码。如果你对代码一无所知，那么会心生一丝怯意——或者说是对代码感到畏惧。你一定要敲入一大堆1和0或神秘的符号汇成成千上万行的代码吗？如果你曾经尝试开发过游戏，或者如果你已经在高中计算机课上学过某些上古时代的编程语言，那么代码可能会让你抓狂。不过，这里的情况要更进一步。这个世界需要一个三维立体的颠球游戏，豁出去了！现在就让世界知道你的厉害吧。

4.1 什么是代码?

代码就是你向Unity发出的一系列行为执行指令。我们写代码行（或段）描述我们想要实现的行为；这些行叫做声明（statement）。Unity读取这些声明并执行我们的指令。在Unity中，你往往需要把一个指令集贴给游戏物体。从现在起，我们要用Unity的术语脚本（script）来描述各种代码声明。

动手环节——编写你的第一个Unity脚本

打开我们上一章制作的颠球游戏。我们将要写一个非常简单的脚本，并把它贴给小球物体。

1. 在Project（工程）面板中的空白区域上点击鼠标右键，找到Create（创建）|JavaScript，如图4.1所示。

2. 此外，你也可以在屏幕顶部的菜单中依次点击Assets（资源）| Create（创建）| JavaScript，或者使用工程面板顶部的那个Create按钮也行。这样就向工程面板中添加了一个新的脚本，你可以马上直接给它命名，我们就叫它`DisappearMe`好了。同样，你可以用这个Create按钮创建一个Folder（文件夹），并把它命名为`Scripts`，然后把刚创建的那个`DisappearMe`脚本拖拽进去，让工程面板更简洁有序（图4.2）。

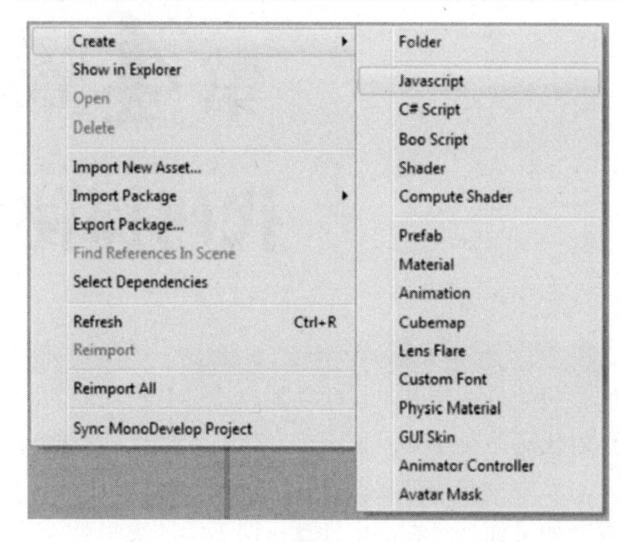

图4.1

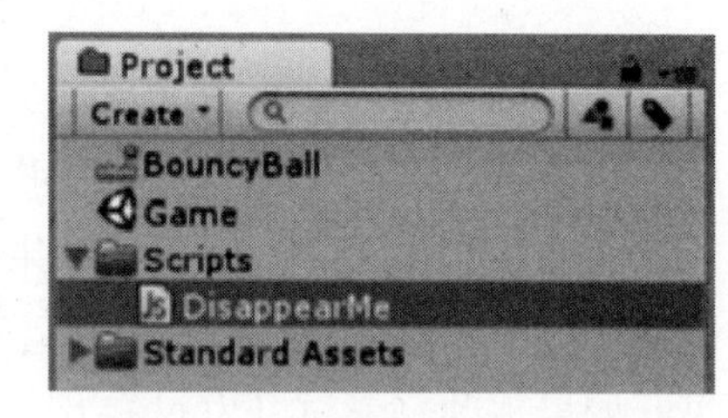

图4.2

3. 当你双击编辑DisappearMe代码时，会弹出一个新的窗口。这是Unity的默认脚本编辑器（或者叫集成开发环境，简称IDE），叫MonoDevelop。它的主面板看上去很像系统默认的文本编辑器，因为脚本就是这样子的——简单枯燥的文本而已（图4.3）。

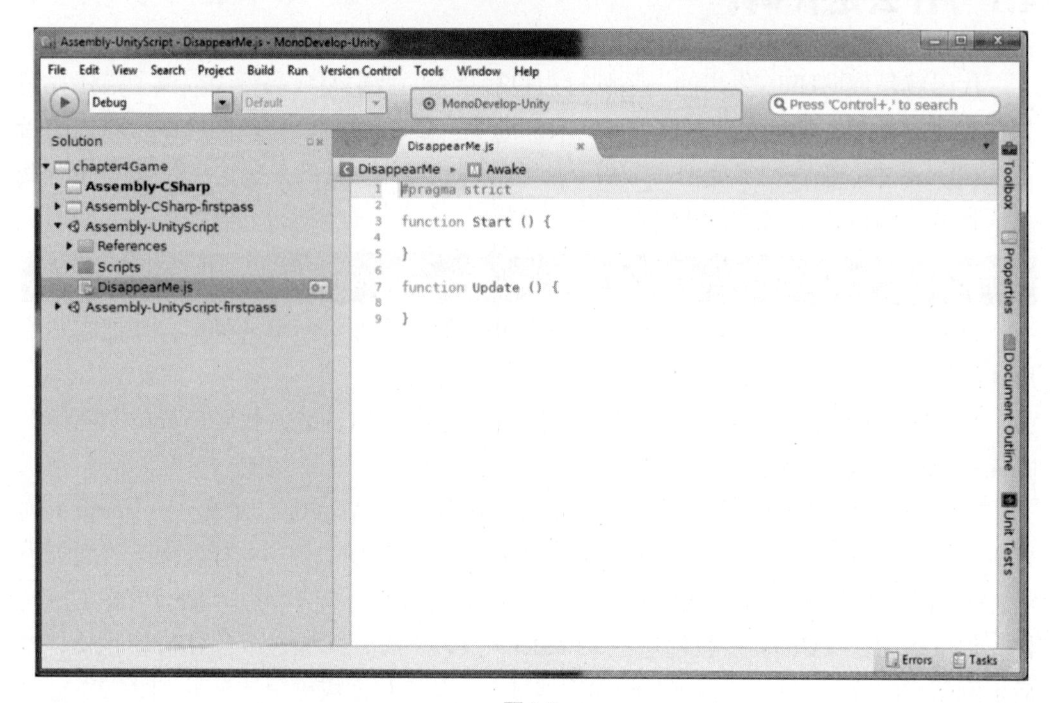

图4.3

使用自己的编辑器

如果你有自己偏爱的脚本编辑器或IDE，你可以通过设置Unity来启用它。不过在本书的后续内容里，我们还是沿用默认的MonoDevelop编辑器吧。

4.2 放胆一跳

第一段代码（也就是我们的第一行脚本）是下面这个样子：

```
#pragma strict
```

这到底是啥意思？我们一开始就被一个满嘴胡言乱语的家伙给弄懵了。简单来说，这行的意思就是让你的代码编写更显复杂，但会让你的代码运行得更快。我们会在后面学习具体的含义。现在，继续来看下面这个Start函数：

```
function Start () {
}
```

点击鼠标将指针放到第一个花括号（大括号）后面，并按回车键，让上下两行的花括号距离更远一点。如果编辑器并没有自动帮你缩进，那就手动按Tab键缩进一下，这样可以让代码看上去更美观。然后敲入一行代码，让你的脚本看上去是这个样子的：

```
function Start () {
    renderer.enabled = false;
}
```

你会发现，当你在这行敲入文字的时候，会跳出一个下拉弹窗，里面都是些看不懂的选项，这叫代码提示，当你第一次遇到的时候可能会觉得碍眼，但等你学完本书以后，你会感受到它所带来的极大便利。代码提示将一大本编程语言词典带到了你的指尖上，为你节省了大量的时间，也避免了特定的关键字的拼写错误。

你也会发现，当你敲入`false`一词的时候，它也会自动补全。MonoDevelop会将特定的预留代码词（关键字）高亮显示，以表示这个词在Unity里有特定的含义。

每当你对代码做任何改动的时候，位于MonoDevelop菜单栏上的代码名称的后面有个小星号，如图4.4所示。按Ctrl + S（或Command + S）可保存文本，或者通过菜单File（文件）| Save（保存）亦可。在本书的后续内容当中，我们假设你会在运行代码

之前保存对它所作的每次的修改。

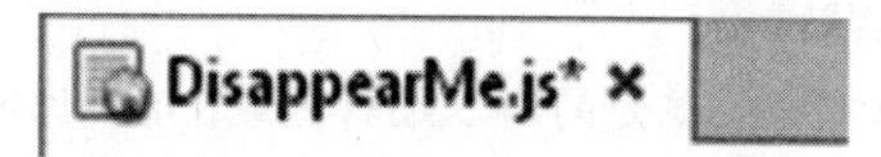

图4.4

孤掌难鸣

粗心的代码编写者总是会在测试代码没有效果的时候用头去撞桌子——而这往往是由于他们忘了保存代码文件的结果！即使你输入了大量的代码，除非你执行一下保存操作，否则什么也不会发生。所以要切记这一点！

4.3　贴出去

回到Unity主界面，你应该依然能看到你的DisappearMe脚本列在工程面板当中。要想把它贴给球体，只需将文件拖拽到层级面板中的Ball物体上即可。

如果你的拖拽功能不灵，也可以选中Ball物体，然后从菜单中找到Component（组件）| Scripts（脚本）| Disappear Me。你也可以点击检视面板中的Add Component（添加组件）按钮，然后点击Scripts（脚本），并从中选取DisappearMe脚本即可。然后，看上去似乎什么也没有发生。为了确定你操作正确，在层级面板中点击Ball。在检视面板的下方，会看到你的DisappearMe脚本（图4.5）。

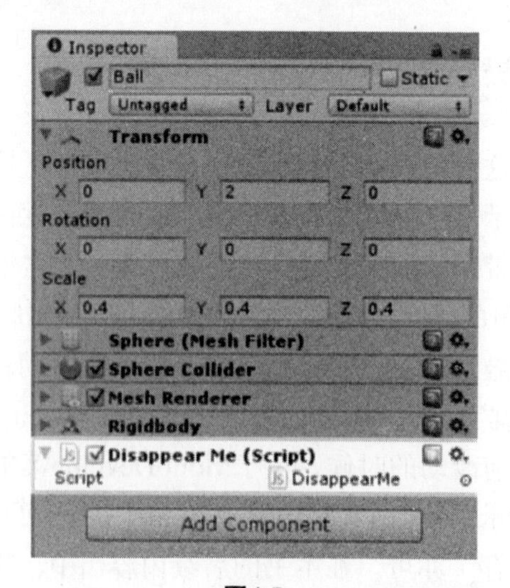

图4.5

让我消失吧!

在游戏窗口中不去启用Maximize on Play（播放时最大化）功能，以便能够看到代码的完整效果。（马戏团音乐渐渐响起）现在，女士们先生们，请点击播放按钮测试您的游戏吧，并见证小球神奇般地消失不见!

怎么回事?

一个优秀的魔术师是不会给自己的戏法揭秘的哦，不过我们可以来分析一下刚才写的那段代码，看看幕后究竟有什么奥妙。

4.4 简直跟天书一样

首先，我们创建的是一段JavaScript代码。Unity的脚本支持三种语言，和英语差不多：Javascript、C#和Boo。其中JavaScript和C#在Unity中最常用到。如果你尝试过网页开发，那么你可能已经对JavaScript有一定了解了。Unity版本的JavaScript（称为“UnityScript”）则稍有不同，因为它涉及的都是针对Unity的东西，而且运行速度也要比它的老爹JavaScript快得多。

在本书里，我们将使用JavaScript，因为它是三种语言中最容易学的。正因为如此，你能找到的很多在线的Unity脚本编写教程都是用JavaScript写的。

注 意

JavaScript和C#的一大不同点在于，C#的格式更正式，结构更严谨也更严格。这就好比两种情景的对比：一边是和好朋友在小吃店里用手抓着奶昔吃；另一边是陪着英国女王共品下午茶。C#会不断地提醒你注意餐桌上的仪态。

像C#这样格式严格的语言也是有优势的，其中一点就是更适用于大型项目。而且用C#的时候很少会见到程序运行错误（run-time error）——也就是指游戏运行的时候突然出现的错误。

而JavaScript则是编程初学者们的首选。但本书之前几版的读者也曾询问本书是否也能介绍几个应用C#脚本的案例。那好，从现在起，每当你使用JavaScript代码时，都会在该章节最后找到完整且带有注释的C#转译版。

我们刚才做的第一件事就是在两个花括号之间写了一行代码。我喜欢把花括号当成美味三明治上的面包片，中间夹着一组代码。这行脚本就像是一片熏牛肉或番茄片。在花括号上面是三明治的注释或说明。相当于在说：我们现在就来做一个特大号三明治——上面是三明治面包片，中间美味的食材，下面还有另外一个三明治面包片（图4.6）。

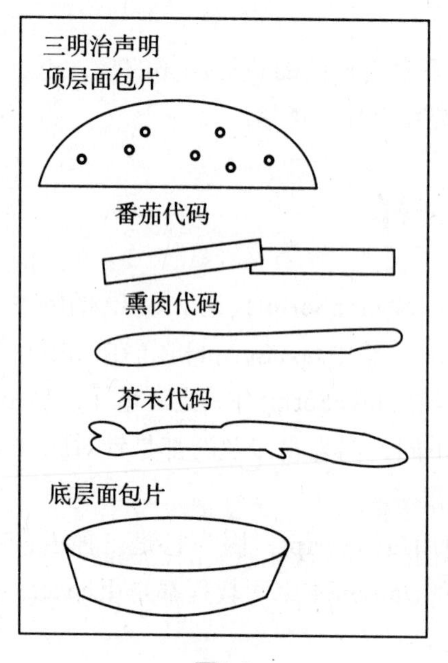

图4.6

说得更专业一点就是，夹着东西的面包片就是一个声明语句块（statement block）。夹在面包片之间的那部分叫声明（statement）。而我们所作的这种三明治，用来实现更新（Update）效果的三明治，就是所谓的函数（function）。

4.5 你再也不会饿肚子了

一个函数就是一段可以被一次又一次执行或调用的脚本。相当于你有一个永远也吃不完的三明治。我们用函数来管理代码，并存放需要多次使用的代码行。

我们用到的这个函数叫`Update`（更新）。正如我们可以在游戏后台控制小球的移动和弹跳的物理属性那样，这里还有一个持续更新的循环调用机制（loop）。当我们的游戏运行起来以后，`Update`函数被一次次地调用。任何包含在`Update`函数内的脚本行或声明，都会进入那个循环。

请注意Update函数的声明方式。在餐厅的菜谱上，我们可能会刻意写明我们的招牌大三明治是用香飘万里的熏牛肉、生菜、番茄、培根、黄瓜以及极品煎蛋制作而成的，而且还放了芥末。而我们对一个函数的声明则要简单得多。先写一个单词function，接着写出函数的名称，后面加一对圆括号即可。如果我们的“大三明治（英文是Hoagie）”是一个JavaScript函数，那么它是这样子的：

```
function Hoagie() {
}
```

某些函数，如Start()和Update()，都是Unity里固有的特殊函数。截至撰写本段内容之时，Unity 3D还没有一个内建的Hoagie()函数，也就是说它是一个自定义函数（custom function）。

4.6 块头大，责任就大

在声明函数的时候，需要遵循一些规则和最佳惯例。具体如下：

● 函数名称应当以大写字母开头。

● 不能用数字或古怪的字符开头，例如那个带个蛇杖的医学标识，否则就会出现错误。错误（error）是当你输入无效或无意义的代码时Unity发给你的文字说明。

● 你可以按回车键把“三明治”的顶层“面包片”下移一行。有些程序员（比如我）喜欢这样写代码，因为可以方便地看到三明治的两个面包片对齐。而有些程序员则不喜欢这样“浪费”空间（图4.7）。

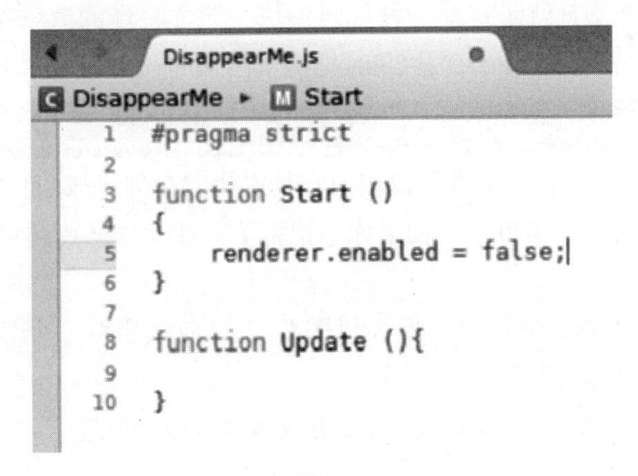

图4.7

在本书当中，这两种方法我们都会用到，以便做到众口能调。

4.7 检查代码

我们来仔细看一下我们写出来的这行代码：

```
renderer.enabled = false;
```

行尾的分号相当于句尾的句号。几乎所有的单行声明语句都必须以分号结尾，不然代码会出现错误。当代码出错时，Unity会用一个称为“控制台”的特殊弹窗通知我们。当你的代码出现错误信息时，我们就说你的代码里有一个bug。

关于分号的疑问

那么为什么函数声明就不需要加分号呢？为什么不是每对花括号里都有分号呢？这是因为它们是两类事物。花括号并不是单行的代码——而是更像是一个让代码入住的房子。如果你试着把声明和它前后的声明语句块看成是一个完整的事物而不是三个不同的事物的话，那么你就不会有这样的疑问了，这是编程新手常会遇到的问题。

为了理解该行代码的其余部分，你需要意识到，场景背后还有很多你看不见的代码正在运行。或许在我们看来都是些漂亮的图片，但Unity的开发团队必须编写代码才能让它以这种方式呈现出来。在每个游戏物体的实例背后，以及Unity程序本身的背后，都有成千上万行代码告诉你的计算机要让你看到什么。

Renderer（渲染器）就是这样一种代码模块。当你将球的渲染器的`enabled`属性设为`false`时，就是在说：你不想让Unity把构成网格的三角面绘制出来。

动手环节——找到Mesh Renderer组件

Renderer这个词听上去是不是似曾相识？其实我们在创建球拍和球的时候已经见过一个叫做Mesh Renderer的组件了。如果你不记得了，那就这样找到它：

1. 先选中小球。

2. 在检视面板中查看球的组件列表（图4.8），应该会有一个名为Mesh Renderer（网格渲染器）的组件在那里。

3. 如果你看到的只是组件的名称，说明该面板是收叠状态，点击该组件名称旁边的灰色箭头可展开该组件。

啊哈！我们看到了什么？一个叫Mesh Renderer的组件——它的名称旁边有一个勾

选框。如果你把它的勾去掉会发生什么？

去试一下就知道啦！

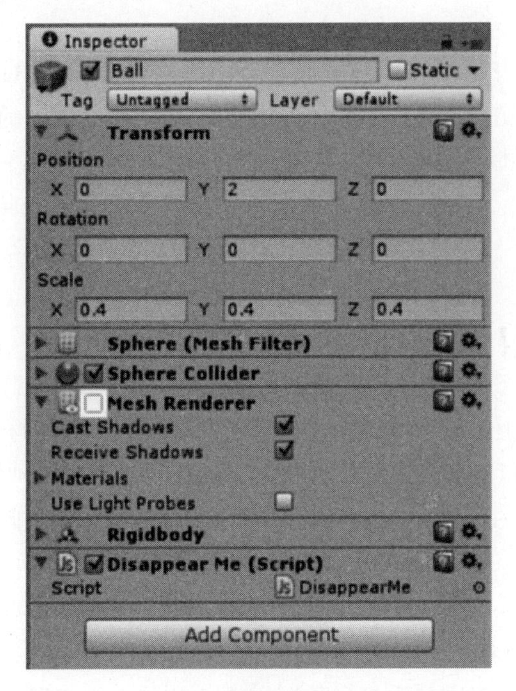

图4.8

小球不见了。意料之中。之前在上一章里我们去掉检视面板中游戏物体最上面的那个勾选的时候也是这个效果。

不过，我有个疑问，Mesh Renderer组件和我们的`DisappearMe`脚本中的那个"renderer"有什么关联吗？勾选它显然会和运行一段包含`renderer.enabled=false`的脚本的效果一样。

我们就来钻个牛角尖吧，得把这事弄清楚了。我们暂且不去给这个勾选框打勾，并且修改我们的脚本来得到一个可靠的答案。

动手环节——让小球现身

1. 双击`DisappearMe`脚本，MonoDevelop会打开并显示该脚本。
2. 将单词`false`改为`true`。
3. 保存脚本。
4. 点击播放按钮测试游戏。

你的脚本看上去应该是这样：

```
function Update () {
    renderer.enabled = true;
}
```

果然！开始还隐身的小球神奇般地现身了。这就意味着Mesh Renderer组件和我们调用的脚本中的renderer指令其实是一回事。而检视面板中的那个勾选框其实就是enabled属性的勾选形式——替代了true和false。它呈现给我们的是勾选和取消勾选这两种状态！事实上，你可以在点击播放按钮后观察它的勾选状态的变化。这也足以说明它是奏效的了。

4.8　灵感出现！

希望此时你的头上出现一个小灯泡。你可能想知道检视面板中还有哪些地方是可以用代码控制的。我们先来大致看一眼Mesh Renderer组件的其他选项：

- 一个标有Cast Shadows（投射阴影）的勾选框（此功能仅出现在Unity Pro版本）[1)]。
- 另一个标有Receive Shadows（接收阴影）的复选框。
- 还有些关于Material（材质）的稍显复杂的设定。

除非你天赋异禀，否则基本没可能独立弄清楚其中的奥秘。我们来翻一翻Unity的脚本参考手册，看看它是如何描述Renderer这个类的。

动手环节——查阅Unity脚本参考手册

Unity脚本参考手册（Unity Script Reference）是一部包含了Unity JavaScript中所有关键字的词典。它的内容编排得相当合理，支持搜索，也支持相关章节的超链接跳转，不亚于一本权威的芬克&瓦格诺词典。

1. 确保小球为选中状态。
2. 在检视面板中找到球的Mesh Renderer组件。
3. 点击带有问号的蓝色小书图标打开手册（图4.9）。

图4.9

此时你的默认浏览器会弹出来，并且加载Unity手册中关于Mesh Renderer的介绍

1) 译者注：新版中已可以在免费版中使用。

页面（图4.10）。该网页并不是在线阅读的。那些HTML文件都存放在你的电脑里，Unity会用浏览器将其显示出来。该手册的在线版本可以去下面的网址查阅：http://docs.unity3d.com/Manual/index.html

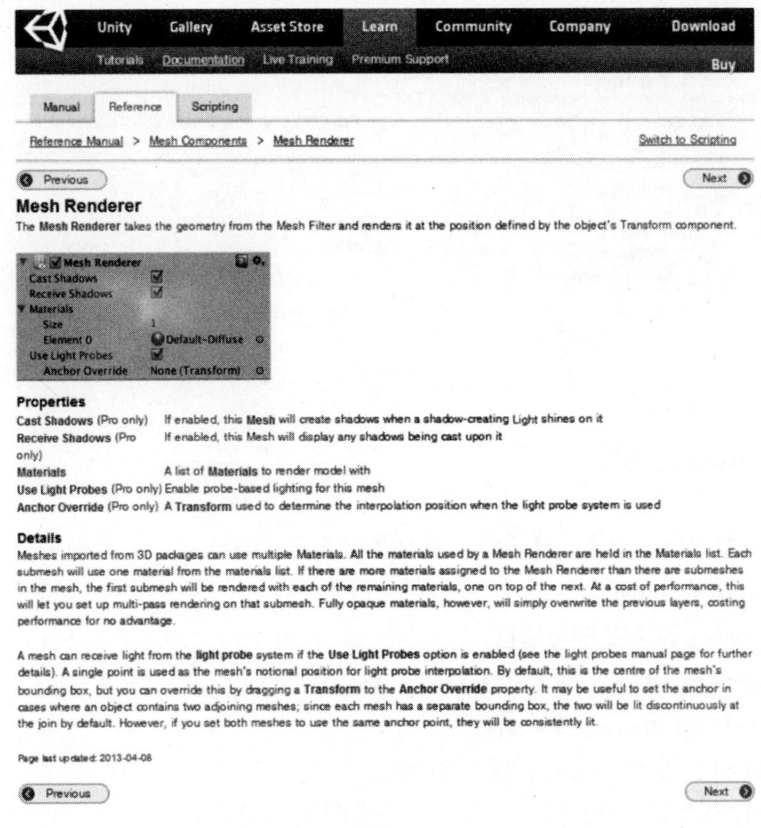

图4.10

手册会告诉你Unity界面上那些功能模块都是做什么用的。图中的页面包含了Mesh Renderer组件的所有介绍信息。如图4.11所示，点击右上角的Scripting链接可以跳转到Unity脚本参考页面[1]。

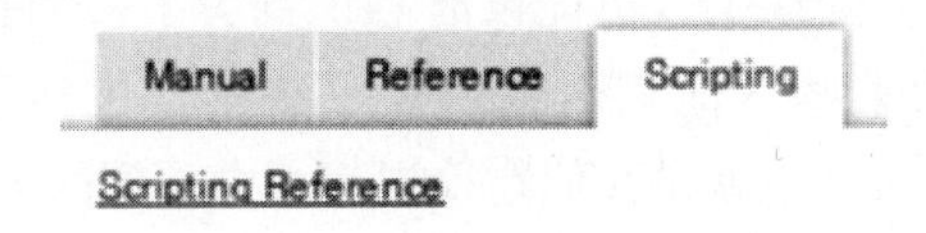

图4.11

1) 新版已称为Scripting API。

因为我们想要查找Renderer类的相关介绍，所以需在左上角的搜索栏输入Renderer（图4.12），在搜索结果中点击指向Renderer类的链接即可。

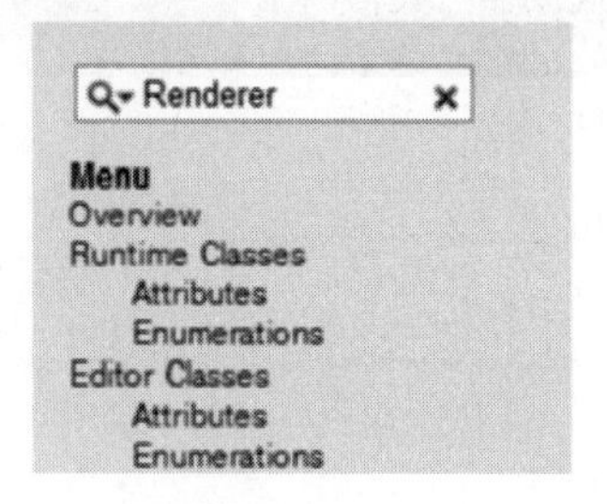

图4.12

4.9 Renderer类

Renderer类列出了很多在你看来有些抽象的东西。它包含了如下列表：

- Variables（变量）。
- Messages sent（发送的信息）。
- Inherited variables（继承变量）。
- Inherited functions（继承函数）。
- Inherited class functions（继承类函数）。

在上面的列表中，我们熟悉的唯一一个字眼或许就是function了，我们刚才学过，即重复使用的代码块（你也可以把它想象成一份永远吃不完的三明治）。鉴于我们要在本章里编写更多的代码，我们要理解什么是变量。从现在起，把注意力集中到Variables那段内容上吧（图4.13）。

其中一个变量叫`enabled`。还记得你写过的`renderer.enabled=false;`吗？其实你已经用过一个变量了，可能没有意识到罢了。而且继续看，我们在Mesh Renderer组件里看到的某些其他东西也列在了这里，包括名为`castShadows`和`receiveShadows`的变量，也就是我们在检视面板中看到的那两个勾选框。这些都是与材质相关的变量。在列表的底部，还有名为`isVisible`的变量，貌似与`enabled`变量的功能有所不同。

Renderer

Inherits from Component

General functionality for all renderers.

A renderer is what makes an object appear on the screen. For any game object or component its renderer can be accessed trough a renderer property.

JavaScript ▾

```
// make the object invisible!
renderer.enabled = false;
```

Use this class to access the renderer of any object, mesh or particle system. Renderers can be disabled to make objects invisible (see enabled), and the materials can be accessed and modified through them (see material).

See Also: Renderer components for meshes, particles, lines and trails.

Variables	
isPartOfStaticBatch	Has this renderer been statically batched with any other renderers?
worldToLocalMatrix	Matrix that transforms a point from world space into local space (Read Only).
localToWorldMatrix	Matrix that transforms a point from local space into world space (Read Only).
enabled	Makes the rendered 3D object visible if enabled.
castShadows	Does this object cast shadows?
receiveShadows	Does this object receive shadows?
material	The material of this object.
sharedMaterial	The shared material of this object.
sharedMaterials	All the shared materials of this object.
materials	All the materials of this object.
bounds	The bounding volume of the renderer (Read Only).
lightmapIndex	The index of the lightmap applied to this renderer.
lightmapTilingOffset	The tiling & offset used for lightmap.
isVisible	Is this renderer visible in any camera? (Read Only)
useLightProbes	Use light probes for this Renderer.
lightProbeAnchor	If set, Renderer will use this Transform's position to find the interpolated light probe.

图4.13

探索吧英雄——扯掉苍蝇的翅膀

如果你曾经是那个把父母的老式收音机大卸八块的熊孩子，或者亲自去搞清楚自家后院的虫子为什么会叫个不停的好奇鬼，那么现在正是你大显身手的时候。脚本参考为你敞开一扇了解Unity语言中的每个特殊保留词（或称关键字）的大门。试着点击列表中的`enabled`变量。如图4.14所示，结果页面不仅会将该变量的解释重复显示一遍，而且提供了一个关于该变量的代码使用范例。你可以用右侧的下拉菜单切换查看C#和Boo语言的转译版本（去吧——去看个究竟！幸运往往偏爱胆子大的人）。

Renderer.enabled

var **enabled** : boolean

Description

Makes the rendered 3D object visible if enabled.

JavaScript ▾

```
// make the object invisible
renderer.enabled = false;
```

Another example:

JavaScript ▾

```
// Toggle the Object's visibility each second.
// make the object visible
renderer.enabled = true;
function Update () {
   // Find out whether current second is odd or even
   var seconds : int = Time.time;
   var oddeven = (seconds % 2) == 0;
   // Enable renderer accordingly
   renderer.enabled = oddeven;
}
```

图4.14

如果你对某种语言的编写方式饶有兴趣，相信你已经放下本书并把自己埋在脚本参考手册里查看可以操纵的代码了。这样挺好。你慢慢玩，过后再回来继续。如果你仍然对不熟悉的编程语言保持谨慎，并且想要获得更多的使用指导，那么请继续往下看。

4.10 “哼”的同义词是什么?

作为一名初学者去使用一个语言参考手册时最具挑战性的一件事或许就是你不知道自己不知道什么。语言手册支持搜索到很细化的内容，但如果你不知道Unity的对某些东西的特定表述的话，那么同样会感到茫然。就像不知道某个单词怎么拼写一样。你固然有字典可供查阅，但如果你不知道如何拼写，那就连查都没法查了!

如果你不知道自己要找的是什么，最好的办法是去查查同义词。试试敲出你能想到的与之相关的词。如图4.15所示，如果你想隐藏或显示某些东西，可以尝试去搜索如visible（可见的）、visibility（可见性）、visual（视觉的）、see（看见）、show（显示）、appearance（出现）、draw（绘制）、render（渲染）、hide（隐藏）、disappear（不见），以及vanish（瞬间消失）！即使会花些时间在上面，试试大声喊出“芝麻开门！”说不定会有惊喜哦。

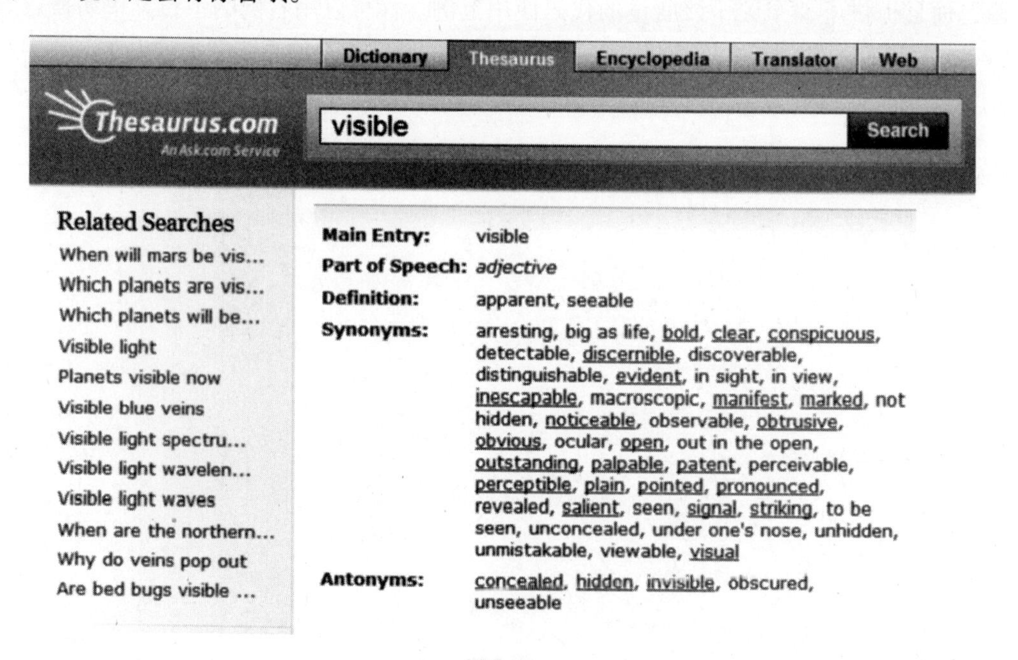

图4.15

如果你实在不知道该怎样表达，依然有捷径可以走。你可以随意点击文档中的词，并了解它们的含义和作用。另一个办法是开始上网搜索Unity的教学资源。很多开发者都愿意分享他们的代码，帮助初学者学习新的知识。或许不知道这个脚本的作用，但只要耐心学习，总会发现某一行代码可能会实现你要做的事情。把它复制并粘贴到你自己的脚本里，开始各种尝试。如果它破坏了你的游戏，那也没什么！你可能会觉得什么也没学到，但至少你学会如何不让游戏受到破坏。最后一个资源就是聊天频道，可以用网上实时聊天（IRC）客户端，不过身为一个Unity小白，在频道里面和那些远比你的学识渊博得多的人说话可得更谨慎更尊重一些。绝大多数的聊天频道都不会喜欢那些问问题之前都还没查过在线资源的新人。

本书后面的附录部分列出了大量的Unity资源，也要记得去看看。

4.11 乐趣无穷

我们初次尝试写脚本是在说说笑笑中完成的，但我们离最开始想要让球拍在颠球游戏里的实现的功能还差得远。让我们撤销刚才的一些操作，开始编写对我们这个游戏有关键作用的脚本。

动手环节——取消脚本绑定

让我们把脚本从小球上移除，并且再次检查Mesh Renderer组件，确保一切回归原貌：

1. 确保小球为选中状态。

2. 在检视面板中找到Mesh Renderer组件，并确保组件为勾选状态。此时球体应该再次出现在场景视图中。

3. 在检视面板底部找到`DisappearMe`脚本。

4. 如图4.16所示，在该组件的名称上点击鼠标右键，并点选Remove Component（移除组件）。Mac系统中的快捷键是Command+鼠标点击，或者点击后面的那个小齿轮图标并从下拉菜单中选择Remove Component（移除组件）。现在，该脚本便不再与你的游戏物体有关联了。

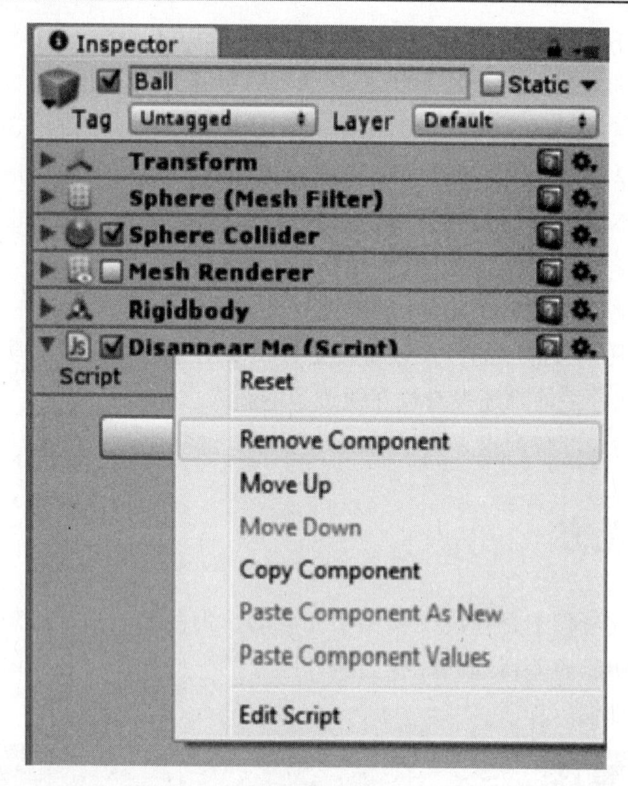

图4.16

4.12 虽然离开了，但不会被忘却

学会如何从游戏物体上移除脚本，这跟学习如何添加脚本同样重要。我们原本也可以通过取消勾选DisappearMe脚本组件前面的勾选框来禁用它。虽然DisappearMe脚本不再作用于小球，但我们并没有真正删除它。你仍然可以在工程面板中找到它。要想真正删除它，可在点选脚本后点击键盘上的Delete键，Mac用户的快捷键是Command + Delete。如果你想留着它来提醒你本章都做过些什么，那就留着它好了。

脚本的通用性

或许你已经猜到了DisappearMe脚本并非小球物体所独占。你可以把脚本拖拽到球、球拍或场景中的其他物体上去。只要该游戏物体包含一个renderer（渲染器）组件，那就可以使用它。

4.13 为什么要写代码?

我们接下来要使用的脚本会用到更有料的知识。我们知道，游戏物体都是通过代码呈现的。某些代码是我们看不到的，而我们只能通过脚本去操纵。另外一些代码则通过组件的图形界面（例如勾选框和下拉菜单）在检视面板上呈现给我们。

或许你已经开始想问为什么了。当Unity为我们呈现这样一个友好易用的勾选框供我们点选的时候，我们还会去写枯燥的代码去实现什么功能吗？那是因为当你做游戏的时候，你所玩弄的这些控件对游戏的实际运行没有好处。

想象一下，你想要一个游戏物体在你的玩家玩游戏时因玩家的触发而突然消失。如果你的玩家可以得到一个能够在屏幕上显示第二个球拍的道具呢？如果是这样，那么这个勾选项对你而言就毫无意义了。你的玩家并不会在Unity 3D创作工具中体验到你的游戏的乐趣，而让你去坐在他身上、在他每次得到一个双球拍道具时去点那个勾选框，这种方案也是很傻的。你需要些脚本去告诉Unity当你不在的时候应当怎么办。就像是教会一只雏鸟各种生存技能后把它赶出窝去一个道理。没人会去为你守着那个勾选项的，雏鸟。

4.14 教会雏鸟

我们这就来教会Unity在我们不在的时候该怎么做，而且玩家想要移动球拍去让球弹起来。确保已经启用（勾选）了小球物体上的Mesh Renderer组件。我们将要创建一个全新的脚本，并把它绑定给球拍。

动手环节——新建一个新的MouseFollow脚本

1. 在工程面板的空白处点击鼠标右键，并依次点击Create（创建）| JavaScript。此外，你也可以在顶部的菜单中依次找到Assets（资源）| Create（创建）| JavaScript，或者使用工程面板顶部的Create按钮。

2. 工程面板中被添加一个新脚本。把它命名为MouseFollow（意为“鼠标跟随”）。

3. 将MouseFollow脚本拖拽到你的球拍物体上。

4. 双击脚本，以便用MonoDevelop打开它，我们将要添加一个行简单的代码，放在Update函数（三明治）的花括号（三明治的面包片）里：

```
function Update () {
transform.position.x = 2;
}
```

5. 依次点击Component（组件）| Physics（物理）| Rigidbody（刚体），为球拍添加一个Rigidbody组件。

6. 在检视面板中，找到Rigidbody组件，并勾选Is Kinematic（使用运动学）选项。Unity手册里警告不要在没有添加Rigidbody组件的情况下就用脚本控制碰撞器的移动，因为这样会增加很多不必要的运算量，因此我们添加了Rigidbody。Is Kinematic选项会将球拍物体从Unity的物理模拟运算中剔除。

7. 保存脚本并点击播放按钮测试游戏。就像当某人想要坐下的时候从他身下把椅子抽走那样，你的球拍现在应该完全不听使唤了，貌似会让你的球径直穿透过去。这样可不对哦，球拍，这样可不对哦。

怎么回事?

正如我们看过的在Mesh Renderer（网格渲染器）组件，Transform（变换）也是游戏物体的组件之一。你选中球拍时会看到，它是检视面板中排在最前面的绑定属性。如图4.17所示，我们在第3章中学过，Transform组件决定游戏物体的位置、旋转和缩放（即尺寸大小）。

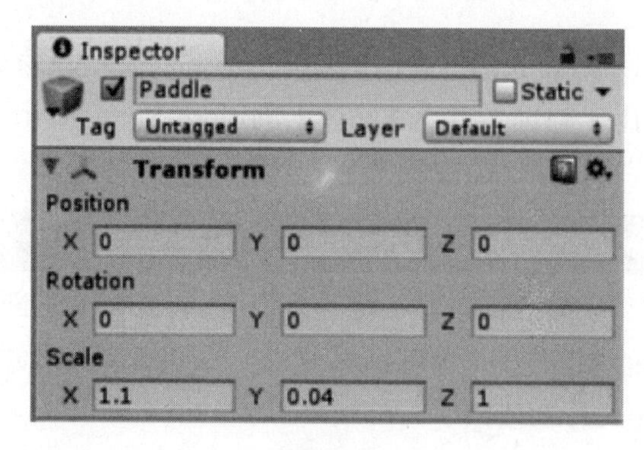

图4.17

在Unity环境中，球拍的Transform组件被设定为X轴向的位置坐标值为1。不过，我们刚刚通过代码把这个X值改成了2。结果就是，当Update函数被首次调用的时候，球拍会跳到X轴轴向上的两个单位远的地方。

这种思维可能已经把你弄懵了：如果你可以控制球拍的X向位置值，或许你也可以同样控制它的Y向和Z向位置值。而且，既然可以控制位置，那么旋转和缩放属性的控制也就不在话下了！但是，应该用什么关键字去更改这些属性呢？rotation和scale这两个词或许是正确答案，但我们还要再确定一下。

为了满足你的好奇心，我们再来看一下Unity脚本参考。这回我们试试用快捷键打开它，将脚本中的transform一词选中，让它高亮显示，并按Ctrl + '键（Mac系统下为command + '）（一个单引号）。你会随即看到脚本参考页面（图4.18），上面列出的结果与你直接在搜索栏搜transform一样。上面究竟有什么奥秘等着你呢？

Transform

Inherits from Component, IEnumerable

Position, rotation and scale of an object.

Every object in a scene has a Transform. It's used to store and manipulate the position, rotation and scale of the object. Every Transform can have a parent, which allows you to apply position, rotation and scale hierarchically. This is the hierarchy seen in the Hierarchy pane. They also support enumerators so you can loop through children using:

JavaScript ▾

```
// Moves all transform children 10 units upwards!
for (var child : Transform in transform) {
    child.position += Vector3.up * 10.0;
}
```

See Also: The component reference, Physics class.

图4.18

4.15 好主意

Transform组件名称中的Transform一词的首字母是大写的T。当我们在代码中调用它时，我们用小写的t。在脚本参考中，这个T又是大写的。但如果你已经在代码中不慎使用了大写的T，Unity会在控制台抛出一个错误信息给你。为什么会这样？

Unity的语言是区分大小写的，也就是说，某个包含大写字母的单词和它的全小写字母版会被当成两个完全不同的词看待。因此，transform和Transform之间的区别就像是黑夜和白天的区别一样。

Transform是一个类。类（class）相当于一张设计图。你可能想在你的颠球游戏中引入道具（power-up）。在Powerup类中，如果P大写，则描述的是道具的样子和行为。你可能会用你的Powerup类创建一个新的道具，并用带有小写p的powerup一词标注它。Powerup类（大写的P）包含了创建某个东西的指令，而powerup（小写的p）则是你为根据那张设计图做出的东西所取的名。

因此，在这里，Transform（T大写）就是一个类，或者理解成设计图，描述了变换的作用。而transform（t小写）则是我们的游戏物体为自己的变换实例所取的名，也就是使用Transform设计图制作出来的变换实例。类用大写，实例用小写，这只不过是代码规范，所以没必要较真了，就让我们遵从惯例好了。

下面再举几个例子帮助你理解：

- Car是一个类（设计图）。我们用它来制作一个新的car实例，并把该实例命名为car（c小写）。
- House是一个类（设计图）。我们用它来制作一个新的house实例，并把该实例命名为house（h小写）。

我们可以用这些类去创建一个或多个副本或实例。Car类可以做出很多东西，我们把它们分别叫做car1、car2和car3。我们也可以把这些实例分别叫做sedan（轿车）、convertible（敞篷车）和SUV（多功能车）。在Unity里，开发者们决定把根据Transform类创建出来的东西叫做transform。尽管完全可以叫pinkElephant（意为“粉色的大象”）之类的，但tranform的字眼会让它更有意义一些。

4.16　让代码动起来

我们已经讲过了如何让Unity重复调用Update函数，下面这就来对脚本稍作改动，看看那样做的真正意义。

动手环节——让球拍动起来

1. 跳转到你的MouseFollow脚本，如果没有打开，可在工程面板中双击它。
2. 在Update函数中对代码行稍作如下改动：

```
function Update () {
   transform.position.x += 0.2;
}
```

改动非常小，我们只是在“=”号前面加了一个“+”号，并且在数字前面加了一个0和一个小数点，从2改成了0.2，让它变得更小。

保存脚本并测试游戏。现在的球拍应该像一匹脱缰的野马径直从屏幕右边冲出去了！

怎么回事——这是什么魔法?

我们之所以要把2变小，是因为球拍会在瞬间冲出屏幕，而我们还没来得及看到它。不过那个“+=”倒是暗藏了点代码魔术。

将`transform.position.x`属性后的“=”改成了“+=”的意思是，我们要在每次更新时让x属性加上`0.2`。这个特殊的内建`Update`函数会在你玩游戏的时候自动被Unity重复调用。此时，x位置值会不断地增加。我们按下面这个逻辑去想：

- 当`Update`被首次调用时，x=0。我们加上`0.2`，而球拍会移动到`0.2`的位置。
- 当`Update`被再次调用时，x=0.2，我们加上`0.2`，而球拍会移动到`0.4`的位置。
- 每当`Update`函数被调用的时候，球拍的x位置值都会增加。通过观察球拍在屏幕上每次移动一个`0.2`增量的速度，我们就能知道`Update`函数被调用的频率了。

偷懒的借口

“+=”是程序员们的简写用法，等同于下面这种写法：

```
transform.position.x = transform.position.x + 0.2;
```

但这种方法显然需要输入更多内容，当然是输入越省事越好啦。有80%的计算机程序员由于打字过度在40岁前就早逝了。我打出这段话其实是在“折寿”哦，所以还是让这个百分比降低些为好。

4.17 为什么球拍之前没有动起来?

当我们写了`transform.x=2`这一行代码的时候，球拍只是瞬间跳到了目标位置，它哪里都没有去，就像现在这样。这是为什么?

`Update`函数依然被持续地调用着。但它每次都会让球拍在X向上运动到2的位置。尽管x值在每次更新的时候都在变化，但每次的变化结果值都相同。因此，一旦球拍到了那个位置以后，看上去就和静止没什么两样了。

至于我们新修改过的那行代码，球拍的x位置值会在每次执行`Update`函数时累加`0.2`，因此球拍会在屏幕上动起来。

作为编程新手，一个重要的素质就是要保持乐观的心态。应该假定自己的目标是可以实现的——一切皆有可能嘛。我们现在知道如何设置球拍的位置了。按照你乐观的心态来看，你可能回去想想让球拍跟着鼠标走，你可以找到鼠标的位置，并将`transform.position.x`属性设置成和它一致即可。

但是，获取鼠标位置需要用到的属性关键字是什么呢？为了寻找答案，我们还是回到Unity脚本参考手册里查查吧。

4.18 挑个词——随便挑

我们现在要好好利用脚本参考手册来做点事了。我们要掌握自己能想到的所有与鼠标（mouse）同义的词。下面就是我绞尽脑汁想出来的：mouse（鼠标）、screen position（屏幕位置）、cursor（光标）、pointer（指针）、input device（输入设备）、small rodent（小型啮齿动物）、two-button（两个按钮）、aim（瞄准）以及point（指向）。其中总会有一个能派上用场。如我们依然无功而返，那就得去仔细浏览在线教程，直到从中找到答案。

去吧，打开Unity脚本参考手册页面，并在搜索栏输入`mouse`。扫遍搜索结果列表。我们决不放弃。我们绝不会无功而……咦，等等，这个是啥？

在列表中间的位置，有一个链接，就是图4.19中高亮显示的那段：

Input.mousePosition
The current mouse position in pixel coordinates.
（当前鼠标位置的像素坐标值）

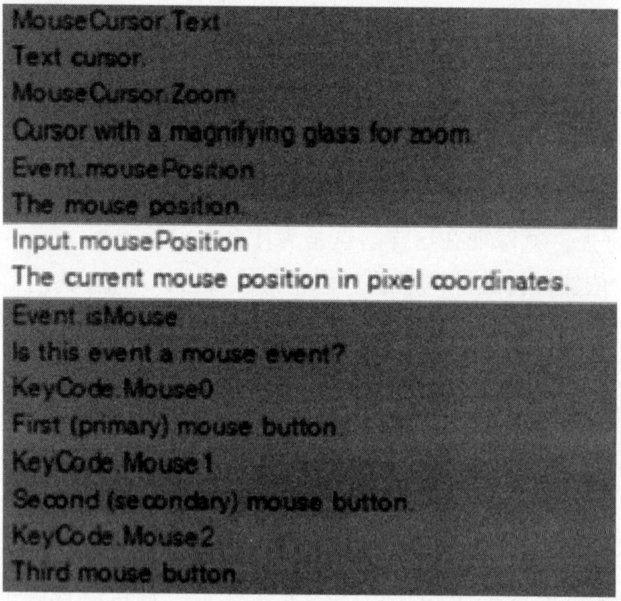

MouseCursor.Text
Text cursor.
MouseCursor.Zoom
Cursor with a magnifying glass for zoom.
Event.mousePosition
The mouse position.
Input.mousePosition
The current mouse position in pixel coordinates.
Event.isMouse
Is this event a mouse event?
KeyCode.Mouse0
First (primary) mouse button.
KeyCode.Mouse1
Second (secondary) mouse button.
KeyCode.Mouse2
Third mouse button.

图4.19

呃……这未免太简单了吧。我想我们根本不需要去搜其他那些同义词了。

4.19 屏幕坐标vs世界坐标

点击Input.mouserPosition链接，查看跳转后的页面。脚本参考手册告诉我们还可以使用一个新原点。Unity会将我们的屏幕当成一个2D平面，其原点坐标为（0, 0），也就是屏幕左下角。就像四年级时学过的柱状图。

我们这里有一个代码范例（图4.20），但看上去有点晕。Physics.Raycast是个什么东西？我可一点也不知道。而且我们又如何用Input.mousePosition来获取x、y和z的值呢？

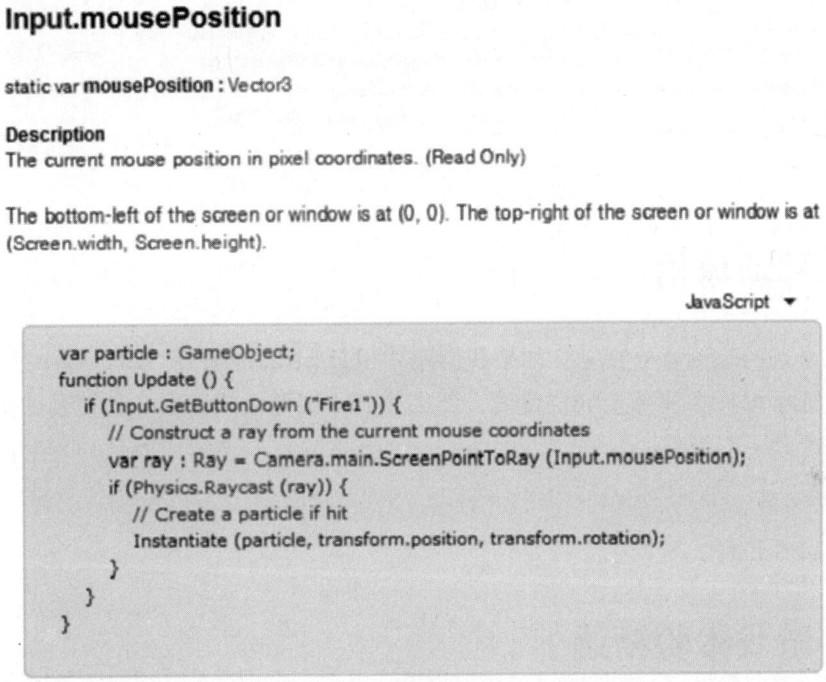

Input.mousePosition

static var **mousePosition** : Vector3

Description

The current mouse position in pixel coordinates. (Read Only)

The bottom-left of the screen or window is at (0, 0). The top-right of the screen or window is at (Screen.width, Screen.height).

JavaScript ▾

```
var particle : GameObject;
function Update () {
    if (Input.GetButtonDown ("Fire1")) {
        // Construct a ray from the current mouse coordinates
        var ray : Ray = Camera.main.ScreenPointToRay (Input.mousePosition);
        if (Physics.Raycast (ray)) {
            // Create a particle if hit
            Instantiate (particle, transform.position, transform.rotation);
        }
    }
}
```

图4.20

答案有点不太好找。注意看屏幕顶部，那里说的是Input.mousePosition是一个Vector3。Vector3是什么？我也不知道。点它看看。果然，结果页面告诉我们，Vector3包含了x、y和z属性，以及很多其他有用的东西。看上去应该不错（图4.21）。

Vector3
Struct

Representation of 3D vectors and points.

This structure is used throughout Unity to pass 3D positions and directions around. It also contains functions for doing common vector operations.

Besides the functions listed below, other classes can be used to manipulate vectors and points as well. For example the Quaternion and the Matrix4x4 classes are useful for rotating or transforming vectors and points.

Variables	
x	X component of the vector.
y	Y component of the vector.
z	Z component of the vector.
this [int index]	Access the x, y, z components using [0], [1], [2] respectively.
normalized	Returns this vector with a magnitude of 1 (Read Only).
magnitude	Returns the length of this vector (Read Only).
sqrMagnitude	Returns the squared length of this vector (Read Only).

图4.21

4.20 移动球拍

见证奇迹的时刻就要到了。如果我们刚才用Input.mousePosition把球拍的x位置值设成了鼠标在屏幕上的位置值，那么我们应该可以使用鼠标来控制球拍了。像下面这样改动一下代码：

```
transform.position.x = Input.mousePosition.x;
```

保存脚本并测试一下看看。

4.21 游戏体验糟透了

看上去似乎什么也没发生。球拍不见了。这下可好。显然，用鼠标控制球拍并没那么简单。

不过别灰心，试着把鼠标放到屏幕左边缘上，然后非常缓慢地移动它。你应该能够看到球拍从屏幕上疾驰而过了吧。你会发现，即使是水平方向上的非常微小的运动都会让球拍飞速运动到很远的地方去。这可不是我们想要的效果。

4.22 认识矩阵

我们需要弄清楚我们的鼠标究竟发送的是什么样的数值。我们可以用Debug.Log()函数来分析。我们想要用Debug.Log()函数得出的一切信息都会在运行游戏的时候显示在屏幕底部。

动手环节——听球拍的声音

1. 在现有的代码行下方添加如下代码：

```
Debug.Log(Input.mousePosition.x);
```

2. 你的完整代码应该是下面这个样子：

```
function Update () {
      transform.position.x = Input.mousePosition.x;
      Debug.Log(Input.mousePosition.x);
}
```

3. 保存并测试游戏。

在屏幕最底部可以看到Debug.Log()声明语句的结果。如果什么也都没显示，那就按照如下步骤启用控制台声明（图4.22）：

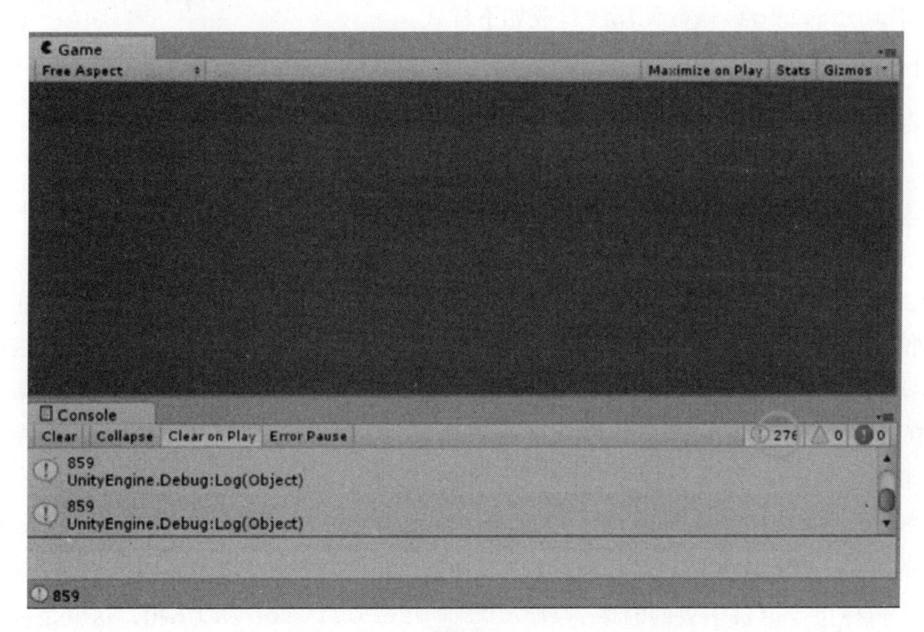

图4.22

1. 依次点击菜单中的Window（窗口）| Console（控制台）。

2. 这个窗口很重要！点击并拖拽它，使其停靠在当前布局的游戏窗口的下方。

3. 点击那个卡通书里的文字气泡图标，确保启用控制台信息显示。

当你的鼠标指针左右移动时，你会看到这个数值在变化。当你的鼠标位于左侧边缘时，该值始于0，然后飞速增大。数值上限取决于你的显示器分辨率；在我的屏幕上，`Input.mousePosition.x`的最大值达到了1279！在早些时候，当值为2时，球拍几乎就已经飞出了屏幕。通过使用`Debug.Log()`获知这些夸张的大数值，我们可以看到代码的执行结果为什么会是那个样子了。

4.23 一点数学运算

这个脚本还无法起作用。我们的球拍只会沿X轴向右运动，因为我们只用了正数。我们需要某些负数，好让球拍可以向左运动一些。但是，运动到哪里为好呢？

思考一下，如果我们取屏幕宽度值的一半并将其从`Input.mouserPosition.x`里减去会怎样？这样做会有怎样的效果呢？

Unity脚本参考手册告诉我们如何找到以像素为单位的屏幕宽度值。我们用这个数值除以2，并减去鼠标的位置值。

将`Debug.Log()`函数调用改写成如下样式：

```
Debug.Log(Input.mousePosition.x - Screen.width/2);
```

保存并测试。在屏幕底部观察结果。

4.24 追踪数值

当鼠标指针位于屏幕的左边缘时，你会得到负值。当它接近右边缘时，你会得到正值。而且，如果你试着将鼠标指针精准地放在中间点上，就会得到零值。这就对了。我们知道当鼠标位于左边缘的时候，`Input.mousePosition.x`为0。如果我们从0值减去屏幕宽度的一半（以我的屏幕来说是640像素），那么我们就会得到左边缘为-640的结果。

我的屏幕总宽度为1280像素，所以我们使用640，也就是它的一半宽度。你要根据自己的屏幕来定！常见的屏幕宽度有800、102、1152、1280、1600或1920。

当鼠标位于屏幕中央的时候，`Input.mousePosition.x`为640，这就是屏幕的一半宽度。如果我们减去屏幕的一半宽度值（我这边是640）时，我们会得到零值。

当鼠标位置位于屏幕右边缘时，Input.mouseposition.x值几乎等于1280，我的屏幕显示宽度最大也就是1280了（同样，这取决于你的实际屏幕分辨率）。减去Screen.width值的一半后我们会得到640。而-640是位于屏幕左边缘处的值，0是中间那里的数值，640是屏幕右侧那里的数值（图4.23）。

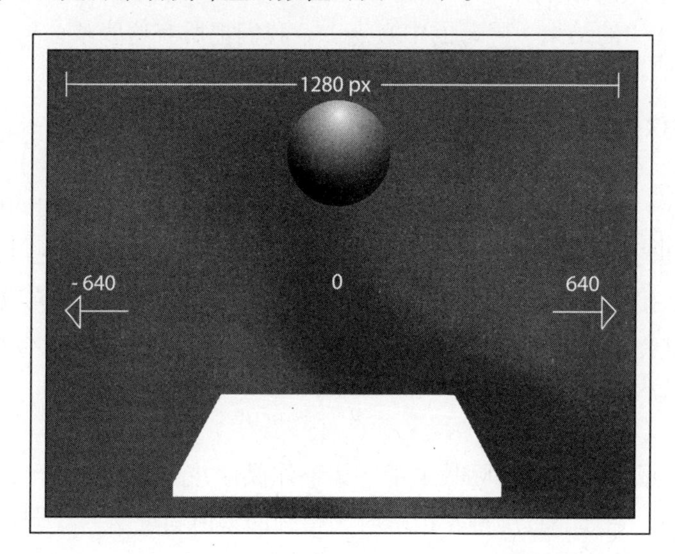

图4.23

4.25 玩转数字

这种方法固然可行，但我们已经知道这些数值都太大了。如果我们想要球拍移动到X轴向上的640个单位的位置，那么鼠标需要移动很远的距离才行。我们已经得到了一个正值或负值的理想范围——我们只需要将这个数值再减小一点即可。我们就来试着把它除以屏幕的一半宽度值。

动手环节——记录新数值

1. 将你的Debug.Log()函数调用改写成如下样式：

```
Debug.Log( (Input.mousePosition.x -Screen.width/2) /
  (Screen.width/2) );
```

老天！这么多括号！我们之所以要用到这些括号，是因为我们需要让除法和减法运算按照正确的顺序执行。你可能还记得代数课上学过的运算法则的执行顺序。也就是BEDMAS：先算括号（B），再算幂（E），然后依次是除法（D）、乘法（M）、加法（A），最后是减法（S）。

为了给大家提个醒，我们用下面这段伪代码表示我们想要做的：

（数值1）/（数值2）

我们是在用某个值除以某个值。数值1是-640到640范围内的任意数。数值2是Screen.width/2的结果（屏幕的中心点）。我们把所有这些整合到Debug.Log()里就是：

Debug.Log((数值1)/(数值2));

伪代码（pseudocode）是一种如若原样照搬到脚本中是无法生效的代码。我们只是为了让真正的代码更便于理解才那样写的。某些程序员使用含有英文单词的伪代码来帮助他们临时跳过问题。随后，他们会再次回到伪代码上，并把它转译成计算机能够识别的语言——JavaScript和C#等。

现在，我们已经做出点实际效果了。如果你保存并测试一下，当移动鼠标指针的时候，你会看到，当你靠近屏幕左边缘时，得到的数值趋近于-1。同样，当你靠近屏幕右边缘时，就会让数值趋近于1。在中间的时候是0。

将该代码块从Debug.Log()声明中复制出来，或者覆盖到它的上一行，看上去是这样：

```
transform.position.x = (Input.mousePosition.x -Screen.width/2) /
  (Screen.width/2);
```

4.26 管用了!

这就是我们一直想要的效果。球拍随着鼠标有节律地运动，而我们也可以把球弹起来一点了。成功了！要想让球能向非竖直的方向弹跳，可以试试用球拍的边缘去碰小球，此时小球应该会呈一个奇怪的角度被弹到屏幕以外的区域了！点击播放按钮再次测试一下你的游戏。

4.27 谁给我拿个篮子

编程新手常见的误区就是“重复即是罪”。也就是说，每当你重复输入一个东西两次的时候，就是在浪费时间和精力。记住，我们输入的内容越少，就越有可能远离我所提过的那种程序员职业病，而且一旦以后出现什么问题，需要“维护”的地方也会更少，毕竟修正一个代码块要比修正若干个重复使用的代码块来得简单。但初学者需要记住一点：先让它生效，然后再去完善。

可以看到我们在这一行里用到了某些重复的部分：

```
transform.position.x = (Input.mousePosition.x - Screen.width/2)/
  (Screen.width/2);
```

我们输入了两次Screen.width/2。不该这样的！输入的东西多了会累到我的手。而且，我们这样会让计算机把这个复杂的数学运算执行两遍。何不只算一次并让它记住结果呢？然后，每当我们需要引用屏幕中心点坐标的时候，只需要直接向电脑索取这个结果就可以了。

我们通过创建一个变量来实现。变量（variable）是记忆仓库中的一把锁。我会把它想象成一个能够盛装某件物品的篮子。和函数一样，变量也是通过声明来创建的。

说实话，这个多余的除法运算并不会对游戏带来多大益处。不过，还有更多“代价高昂”的操作可供我们在Unity里使用，现在就学习利用变量对以后搞定更“重”的任务有好处。

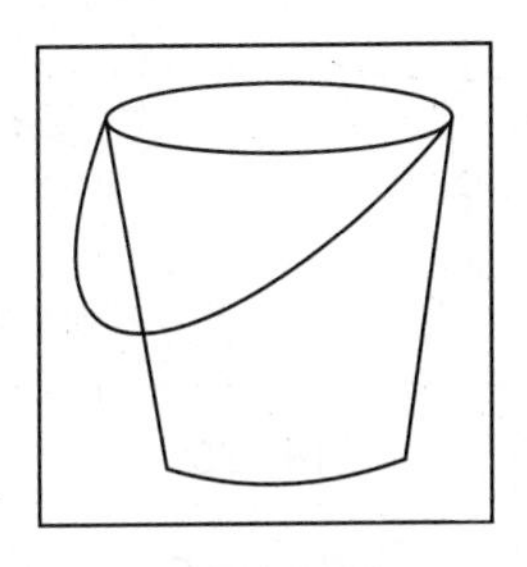

图4.24

动手环节——声明一个用于保存屏幕中点的变量

1. 按如下样式修改你的脚本（此时你可以删掉Debug.Log()函数调用了）：

```
function Update () {
  var halfW : float = Screen.width/2;
  transform.position.x = (Input.mousePosition.x -halfW)/halfW;
}
```

这段代码看上就简洁多了。不仅易读性好，而且我们也把原本第二行的那些让人头晕的括号去掉了。

怎么回事——我们使用了变量

我们用了特殊的var关键字来声明我们的变量（篮子）。我打算叫它halfW，也就是“half width（一半宽度）”的简写。你可以选用任何你喜欢的名称，只要它不是Unity的保留关键字就好。而且它也不会和我们之前讨论过的函数命名规则相冲突。例如，1mhwar funfun就不能用，因为它是由一个数字开头的，而且中间还有一个空格。同样，它听上去怪怪的，毫无意义可言。尽量让你的变量名称更有意义些为好。

F代表函数

在Unity中，函数命名和变量命名的最大区别在于，函数名是以大写字母开头的，而变量名则不应如此。这并不是一条严格规定，但这是“典范做法”，也就是说人们都是这么做的，所以你也应该如此。和我们生死与共吧！

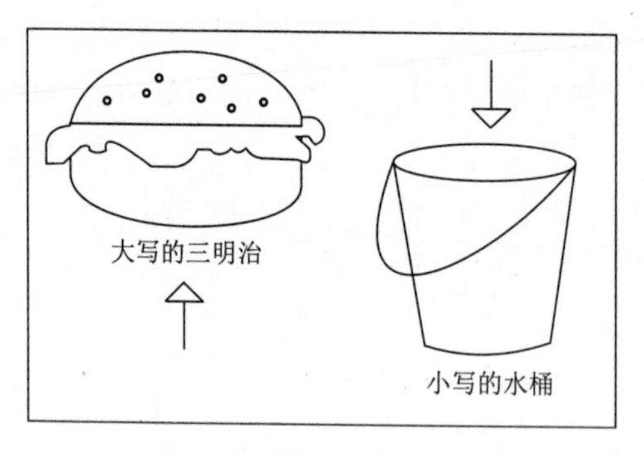

图4.25

我们在变量名后面插了一个冒号和单词float。这是为什么呢？冒号的意思是说，我们要告诉Unity我们用的是哪种类型的变量。这可以让程序知道需要用多大的篮子去装这个“记忆块”。定义变量类型能够让游戏提速，因为Unity不会去费力猜测这个篮子是干什么用的。

float是单精度浮点（single-precision floating point）的简写。对于你我而言，就是指一个带小数点的数字。下面是Unity使用的其他一些数据类型：

- string（字符串型）：是指字母或数字，例如“Hello, my name is Herb”或“123 Fake St”这样的内容。
- Boolean（布尔型）：相当于开关，一个布尔值只有两种状态——true或false。
- int（整数型）：全称是integer，例如28或-7这样的数字。

我们将halfW变量定义为float（浮点型），因为我们需要用到小数位。但我们并不打算搞什么原子裂变，所以我们不打算定义成double（双精度），后者的数值精度更高，可以存储包含更多数位的数值。

保存脚本并测试游戏，看看是否一切顺利。

4.28　充分使用三个维度

现在我们知道如何让球拍跟着鼠标左右运动，而让球拍追踪鼠标的y向和z向运动也不会很难。需要注意的是，这里我们需要处理两个不一样的平面（图4.26）：

（1）与计算机屏幕平行的2D平面：

- 水平方向的X轴。
- 垂直方向的Y轴。
- 屏幕左下角的原点（0, 0）。

（2）游戏当中的三维立体交叉面：

- 水平方向的X轴。
- 垂直方向的Y轴。
- 纵深方向的Z轴。
- 世界中央的原点（0, 0, 0），也就是三个平面的交汇点。

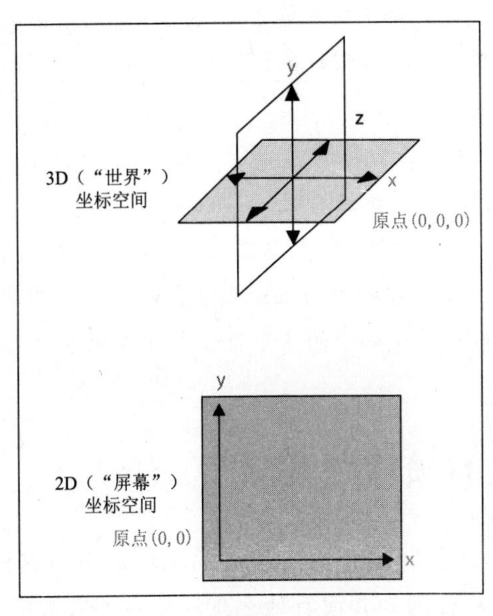

图4.26

我们将要追踪鼠标的y向运动，并把它映射给球拍的z向运动，让它沿玩家视线的纵深方向运动。如果我们将鼠标的y向位置映射给球拍的y向位置，那么球拍就会在地面和天空之间来回运动，这并不是我们想要的效果。

动手环节——跟随鼠标的y向位置

1. 将你的脚本按如下样式修改：

```
function Update ()
{
  var halfW:float = Screen.width/2;
  transform.position.x = (Input.mousePosition.x - halfW)/halfW;
  var halfH:float = Screen.height/2;
  transform.position.z = (Input.mousePosition.y - halfH)/halfH;
}
```

其中的两行新代码几乎与前两行一样。我们创建了一个变量，并把它命名为halfH（half height的缩写，意为“一半高度”）而不是halfW。我们将Input.mousePosition中的z属性改成了x。当你保存脚本并测试游戏的时候，就会得到一个可以运动自如的用来击球的球拍了。

数学效应

其实我在代码中稍微取了点巧。我想让球拍沿屏幕的纵深方向运动更远的距离，同时只需让鼠标运动更短的距离。于是我把halfH变量按如下方式声明：

```
var halfH:float = Screen.height/3;
```

这是屏幕高度的三分之一，而不是二分之一。其实我真该把我的变量名也改成thirdH。你可以在菜单中依次点击Search（搜索）| Replace（替换），在上方栏中输入halfH，在下方栏中输入thirdH，点击All（全部）按钮将代码中的多个符合条件的地方一次性替换。

4.29 机器人玩的颠球游戏

经过了这么多努力，我们的球拍终于动起来了，不过这样依然不能让游戏吸引人。让球持续弹起很容易，因为并没有什么东西让它朝着很离谱的方向运动。至少在《打砖块》或《弹射球》游戏里，你可以让球呈一定角度弹出。我们的游戏里并没有墙让角度改变，不过我们还有球拍。

如果我们让球拍随着玩家的运动而改变倾角呢？倾斜的球拍可以让球改变回弹的方向，让玩家努力去接住。

4.30 再次找到突破口

我们要如何为球拍做出一个倾角呢？我们还是求助于Unity脚本参考手册吧，用能够描述我们目的的词去搜：angle（角度）、rotation（旋转）、spin（自旋）、turn（转圈）、bank（转弯）、tilt（倾斜）、yaw（偏离）或roll（滚动）。我们的第二个备选词——rotation，就是个有秘密的家伙。

动手环节——重温Unity语言参考

1. 在脚本中敲入`rotation`一词，它变色了。原来它就是某个神奇的关键字！

2. 双击选中`rotation`这个关键字。

3. 按Ctrl + '（或command + '）转到Unity脚本参考手册。你也可以在已打开的参考手册的搜索栏中敲入`rotation`一词。

如图4.27所示，在搜索结果中可以很快找到`Transform.rotation`。我们已经用`Transform.position`来移动球拍——所以可以轻松判断这个就是我们想要的。点击链接吧！

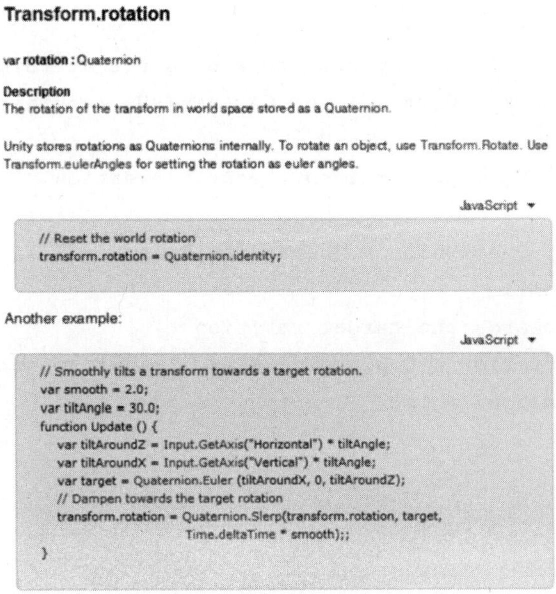

Transform.rotation

var **rotation** : Quaternion

Description

The rotation of the transform in world space stored as a Quaternion.

Unity stores rotations as Quaternions internally. To rotate an object, use Transform.Rotate. Use Transform.eulerAngles for setting the rotation as euler angles.

JavaScript ▾

```
// Reset the world rotation
transform.rotation = Quaternion.identity;
```

Another example:

JavaScript ▾

```
// Smoothly tilts a transform towards a target rotation.
var smooth = 2.0;
var tiltAngle = 30.0;
function Update () {
    var tiltAroundZ = Input.GetAxis("Horizontal") * tiltAngle;
    var tiltAroundX = Input.GetAxis("Vertical") * tiltAngle;
    var target = Quaternion.Euler (tiltAroundX, 0, tiltAroundZ);
    // Dampen towards the target rotation
    transform.rotation = Quaternion.Slerp(transform.rotation, target,
                          Time.deltaTime * smooth);;
}
```

图4.27

4.31　我们的工作到此结束

好了，你是否能体会到，当我们还在梦乡里的时候，有些程序员小矮人在帮我们修补鞋子！脚本参考手册中的Transform.rotation页面包含了一个代码块，能够“让某个位移结果向目标转角平缓地倾斜”。这听上去很像我们要实现的目的。

嘿，我有一个主意：我去门口望风。你去把这段代码复制并粘贴到游戏里去。如果有人问起，就说“书里让我这么做的”。

动手环节——把范例脚本添加到自己的脚本中

1. 将新代码加到现有的游戏代码中。你需要搬运几行脚本过去。以下是代码，新加的内容被加粗显示：

```
var smooth : float = 2.0;
var tiltAngle : float = 30.0;
function Update ()
{
  var halfW:float = Screen.width/2;
  transform.position.x = (Input.mousePosition.x - halfW)/halfW;

  var halfH:float = Screen.height/3;
  transform.position.z = (Input.mousePosition.y - halfH)/halfH;

  // Smoothly tilts a transform towards a target rotation.
  var tiltAroundZ : float = Input.GetAxis("Horizontal") *
    tiltAngle;
  var tiltAroundX : float = Input.GetAxis("Vertical") *
    tiltAngle;
  var target : Quaternion = Quaternion.Euler (tiltAroundX, 0,
    tiltAroundZ);
  // Dampen towards the target rotation
  transform.rotation = Quaternion.Slerp(transform.rotation,
    target,Time.deltaTime * smooth);
}
```

人无完人

在我的当前版本的脚本手册里有一处笔误（见上图）。最后结尾有两个分号，而不是一个。如果你的脚本手册里也是同样的笔误，那就删掉多余的那个分号即可。

注意，最顶部的smooth和tiltAngle这两个变量位于Update函数之外。稍后我们会去探讨为什么要这样。

如果你现在保存脚本并运行游戏的话，新的旋转代码并没有起作用。我们需要稍加改动。结果如下。我将需要改动的地方加粗显示了：

```
var smooth : float = 5.0;
var tiltAngle : float = 60.0;


function Update ()
{
  var halfW:float = Screen.width/2;
  transform.position.x = (Input.mousePosition.x - halfW)/halfW;

  var halfH:float = Screen.height/3;
  transform.position.z = (Input.mousePosition.y - halfH)/halfH;

  // Smoothly tilts a transform towards a target rotation.
  var tiltAroundZ : float = Input.GetAxis("Mouse X") * tiltAngle;
  var tiltAroundX : float = Input.GetAxis("Mouse Y") * tiltAngle;
  var target : Quaternion = Quaternion.Euler (tiltAroundX, 0,
    tiltAroundZ);
  // Dampen towards the target rotation
  transform.rotation = Quaternion.Slerp(transform.rotation, target,
    Time.deltaTime * smooth);
}
```

新加的内容的意义在于：

- 我们将smooth（平顺度）变量从2.0改成了5.0，为的是让动作更快些。
- 我们让Unity获取Mouse X（鼠标X）和Mouse Y（鼠标Y）的值，而不是Horizontal（水平）和Vertical（垂直）。Horizontal和Vertical默认会映射

给键盘上的WASD键。而Mouse X和Mouse Y则会获取鼠标的运动。

可加注释

代码中有一行的内容是“Smoothly tilts a transform towards a target rotation”，还有一行的内容是“Dampen towards the target rotation”。这听着像是普通的英语——一点也不像代码。行首的双斜杠让它们成了注释。Unity会在我们运行游戏时忽略这些注释。注释可以让你在代码中加入任何内容，只要在行首加双斜杠即可。很多程序员都用注释向其他程序员解释那段代码的含义（也用来在日后让自己看懂）。当你学习Unity时，你可以使用注释符将学到的新的代码思路写成注释。

保存脚本并运行游戏。此时球拍应该会随着鼠标的移动而倾斜了。看上去是奏效的，但它是绕着Z轴倾斜的，这样会将小球弹到非常远的地方。停止运行游戏。我们接近目标了——非常接近。

4.32 最后的调整

离颠球游戏做成还差最后一个小调整。我们想要让球拍的倾角与运动球回弹的方向相反。我们可以乘以-1来翻转效果：

```
var tiltAroundX : float = Input.GetAxis("Mouse Y") * tiltAngle * -1;
```

保存并测试。太棒了！球拍在场地内倾斜，让球回弹到我们可以够到的地方——除非我们一时心急而让球落了地。但这正是颠球游戏的乐趣所在——像这样移动球拍，让球一直这样运动下去。

什么是四元数?

这个过程真是乐趣多多！我们已经实现了颠球游戏的机制。现在让我们再做点别的。

等等，什么是四元数?

哦，那个东西？别管它。还有更好的戏等着我们呢！在下一章里，我们将……

4.33 到底什么是四元数?

老天，你还真够执着的。就不能先不去理它吗?

我并不是有意卖关子：3D数学很复杂。四元数（quaternion，就像我们在刚才的rotation代码中用到的那种）是一个让人恐惧的数学概念。按照我的那本数学词典（也是常在厕所里看的那本）的解释：“四元是实数域上的一种四维赋范可除代数学”。就是这个意思。现在你明白了吗?

四元数的概念远不在新手书籍的覆盖范围内。但是，我们也不能照搬参考脚本而不知其所以然，所以我们还是把它当成大学知识来试着科普一下吧。

4.34 有根据的推测

下面就是我们要弄清楚含义的那两行代码：

```
var target : Quaternion = Quaternion.Euler (tiltAroundX, 0,
  tiltAroundZ);
// Dampen towards the target rotation
transform.rotation = Quaternion.Slerp(transform.rotation,
  target,Time.deltaTime * smooth);
```

让我们从下往上看。

在代码的最后一行，我们将`transform.rotation`设置成了某个别的东西，作用是让球拍倾斜。我们目前知道的就这么多。我们或许也可以猜测四元数是我们曾经查过的那些内建类的其中一种，例如`Input`。`Quaternion`和`Input`都是以大写字母开头，并且在我们输入后会高亮显示。

`Slerp`这个听上去怪怪的，不过它的打头字母也是大写的，而且旁边有圆括号。此前我们在调用函数的时候见过这样的结构，例如`Input.GetAxis()`和`Debug.Log()`。而且，就像这两个函数一样，`Slerp()`需要某些额外的信息去实现它的功能。这些信息叫做参数（argument），我们之前已经用过几回了。我们在`Debug.Log()`的括号里贴了些别的东西，让它显示在Unity窗口的底部。将数据赋给函数使之实现功能的做法称为“参数传递”。

那么，我们都有些什么？一个叫`Quaternion`的类（或蓝图），带有一个名为`Slerp()`的函数，用来获取三个信息，也就是三个参数。为了更好地理解`Slerp()`参数需要什么，在脚本中敲入`Quaternion.Slert()`并在弹出窗口中查看提示内容。

Slerp()需要以下这三个参数来实现它的功能：

- From，类型须为UnityEngine.Quaternion。
- to，类型须为UnityEngine.Quaternion。
- t，类型须为float。

我们已经可以看到球拍的transform.rotation值经由from参数传递，也就是说，transform.rotation必须为四元数型。

对于参数to，我们传递的是目标，也就是四元数型值的一个变量。我们在前一行已经定义过了。

最后，对于参数t，我们传递的是Time.deltaTime，并把它与我们的smooth变量值相乘，也就是在脚本顶部定义的5.0。

Time.deltaTime

在Unity之旅中，你会经常看到Time.deltaTime。deltaTime是Time类的一个属性，它呈现的是从当前帧到最末帧期间逝去的时间。通常会用来让游戏内容根据时间变化而不是帧速率。帧速率会根据玩家电脑的性能变化，但time（时间）是始终恒定的。

回想一下，当我们在每次调用Update时将球拍移动2个单位。如果你运行的电脑可以让游戏的帧速率达到100帧/秒的话，那么，球拍在每秒时间内运动的距离就是200个单位。如果你在一个只能让你的游戏在一个游戏运行速度为50帧/秒的机器运行时，那么球拍每秒只会运动100个单位那么远。

相反，Time.deltaTime就是一个绝佳的均衡器。使用Time.deltaTime，你想要让游戏物体在1秒内移动的距离会被计算并传送出去。通过将一种基于帧的模式切换成一种基于时间的模式，你的游戏无论是在慢机器还是快机器上都能流畅地运行，因为无论电脑的性能有多强悍，1秒就是1秒。

再来讲讲Slerp

我们绞尽脑汁弄懂了这段代码的含义，不妨再多去填一点知识鸿沟。

Slerp是Spherical linear interpretation（球面线性插值）的缩写。你可能已经猜到它是用来让我们把四元数旋转机制转化成另外的机制了吧。插值（或称动作传播样式）

随t而变，也就是时间。

如果我们用伪代码写出下面这段声明的话，应该是这样的：

```
transform.rotation = Quaternion.Slerp(transform.rotation,
  target,Time.deltaTime * smooth);
```

那么它的意思应该是这样：

在每一帧时都让球拍从它的当前位置旋转。按我们的目标轴旋转。使用帧与帧之间的时间跨度来展开（插补）动作。通过持续赋给球拍更新后的转角值来减弱它的抖动感。

4.35 正中目标

另外还有一点，我们来看如何获取那个target四元数。我们知道为什么需要它：因为我们要为Slerp()函数提供四元数。为了更好地理解倒数第二行，我们还是像之前那样把它拆开分析。

```
var target : Quaternion = Quaternion.Euler (tiltAroundX, 0,
  tiltAroundZ);
```

我们正在创建的是一个名为target的变量，也就是“篮子”。然后，我们把某个东西放到篮子里，我们已知它会是个Quaternion型。我们将要调用Quaternion类的Euler函数并传递给它，是三个参数。

试着在你的脚本中打出Quaternion.Euler () 并查看弹出的提示。Euler函数需要三个float型的参数。你同样会注意到，提示信息里有一处 page 1/2 的指示文字。如果你按键盘上的下箭头键，就会看到此方法也会得到一个Vector3型的参数。我们之前已经见过Vector3类了。再查一下脚本参考可知，Vector3由三个不同的部分组成：x、y和z，都是float（浮点）型。有门儿！

Quaternion.Euler是所谓的重载方法。也就是说，它的函数签名不止一个，这让它能够接受两个不同的参数集。你想把它传递为Vector3吗？那就传递为Vector3。你想把它传递为三个浮点型？那就传递为三个浮点。你想把它传递为七个整型外加一个布尔型？你可真让人头疼！这个可不是重载选项之一哦。

剩下的都是历史原因了。我们分别在x和z的参数位上使用了TiltAroundX和TiltAroundZ变量，因为y轴旋转值是恒定不变的，所以我们传递零值。Euler函数会给我们一个返回值，就像是把钱投进自动贩卖机等着它把找零的钱吐出来一样。我们把它的x、y和Z参数位都填上了（或者说是一个Vector3），它给我们“吐”出来的是一个非常复杂的四元数值，可能是我们自己根本没法得出的值。运气好的话，我们会得到一支棒棒糖哦。

我们拿到这个四元数结果，把它存储到一个名为target的变量（篮子）中，并把它作为前一行中的Slerp()函数的to参数。

探索吧英雄——开始瞎搞

但也别太把我的话当回事。如果你还是搞不懂什么到底是做什么用的，或者你想慢慢分析这段脚本，那请便了。下面是几种尝试方法：

- 改变smooth和/或tiltAngle变量的值，并测试游戏（确保你改后的值依然带有一个小数点）。使用新值对球拍的运动有什么影响呢？
- 通过在数值前添加“-”号来反转数值的正负。
- 将乘法换成除法。
- 将加法换成减法。
- 试着创建各自独立的tiltAngleX和tileAngleZ变量，用来分别控制x和z轴向上的倾斜。
- 试着创建一个由tiltAroundX, 0以及tiltAroundZ值构成的Vector3型新变量。然后将得出的Vector3作为Quaternion.Euler函数的一个单一参数。看看自己的脚本是否还能生效。

4.36　继续努力

上面的内容是非常难啃的书本内容！如果觉得头脑发胀，不妨走出房间透透气吧。在本章中，我们做到了：

- 编写自己的第一个Unity JavaScript脚本。
- 将脚本应用给游戏物体。
- 学习如何通过代码修改组件。
- 将代码从游戏物体上移除。
- 使用代码移动游戏物体。
- 让游戏物体的位置和旋转跟随鼠标的位置和运动。

- 学会使用Unity脚本参考和组件参考，理解并“借用”某些代码。
- 上了一堂编程速成课，并学习了：
  - 函数（function）和声明语句块（statement block）。
  - 类（class）。
  - 数据类型（data type）。
  - 参数（argument）。
  - 注释（comment）。
  - 日志（log）。

如果你依然没能掌握每个编程小细节，不要紧。有些人理解得非常快，而有些人则需要经过尝试、失败、然后再尝试，直到他们头顶的那个“灯泡”最终亮起。我这辈子都是在尝试和失败的编程经历中度过的，从我十岁那年起，直到我渐渐领悟了它。对我而言，这个灯泡亮得比较晚，也比较慢，因为那个灯泡的灯丝是慢慢热起来的。如果你想学习Unity的编程，并不取决于你的智力——只会取决于决心和动力。

游戏机制的背后

我们已经将代码加给了颠球游戏，实现了球拍的控制，游戏机制也变得有趣起来，但这依然算不上是个游戏！对于游戏开发来说，光有核心机制是远远不够的。我们的游戏需要一个适当的起点，也要有终点才行。当球落在地面上的时候，它需要让玩家知道他输了。所以还需要个地面！目前，每当球落地后，你只能去重启游戏才能继续玩。我们需要一个“再玩一次”按钮。而且在屏幕上显示得分岂不是更好？这样玩家就知道自己在接球失败之前一共弹了多少下。何不加上声效和音乐？而且一切都那么单调！我们要设计得美观一点！

我们或许还没有达到能把我们的游戏摆在商店里贩卖的程度，但我们依然可以做很多的事情，让游戏更好玩。我们会再次回归这个游戏机制，因为这里面肯定还有潜力可挖。但首先我们应该了解如何将其中某些重要的按钮和计分器放到屏幕上。等我们弄明白怎么实现这个的时候，我们就可以用我们刚掌握的编程技能去制作另一款全新的游戏了。你准备好了吗？那就跟我一起参观一下怪博士的实验室吧……

4.37 C#脚本参考

C#版本的`DisappearMe`脚本与JavaScript版本的几乎一样。除了有几行JavaScript和C#脚本的设置方式稍有不同。

```
using UnityEngine;
using System.Collections;

public class DisappearMeCSharp : MonoBehaviour {

  // Use this for initialization
  void Start () {

  }

  // Update is called once per frame
  void Update () {
    renderer.enabled = false;
  }
}
```

注意，C#脚本顶部包含了两个using声明。这是因为C#包含了海量的代码和关键字，如果我们假定每个工程都需要用到C#语言的各个方面，那么我们的成品文件会极其庞大！using关键字让Unity知道该脚本需要访问C#语言的哪个特殊段。

另一处不同就是using声明下的“类”声明，每个C#脚本都有自己的类（正如之前讨论过的Renderer类那样）。

class一词前面有一个词public。Public是一种访问控制修饰符（access modifier），决定了其他代码可以“看到”并访问的当前代码的哪个部分。C#里的四种访问控制修饰符分别是public、private、protected和internal。在本书当中，我们主要用到public和private这两种访问控制修饰符。

MouseFollow脚本的C#版本中也有一些小变化：

```
using UnityEngine;
using System.Collections;

public class MouseFollowCSharp : MonoBehaviour {


  private float smooth = 5.0f;
  private float tiltAngle = 30.0f;


  // Use this for initialization
```

```
    void Start () {

    }


  // Update is called once per frame
  void Update () {
    float halfW = Screen.width / 2;
    float halfH = Screen.height/2;
    transform.position = new Vector3 ((Input.mousePosition.x
      -halfW) / halfW, transform.position.y, (Input.mousePosition.y
      - halfH)/ halfH);

    // Smoothly tilts a transform towards a target rotation.
    float tiltAroundZ = Input.GetAxis("Mouse X") * tiltAngle * 2;
    float tiltAroundX = Input.GetAxis("Mouse Y") * tiltAngle * -2;
    Quaternion target = Quaternion.Euler (tiltAroundX, 0,
      tiltAroundZ);

    // Dampen towards the target rotation
    transform.rotation = Quaternion.Slerp(transform.rotation,
      target,Time.deltaTime * smooth);
    }
  }
```

注意，首先，那些成员变量——也就是我们在顶部声明的、不在任何函数之外的那些变量，都有相应的private访问控制修饰符。从技术角度讲，我们并不需要这些访问控制修饰符。的确，我们本应在JavaScript代码里也把这些成员变量加进去。让它们出现在这里是为了让格式更规范。（记住，女王陛下正在监督你哦）

C#中的另一个变化就是我们输入变量的方式。在JavaScript中，格式为“变量名：数据类型”。而在C#中，格式则成了“数据类型　变量名”（注：不再需要冒号了）。在声明变量的时候，C#也省去了关键字var。最后，当一个浮点定义值中包含一个小数位时，你需要在后面追加一个小写的字母f。

以下就是差异对照：

```
var someNumber : float = 3.5; // JavaScript member variable
  declaration
private float someNumber = 3.5f; // C# member variable declaration
```

在C#代码靠后的地方，还有另一处改动。在JavaScript中，我们可以对球拍的transform.position.x和transform.position.z的值分别进行设置。而C#的方式就有点不那么友好了。C#想要我们一次性更改整个transform.position，也就是说要把一个包含所有三个浮点数值的新的Vector3传递过去。

因此，当使用JavaScript脚本时，我们可以像这样设置x和z参数：

```
transform.position.x = whateverX;
transform.position.z = whateverZ;
```

在C#脚本中，我们要把它压缩成一行：

```
transform.position = new Vector3(whateverX, whateverY, whateverZ);
```

关键字new是指我们如何使用工业的Class型，正如我们在本章前面探讨过的那样。Vector3是一个模板，而关键字new是指我们要怎样用它来生成该模板的一个实例。换句话说，Vector3类是我们的切饼刀，而关键字new相当于指我们要怎样从现有的姜饼人身上把面团切下来。

这很有趣，因为在这个脚本里，我们知道某某X和某某Z的值是什么，但球拍的transform.position.y值不应发生变化。我们为什么要说没有变化呢？你的第一直觉可能会把它留空，但如果我们试图用不存在的数值去填充Vector3类，那么Unity显然会报错。你的第二直觉可能会想要传递一个零值，但这也不是我们想要的。如果球拍的初始y值不是0怎么办？

要想真正做到让传递的数值“不变”，只需要将游戏物体当前的transform值赋给指定的轴即可。例如，下面这行代码就不会改变游戏物体的位置：

```
transform.position = new Vector3(transform.position.x,
transform.position.y, transform.position.z);
```

要想改变球拍的x和z轴向上的transform.position值，同时又不让它的y向的transform.position值发生改变，那么和上面的类似，代码可以写成这样：

```
transform.position = new Vector3 ((Input.mousePosition.x -halfW) /
  halfW, transform.position.y, (Input.mousePosition.y -
  halfH)/ halfH);
```

你可能体会到了，和JavaScript相比，C#需要你写的代码更多一些。端着下午茶的女王可不是那么好当的哟。

第5章

游戏#2——修理机器人（一）

游戏开发的一个不为人知的方面就是，实现游戏机制往往比做出整个游戏简单。我们的颠球游戏有了一个生效的机制，但它显然一点也不像是一个完整的游戏。

在本章里，我们先暂停我们的颠球游戏的开发，来为我们的Unity游戏开发工具包增添一件重要的工具——图形用户界面（Graphical User Interface）编程。图形用户界面或者简称GUI，包含了所有的按钮、滑块、下拉菜单、箭头，以及有助于玩家理解并探索游戏的屏显文本。Unity有一套独立的GUI（读音与“故意”相近）系统，可以让我们入手，让游戏内容变得更加丰富多彩。为了对GUI系统有一个更具体的认识，我们将在那个系统中编写一个完整可玩的2D版本的翻牌配对记忆游戏！

另一种语言

我们要在本章中学习的内容并不会特别针对Unity。你在这里学到的技能基本可以应用到其他脚本语言中去制作同样的游戏。在Unity GUI里编写一个记忆游戏与在VB6、Flash、XNA或针对iOS的OBJ-C里并没有太大的不同。

在本章中，我们将：

- 着手制作一个可以运行的记忆游戏，名叫《修理机器人》，只使用Unity GUI控制系统去做。
- 学习如何在屏幕上添加按钮和图像。
- 用按钮链接多个场景。
- 实践我们的编程技能，包括1D和2D方面。

准备好了吗？我们这就来学GUI！

5.1 你会被完全翻转

当我提到“翻牌配对记忆游戏”的时候，让我们先确定你没有理解错。这款游戏的玩法是，你有若干张卡片，并把它们在桌子上排成网格。然后，两个或两个以上的玩家轮流翻牌，每次翻两张。如果这两张牌刚好一样（例如两张都是10，或者两张都是Q等），那么该玩家就把它们从桌子上拿走，然后继续翻牌。否则就要把牌面向下扣回去，让下一个玩家去翻。等到网格都被清空，则游戏结束。谁收集到的配对牌数最多谁就获胜。

首先，我们在Unity GUI中制作单人玩的翻转配对记忆游戏。完成后的效果如图5.1所示。

图5.1

对于开发新手来说，翻转配对记忆游戏是非常理想的学习案例。它需要用到很多方面的技能！牌上的图片可以随意设计——游戏的外观完全由你决定。玩家的人数也由你说了算，只是单人版需要加点额外的东西，例如计时器，使它让玩家更加投入。通过设置单次允许翻牌的数量、计时时长以及允许配对的牌型等，你可以快速而轻松地控制游戏的难度。

我都等不及啦！这就开始吧！

5.2 空白石板

依次点击File（文件）| New Project...（新建工程…）新建一个Unity工程。在电脑的操作系统里创建一个名为robotRepair的文件夹（图5.2）。用之前学过的方法选择一个用来存储这个名为robotRepair新工程的文件夹，并点击Create（确定）。你无需导入任何额外的unityPackage文件，因为在这个工程中用不到。

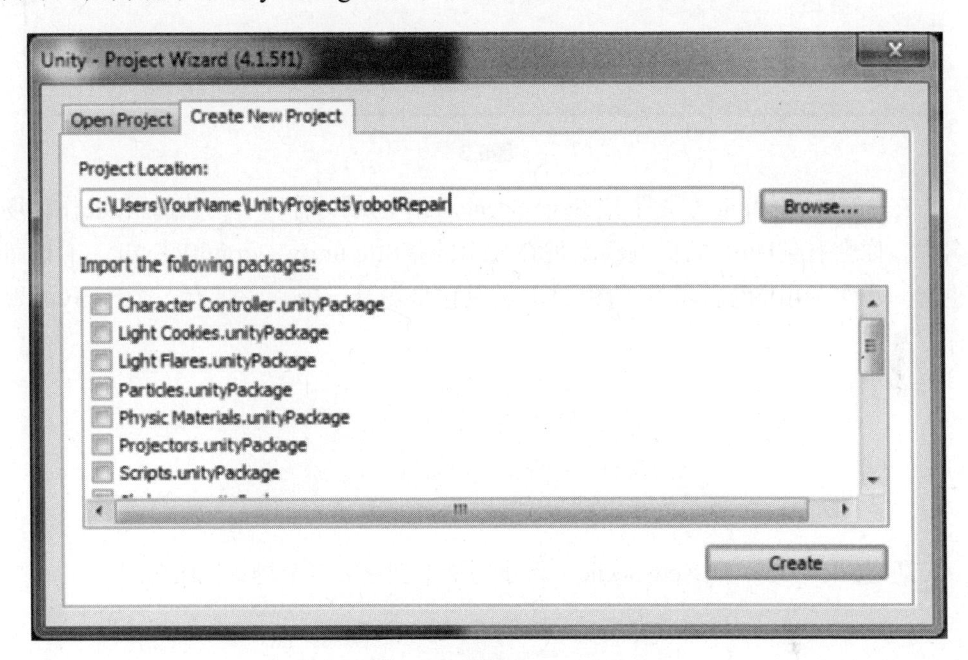

图5.2

当Unity创建完工程后，你应该会看到那个大大的、开阔的、空旷的3D世界了。对于这个工程，我们将完全忽视3D世界，而是使用它前面的一个看不见的2D平面。想象你的3D世界位于一张玻璃板的后面。那张玻璃板就是Unity GUI控制的地方。我们将会把按钮和图像贴到那张玻璃板上，就当它们是能够让玩家交互控制的贴纸一样。

5.3 准备制作一个场景

截至目前，我们只在场景中操作过。Unity支持你创建多个场景，然后把它们连在一起。你可以把一个场景视作游戏的一关或一个范围。在我们这个案例里，我们要为游戏的标题画面创建一个场景，并为游戏本身创建另一个场景。

动手环节——设置两个场景

你刚刚创建的新工程会自动创建一个单场景。让我们把它重命名为title（图5.3）。

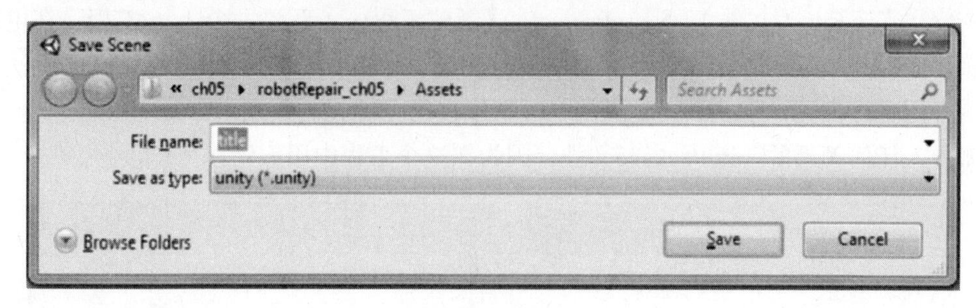

图5.3

1. 在菜单中找到File（文件）| Save Scene As（场景另存为），并选用title作为场景的名称。你会看到Unity的标题栏上现在显示的是title.unity – robotRepair。工程面板中也有一个名为title的新场景（图5.4）。说它是场景，因为它带有一个Unity的黑白图标。

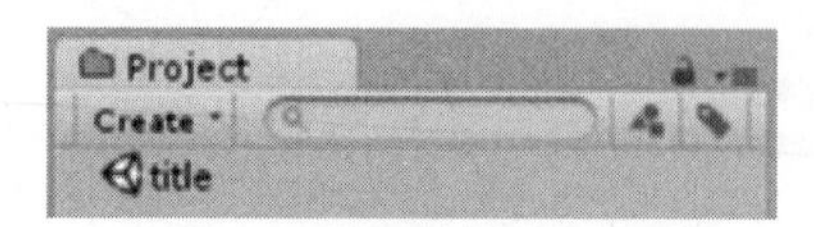

图5.4

2. 通过File（文件）| New Scene（新建场景）创建第二个场景（图5.5）。

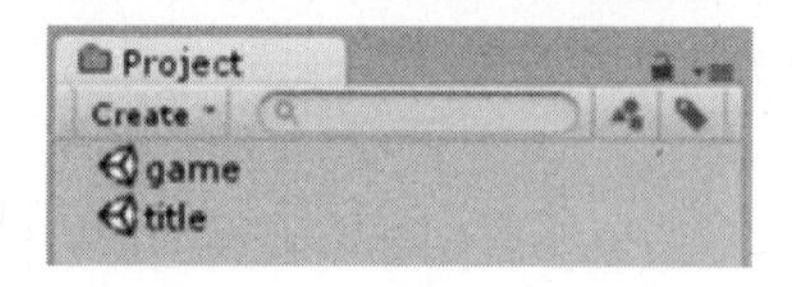

图5.5

3. 进入File（文件）| Save Scene As（场景另存为），并将这个新建的场景命名为game。

4. 为了把资源组织得更为有序，可新建一个文件夹，用来存放这两个场景文件。点击工程面板中的Create（创建）按钮并点选Folder（文件夹），这样会在工程面板中创建一个新的名为New Folder的文件夹。

5. 将该文件夹重命名为Scenes。

6. 在工程面板中将你的game和title场景点击并拖拽进Scenes文件夹。这样整洁多了！

7. 如图5.6所示，点击前面的灰色小箭头展开Scenes文件夹。双击其中的title场景，让它成为当前的操作场景。如果Unity标题栏上显示Unity – title.unity – robotRepair，那就说明你的操作正确。

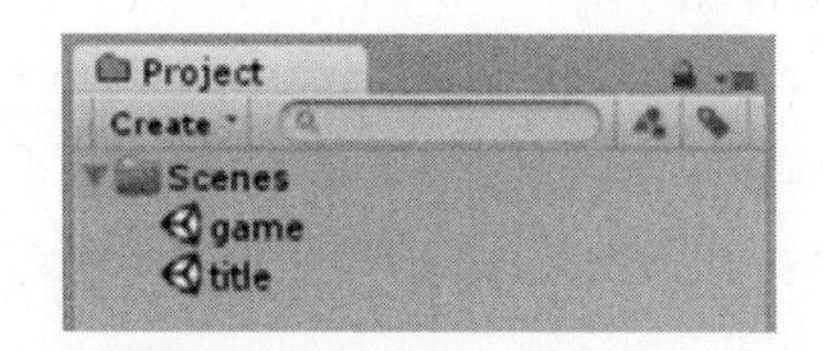

图5.6

现在，我们有了一个承载标题画面内容的场景，还有一个承载全部游戏逻辑的场景。我们这就来制作那个标题画面吧！

5.4 无所谓对与错

你把Unity探索得越深，就越能发现一件事情可以用很多方法实现。通常，无所谓哪种方法正确，哪种方法不正确。关键要看你想做什么，以及你想把它做成什么样子。不过，总会有相对较好的方式去做：我们之前了解过，程序员们将其称为“典范做法”。

制作标题画面的方法可以有很多种。如果你有一个3D世界，或许你想让摄像机在2D标题内容渐渐经过它的拍摄范围时在世界中绕圈？或许标题内容应该是3D风格的，并且你控制一个角色穿过一扇门来开始游戏？出于介绍Unity GUI控制系统的目的，我们将选一张用于游戏的2D图像，并在上面添加一个Play按钮。图5.7是结果预览。

图5.7

动手环节——准备GUI

在Unity中，GUI是由脚本编写而成的，并赋给游戏物体。我们来创建一个空物体（empty），并为它赋一个新脚本：

1. 在菜单中依次点击GameObject（游戏物体）| Create Empty（创建空物体）。层级面板中会多出一个名为GameObject的游戏物体（图5.8）。

2. 在层级面板中点击该游戏物体并按F2键。把它重命名为`TitleScreen`（图5.9）。

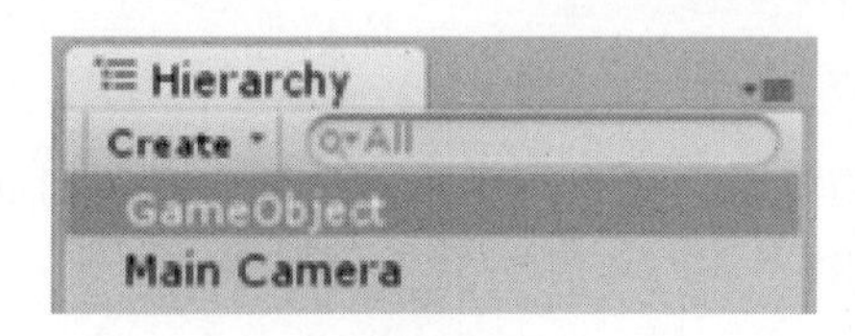

图5.8

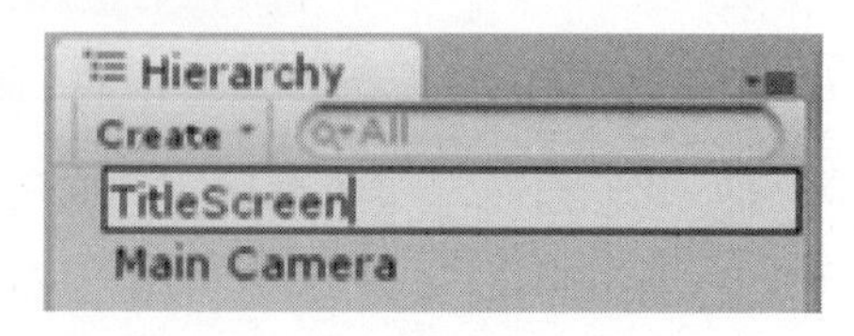

图5.9

3. 在检视面板中，将TitleScreen物体的位置值设为`x=0`，`y=1`，`z=0`。

4. 在工程面板的空白处点击鼠标右键，并点击Create（创建）| JavaScript。

5. 将新建的脚本命名为`TitleGUI`。

6. 将TitleGUI脚本从工程面板拖拽到层级面板中的TitleScreen物体上，就是刚创建的那个游戏物体。在你松开鼠标按钮前，TitleScreen物体会显示为蓝色。

7. 为了确定TitleGUI脚本已经关联到了TitleScreen物体上，可在层级面板中点选TitleScreen。在检视面板中，你应该会看到TitleGUI脚本位于Transform组件下方，作为TitleScreen物体的其中一个组件（图5.10）。

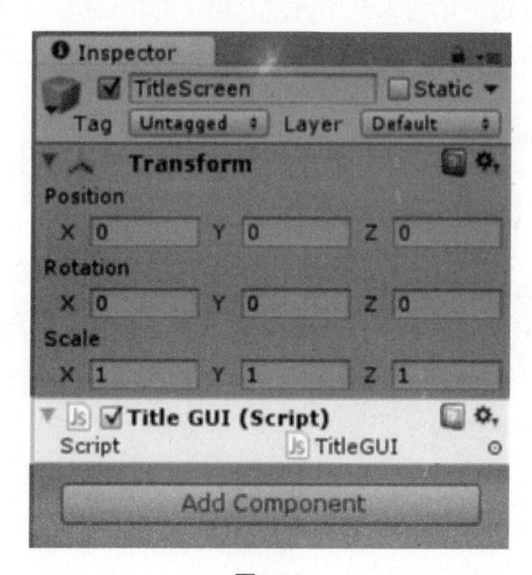

图5.10

我们的脚本不会自动执行，除非把它关联到某个游戏物体上。我们已经创建了一个名为TitleScreen的空物体，并把我们新建的TitleGUI脚本赋给了它。这样就基本可以着手写脚本了！

GUI摄像机

有些开发者喜欢将他们的GUI脚本关联到场景的主摄像机上。如果你觉得这样比关联到一个空物体更容易理解一些，那又有何不可呢，请便吧！

5.5 敲响你的鼓

我们再做几步操作，让我们的GUI和内建的Unity GUI区别开。如果你浏览过第1章中介绍过的那些Unity游戏门户，那么你就会发现，很多游戏的按钮和UI控件都是相同或相似的：一个黑色半透明的圆角按钮（图5.11）。这是因为那些游戏开发者不屑于去把他们的UI控件做得个性化一些。

Boring-Looking Button

图5.11

动手环节——制作并关联一个自定义的GUI外观

拥有自定义样式的UI控件无疑会比使用Unity默认的按钮样式更麻烦些，但绝对值得！如果你曾经用过层叠样式表（Cascading Style Sheets，简称CSS）的话，你会对其机制有更好的理解。CSS能够让你定义网站的样式、图像的显示方式、字体和字号，以及元素的间距等。所有使用同一样式表的网站网页，其元素的显示方式是一模一样的。也就是说，你有一个内容，也有修饰它的方法。就像是在生日聚会上为孩子穿戏装一样，你可以把他扮成海盗、公主、超级英雄，或是一块行走的大蛋糕。两个完全不同的网站的内容可以是完全相同的，但样式表会让它们看上去完全不同。

当你为UI自定义样式时，其实就是在为它创建戏装。你可以让GUI穿上不同的衣服，但骨子里还是一样的。按钮的数量、大小以及位置都可以是相同的。那些按钮和控件都和之前的一样——只是穿上了不一样的戏装而已。

我们先来用自定义的用户界面元素来装饰游戏，相当于使用的另一套“戏装”（或者叫皮肤）：

1. 在工程面板中双击TitleGUI脚本，打开默认的脚本编辑器MonoDevelop。

2. 在该脚本的顶部创建一个成员变量，用来存放你的自定义GUI皮肤：

```
var customSkin:GUISkin;
function Start() {
}

function Update() {
}
```

3. 保存并关闭TitleGUI脚本。

4. 右键点击程序面板的空白处，然后依次找到Create（创建）| GUI Skin（GUI皮肤）。你也可以点击工程面板顶部的那个Create按钮（图5.12）。

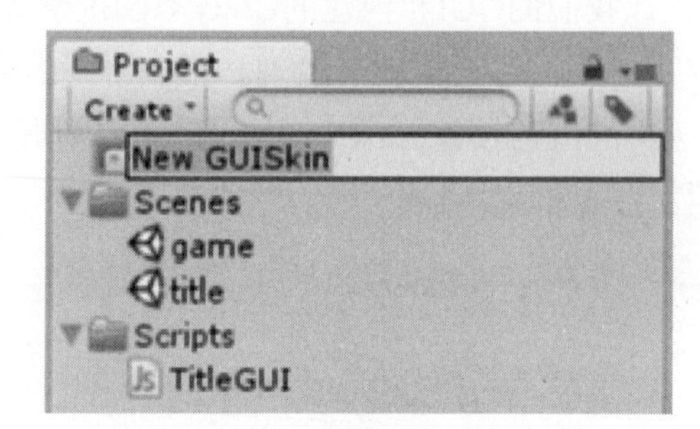

图5.12

5. 将新建的GUI皮肤重命名为`MyGUI`。

6. 在层级面板中点击TitleScreen物体（图5.13）。

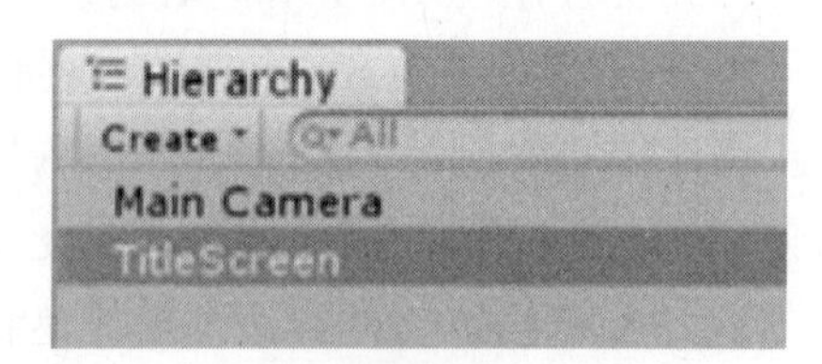

图5.13

7. 在检视面板中找到TitleGUI脚本组件。可以看到，我们刚在代码中创建的`customSkin`变量已经列在了TitleGUI脚本组件里面了！奇怪的是，Unity决定在我们的变量名称的两个单词之间加上了一个空格，但也确保是同一个变量（图5.14）。

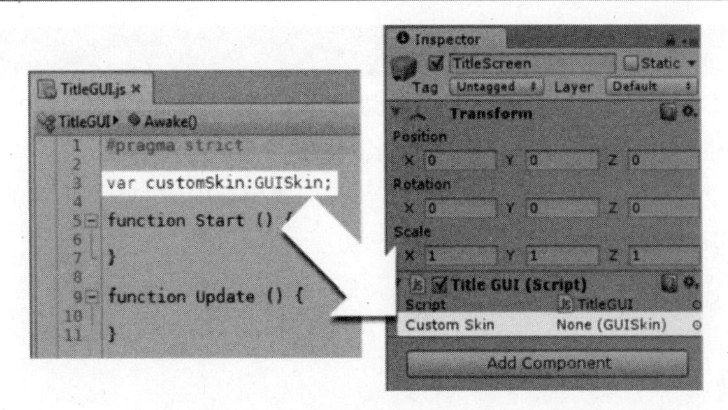

图5.14

8. 将刚创建的名为MyGUI的GUI皮肤点击并拖放到检视面板中的`custom Skin`变量上去。你也可以从在该变量区的下拉菜单里选择MyGUI（图5.15）。

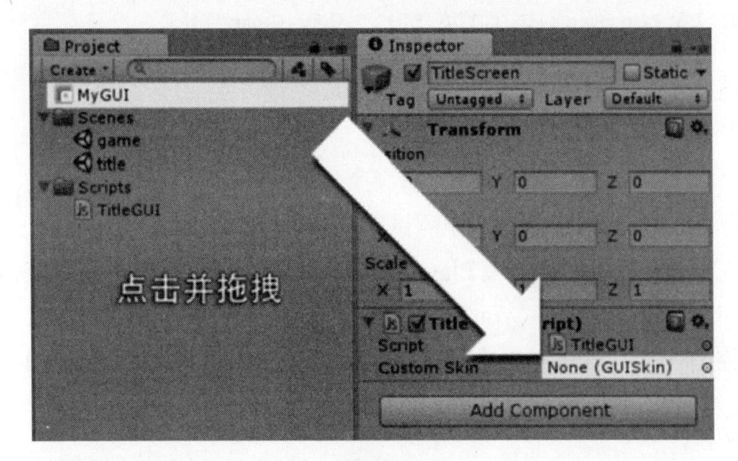

图5.15

刚才发生了什么?

我们已经为我们的GUI创建了一个皮肤，就像是生日聚会中孩子身上的着装一样。现在，我们已经准备好对我们自定义的MyGUI皮肤的字体、颜色等参数进行控制了。我们有了一套衣服，现在我们需要描述一下穿服装的那个孩子。我们来为自己做一个按钮，然后我们会看到一个自定义GUI皮肤所带来的变化。

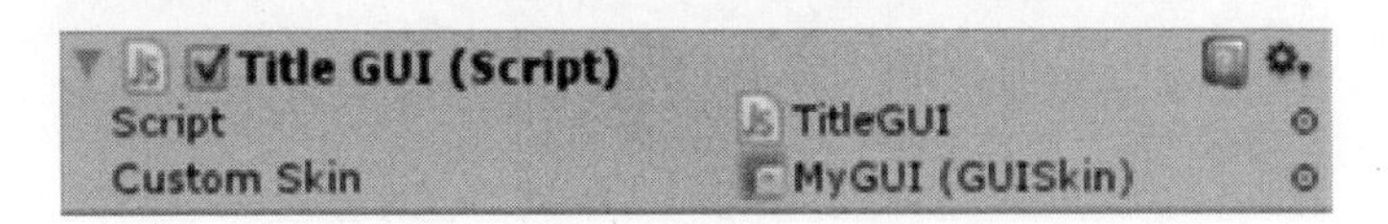

图5.16

动手环节——创建一个按钮UI控制

我们将用Unity的内建OnGUI函数，通过脚本，在标题画面上添加一个按钮：

1. 双击TitleGUI脚本，或切换到已经打开的脚本编辑器。

2. 我们不再需要Update函数了。相反，我们要用到内建的OnGUI函数。将Update一词改为OnGUI：

```
var customSkin:GUISkin;
function OnGUI() {
}
```

3. 添加一个代码块，用来在OnGUI函数中创建一个按钮：

```
var customSkin:GUISkin;
function OnGUI() {
  if(GUI.Button(Rect(0,0,100,50),"Play Game"))
  {
    print("You clicked me!");
  }
}
```

4. 保存脚本并按Unity的播放按钮测试游戏。

屏幕的左上角会显示一个标有Play Game（玩游戏）的按钮。当你点击它时，会在Unity界面底部的信息栏出现“You clicked me!（你点我啦！）”的信息。如果你打开了Console（控制台），该信息也出现在Console（控制台）窗口中（图5.17）。

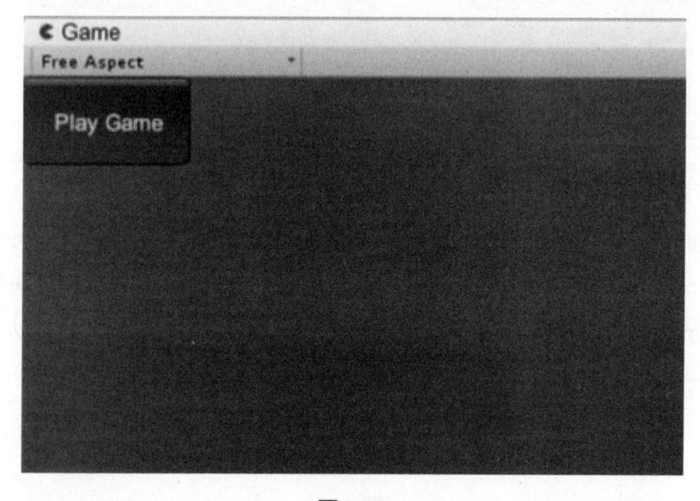

图5.17

太好了！禁用了区区几行代码，我们就在屏幕上得到了自己想要的一个能够反馈效果的带文字的按钮了！当你的鼠标划过它时，它会高亮显示。当鼠标移开时，它又会回到正常状态。当你在它上面按住鼠标不放时，它又换了种风格。有人在幕后编写了大量的GUI代码，为我们节省了时间。谨此对Unity团队表示感谢！

游戏开始的地方

Play Game（玩游戏）按钮是我们的翻牌配对记忆游戏中的一个重要元素，包括你用Unity等游戏创作工具制作的每款游戏都是如此！这是视频游戏媒介的一部分，也就是说游戏会在屏幕画面出现的时候暂停状态，而玩家需要采取一个行动才能启动游戏。在街机的设定中，动作就是投一枚游戏币。而在现代的控制台游戏中，这个动作就是按下控制器上的一个按键。在像我们现在做的这种网页游戏中，动作就是点击一个写有Start（开始）、Play（玩）或Play Game（玩游戏）等字样的按钮。

发生了什么事?

如果你之前从未接触过用户界面编程，那么这些内容在你看来如同天书一般。但是，如果你曾经有过编写代码的经历，那你面对我们刚写的脚本可能会显得一脸茫然。这或许和你之前接触过的其他编程界面有所不同。

Unity使用的是immediate mode GUI（即时模式GUI），这个术语来自图形编程领域，并且需要你用与以往不太相同的方式去编程。让我们来逐行分析一下：

```
if(GUI.Button(Rect(0,0,100,50),"Play Game"))
```

与Update函数类似，OnGUI函数也会在你运行游戏时被重复调用。该代码行每秒被调用两次：一次用来创建按钮，另一次用来检测按钮是否被按下。这是一个无声明型代码。在每帧时，你的整个界面都会基于OnGUI函数重建。

因此，如果你把这行代码看成是瞬间完成的，那么你的if声明会获取当前按钮是否被点击。刚开始可能会不太习惯这种方法，但随着你的使用，会渐渐体会到它的道理。这个案例里的if声明就像是在说“如果这个按钮被点击的话”。如果没有那个if，按钮就不会对任何输入行为有响应。

该行其余的代码还好理解一点。GUI.Button这个方法需要两个参数：一个定义按钮左上角位置及尺寸的矩形，还有一个按钮的文字标签。

```
if(GUI.Button(Rect(0,0,100,50),"Play Game"))
```

Rect有四个输入项：x位置、y位置、宽度和高度。2D屏幕的原点位于左上角，因此按钮上坐标为0,0的地方就位于屏幕的左上角（注意，这与我们之前学过的追踪鼠标运动时的“以左下角为原点”的原则不同。这是我们迄今学到的第三种坐标系！）。宽度和高度值分别为100和50，意味着按钮宽100像素，高50像素。

```
print("You clicked me!");
```

这行的意思很直白了。当按钮被点击时，会在控制台窗口的状态栏日志上显示我们输入的文本信息。Unity界面底部的状态栏的高度为20像素。让我们再用一个大大的白色箭头来强调一下它的位置（图5.18）。

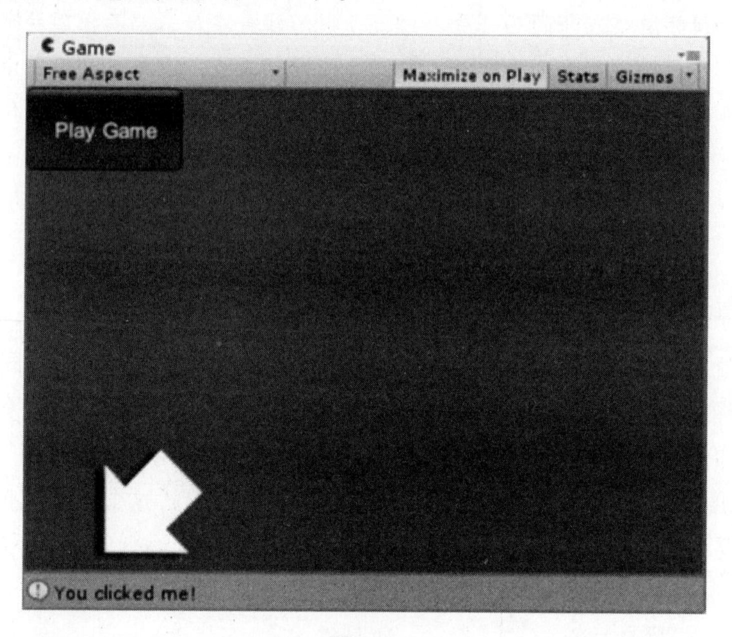

图5.18

print是将信息显示在控制台窗口或状态栏中的另一种方式。我个人倾向于用Debug.Log()，因为它输入起来快速而又简单，但要注意的是，它并非适合所有的情况。如果你由于print()声明不起作用而感到抓狂的时候，不妨试试Debug.Log()。

探索吧英雄——去试试你的按钮

怎么不继续了？为了充分领会这段代码的作用，可做以下的尝试：

- 更改按钮的标签文字、位置以及宽度和高度。
- 更改点击按钮时显示的打印信息。
- 试着将按钮创建代码从if声明中剔除，看看会发生什么？

随意去鼓捣代码一定会有助于你更好地领会它。

5.6　想要设置字体吗?

正如之前说过的，我们将要试着用我们自定义的GUI皮肤替换掉默认的UI按钮控件（就像是孩子们的杯形蛋糕服装）。在OnGUI函数顶部的花括号内插入下面的代码：

```
GUI.skin = customSkin;
```

保存脚本。现在，我们关联到该脚本的名为MyGUI的自定义GUI皮肤将会替换掉默认的皮肤，就像换了一身服装。我们来快速改变MyGUI皮肤，便于观察结果。

在项目面板中点击MyGUI。现在查看一下检视面板。其中有一个长长的列表，都是些我们能够自定义的控件（图5.19）。这就是为什么你所见到的很多Unity项目都使用默认的GUI了——自定义所有这些东西着实是要费些工夫的！

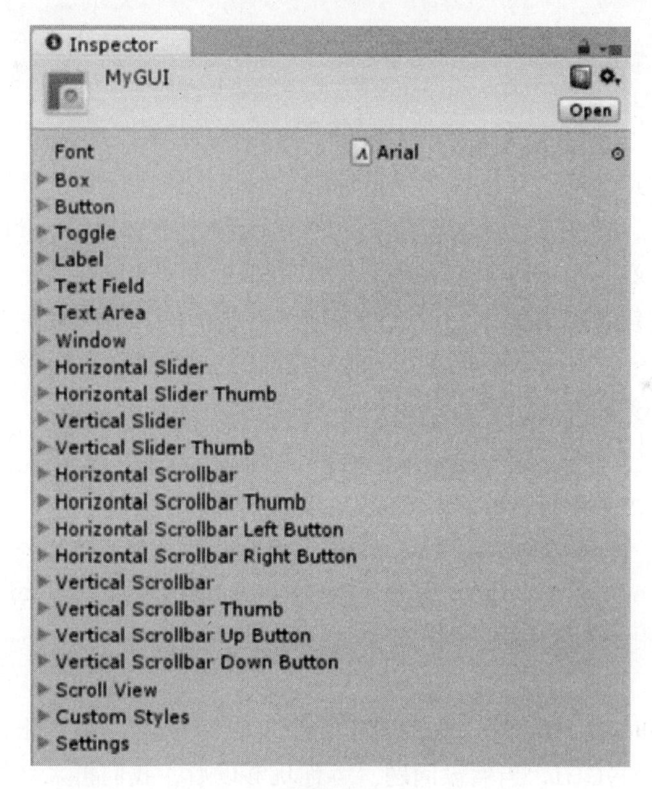

图5.19

点击Button旁边的箭头展开它，然后点击Normal旁边的箭头。其中有一个标有Text

Color（文字颜色）的色块（图5.20），旁边有一个吸管图标。点击色块并选用一种颜色——我选择的是浅蓝色。点击播放按钮测试你的游戏。

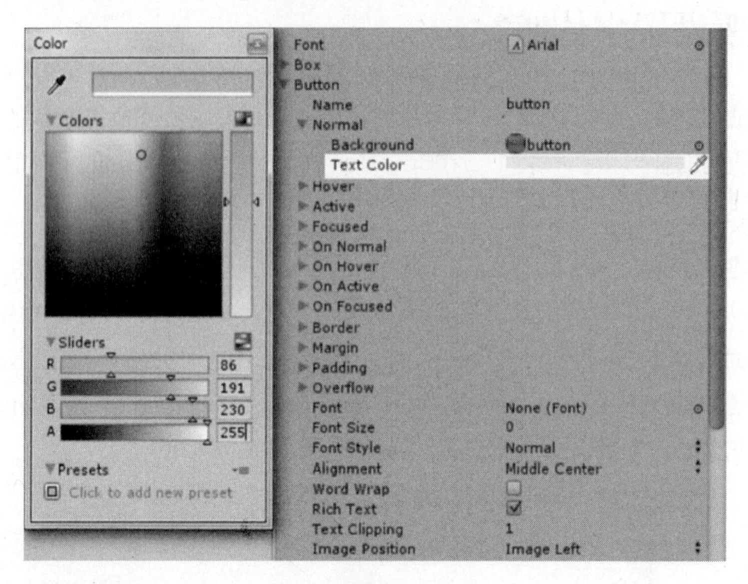

图5.20

看！你的按钮上的文字已经变成蓝色啦！而当你的鼠标划过该按钮时，文本色又回归成白色了。按钮的悬停、正常和点击状态分别由单独的颜色和图形去控制。天哪！要把完全定义一个GUI皮肤真是需要些时间的。

要想更改按钮文字的字体，请找到电脑上存放字体的文件夹，点击字体并将其拖放到工程面板中。现在，你可以在MyGUI皮肤的检视面板中找到名为Font的下拉菜单，并从中选择该字体。

我的字体在哪里？

如果你的系统是Windows，那么你的系统字体文件夹应该是C:\Windows\Fonts\。如果你是Mac用户，那么应该去/Library/Fonts/文件夹中找。

你可以花些时间去摆弄一下你的自定义GUI皮肤。不要受我的限制！如果你打算去大胆地自定义MyGUI，当然没问题。等你玩够以后，我们再来制作标题画面的其余部分。

5.7 获取你的资源

从Packt出版社的网站上下载本章的资源包：

`http://www.packtpub.com`

要想导入资源包，可依次点击Assets（资源）| Import Package（导入资源包）| Custom Package...（自定义资源包…）。找到资源包的存放路径并双击打开它，随即会弹出一个Importing Package（正在导入资源包）的对话框。默认会选中所有的资源，所以可直接点击Import（导入）按钮，将它们放入你的Assets文件夹。

在工程面板中打开Resources文件夹。我们制作游戏所需的所有图像都显示在这里，包括标题画面图像（也就是名为title的那个）。点击它，你应该会在检视面板中看到包含“Robot Repair”字样的标题画面（图5.21）。

图5.21

选中标题画面图，找到GameObject（游戏物体）| Create Other（创建其他）| GUI Texture（GUI纹理）[1)]。Unity分析图像的宽度和高度，并把它设定为我们的GUI的背景图。点击播放按钮测试游戏，你会看到Play Game GUI按钮叠加在Robot Repair标题栏图像上（或者出现在图像的右上角，取决于你的屏幕分辨率）。

1) 新版菜单内容有变。

记得选中图像

当我们在选中某张图片时创建一张GUI纹理图的时候，Unity会为我们做余下的若干步骤的操作。如果你试着创建一张GUI纹理图，但同时又没有选中图像的话，你就不得不去对图像进行更多的手动操作。这又何必呢？所以应确保先选中Robot Repair图，这样可以为你节省点时间。

美化背景

视你的屏幕分辨率不同，你可能会看到标题画面GUI纹理图周围的蓝色背景色。要想更换颜色，可在层级面板中点击Main Camera。在检视面板中点击标有Background的色块。把它的颜色改为白色——这样看着最舒服。

动手环节——禁用mip-mapping

当3D环境中的摄像机距离一张2D图像越来越近或者越来越远的时候就会产生讨厌的闪烁现象。有一种叫做mip-mapping（多重映射）的技术可以降低这种效应。Unity会根据你的纹理图创建一组图片，每张图都是前一张图的尺寸的一半，这会让计算机找到最适合玩家的像素色，并减小效应。

我们的标题画面看上去并没有3D摄像机的运动轨迹，我们并不会去在意闪烁。而且，你可以想象一下，有了这些额外图像，mip-mapping需要更多的额外内存去存储它们，况且我们也用不到mip-mapping，像是个鸡肋一样。让我们来把它移除：

1. 选中名为“title”的文字图片，在检视面板中找到Generate Mip Map（生成多重映射图）勾选框（图5.22）。

2. 取消该勾选框的勾选。

3. 点击Apply（应用）保存那些改动。

4. 你所导入的其余的图像最好也不使用多重映射图，但勾选这一项也没有什么坏处。

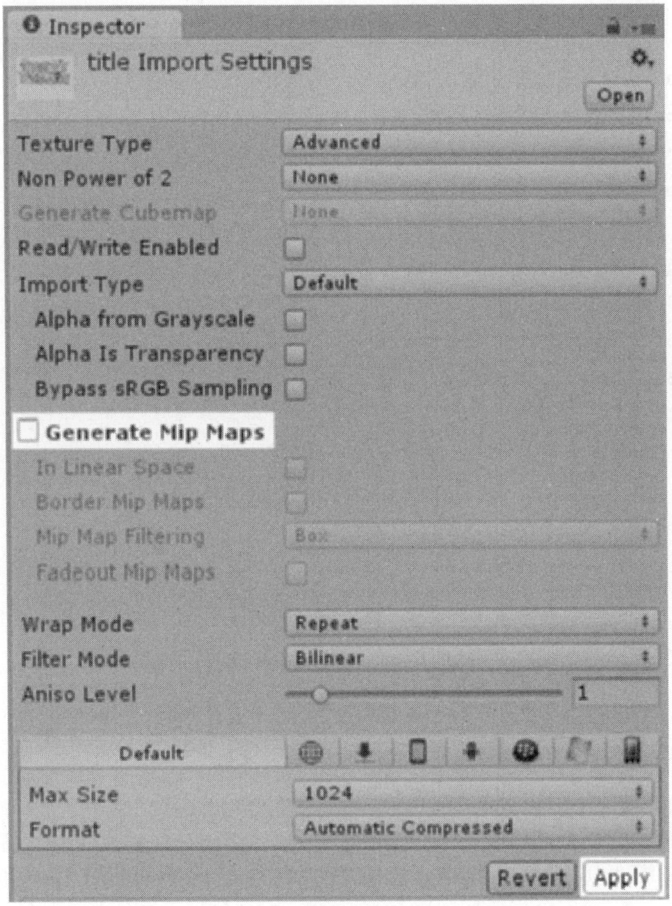

图5.22

5.8　前面和中间

我们的标题画面快要做完了，但有一个明显的问题就是Play Game按钮的位置真的有些不合适，位于屏幕的左上角。我们改一下代码，让按钮位于屏幕中央，并且位于标题画面下面。

动手环节——居中显示按钮

为了让按钮在屏幕上居中显示，你需要对TitleGUI脚本做一下改动：

1. 双击工程面板中的TitleGUI脚本。如果之前已经打开过，则可切换到脚本编辑器。

2. 在脚本顶部写几个新变量，并在Start函数中定义它们：

```
// button width:
var buttonW:int = 100;
// button height:
var buttonH:int = 50;

// half of the Screen width:
var halfScreenW:float;
// half of the button width:
var halfButtonW:float;

function Start()
{
  halfScreenW = Screen.width/2;
  halfButtonW = buttonW/2;
}
```

3. 修改OnGUI函数中的按钮创建行，让它包含这些变量：

```
if(GUI.Button(Rect(halfScreenW-halfButtonW, 460, buttonW,
  buttonH),"Play Game"))
```

刚才发生了什么——代码分析

现在的代码开始变得复杂起来了，不过这些变量声明有助于让它更明晰。首先，对我们是在存储按钮的宽度和高度像素值：

```
// button width
var buttonW:int = 100;
// button height
var buttonH:int = 50;
```

接下来，我们创建一个能够存储屏幕一半宽度的变量，我们在Start函数中通过用2去除Screen.width属性值得到。Screen是指Unity中的屏幕空间，对于玩家来说就是分辨率——就是玩家体验游戏时盯着的那个“方框”或“窗口”。有了屏幕空间作参照，我们可以将屏幕上的任何东西居中显示，而无需考虑玩家电脑的实际分辨率。

```
// half of the Screen width
var halfScreenW:float;
```

（然后，在Start函数中）

```
halfScreenW = Screen.width/2;
```

在它下面，我们存储的是按钮的一半宽度，用2去除之前存储过的值：

```
// Half of the button width
var halfButtonW:float;
```

（然后，在Start函数中）

```
halfButtonW = buttonW/2;
```

5.9 好戏多磨

我们之所以要在脚本顶部声明这些变量，并在Start函数下方定义它们（即为它们赋值），原因很教条，也很实际。这里有个潜在的问题：因为Unity计算Screen.width属性的速度是迅雷不及掩耳的，甚至可能在游戏屏幕的尺寸被重新调整、被初始化并返回一个错误值之前便已完成计算。通过将变量定义部分移到Start函数中，我们能够让Unity在我们去索要屏幕属性之前先花点计算资源保证自己的正确性。

在类的顶部定义halfButtonW并不会带来任何不良影响，但有些程序员会偏好这种将定义从声明中返回来的做法。

5.10 最好的按钮设定

我们要存储所有这些值，这样我们可以让按钮的创建行更加一目了然，像这样：

```
if(GUI.Button(Rect(halfScreenW-halfButtonW,460, buttonW, buttonH),
  "Play Game"))
```

注意，如果我们此前没有存储过这些值，那么按钮创建行的写法应该是这样的：

```
if(GUI.Button(Rect((Screen.width/2)-(100/2),460,100,50),"Play Game"))
```

我可不喜欢这么多的括号和神秘的数字！相较之下，我们使用变量名的那行代码更易读、更易理解得多。

数学会让我们分道扬镳

计算机的乘法运算要比除法运算速度快。如果你追求的是速度，那么可以让这段代码去乘以0.5，而不是除以2。

通过在代码顶部声明并定义这些变量，我们脚本中的任何函数都能引用它们。它们也会显示在检视面板中，我们可以在那里调整它们的数值，而无需去打开一个脚本编辑器。

因此，我们在这里做的就是让按钮位于屏幕一半的地方。由于按钮是从它的左上角开始创建的，因此我们要让它回退自身宽度的一半。我们在这里还做了另一件事，那就是将按钮沿屏幕y轴向下移动460像素。这样就把按钮放在了标题文字的下方。

完整的代码如下：

```
var customSkin:GUISkin;

// button width:
var buttonW:int = 100;
// button height:
var buttonH:int = 50;

// half of the Screen width:
var halfScreenW:float;
// half of the button width:
var halfButtonW:float;

function Start()
{
  halfScreenW = Screen.width/2;
  halfButtonW = buttonW/2;
}
function OnGUI () {
  GUI.skin = customSkin;
  print("screenW = " + Screen.width);
  print("halfScreenW = " + halfScreenW);
  if(GUI.Button(Rect(halfScreenW-halfButtonW, 460, buttonW, buttonH),
    "Play Game"))
  {
```

```
        print("You clicked me!");
    }
  }
```

保存你的脚本。从游戏窗口的屏幕分辨率下拉列表中选择Standalone（1024×768），而不是Free Aspect。启用Maximize on Play后测试一下游戏。看样子还不错（图5.23）！

图5.23

5.11 进入游戏

标题画面做好了，按钮也就位了。我们接下来该做的就是让Play Game按钮链接到我们的游戏场景。

在按钮调用代码的打印You clicked me！字样的那一行中做些更改。删掉整行内容（或者用双斜杠把它转成注释，如果你想留着它的话），并输入下面这行代码：

```
Application.LoadLevel("game");
```

`Application.LoadLevel`这个调用让我们从当前场景转到其他任何我们传递了参数的场景。我们传递的是游戏场景名称，当我们点击按钮的时候，那里就是我们的目的地。

动手环节——向编译列表中添加两个场景

我们还剩最后一步。Unity会保存一个场景清单，用来在我们运行游戏的时候把它们绑定在一起，称为Build List（编译列表）。如果我们调用某个没有列在编译列表中的场景，Unity会报错，并且游戏也无法运行。这可不是我们想要的结果。

1. 在菜单中找到File（文件）| Build Settings（编译设置），会弹出编译设置面板。
2. 点击Add Current（添加当前）按钮，将标题场景添加到编译设置页面（图5.24）。

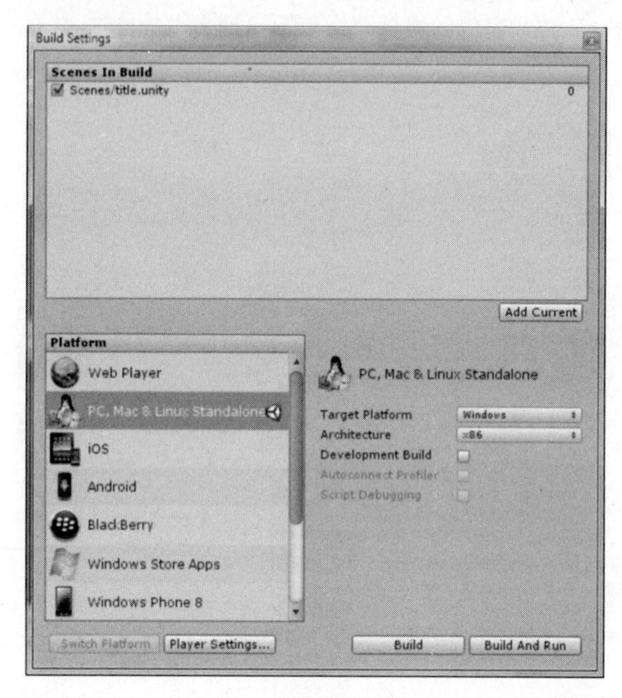

图5.24

3. 关闭编译设置窗口。
4. 在菜单中找到File（文件）| Save Scene（保存场景），保存title场景。
5. 在工程面板中双击game场景，切换到该场景。
6. 用同样的方法将game场景添加到编译设置面板中，然后关掉编译设置窗口。你也可以点击game场景并把它从工程面板拖放到编译设置面板中。
7. 点击播放按钮测试游戏。

顺序! 顺序!

你向编译列表中添加场景的顺序很重要。场景会按照从上到下的顺序出现。如果你将标题画面放到了列表后面，那么当你编译或导出游戏时，它就不会是第一个出现的场景。如果你的场景添加顺序有误，可以在列表中点击并拖拽场景，轻松调整其顺序。

现在，我们的两个场景都被添加在了编译列表中，Application.LoadLevel调用项将会在我们点击Play Game按钮时把我们带到game场景中去。保存game场景，并切换回title场景。运行你的游戏。当你点击播放按钮时，你会看到一个空白的画面。这是因为我们其实并没有在游戏场景中建造任何东西，但这个按钮显然是管用的！太棒啦！

注意大小写

这里的大小写也是有讲究的！你要确保你传递给Application.LoadLevel的场景名称与场景的实际名称一模一样才行，包括它的大小写方式，否则这行命令就不会生效。

5.12 为机器人设置舞台

激动人心的时刻就在眼前！我们有一个漂亮的标题场景，让人一眼就能看出是与机器人有关的主题。还有一个漂亮的Play Game按钮，点击它后即可将我们带进一个新场景，我们的翻牌配对记忆游戏就在那里登场，现在我们就来制作游戏吧。

确保当前游戏并未处于运行状态——也就是说，屏幕顶部的播放按钮并未高亮显示。在工程面板中双击game场景。Unity会询问你保存正在操作中的title场景（如果你还没有保存的话）——如果是这样，请在弹出框中点击Save（保存）即可。

和title场景一样，我们应将摄像机的背景色更改为白色。在层级面板中选中Main Camera，并在检视面板中点击色块更改视口颜色。

动手环节

为了设置game场景，我们需要在title场景中重复做过的几个步骤：

1. 在菜单中找到GameObject（游戏物体）| Create Empty（创建空物体），并将新建的游戏物体改名为GameScreen。

2. 从工程面板中创建一个新的JavaScript文件，并命名为GameScript。

3. 如果你想把文件组织得更有序些，可以在工程面板中创建一个文件夹，并把它命名为Scripts。将你的TitleGUI和GameScript脚本拖拽到新创建的这个Scripts文件夹中。

4. 把GameScript脚本从工程面板拖拽到层级面板中的GameScreen物体上，以便将脚本赋给游戏物体。

5. 如果你愿意，可以在脚本里设置一个名为customSkin的变量，并将你自定义的名为MyGUI的GUI皮肤赋给脚本。这一步并不是必须的。

上述步骤基本是重复我们对title场景所作的操作。更详细的介绍参见之前的那几页内容！

5.13 游戏规划

学习游戏开发的最佳方法之一就是制作一个学习项目。选择一个非常基础的游戏，并亲手重做一个。很多程序员都将《俄罗斯方块》作为他们的学习项目。针对语言或工具的非常基础的入门学习，我则喜欢用记忆游戏。

"可是等一下！"你说："记忆游戏是既乏味又枯燥的，而且是给小孩子玩的。如果要我制作这样的游戏，我肯定会抓狂的！"当然，你说的没错。你不会受到评论家的赞美，也不会受到玩家的夸奖。但是，这对你个人来说是一种有趣的挑战：对于一款被玩过无数次的游戏，你要如何对它稍加修改让它变得更加有趣呢？你又如何能在这些约束中做出体现自己的创意的东西？

在《修理机器人》游戏中，我们将用16张牌排成4×4的规格，机器人有四种：黄色机器人、红色机器人、蓝色机器人和绿色机器人。为了让游戏更有趣，我们要把这些机器人弄坏，卸掉它们的手臂和腿。玩家需要把破损的机器人与丢失的身体部件对应起来！

当玩家获胜时，我们将为他提供一个"Play Again（再玩一次）"的选项。Play Again按钮的作用就是跳转到标题画面去。

图5.25

通过制作像记忆游戏这种简单而又初级的游戏来踏上你的游戏开发之路，这感觉就像是在啃一大块味道一般的馅饼。但这与“先学爬再学走”是一个道理。当你在学爬阶段时，你要如何为自己做出有趣的游戏来呢？而且，如果你连简单的游戏都应付不来，又如何去建造梦想中的游戏项目呢？

5.14 建个类出来

为了着手制作《修理机器人》，我们需要在GameScript脚本中写一个自定义类。我们在上一章里已经见过了Unity的某些自建类，如Renderer类、Input类等。我们现在要创建自己的类，取名为Card。你可以猜到，Card类的作用是在游戏里让牌呈现出来。

1. 双击打开GameScript脚本。
2. 在Update函数的下面（同时也是外面）添加如下代码：

```
class Card extends System.Object
{
var isFaceUp:boolean = false;
var isMatched:boolean = false;
var img:String;

function Card()
{
  img = "robot";
}
}
```

正如用关键字var来声明一个变量那样，我们用关键字class来声明一个类。接下来就是为类取名了，叫它Card。最后，我们的Card类后面加上了extends System.Object，意思是说，它继承了所有来自内建的System.Object类的东西。

System.Object

什么叫“从System.Object继承”？那个类就像是Adam/Alpha/the Big Bang这样的分类方式一样——它是从Unity的各种类中衍生出来的（一般是这样）。它不属于任何已知的类。你可以把System.Object当成“东西”、“事物”的同义词。我们在Unity里创建的所有其他的“东西”，

包括我们的记忆翻牌游戏中的Card类，都是从基本的名为System.Object类中衍生出来的。

在接下来的几行代码中，我们将声明一些变量，需要包含在所有的Card实例中。isFaceUp决定卡牌是否被翻过。isMatched是一个true或false的布尔标记，当翻开的两张卡牌一模一样时，我们会将它标记为true。img变量存储的是卡牌正面的图片名称。

Card类中的Card函数是一种叫做构造函数（constructor function）的特殊代码。构造函数是当我们新建一个Card实例的时候自动调用的第一个函数。Unity知道哪个函数是构造函数，因为它与自身所在的类同名。我们在构造函数中要做的唯一一件事就是设置机器人的img变量。

很好！这就是我们目前所需要的所有Card类的内容了。我们这就在脚本最上面创建几个重要的游戏变量吧。

动手环节——存储基本要素

在整个游戏当中，我们有几个需要全程调用的关键值。让我们在GameScript脚本上方声明几个变量（用双斜杠加注释并不是必须的，但注释一下会有助于你理解代码）。

```
import System.Collections.Generic;

var cols:int = 4; // the number of columns in the card grid
var rows:int = 4; // the number of rows in the card grid
var totalCards:int = 16;
var matchesNeededToWin:int = totalCards * 0.5; // If there are 16
  cards, the player needs to find 8 matches to clear the board
var matchesMade:int = 0; // At the outset, the player has not made
  any matches
var cardW:int = 100; // Each card's width and height is 100 pixels
var aCards:List.<Card>; // We'll store all the cards we create in
  this List
var aGrid:Card[,]; // This 2d array will keep track of the shuffled,
  dealt cards
var aCardsFlipped:List.<Card>; // This generic array list will store
  the two cards that the player flips over
var playerCanClick:boolean; // We'll use this flag to prevent the
```

```
player from clicking buttons when we don't want him to
var playerHasWon:boolean = false; // Store whether or not the player
  has won. This should probably start out false :)
```

提速技巧

还记得吧，这行代码：

```
var matchesNeededToWin:int = totalCards * 0.5;
```

其实是等同于下面这行代码的：

```
var matchesNeededToWin:int = totalCards / 2;
```

不过，由于计算机做乘法运算的速度要快于除法运算，所以养成用乘法的习惯会有助于你将来在做更复杂的游戏时提升游戏的运行速度。

5.15 关于import

这是一个很长的变量列表！它始终以import语句开头。如果你读过第4章中的附带代码后，应该还记得C#代码需要用using声明，让Unity知道我们想要使用的特定代码基块。而JavaScript的关键字import则相当于C#的关键字using。我们用它来告诉Unity我们将要访问System.Collections.Generic这个代码块，默认情况下，我们是无法访问该代码块的。试试在代码中没有using声明的时候输入List<>。然后再加上using声明并再次输入List<>。当我们声明我们正在调用System.Collection.Generic的时候，我们就可以访问那一大堆新的东西了。

为什么我们需要去申请访问呢？因为我们在后面所声明的泛型List物体需要用到它。但什么又是List（列表）呢？它是名为Collections的数据类型家族中的一种，其中可能会包含它的表亲——array（数组）。

如果一个变量是一个能装一个物体的桶，那么一个数组就是一个能装很多物体的桶。Unity的JavaScript有一个名为Array的类，可以让我们轻松创建这个容量很大的桶（图5.26）。

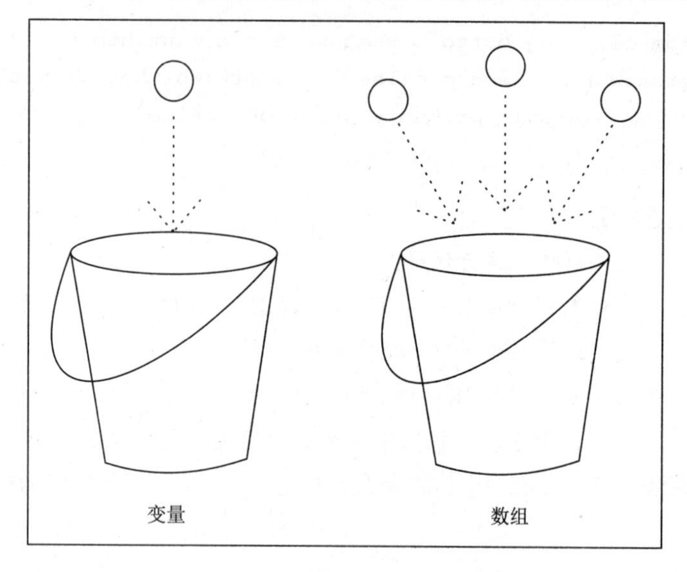

图5.26

实际上，Collections家族有很多成员，包括Build-in Array（内建数组）、Generic List（泛型列表）、ArrayList（数组列表）、Hashtable（哈希表）、Generic Dictionary（泛型字典）以及2D Array（二维数组）。要想清楚在指定的任务中该去调用哪个家族成员则需要经验与体验了。在本章里，我们将使用Collections的两种类型：Generic List和2D Array。我们先来了解Generic List：

```
var aCards:List.<Card>; // We'll store all the cards we create
  in this List
```

像我们之前用过的变量那样，我们写出了泛型列表。我们可以把任何我们想要东西放到那对尖括号里。名为aCards的泛型列表被声明为Card类型，所以我们能把Card实例放进去。

一般说来

如果一个Generic List（泛型列表）用的是一个特定的类型，为什么还叫它泛型呢？“Generic（泛型）”指的是我们传递给Collection的参数类型。它的类型基本可以是我们想要的任何类型。不过，一旦我们声明了它，它就只能包含特定的类型了。

5.16　造一只更好的桶

通过输入一个Collection，我们让Unity知道我们想要放入其中的数据类型。这会加快Unity的运算速度，因为软件无需担心去为Collection里的不同数据分门别类了。

想象你把一个神秘的炸鸡桶带回了家，但也被告知里面还有一双网球鞋、一把扳手、175颗滚珠，还有一本破旧的厕所读物。你需要更多的时间去分拣里面的东西，找出其中的炸鸡。最终，你吃炸鸡的速度也不会很快（当然了，如果你吃错了东西，那么那本厕所读物可能会马上派上用场了，你懂的）。

从程序员的角度出发，声明为array类型（为它指定类型）也会为你提速，因为当你从神秘的炸鸡桶里掏出东西的时候，你得不断地用一种叫做对象转型（casting）的技术用关键字as去提醒Unity：“这个是鞋子。这个是炸鸡。这个是滚珠……”，就像下面这样：

```
var friedChicken:FriedChicken = aMysteryBucket[0] as FriedChicken;
// This is definitely not a shoe, Unity.
// Using the 'as' keyword, I'm explicitly telling you that what I've
// just pulled out of the bucket is absolutely a piece of fried
   chicken.
```

5.17　你的柜子有多大?

某些Collection，例如Built-in Array（内建数组），有既定的规格。你需要让Unity知道你要在里面放多少东西，这个数目永远不能变。还有一些Collection，例如Generic List（泛型列表），会通吃我们放进去的所有数据——它们的长度是弹性变化的，并不一定要符合既定的规格。究竟哪种更好呢？你也看到了，它们各有优缺点。

注意，当我们定义一个变量（只装一个东西的桶）的时候，我们实际上是在计算机内存里加了一个保险柜。通过输入变量名（为它指定类型），我们让计算机知道这个保险柜需要有多大，一个int型变量需要另一个不同于string型或Boolean型变量的内存空间。

Collection也是一个道理。如果我们告诉Unity一个数组能包含多少元素，那么Unity就可以预先留出足量的内存空间。想象你在搬家，需要租个保险柜，但你想放进去的物品数量是不断变化的。你需要去租赁更多或更大的柜子才行，然后把它们放在一边去整理你的东西，然后再去租另外一些柜子。多麻烦啊！当我们使用内建数组让Unity

知道我们想要存储的数据量时，就会感受到一种快速的Collection类型所带来的好处。

如果我们用一行代码来声明并定义一个能装20块炸鸡的桶（绝对不会再有球鞋了），那么代码可以是这个样子的：

```
var aDefinitelyFriedChicken:FriedChicken[] = new FriedChicken[20];
```

既然可以使用规格固定的方便高效的内建数组，为什么我们还要使用相对较慢的泛型列表类呢，难道就是冲着它的弹性规格吗？其实，泛型列表类的优势之一就是它有一些刻板严格的内建数组所没有的方法。我们稍后会用到泛型列表所独有的一种方法。况且谁又能预先知道它们究竟要往保险柜里塞进多少东西呢？弹性的Collection规格在某些情况下是种大大的优势。就目前而言，我们还把话题拉回来，毕竟还有个游戏要做呢！

“a”是为了方便记忆

程序员们有自己的命名习惯。在声明像Array和List这样的Collection时，我个人的习惯做法是用一个小写的字母“a”打头。这只是一种代码的组织技巧，能够帮我理清思路。

5.18　开始做吧

别忘了我们是在用Unity的GUI控件制作这款游戏。就像我们在标题画面上制作了一个Play Game按钮一样，我们也要用同样的按钮控制方法做出所有的可以点击的卡片。我们的卡片阵列将会是一个排列在屏幕上的图像按钮阵列。

我们为默认的Start函数添加一些代码，让游戏活起来。Start是其中一个内建型Unity函数，被Update或OnGUI所调用，所以在这里预先把一些东西定义一下是最好不过的。在你的脚本顶部输入如下代码：

```
function Start () {
  playerCanClick = true; // We should let the player play, don't you
    think?

  // Initialize some empty Collections:
  aCards = new List.<Card>(); // this Generic List is our deck of
    cards. It can only ever hold instances of the Card class.
  aGrid = new Card[rows,cols]; // The rows and cols variables help us
```

```
  define the dimensions of this 2D array
aCardsFlipped = new List.<Card>(); // This List will store the two
  cards the player flips over.
// Loop through the total number of rows in our aGrid List:
for(var i:int = 0; i<rows; i++)
{

    // For each individual grid row, loop through the total number
        of columns in the grid:
    for(var j:int = 0; j<cols; j++)
    {
      aGrid[i,j] = new Card(); // stuff a new card instance into
        the 2D array
    }
  }
}
```

在这几行代码中，我们将playerCanClick标记为true，让玩家能够随时开始游戏。然后，我们使用一个关键字new来新建一个空的泛型列表，用来存储桌面上的那些卡片（aCards）。在接下来的那行中又用了一次关键字new，创建一个空的二维数组，用来存储卡片的排列样式（aGrid），而且我们声明了另一个泛型列表，用来存储玩家每轮翻开的那两张牌（aCardsFlipped）。

5.19 环环相扣

接下来的代码会有点复杂。我们想要做出16张新牌并把它们放到桌子上，也就是aGrid数组。为了实现这个目的，我们用了一个“迭代循环”填充我们的二维数组。

迭代循环是一段能够自我重复的代码，使用特殊的指令定义何时开始运行，以及何时结束运行。如果循环无休止地运行下去，我们的游戏就会崩溃，然后我们就会收到各种来自玩家的抱怨之声。

迭代循环的起始代码行如下：

```
for(var i:int=0; i<rows; i++)
```

变量i叫做迭代器（iterator）。我们用它来定义何时开始与结束循环。不一定非要用字母i，但你会看到多数人都在这么用，这是典范做法。我们很快就会看到，当你开始将循环嵌套在其他循环中时，你得去换用另外的字母才行，不然代码会报错。

5.20　循环的分解

迭代代码通常用关键字for开头。它包含三个关键部分：

- 开始点。
- 结束点。
- 每次循环结束后该做什么。

在这个案例中，我们先来声明一个名为i的int（整型）类型的迭代器变量，并将迭代器i的值设为0。

```
var i:int=0
```

接下来，我们要让循环在i小于列数值rows的时候执行下去。由于我们已经将rows设成了4，因此这个代码将循环执行四次。

```
i<rows
```

在第三部分中，我们要把i的值加上1。以下就是循环的执行步骤的细节：

1. 将一个名为i的整型变量设为0。
2. 检查i是否小于rows的值（4）。0小于4，所以我们就继续往下走！
3. 运行循环内的代码。
4. 完成后，将i值加1（即i++）。现在i变成了1。
5. 再次检查i值是否小于rows的值（4），1小于4，所以继续运行循环代码。
6. 运行循环内的代码。
7. 如此往复，直到我们在第四次执行循环的时候将i的值增至4。
8. 由于i不再小于rows值（4）了，因此循环终止。

5.21　最好使用嵌套

我们所用的这种结构称为嵌套循环（nested loop），因为我们在一个循环里面又运行一个循环。

在第二个循环中，我们用了一个名为j的迭代器，因为i已经被别的循环占用了。我们用关键字new新建一个Card类的实例，我们把它加给数组，即aGrid[i,j]（也就是aGrid[i]的第j个元素，解释为“下标j处”）。

展开来讲的话也没那么难理解：

- 首次执行外层循环时，我们位于二维数组的下标0处。

● 然后，在内层循环中，我们执行循环四次。每次我们都将一张新的卡牌放入名为aGrid的二维数组中。

● 接下来，我们再次执行主循环。外层循环下标值i增加到1。

● 在内层循环上，我们将四张新牌放入空数组。现在，aGrid包含了8张牌。

● 继续执行，直到循环结束为止。在嵌套循环结束后，aGrid是一个包含四个子数组的主数组，而且其中每个数组都有四张牌，共计16张（图5.27）。

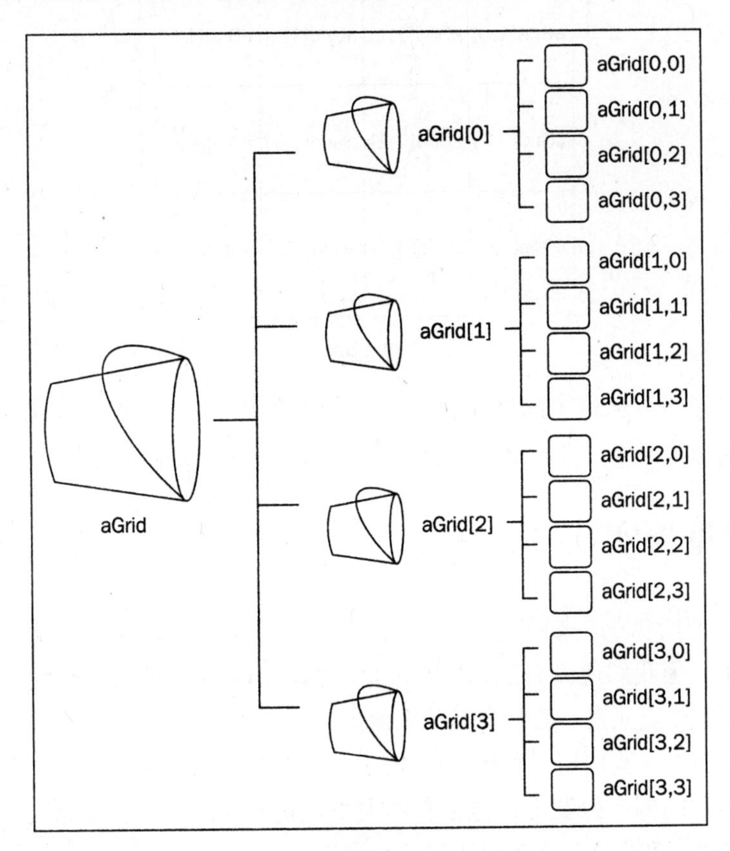

图5.27

二维数组之所以这么方便，是因为我们可以用网格坐标轻松访问它们里面的元素，就像古老的棋牌游戏“海战棋”那样，如果我们想要定位第二行第三列的那张牌，我们就要用aGrid[1,2]来调用。实际上，如果我们正在创建一个数字版的海战棋游戏，我们可能也要用到嵌套循环的方式创建二维数组来实现它。

需要注意的是，数组的下标都是从0开始的。aGrid[0,0]所指的牌对应的是网格左上角的那张。它旁边的那张牌位于aGrid[0,1]处。然后是aGrid[0,2]。要想获取下一行牌的位置，我们在第一个下标基础上加1，即：aGrid[1,2]。图5.28就是浮现在你脑中的图像。

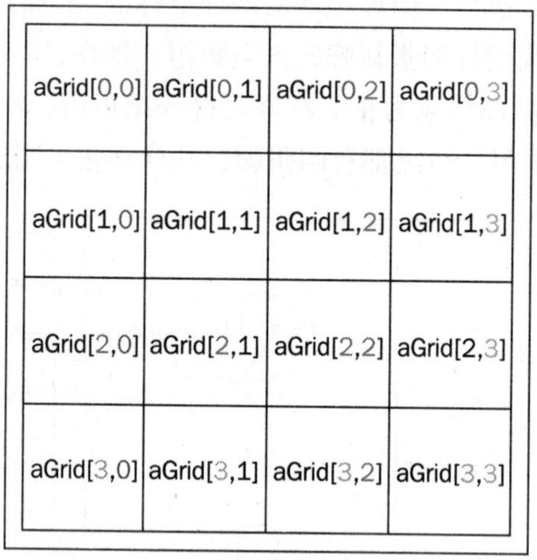

aGrid[0,0]	aGrid[0,1]	aGrid[0,2]	aGrid[0,3]
aGrid[1,0]	aGrid[1,1]	aGrid[1,2]	aGrid[1,3]
aGrid[2,0]	aGrid[2,1]	aGrid[2,2]	aGrid[2,3]
aGrid[3,0]	aGrid[3,1]	aGrid[3,2]	aGrid[3,3]

图5.28

想必你已经可以从这个网格联想到翻牌记忆游戏中的卡牌摆放在桌子上的样子了吧。如果还没想象出来，那就继续往下读吧！相信你会慢慢理解的。

5.22　眼见为实

目前，我们所做的一切都是在“纸上谈兵”。我们的牌都是位于某个可以想象的代码空间里。但我们还没有把它们在屏幕上绘制出来呢。我们来创建一个OnGUI函数，并在屏幕上放点元素，看看会是什么效果。

在标题画面上，我们用一种固定的布局方式来摆放Play Game按钮。我们明确规定了把它放在屏幕的哪个位置上，包括它的大小。我们要用一种自动布局方式来创建成网格排列的卡牌，和固定的布局做下对比。

使用自动布局方式时，你可以定义某个区域，将GUI控件放在里面。你要用内建的GUILayout类创建你的控件，而不是GUI类。用GUILayout创建出来的控件会拉伸填充到布局区域。

动手环节——创建一个存储网格的区域

我们在GameScript脚本中创建其中一个自动布局区域：

1. 在这个脚本当中，我们不需要使用Update函数。就像之前做过的那样，不用

Update，改用OnGUI创建一个OnGUI函数：

```
function OnGUI () {
```

2. 在OnGUI函数内部开始并结束自动布局区域：

```
function OnGUI ()
{
    GUILayout.BeginArea (Rect (0,0,Screen.width,Screen.height));
    GUILayout.EndArea();
}
```

该区域将会是画面的宽度和高度，并且它的原点位置位于画面的左上角。

这两个声明就像是书夹或是HTML标签。我们在这些书夹中间创建的任何UI控件都将被创建到我们定义的区域内。每个新的控件都将自动在前一元素下方的垂直方向上堆放。控件会在区域内横向拉伸填充，在这个例子里就是填充整个画面。

探索吧英雄——别听我的！

如果你想不走寻常路，并且想要在区域声明语句中创建几个按钮看看效果的话，那就请便吧！运用我们在本章前面的内容里学到的代码在其他位置创建一两个按钮。你也可以试着去调整宽度、高度以及区域的起始位置值，看看那样会怎样影响你的UI按钮的位置。

5.23 建造那个网格

在区域声明语句中，我们想要建造卡牌按钮的网格。不过，为了让代码易于理解，我们可以创建一个函数调用来分隔代码，就是为了让代码看起来简明易读。对你的OnGUI代码做如下修改：

```
function OnGUI () {
    GUILayout.BeginArea (Rect (0,0,Screen.width,Screen.height));
      BuildGrid();
    GUILayout.EndArea();
    print("building grid!");
}
```

那行“building grid!”就是为了验证代码的有效性。我想要添加一些像这样的语句，以便能够看穿电脑的“心思”，并确保指定的函数得到执行。如果你打开了Console（控制台）窗口，那么就会在屏幕底部的状态栏中看到print语句了（图5.29）。

图5.29

需要注意的是，如果我们现在就打算去运行代码，那么就会得到一个报错信息。Unity还不知道BuildGrid是个什么函数，因为我们还没把它写好呢！

我们这就来写BuildGrid函数。在脚本底部添加下面的代码，也就是独立于其他脚本段之外的地方：

```
function BuildGrid()
{
  GUILayout.BeginVertical();
  for(var i:int=0; i<rows; i++)
  {
    GUILayout.BeginHorizontal();
    for(var j:int=0; j<cols; j++)
    {
      var card:Card = aGrid[i,j];
      if(GUILayout.Button(Resources.Load(card.img),
          GUILayout.Width(cardW)))
      {
        Debug.Log(card.img);
      }
    }
    GUILayout.EndHorizontal();
  }
  GUILayout.EndVertical();
}
```

刚才发生了什么——剖析代码

我们先将所有内容封装到垂直布局标签内，控件默认在布局区域中垂直摆放，但是由于我们稍后会执行一些复杂的布局操作，所以会显示调用BeginVertical和

EndVertical。

接下来，我们创建一个嵌套循环。和之前一样，我们也是要在行列间循环。我们用BeginHorizontal和EndHorizontal调用来封装内层循环。这样一来，我们放入的每一张新的卡牌按钮都将会横向排布，而不是纵向。

最后，在内层循环中，我们将使用一个从未见过的语句来创建一个按钮：

```
if(GUILayout.Button(Resources.Load(card.img), GUILayout.Width(cardW)))
```

在第一个参数中，我们传递的是Resources.Load，用一张图片填充按钮，而不是纯文本。我们将我们想要的图片名称传递给Resources.Load调用。由于每张卡牌的img变量都被设定成robot，因此Unity会在Assets库的Resource文件夹中读取名为robot的图片，并把它贴到按钮上。

第二个参数是一种覆盖机制。我们不希望我们的卡片按钮拉伸到布局区域那么宽，所以我们将cardW（已在脚本顶部被定义为100像素）传递给GUILayout.Width方法。

最终的结果就是，我们运行了四次循环，并且在每次循环中都向下增加一行包含四个按钮的网格，每张卡片都有一个机器人图片。

保存脚本并测试游戏。你应该会看到一个由卡片按钮组成的4×4的网格，每张卡片上都有一个黄色的机器人图片（图5.30）。

图5.30

5.24　现在你已经获益良多!

关于创建Unity的图形用户界面有太多的东西要学，而你只是迈出了前面重要的几步。截至目前，你已经学会了如何：

- 在屏幕上添加按钮UI控件。
- 自定义GUI皮肤。
- 新建场景，并将其添加到Build List（建造列表）中，并用按钮实现场景间的跳转。
- 声明及定义三种collection类型：Built-in Array（内建数组）、2D Array（二维数组）及Generic List（泛型列表）。
- 用嵌套循环排布二维数组。
- 分别使用自动布局与固定布局方式放置UI控件。

随着我们逐渐深入开发这款《修理机器人》游戏，我们将学习更多自动布局方面的知识，以便让游戏网格居中。我们也会学习如何实现翻牌，并在每个函数后面适当添加关键的游戏逻辑代码。一起来吧！

5.25　C#脚本参考

把`TitleGUI`的JavaScript脚本转换为C#是很轻松的事情：

```
using UnityEngine;
using System.Collections;

public class TitleGUICSharp : MonoBehaviour {
    private float buttonW = 100; // button width
    private float buttonH = 50; // button height
    private float halfScreenW; // half of the Screen width
    private float halfButtonW; // half of the button width

    public GUISkin customSkin;
    private void Start()
    {
      halfScreenW = Screen.width/2;
      halfButtonW = buttonW/2;
    }
```

```
    private void OnGUI ()
    {
      GUI.skin = customSkin;
        if(GUI.Button(new Rect(halfScreenW-halfButtonW, 460,
          buttonW, buttonH), "Play Game"))
        {
            Application.LoadLevel("game");
        }
    }
}
```

改动的地方如下：

我们将buttonW和buttonH声明为float型变量，而不是int，因为代码后面的Rect结构接受的是float型，我们不希望每次都将int值转成float数据类型，所以从一开始就声明为float型会比较好办一些。

在之前的JavaScript代码中，我们将几个变量的声明与定义分开处理了，但并不是非要如此不可。我们可以将声明和定义放在同一行中处理：

```
var halfScreenW:float = Screen.width/2;
```

我们无法对C#代码做同样的处理。我们无法同步做到：得到Screen.width的值，同时执行一次运算，并将其存储为halfScreenW的值。就像我们在JavaScript代码中所作的那样，我们在类的顶部声明了变量，并在Start函数中定义了变量（为它们赋值）。

注意，为了让customSkin变量能够显示在Unity的检视面板中，我们需要在声明变量之前用到public访问修饰符，试着将它换成private，会看到变量从检视面板中消失。

除了本章前面所提到的那些常规改动之外，这个脚本中的另外一处改动就是：在C#代码中，Rect结构需要在前面加上一个关键字new。

C#版的GameScript脚本的也有几处不同：

```
using UnityEngine;
using System.Collections;
using System.Collections.Generic;

public class GameScriptCSharp : MonoBehaviour {
    private int cols = 4; // the number of columns in the card grid
    private int rows = 4; // the number of rows in the card grid
```

```
private int totalCards = 16;
private int matchesNeededToWin;
private int matchesMade = 0; // At the outset, the player has
  not made any matches
private int cardW = 100; // Each card's width and height is 100
  pixels
private List<Card> aCards; // We'll store all the cards we
  create in this array
private Card[,] aGrid; // This 2d array will keep track of the
  shuffled, dealt cards
private List<Card> aCardsFlipped; // This generic array list
  will store the two cards that the player flips over
private bool playerCanClick; // We'll use this flag to prevent
  the player from clicking buttons when we don't want him to
private bool playerHasWon = false; // Store whether or not the
  player has won. This should probably start out false :)

// Use this for initialization
private void Start () {
  matchesNeededToWin = totalCards / 2; // If there are 16 cards,
    the player needs to find 8 matches to clear the board
  playerCanClick = true; // We should let the player play, don't
    you think?
  // Initialize some empty Lists:
  aCards = new List<Card>(); // this Generic List is our deck of
    cards. It can only ever hold instances of the Card class.
  aGrid = new Card[rows,cols]; // The rows and cols variables
    help us define the dimensions of this 2D array
  aCardsFlipped = new List<Card>(); // This List will store
    the two cards the player flips over.

  // Loop through the total number of rows in our aGrid List:
  for(int i = 0; i<rows; i++)
  {
    // For each individual grid row, loop through the total
        number of columns in the grid:
    for(int j = 0; j<cols; j++)
    {
```

```
            aGrid[i,j] = new Card(); // stuff a new card instance into
              the 2D array
          }


    }
    private void OnGUI()
    {
      GUILayout.BeginArea (new Rect (0,0,Screen.width,
        Screen.height));
      BuildGrid();
      GUILayout.EndArea();
      print("building grid!");
    }

    private void BuildGrid()
    {

      GUILayout.BeginVertical();
      for(int i = 0; i<rows; i++)
      {
      GUILayout.BeginHorizontal();
      for(int j = 0; j<cols; j++)
      {
        Card card = aGrid[i,j];

        if(GUILayout.Button(Resources.Load(card.img) as Texture,
          GUILayout.Width(cardW)))
        {
          Debug.Log(card.img);
        }
      }
      GUILayout.EndHorizontal();
    }
    GUILayout.EndVertical();
    print ("building grid!");
  }
}
```

至于TitleGUI脚本，我们将matchesNeededToWin声明移到了Awake函数中，因为我们需要知道totalCards的值才能定义它。

这里有一处细微的区别。当我们定义aCardsFlipped这个泛型列表时，请注意，JavaScript用了一个点符，而C#并没有使用：

```
aCardsFlipped = new List.<Card>(); // JavaScript
aCardsFlipped = new List<Card>(); // C#
```

此外还有一处区别就是位于BuildGrid函数中的GUILayout.Button调用：

```
if(GUILayout.Button(Resources.Load(card.img) as Texture,
  GUILayout.Width(cardW)))
```

GUILayout.Button的第一个参数应该是Texture，但Resources.Load方法给了我们一个Object。有时我们知道我们其实是在加载一个有效值（相当于从炸鸡桶里取出炸鸡而不是网球鞋），我们可以明确告诉Unity这确实是它所需要的那个Texture。

我们通过一个as关键字来实现。通过让Unity知道这个Object其实就是一个有效的Texture，它就会知道我们想要用as将Object投射到Texture上。

最后，我们将Card类声明移到它自己的那个独立的脚本文件中：

```
using UnityEngine;
using System.Collections;

public class Card {

  public bool isFaceUp = false;
  public bool isMatched = false;
  public string img;

  public Card()
  {
    img = "robot";
  }
}
```

这里需要注意的地方就是，默认情况下，Unity中的C#类会继承自一个叫做MonoBehaviour的类。此时，它们实际上不能含有构造函数。我们可以保持这个构造函数的完整性，也就是Card()函数，方法很简单，就是将MonoBehaviour从类声明中移除，让这个类保持独立。Card类中的所有代码都很直观。

第6章

游戏#2——修理机器人（二）

我们之前学过，对于一款游戏来说，制作出游戏部分只能算完成了一半。你的大部分精力都会花在游戏的其他方面——按钮、菜单，以及引导玩家进入游戏的提示信息等。我们正在学习如何显示Unity游戏的按钮和其他UI（用户界面）控件。我们将暂时离开3D环境，只使用Unity GUI向UI空间添加游戏逻辑，以此来制作一款功能齐全的2D游戏。

在本章中，我们将：

- 探索某些能够帮助我们更好地设置UI空间的屏幕位置的代码。
- 学习控制玩家的游戏交互控制时机。
- 了解随机数的强大功能。
- 隐藏及显示UI控件。
- 检测获胜条件。
- 游戏结束后，显示一个“Win”画面。

6.1 从零开始用一章内容学做游戏

我们先来列个清单，把我们需要做的配对记忆游戏功能都列出来。把这些待添加的功能一一拆解成小任务。对于规模较小的游戏项目而言，我将这些步骤做成复选框列表的形式。每当我完成一项，就在框里打个叉。忙活了一天，没有什么能比在框里画叉叉更开心的事啦。

下面就是我们需要做的操作：

□ 让网格在屏幕上居中显示。

□ 将不同的图片指定给所有的卡牌（如果每次玩的时候都能先洗一下牌就太棒了！）。

□ 找出拆散机器人并将这些身体部件分派到各张卡片的方法。

□ 当点击卡牌时，确定牌是从后向前翻的。

□ 防止玩家一次翻转多于两张的牌。

□ 比较两张翻转后的卡牌，看看是否匹配（如果可以匹配，就从桌子上移走它们，否则就把它们翻回去）。

□ 如果所有的卡片都从桌子上移走了，就显示一条获胜的信息和一个Play Again（再玩一次）的按钮，点击该按钮后即可重新再玩。

复选框就像是恶龙，在复选框中打叉就像是在屠龙一般。每杀死一条龙，你就会变得更强壮，更聪明。并且离你的目标更近一步。有时候，我喜欢把我的办公椅看成是一匹小战马。

什么是GDD

我们刚刚创建的清单是一个非常简单的GDD（Game Design Document，游戏设计文档）的例子。GDD可以是一个简单的清单，也可以是一份上千页的Word文档。我喜欢在Wiki上面拟写我的GDD。因为它更灵活，更易于修改。我的团队可以在这个充满活力的Wiki GDD上面提交新的作品、创意及评论。

在上面添加时间点

我听说写GDD的时候有一个技巧：你应当在规定的时间内完成各项任务。这会让任务变得更重，仿佛你在说："就该这样！"奇怪的是，期限可以让GDD看上去更定式、更关键、更完整。

有了这个待办事项清单和第5章里的游戏玩法介绍，我们就有了基本的GDD，准备好了吗？我们这就开始屠龙吧！

6.2 找到你的中心点

我们已经做出了游戏的网格，它位于屏幕左上角。这就是我们要处理的第一件事。咱们得有言在先：写代码不同于写书。并不是从头到尾一气呵成的。我们需要在函数之间来回跳转。如果函数让你眼花缭乱，也别担心：本章末尾会提供完整的脚本，并且你也可以从Packt网站上下载到它。

动手环节——垂直居中游戏网格

我们用`GUILyout`类的`FlexibleSpace()`方法，将网格按先垂直、后水平的顺序在屏幕上居中排布。

1. 双击gameScript脚本打开代码编辑器，找到BuildGrid()函数。

2. 在GUILayout.BeginVertical()和GUILayout.EndVertical()调用之间插入两个GUILayout.FlexibleSpace()调用。如下所示：

```
function BuildGrid()
{
  GUILayout.BeginVertical();
  GUILayout.FlexibleSpace();
  for(i=0; i<rows; i++)
  {
    // the rest of the code is in here, but we've removed
       it for the sake of simplicity
  }
  GUILayout.FlexibleSpace();
  GUILayout.EndVertical();
}
```

3. 保存脚本并测试游戏。

有些网格现在就位于屏幕的垂直居中位置上了，网格上方和下方与屏幕边缘的间隔相同（图6.1）。

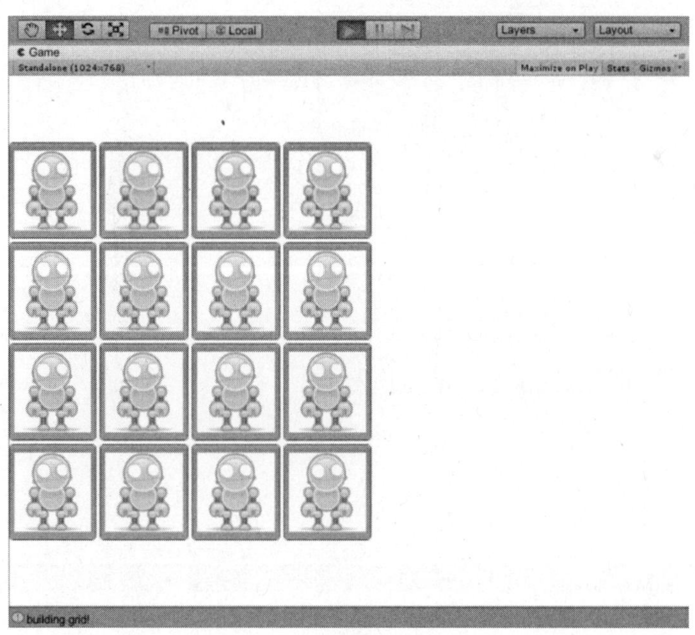

图6.1

刚才发生了什么

我们所用的这种自动布局中的UI空间，会将赋给它们的空间全部填满，这就像金鱼会长到养它们的鱼缸那么大一样。金鱼的事其实是个神话，但FlexibleSpace()却是真实存在的。由于我们用Screen.width和Screen.height定义区域矩形的尺寸，让网格填充整个屏幕，所以UI空间也会填充整个空间。

FlexibleSpace创建一种弹性机制，能够填充UI空间没有用到的所有空间。为了更好地理解这个隐藏元素的作用，可以试着将顶部的GUILayout.FlexibleSpace();函数调用//注释掉：

```
// GUILayout.FlexibleSpace();
```

保存脚本并测试游戏。由于网格上方的空间不再具有弹性效果了，所以网格下面的弹性空间（FlexibleSpace）会尽可能填满整个区域。它会自动获取没有被UI空间占据的所有可用的空间（图6.2）。

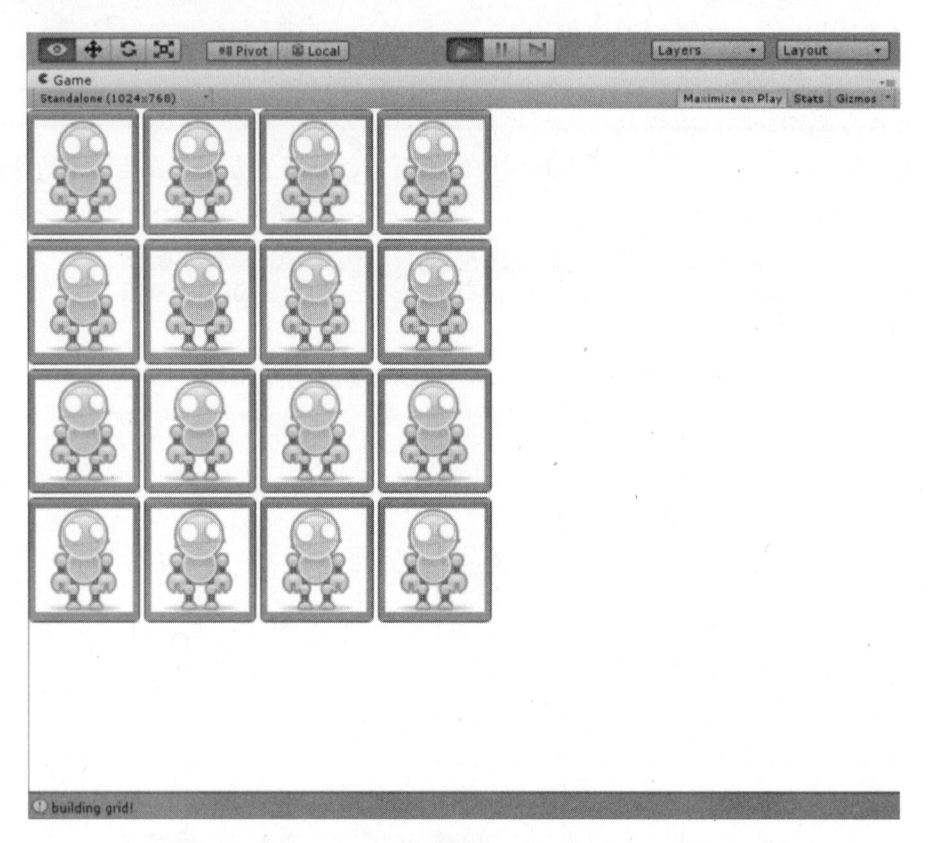

图6.2

同样，也可以只把下面的FlexibleSpace()函数用//注释掉，保持上面的FlexibleSpace()不变。果然，上面的弹性空间把网格推向屏幕底部了。现在确保两行FlexibleSpace代码都没被注释，然后继续下一步。

动手环节——水平居中游戏网格

在BuildGrid()函数中添加两个FlexibleSpace函数调用，即可实现网格的水平居中。

1. 在GUILayout.BeginHorizontal()和GUILayout.EndHorizontal()这两个调用之间添加两个GUILayout.FlexibleSpace();函数调用。

```
function BuildGrid()
{
  GUILayout.BeginVertical();
  GUILayout.FlexibleSpace();
  for(i=0; i<rows; i++)
  {
    GUILayout.BeginHorizontal();
    GUILayout.FlexibleSpace();
    for(j=0; j<cols; j++)
    {
      // Again, the code here has been removed for the sake
        of brevity
    }
     GUILayout.FlexibleSpace();
     GUILayout.EndHorizontal();
  }
  GUILayout.FlexibleSpace();
  GUILayout.EndVertical();
}
```

2. 保存脚本并测试游戏。太棒了！游戏网格现在位于屏幕正中央了！同时实现了水平居中与垂直居中（图6.3）。

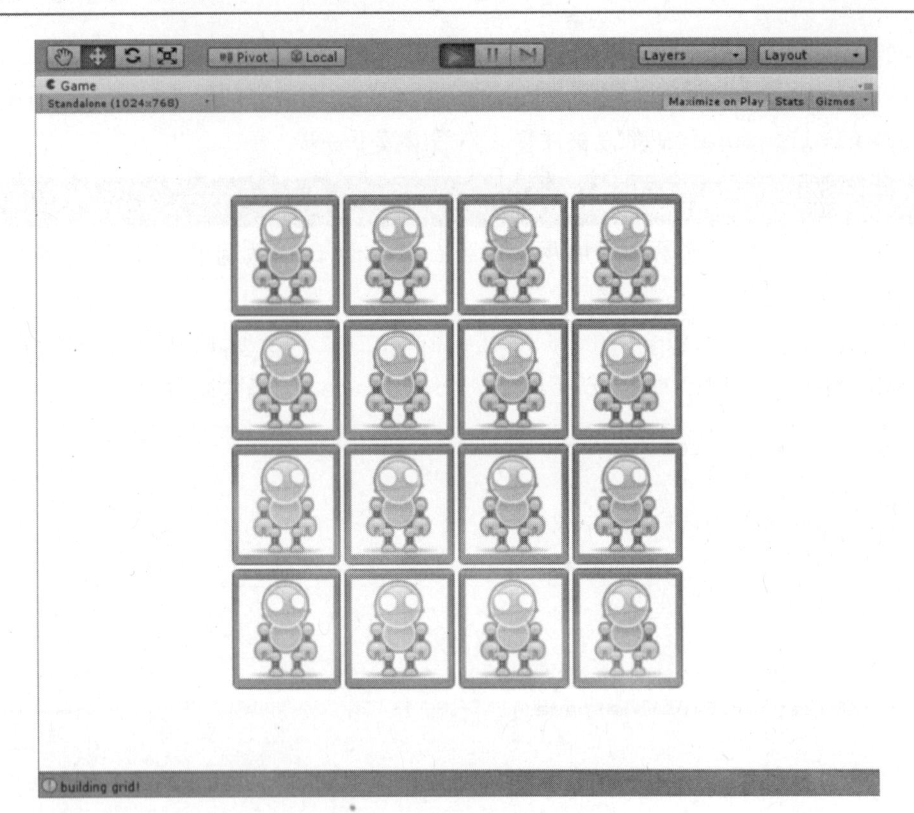

图6.3

刚才发生了什么——像忍者那样写代码

我们刚刚所做的就是在每个水平网格行里添加两个FlexibleSpace元素。我们现在拥有10个FlexibleSpace元素：顶部一个、底部一个，以及每个网格行中各有两个。

和所有的编程任务一样，解决这个问题的方法不止一种。你可以把四个网格行封装在一个水平区域中，并在里面贴两个FlexibleSpace元素，这样总共就只有四个FlexibleSpace元素了。或者也可以不用FlexibleSpace元素和自动布局，而是选用固定布局。也可以把所有的按钮都放在一个区域（GUILayout.BeginArea）里，并将该区域居中。还可以关掉电脑出去玩。怎么做全由你说了算。这只是其中一种参考方案罢了。

不管你用哪种方案，反正我们刚把GDD任务清单里的一个项目划掉了：

☒ 在屏幕上居中显示网格。

就是这样，你击倒了恶龙！驾，驾，办公椅！前进吧！

6.3 深入剖析本质

网格是游戏开发的一个要素。我们在第5章中看到了，像《Battleship》（海战棋）这样的经典棋盘游戏就是用网格制作的。我所能想到的另外几十种现实中的棋盘游戏也都是这么做的：四连棋、猜猜我是谁、西洋陆军棋、国际象棋、井字棋、西洋跳棋、妙探寻凶、梯子与滑梯、围棋和滑块拼图等，不胜枚举。此外还有一些数字化的游戏也使用网格布局：《扫雷》（MineSweeper）、《俄罗斯方块》（Tetris）、《宝石迷阵》（Bejewelled）、《方块联盟》（Puzzle League）、《Bomberman》（炸弹人）、《马里奥医生》（Dr. Mario）以及《打砖块》（Breakout）等。而且，不要以为只有2D游戏才用得到网格，想想3D回合制策略游戏吧——每次的动作都发生在一个网格里！库存画面里也用到了网格，包括图库和关卡选择画面。A*（A-star）寻路算法也可以使用网格。实际上，你的电脑屏幕就是由像素阵列构成的。

掌握网格的用法是掌握游戏开发的关键。从主机制到界面，再到游戏结束时的高分记录，都可以反复使用网格。在第5章中学过的二维数组只是创建网格的一种方法，但是它很适合初学者。

随机发牌机制

如果《翻牌配对记忆》游戏的所有卡片都是正面朝上且绘制着相同的图形有意思吗？答案就是：一点意思也没有。我们想玩的是拥有不同图像的卡牌。既然我们一直在努力做到最好，为什么不在每次玩游戏时分配具有不同图像的卡牌呢？

我们将创建一个用来表示所有卡牌的数组。然后随机抽取一张，并将它放在桌子上——就像现实中所做的那样。

动手环节——准备创建牌型

我们来新建一个牌型创建函数`BuildDeck`。

1. 在GameScript中新建一个函数`BuildDeck`。把这个函数写在其他函数外部。确保该函数没有置于其他函数的大括号中。

```
function BuildDeck()
{
}
```

2. 定义好三个与卡牌相关的数组后，在`Start`函数中调用`BuildDeck`函数。

```
function Start()
{
  playerCanClick = true; // We should let the player play,
      don't you think?
  // Initialize some empty Collections:
  aCards = new List.<Card>(); // this Generic List is
    our deck of cards. It can only ever hold instances of
    the Card class.
  aGrid = new Card[rows,cols]; // The rows and cols
    variables help us define the dimensions of this 2D
    array
  aCardsFlipped = new List.<Card>(); // This List will
    store the two cards the player flips over.

  BuildDeck();

  // (the rest of this function has been omitted)
}
```

脚本中第一个调用的函数是start函数。设置好playerCanClick标记并创建一些空数组后，脚本将会首先处理BuildDeck()函数（如果你看过C#附录，那么通过上一章你就会知道，一个特殊的Awake函数会在Start函数之前调用）。

拆散机器人

我们的游戏中有4个不同的机器人——1个黄色机器人、1个蓝色机器人、1个红色机器人和1个绿色机器人。每个机器人都缺少一部分。玩家需要将每个机器人缺失的部分找回来。这会占用8张卡牌——4个机器人和4个缺失的部位。因为4×4网格中一共有16张卡牌，所以我们需要两次用到同一个机器人——两个黄色机器人和两个黄色缺失部位，两个蓝色机器人和两个蓝色缺失部位等，即：2*8=16。

我们可以拆卸机器人的三个部位：头、胳膊和腿。创建卡牌组时要很小心，不要让相同颜色的机器人和缺失的部位相同。例如，两个绿色机器人不能都没有头。玩家不知道该给哪个机器人分配哪个头！玩家也可能会翻到两个绿色的头，并且纳闷它们为什么配不上对。我们要尽一切努力避免这种情况的发生。

动手环节——创建牌型

创建牌型的策略是创建所有可能的数组，随机选择其中某个数组，然后排除其作为选项的可能性。我们来看一下它是如何实现的。

1. 在BuildDeck函数中，先在BuildDeck函数中声明几个临时变量：

```
function BuildDeck()
{

    var totalRobots:int = 4; // we've got four robots to
      work with
    var card:Card; // this stores a reference to a card
}
```

2. 接着，创建一个循环，遍历所有四种颜色的机器人：

```
var card:Card; // this stores a reference to a card

for(var i:int=0; i<totalRobots; i++)
{
}
```

由于这里把totalRobots设置为4，所以将执行4次循环。接着，创建一个aRobotParts数组，用来存储可以拆卸的身体部位：

```
for(i=0; i<totalRobots; i++)
{
    var aRobotParts:List.<String> = new List.<String>();
    aRobotParts.Add("Head");
    aRobotParts.Add("Arm");
    aRobotParts.Add("Leg");
}
```

3. 现在，创建一个运行两次的嵌套循环。对于4种机器人，将创建两个不完整的机器人(为了填满16个牌位)：

```
for(var i:int=0; i<totalRobots; i++)
{
    var aRobotParts:List.<String> = new List.<String>();
    aRobotParts.Add("Head");
    aRobotParts.Add("Arm");
```

```
    aRobotParts.Add("Leg");
    for(var j:int=0; j<2; j++)
    {
    }
}
```

BuildDeck代码执行内层循环：

```
for(var j:int=0; j<2; j++)
{
    var someNum:int = Random.Range(0, aRobotParts.Count);
    var theMissingPart:String = aRobotParts[someNum];

    aRobotParts.RemoveAt(someNum);

    card = new Card("robot" + (i+1) + "Missing" + theMissingPart);
    aCards.Add(card);

    card= new Card("robot" + (i+1) + theMissingPart);
    aCards.Add(card);
}
```

以下是BuildDeck函数的最终代码：

```
function BuildDeck()
{
  var totalRobots:int = 4; // we've got four robots to
    work with
  var card:Card; // this stores a reference to a card

  for(var i:int=0; i<totalRobots; i++)
  {
    var aRobotParts:List.<String> = new List.<String>();

    aRobotParts.Add("Head");
    aRobotParts.Add("Arm");
    aRobotParts.Add("Leg");

    for(var j:int=0; j<2; j++)
    {
```

```
        var someNum:int = Random.Range(0, aRobotParts.Count);
        var theMissingPart:String = aRobotParts[someNum];

        aRobotParts.RemoveAt(someNum);

        card = new Card("robot" + (i+1) + "Missing" +
          theMissingPart);
        aCards.Add(card);

        card= new Card("robot" + (i+1) + theMissingPart);
        aCards.Add(card);
      }
    }
  }
```

刚才发生了什么——剖析代码

我们来一起逐行分析最后一个代码块，搞清楚它的作用：

```
var someNum:int = Random.Range(0, aRobotParts.Count);
```

首先，我们是在声明一个名为someNum的变量（也就是某个随机数的意思），并定义为整型。然后使用Random类的Range()方法生成一个随机数。提供随机数的最小值和最大值——在本例中，最小值为0（因为数组都是始于0的），最大值为aRobotParts数组的长度。第一次循环时，aRobotParts.length由三部分组成（“头”、“胳膊”和“腿”）。最小值和最大值分别为0和3。因此，第一次执行循环时，someNum为0~2之间的随机数。

排除最大值

当使用int数据类型的Random.Range时，需要注意的是：该函数包含最小值，但不包含最大值。这意味着，除非提供相同的最小值和最大值，否则Random.Range()永远都不会取得最大值。这就是为什么即使在上个示例中提供3作为最大值也无法从Random.Range()中获取3的原因。

和int类型不同，当随机获取float型值时，将包含最大值。

这里使用随机数获取aRobotParts数组的一个身体部位。

```
var theMissingPart:String = aRobotParts[someNum];
```

如果someNum为0，将得到“头”。如果someNum为1，将得到“胳膊”。如果someNum为2，将得到“腿”。将结果存储在theMissingPart字符串变量中。

```
aRobotParts.RemoveAt(someNum);
```

数组类中的RemoveAt()方法将删除指定下标位置的元素。所以，指定刚才使用的someNum索引来获取身体的一部分。它将这个部位除去，让它没有机会作为下一个机器人的一个选项，这就是避免两个绿色机器人都缺少头的方法——当我们为第二个机器人选择缺少的身体部位时，“头”已经从选项列表中删除了。需要注意的是，由于aRobotParts数组将和新的机器人一起“重生”，因此最开始的一批机器人会得到一些新的身体部位。每种类型的第二个机器人总是缺少一个选项。

```
card = new Card("robot" + (i+1) + "Missing" + theMissingPart);
aCards.Add(card);
card= new Card("robot" + (i+1) + theMissingPart);
aCards.Add(card);
```

使用最后的几行代码来创建两个Card类的实例,并将这批卡牌的引用添加到aCards数组中。aCards数组是用来处理游戏的牌位。

每次创建一个Card实例时，都会传送一个新参数——这就是我们希望显示在卡牌上的图片名称。第一次对第一种机器人（黄色的）执行嵌套循环，如随机选择卸下它的头。

将字符串：

```
"robot" + (i+1) + "Missing" + theMissingPart
```

解析为：

```
"robot1MissingHead"
```

并将字符串：

```
"robot" + (i+1) + theMissingPart
```

解析为：

```
"robot1Head"
```

快速浏览一下Project面板中Resources文件夹中的图像。“robot1MissingHead”和“Robot1Head”正好是其中两幅图像的名称！

动手环节——修改img参数

因为要为Card类传送新参数，所以需要修改Card类来接收该参数。

1. 修改Card类的代码，将它从：

```
class Card extends System.Object
{
  // (variables omitted for clarity)
  function Card()
  {
    img = "robot";
  }
}
```

修改为：

```
class Card extends System.Object
{
    // (variables omitted for clarity)
    function Card(img:String)
    {
        this.img = img;
    }
}
```

2. 现在，在Start函数中找到我们将新卡牌添加到aGrid数组中的那个嵌套循环，把它从：

```
for(j=0; j<cols; j++)
{
    aGrid[i,j] = new Card();
}
```

修改为：

```
for(j=0; j<cols; j++)
{
  var someNum:int = Random.Range(0,aCards.Count);
  aGrid[i,j] = aCards[someNum];
  aCards.RemoveAt(someNum);

}
```

刚才发生了什么?

你应该很熟悉这段代码，因为我们用了一个非常相似的技巧。我们拥有一个卡片组——aCards数组。使用Random.Range()获取一个随机数，将aCards数组的长度作为最大值。它将提供给我们aCards范围内的值。

然后使用该随机数从卡位中选取一张牌，并将它分配给aGrid二维数组（稍后将在BuildGrid()函数中调用它）。最后，从卡位中删除这张卡片，这样就不会不小心多次使用它了。

保存脚本并测试游戏。你会看到一些四肢残缺不全的机器人。太好了！因为卡牌是随机选取的，卡位也是随机选取的，所以在这里看到的图片可能和你自己测试的图片不同（图6.4）。

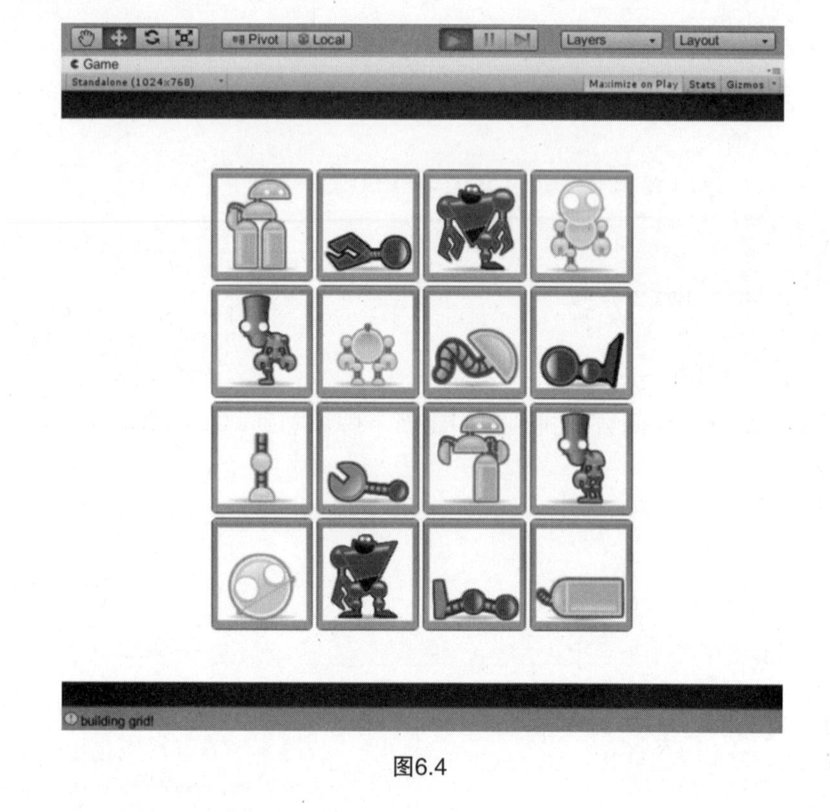

图6.4

6.4　“this”到底是什么?

你理解this.img = img;这行代码吗？下面就来说说这行代码的含义。

Card类有一个实例变量img。也会为其构造函数传送同一个参数：img。如果将其简单地写成img = img;的话，那就意味着我们将该参数的值设置为该参数的值。唉！这可不是我们想要的结果哦。

通过指定this.img=img;，将img变量关联到Card类，使其具有和参数img相同的值。

我承认这有点难懂。为什么不调用不同的参数呢？当然可以那样！这么做的原因是：传送给构造函数的参数通常和类中的实例变量名相同。这里给你讲的是一个完整的解释，而不是让你在下一次遇到它时仍然不解其意。

再来看一个相似的函数：

```
class Dog extends System.Object
{
  // Declare some instance variables:
  var myName:String;
  var breed:String
  var age:int;

  function Dog(myName:String,breed:String,age:int)
  {
    this.myName = myName; // set the value of the instance variable
    "myName" to the value of the argument "myName"
    this.breed = breed; // set the value of the instance variable
    "breed" to the value of the argument "breed"
    this.age = age; // set the value of the instance variable "age"
    to the value of the argument "age"
  }
}
```

这或许有助于你理解这些被传递给构造函数的参数的范围是有限的。如果我们不在函数中加以限定，那么它们就会消失。而在类的顶部声明的实例变量则范围更广——它们位于所有函数之外，不受来自函数内部的一切影响。我们获取转瞬即逝的参数值，并把它们存储在长期存在的实例变量中去。我们使用关键字this来区分二者。

探索吧英雄——了解Random.Range()

既然要花时间来理解这些内容，就先给Random.Range()方法传送另一个参数。如果还不了解Random.Range()，就先在Start()函数中创建一个测试循环，并将结果记录下来：

```
for(i=0; i<1000; i++)
{
    Debug.Log(Random.Range(0,10));
}
```

测试并运行。确保控制台窗口是打开的（Window | Console），确保没有选择Collapse——否则，只能看到最后几行日志。还要确保控制台没有碍眼的`print()`或`Debug.Log()`语句。暂时用双斜杠把这些代码注释掉。

Unity输出的数字永远不可能等于10（假如你使用的是int，而不是float型数值）。随意输入最小值和最大值，直到充分验证为止，然后删除测试循环，查看这段代码的剩余部分（图6.5）。

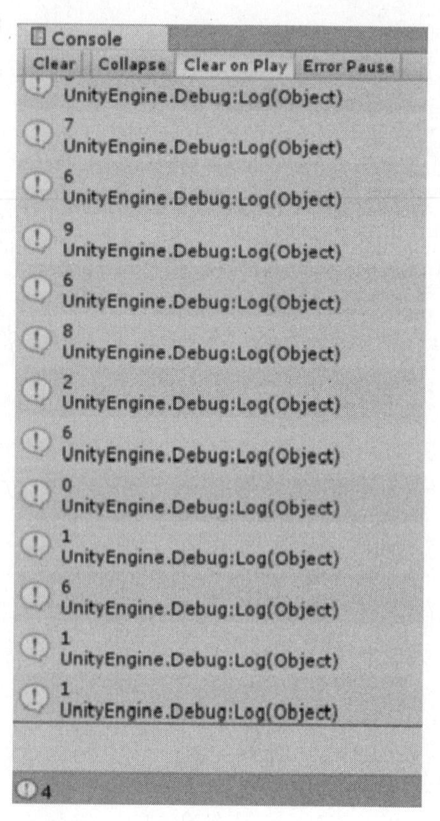

图6.5

6.5 随机占据绝对优势

获取并有效使用随机数是游戏开发的另一个要素。可以用随机数来确保每张卡牌都是不同的，就像在《修理机器人》游戏中所做的那样。可以让敌人的行动变得不可预知，好像他们有智力一样（而且不用为复杂的人工智能编程而费心！具体的技术细节详见第12章）可以从奇怪的角度进行太空攻击。可以创建头像系统，并用Shuffle按钮随意装扮玩家角色。

最好的游戏开发人员善于使用随机数，让他们的游戏更丰富、更吸引人、更好玩！最逊的游戏开发者则会用错误的方式使用随机数。想象一下，无论何时何地开枪，炮弹都打向完全随机的方向！随机数可以对游戏产生显著的正面影响或负面影响。善用它们，它们就是你的游戏设计军火库中的利器。

6.6 划去第二项

我们已经得到了在游戏中显示的卡牌，并且把它们随机化了。我们已经完成了GDD龙中的另一个任务了。干得好！

☒ 在卡牌上显示不同的图像（每次玩游戏时都能洗牌就太棒了！）。

6.7 是时候完全翻转了

继续清单的下一项吧。《机械修复手》游戏还缺少一些神秘感。添加一些逻辑，将卡牌做成双面的，点击这些卡牌时就能把它们翻过来。

动手环节——将卡牌做成双面的

编写一些逻辑，这样卡牌就能根据它们是否翻转显示不同的图像。

1. 找到BuildGrid函数中的这行代码：

```
if(GUILayout.Button(Resources.Load(card.img),
   GUILayout.Width(cardW)))
```

2. 将card.img修改为img，修改后的代码如下所示：

```
if(GUILayout.Button(Resources.Load(img),
  GUILayout.Width(cardW)))
```

3. 找到位于该行代码上面的card变量定义：

```
var card:Card = aGrid[i,j];
```

4. 将下面的代码行插入这行代码下面：

```
var img:String;
```

5. 最后，在该行代码下面，编写如下条件语句：

```
if(card.isFaceUp)
{
  img = card.img;
} else {
  img = "wrench";
}
```

完整的函数如下所示：

```
function BuildGrid()
{


  GUILayout.BeginVertical();
  GUILayout.FlexibleSpace();
  for(var i:int=0; i<rows; i++)
  {
    GUILayout.BeginHorizontal();
    GUILayout.FlexibleSpace();
    for(var j:int=0; j<cols; j++)
    {
      var card:Card = aGrid[i,j];
      var img:String;
      if(card.isFaceUp)
      {
        img = card.img;
      } else {
        img = "wrench";
      }
      if(GUILayout.Button(Resources.Load(img),
        GUILayout.Width(cardW)))
      {
        Debug.Log(card.img);
```

```
            }
         }
         GUILayout.FlexibleSpace();
         GUILayout.EndHorizontal();
      }
      GUILayout.FlexibleSpace();
      GUILayout.EndVertical();
      //print ("building grid!");
   }
```

当绘制卡牌按钮时，存储在img变量中的是卡牌名，而不是卡牌的图像（card.img）。需要注意的是，img和card.img是两个不同的变量——card.img属于Card类的实例，而img只是在循环语句中由var img:String;语句定义的临时变量。

如果card.isFaceUp布尔标志为true，就将临时变量img的值设置为card.img。但是，如果卡片不是正面朝上的，那就显示一个“扳手”图形。扳手图形是所有卡牌的标准背面图形。如果你是那种迫不及待的人，可以在Project面板的Resources文件夹中找到该图形。

动手环节——创建卡牌翻转函数

卡牌翻转代码看起来很不错，但是如果不添加将isFaceUp变量标志为true的方法，就无法进行测试。我们来创建一个新函数来实现这一功能，在每次点击卡牌按钮时都会调用该函数。

1. 创建一个名为FlipCardFaceUp的函数。和编写BuildDeck函数一样，不要将FlipCardFaceUp函数编写在其他函数内部——确保不要将它放在其他函数的大括号中。

```
function FlipCardFaceUp()
{

}
```

2. 从卡牌创建代码的内部调用FlipCardFacetUp函数：

```
if(GUILayout.Button(Resources.Load(img), GUILayout.
  Width(cardW)))
{
    FlipCardFaceUp();
    Debug.Log(card.img);
}
```

3. 需要告诉FlipCardFaceUp函数反转了哪张卡牌。修改这行代码，将被点击卡牌的引用作为参数传递：

```
FlipCardFaceUp(card);
```

4. 现在需要将这张卡牌作为函数定义中的参数。修改FlipCardFaceUp定义：

```
function FlipCardFaceUp(card:Card){

}
```

5. 将被点击卡牌的引用传递给FlipCardFaceUp函数，该函数将该引用作为参数接收：

```
function FlipCardFaceUp(card:Card)
{
    card.isFaceUp = true;
}
```

不匹配的参数

作为参数而传递给函数的变量名不必和该函数接收的参数名相同。例如，可以传入一个名为monkeyNubs的变量((FlipCardFaceUp(monkeyNubs))，可以将参数命名为butterFig用于函数(FlipCardFaceUp(butterFig:Card))。只要传入和接收的参数类型相同（在本例中为Card类型的对象）即可。例如不能传入一个String类型的变量，接收一个int类型的变量。

引用vs.值

很多编程语言（包括UnityScript在内）的另一个问题是：一些数据类型是通过引用传入函数的。而另一些数据类型是通过值传入的。类和数组这类大型结构是通过引用传入的，也就是说，将它们作为函数参数接收时，修改的是传入的实际结构。但是，如果传送的是int这类值，则它按值传入就好像我们获取的是该值的副本，而不是该值本身。对按值传入变量所做的任何修改都不会影响原始变量。

保存脚本，测试游戏。因为所有的卡牌都默认为isFaceUp=false，所以网格中的卡牌都是扳手朝上的（图6.6）。点击卡牌时，被选中卡牌的isFaceUp都标记为true。当界面下次绘制OnGUI（几秒后）时，Unity都会将被选中的卡牌设置为

isFaceUp=true，并加载card.img而不是“扳手”。

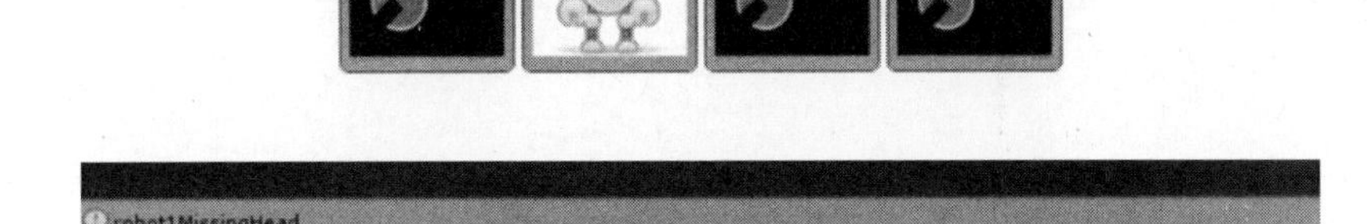

图6.6

这是什么味道？原来是一条垂死挣扎的龙散发出来的恶臭。我们已经解决了如何翻转卡牌，那就从清单中划去这一项吧：

☒ 当点击卡牌时，确定卡牌始从背面翻向正面。

你肯定会注意到，没有办法将卡牌翻回去了。现在就来解决这个问题吧。

动手环节——创建卡牌翻转函数

该游戏只允许玩家翻转两张卡牌。暂停一小段时间后，再次将卡牌翻回去。需要重点解决的是配对的检查。

1. 将下面的代码添加到FlipCardFaceUp函数中：

```
function FlipCardFaceUp(card:Card)
{
  card.isFaceUp = true;
  aCardsFlipped.Add(card);
```

```
    if(aCardsFlipped.Count == 2)
    {
      playerCanClick = false;

      yield WaitForSeconds(1);

      aCardsFlipped[0].isFaceUp = false;
      aCardsFlipped[1].isFaceUp = false;

      aCardsFlipped = new List.<Card>();

      playerCanClick = true;
    }
}
```

2. 然后修改BuildGrid函数中的一行代码：

```
if(GUILayout.Button(Resources.Load(img),
  GUILayout.Width(cardW)))
{
  if(playerCanClick)
  {
    FlipCardFaceUp(card);
  }
 Debug.Log(card.img);
}
```

3. 保存脚本并测试游戏。每次只能翻转两张卡牌。暂停一秒后，卡牌将翻回去。

刚才发生了什么——分析翻转代码

我们来看看我们刚才做了些什么：

```
aCardsFlipped.Add(card);
```

在这一行中，我们将卡牌添加到aCardsFlipped泛型列表中。

```
if(aCardFlipped.Count == 2)
```

接下来，用条件语句检查玩家是否翻转了两张卡牌——这种情况下，Count属性的值为2。要记住的是，aCardsFlipped属于ArrayList类（而不是Array类），因此是完全不同的类型。使用Length检查Array的长度。使用Count检查ArrayList的长度。当使用ArrayList.Add()方法时，数组的长度会增加，该方法将向列表中添加新元素。

```
playerCanClick = false;
```

PlayerCanClick标志很有用——将它设置为false可以禁止玩家翻转更多的卡牌。

```
yield WaitForSeconds(1);
```

这行代码的作用是：在下一行代码执行之前等待1秒钟。

```
aCardsFlipped[0].isFaceUp = false;
aCardsFlipped[1].isFaceUp = false;
```

这两行代码将翻转过来的两张卡牌返回未翻转的状态。当下次再次运行OnGUI函数时，卡牌会将扳手面朝上。第一张被翻转的牌位于aCardsFlipped列表的下标0处，第二张被翻转牌的下标位是1。

```
aCardsFlipped = new List.<Card>();
```

通过重新初始化aCardsFlippedArrayList，将它清空用来保存两张全新的翻转卡片。

```
playerCanClick = true;
```

现在就可以再次翻转卡牌了，将playCanClick变量重新标记为true。

```
if(playerCanClick)
{
  FlipCardFaceUp(card);
}
```

通过在FlipCardFaceUp()函数调用的开始位置添加简单的条件语句，我们可以控制是否允许玩家翻转卡牌。

6.8 吃南瓜的人

如果你足够细心，可能已经发现你可以把同一张牌翻两次。这并不算是技术欺骗。但是当你中断游戏时，只会欺骗自己。我们必须很小心，因为当玩家不慎双击第一张牌时，他会由于无法翻转第二张牌而认为游戏有问题。将FlipCardFaceUp放置在一个条件语句中，预防这种情况的发生。

```
function FlipCardFaceUp(card:Card)
{
    card.isFaceUp = true;
    if(aCardsFlipped.IndexOf(card) < 0)
    {
        aCardsFlipped.Add(card);
        // (the rest of the code is omitted)
    }
}
```

刚才发生了什么

这是ArrayList类的作用。ArrayList的IndexOf方法用来查找自身的元素，并返回该元素的索引值。

看一下这个示例（在每行代码的最后注释日志的“输出”）：

```
var aShoppingList: List.<String> = new List.<String>();
aShoppingList.Add("apples");
aShoppingList.Add("milk");
aShoppingList.Add("cheese");
aShoppingList.Add("chainsaw");
Debug.Log(aShoppingList.IndexOf("apples")); // 0
Debug.Log(aShoppingList.IndexOf("cheese")); // 2
Debug.Log(aShoppingList.IndexOf("bicarbonate of soda")); // -1
```

由于“apples”是列表中的第一个元素，当我们测试IndexOf("apples")时，该方法会返回一个零值。由于“cheese”是第三个元素，IndexOf("cheese")返回的是2，以此类推。需要注意的是，当找不到元素时，List会返回-1，

因此，为了达到我们的目的，快速检查一下aCardsFlipped ArrayList，确保它不再包含卡片的引用。如果卡片已经在aCardsFlipped中，就意味着，玩家在同一张卡片上点击了两次。如果我们确实检查了同一张卡片的两次翻转，就不需要执行剩余的卡牌翻转代码了。

即使Built-in Array类凭借自身的容量固定的特性而执行得更快，也不如这个IndexOf()方法来的简单，也省去了自己动手编写的麻烦。那就庆祝一下我们省事了吧！

6.9 再划掉一项

从清单中再划掉一项。不要沾沾自喜，准备迎接下一个挑战吧！

☒ 防止玩家一次翻转多张卡牌。

6.10 游戏和配对

翻牌配对记忆游戏的最后一个关键功能就是检查配对，并对配对做出反应。由于目前无法通过代码确认两张卡牌是否可以配对，所以需要先解决这个问题。接着检查这个配对，并将这两张卡牌移出桌面。之后，只需要检查游戏的结束情况即可（找到所有的配对）。

动手环节——指定卡牌的ID

我们再来看看卡牌的创建代码，并为每张卡牌提供一个ID值。我们将使用该值来检查配对。

1. 在BuildCheck函数中添加一行代码：

```
function BuildDeck()
{
    var totalRobots:int = 4; // we've got four robots to
      work with
    var card:Card; // this stores a reference to a card
    var id:int = 0;
```

2. 仔细查看代码，将id值传入Card类（该类拥有机器人和缺少的身体部位卡牌），然后让id值递增：

```
card = new Card("robot" + (i+1) + "Missing" + theMissingPart,
  id);
  aCards.Add(card);

  card= new Card("robot" + (i+1) + theMissingPart, id);
  aCards.Add(card);
  id++;
```

3. 添加id值，将它作为Card类的属性。将id值作为Card类构造函数的参数。并将卡牌的id实例变量设置为该值：

```
class Card extends System.Object
{
    var isFaceUp:boolean = false;
    var isMatched:boolean = false;
    var img:String;
    var id:int;

  function Card(img:String, id:int)
  {
    this.img = img;
    this.id = id;
  }
}
```

刚才发生了什么

你刚才所做的就是给每对匹配的卡牌提供ID值。没有头的黄色机器人及其缺失的头的ID均为0。接着添加到牌型中的两张卡牌可能是没有胳膊的机器人和胳膊，它们的ID值均为1。根据这样的逻辑可以轻松判断出两张卡牌是否匹配——只需要比较它们的ID值即可。

动手环节——比较ID值

要想比较ID值，需要对FlipCardFaceUp函数做一些修改。

1. 需要注意的是，需要将现有的两行代码放在一个新的条件语句中：

```
function FlipCardFaceUp(card:Card)
{
  card.isFaceUp = true;

  if(aCardsFlipped.IndexOf(card) < 0)
  {
    aCardsFlipped.Add(card);

    if(aCardsFlipped.Count == 2)
    {
      playerCanClick = false;

      yield WaitForSeconds(1);
```

```
        if(aCardsFlipped[0].id == aCardsFlipped[1].id)
        {
              // Match!
              aCardsFlipped[0].isMatched = true;
              aCardsFlipped[1].isMatched = true;

        } else {
            aCardsFlipped[0].isFaceUp = false;
            aCardsFlipped[1].isFaceUp = false;
        }

        aCardsFlipped = new List.<Card>();

        playerCanClick = true;
      }
    }
  }
```

检查翻转过来的两张卡牌是否具有相同的ID值。如果它们具有相同的ID值，就将每张卡牌的isMatched标志都设置为true。如果它们的值不同，将卡牌翻转回去即可。

2. 在BuildGrid函数中添加一些逻辑，确保玩家不会再翻转自己已经配对的卡牌。

```
function BuildGrid()
{
    // (some stuff was omitted here for clarity)
    var card:Object = aGrid[i,j];
    var img:String
    if(card.isMatched)
    {
      img = "blank";
    } else {
      if(card.isFaceUp)
      {
        img = card.img;
      }
      else
```

```
    {
      img = "wrench";
    }
  }

  GUI.enabled = !card.isMatched;
  if(GUILayout.Button(Resources.Load(img), GUILayout.
    Width(cardW)))
  {
    if(playerCanClick)
    {
      FlipCardFaceUp(card);
      Debug.Log(card.img);
    }
  }
  GUI.enabled = true;
```

刚才发生了什么

将第一个逻辑封装在一个条件语句中，也就是说，如果卡牌可以匹配，就将其图像设置为空白图形。

下面的新代码非常有趣。将布尔值GUI.enabled设置为!Card.isMatched。叹号的意思是“Not（非）”。因此，如果card.isMatched为true，GUI.enabled就为false。如果card.isMatched为false，GUI.enabled就为true。GUI.enabled用来启用或禁用GUI控件功能。

当完成卡牌按钮的绘制并设置其点击行为（如果GUI.enabled为false就会被忽略）后，需要重新启用GUI——否则，也无法点击其他卡牌。

保存脚本，修复这些机器人。和《死亡星球》（DeathStar）一样，你的游戏完全可以运行了（图6.7）。

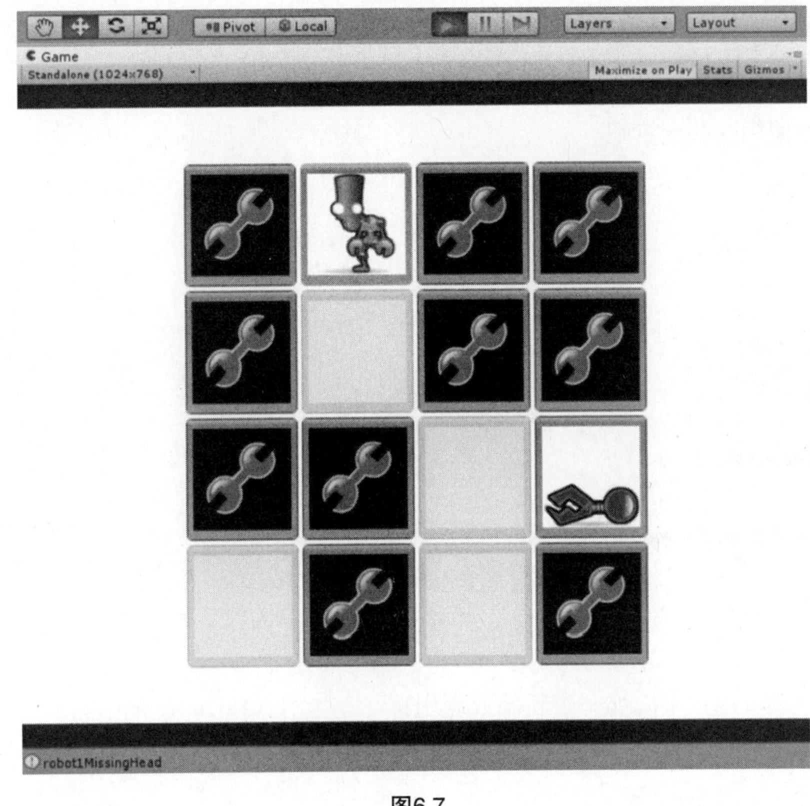

图6.7

6.11 迎接最后的挑战

最后一步完成后，就可以将倒数第二项划去了：

☒ 比较两张翻转的卡牌，看看它们能否匹配（需要注意的是：如果它们可以匹配，就从桌子上移走这些卡牌。否则，就把它们翻回去。）。

只剩下最后一个复选框了：检查是否获胜。用Play Again按钮来显示游戏结束信息，勇往直前，走向胜利！

游戏结局

如果想为游戏玩家的游戏情感画上一个临时的句号，就需要为游戏设计结局。当检查是否找到了所有的配对时，通过向玩家显示祝贺消息和“Play Again”选项来结束本轮游戏。

动手环节——检查输赢

已经设置好了matchesMade、matchesNeededToWin、playerHasWon变量。现在就开始使用这些变量吧。

1. 将下面的代码添加到FlipCardFaceUp函数（配对检查）中：

```
if(aCardsFlipped[0].id == aCardsFlipped[1].id)
{
  // Match!
  aCardsFlipped[0].isMatched = true;
  aCardsFlipped[1].isMatched = true;

  matchesMade ++;

  if(matchesMade >= matchesNeededToWin)
  {
    playerHasWon = true;
  }
```

2. 在OnGUI函数中添加一个新函数调用：

```
function OnGUI () {
  GUILayout.BeginArea (Rect (0,0,Screen.width,Screen.height));
  BuildGrid();
  if(playerHasWon) BuildWinPrompt();
  GUILayout.EndArea();
}
```

3. 使用第5章学习的GUILayout命令显示一个"win"提示。编写一个新函数，确保它没有包含在其他函数的大括号中。

```
function BuildWinPrompt()
{
  var winPromptW:int = 120;
  var winPromptH:int = 90;

  var halfScreenW:float = Screen.width/2;
  var halfScreenH:float = Screen.height/2;

  var halfPromptW:int = winPromptW/2;
```

```
    var halfPromptH:int = winPromptH/2;

    GUI.BeginGroup(Rect(halfScreenW-halfPromptW, halfScreenH-
      halfPromptH, winPromptW, winPromptH));
    GUI.Box (Rect (0,0,winPromptW,winPromptH), "A Winner is
      You!!");

    var buttonW:int = 80;
    var buttonH:int = 20;

    if(GUI.Button(Rect(halfPromptW-(buttonW/2),halfPromptH-
      (buttonH/2),buttonW,buttonH),"Play Again"))
    {
      Application.LoadLevel("Title");
    }
      GUI.EndGroup();
  }
```

刚才发生了什么

该方法使用了90%的旧知识。存储一些变量帮助我们记住屏幕的中心，存储要绘制的提示宽度和高度值一半，然后使用固定布局（而不是自动布局，就像我们的卡牌网格那样）绘制并定位。

剩余的10%代码使用了Group封装器，它帮助我们将UI控件集合起来。

```
GUI.Box (Rect (0,0,winPromptW,winPromptH), "A Winner is You!!");
```

这段代码在Group的原点绘制了一个框（位于屏幕中心）。可以将“A Winner is You!!”修改为任何具有相同含义的语句。

在离该框左侧10像素、上方40像素的地方绘制了一个标有Play Again的按钮控件（图6.8）。点击该按钮，玩家会跳转到Title场景，玩家可以重新开始游戏，直到天荒地老。

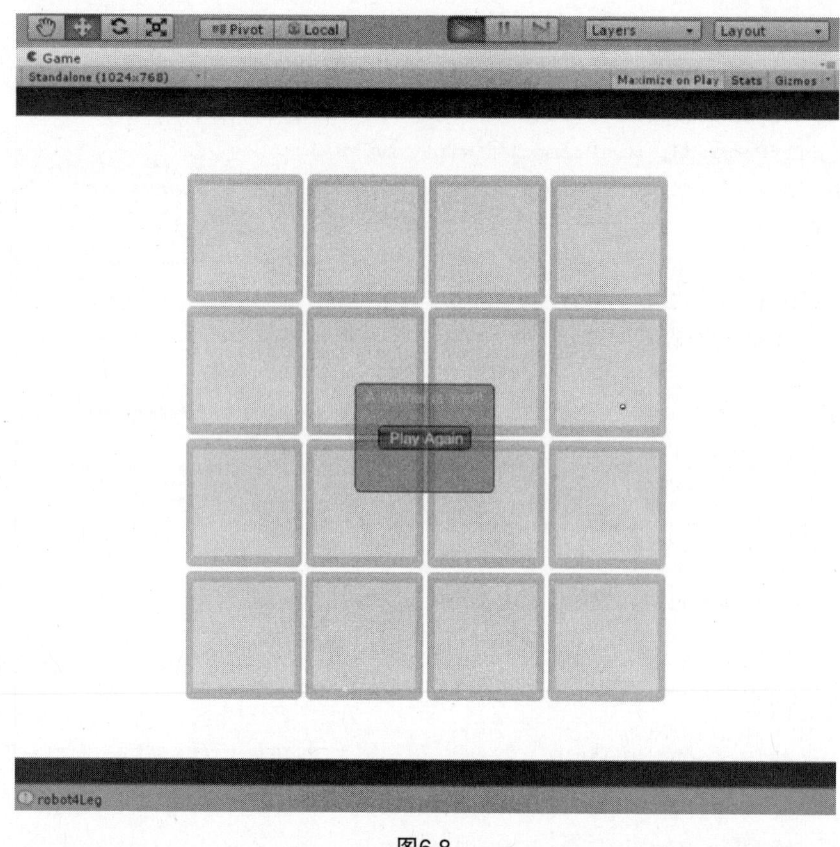

图6.8

探索吧英雄——附加功能

现在我们已经知道如何创建标签、定位按钮；如何创建场景，并用按钮将场景连接起来；如何绘制文本和图形。下面是一些可以让已经完成的游戏更具有吸引力的挑战：

● 创建一个感谢人名单画面，并从标题画面或Play Again提示跳转到该画面，什么都可以放上去，甚至是外婆的赞许之语。正所谓实至名归！

● 创建一个说明画面。这是个丰富游戏内容的借口。毕竟这只是个简单的翻牌配对记忆游戏。下面是一些可以使用和修改的参考话语：

“Wrecker教授又把机器人实验室捣毁了！你能趁着教授睡着的工夫把这些毁坏的机器人组装好吗？”

● 在网格边缘创建一些元素——八张印有机器人轮廓的卡牌。当玩家发现配对和可点击的卡牌清空时，就用轮廓图把已修复的机器人替换掉。这样可以让玩家有更强的目标感。

● 再创建4个机器人，并为它们设计一组新图案。将这些机器人添加到Resources文件夹中，为它们提供合适的名称，看看是否可以修改代码，处理牌型中的8个机器人。

● 研究一下Unity附带的其他UI控件。尝试将这些游戏说明扩展成30页的史诗（虽然这不太现实，但我们只是练习而已）。将这些说明链接到滚动条上。在玩家说明中添加一个复选框："我已经仔细阅读并同意这些说明。"玩家阅读玩这些说明后再让他玩游戏。这可能是一个糟糕的设计理念，但这是我们让你学会这些内容所做出的让步。一定不要让玩家知道你的家庭住址。否则你会永无宁日。

最后一步

你已经制作完成了可运行的《翻牌配对记忆》游戏，可以拿去给外婆炫耀一番了，尤其是当她看到自己的名字出现在感谢人名单里的时候。你：

● 使用了`FlexibleSpace`将`GUILayout`自动布局居中。

● 学会了如何获取并使用随机数。

● 学会了如何禁用GUI、设置Boolean标志、暂停代码执行，防止玩家点击不应该点击的卡牌。

● 只使用了UnityGUI系统来创建一个功能齐全的游戏。

● 学会了如何将游戏设计分解成可以添加到清单中的小功能模块。

要记住一点，所有的3D游戏都需要一些2D编程。用户界面（如商店、物品栏画面、关卡选择画面、角色创建工具）通常使用可选按钮、可变画面、控制限制逻辑等来显示网格布局中的项目。仔细考虑一下这两章介绍的游戏制作工具：神奇的用户界面。

航天员并不是在太空中训练的——他们是在模拟太空中训练的。就像在美国航天局（NASA）制造的旋转舱中训练的航天员一样，本章也可能让你感到晕头转向！我们介绍了太多的内容，但好消息是后面不会再介绍这些内容了。仔细思考一下这些内容。反复阅读它们。在继续阅读第7章内容之前，需要花些时间完全掌握它们。

6.12 好戏上演

准备好了吗？是时候使用这些知识了。熟练掌握Unity GUI后，就可以创建一个在所有游戏中都可以使用的GUI组件了。好戏在后面！

下面是《修理机器人》的完整GameScript脚本：

```
#pragma strict

import System.Collections.Generic;

var cols:int = 4; // the number of columns in the card grid
var rows:int = 4; // the number of rows in the card grid
var totalCards:int = 16;
var matchesNeededToWin:int = totalCards * 0.5; // If there are 16
  cards, the player needs to find 8 matches to clear the board
var matchesMade:int = 0; // At the outset, the player has not made
  any matches
var cardW:int = 100; // Each card's width and height is 100 pixels
var aCards:List.<Card>; // We'll store all the cards we create in
  this List
var aGrid:Card[,]; // This 2d array will keep track of the shuffled,
  dealt cards
var aCardsFlipped:List.<Card>; // This generic array list will
  store the two cards that the player flips over
var playerCanClick:boolean; // We'll use this flag to prevent the
  player from clicking buttons when we don't want him to
var playerHasWon:boolean = false; // Store whether or not the player
  has won. This should probably start out false :)

function Start () {
  playerCanClick = true; // We should let the player play, don't you
    think?

  // Initialize some empty Collections:
  aCards = new List.<Card>(); // this Generic List is our deck of
    cards. It can only ever hold instances of the Card class.
  aGrid = new Card[rows,cols]; // The rows and cols variables help
    us define the dimensions of this 2D array
  aCardsFlipped = new List.<Card>(); // This List will store the
    two cards the player flips over.

  BuildDeck();

  // Loop through the total number of rows in our aGrid List:
```

```
  for(var i:int = 0; i<rows; i++)
  {
    // For each individual grid row, loop through the total number
       of columns in the grid:
    for(var j:int = 0; j<cols; j++)
    {
     var someNum:int = Random.Range(0,aCards.Count);
     aGrid[i,j] = aCards[someNum];
     aCards.RemoveAt(someNum);

    }
  }

  /*
  // Uncomment this code to experiment with the Random.Range() method
  for(i=0; i<1000; i++)
  {
      Debug.Log(Random.Range(0,10));
  }
  */
}

function OnGUI()
{
  GUILayout.BeginArea (Rect (0,0,Screen.width,Screen.height));
  BuildGrid();
  if(playerHasWon) BuildWinPrompt();
  GUILayout.EndArea();
  //print("building grid!");
}

function BuildWinPrompt()
{
  var winPromptW:int = 120;
  var winPromptH:int = 90;

  var halfScreenW:float = Screen.width/2;
  var halfScreenH:float = Screen.height/2;
```

```
  var halfPromptW:int = winPromptW/2;
  var halfPromptH:int = winPromptH/2;

  GUI.BeginGroup(Rect(halfScreenW-halfPromptW, halfScreenH-
    halfPromptH, winPromptW, winPromptH));
  GUI.Box (Rect (0,0,winPromptW,winPromptH), "A Winner is You!!");

  var buttonW:int = 80;
  var buttonH:int = 20;

  if(GUI.Button(Rect(halfPromptW-(buttonW/2),halfPromptH-(buttonH/2),
    buttonW,buttonH),"Play Again"))
  {
    Application.LoadLevel("Title");
  }
  GUI.EndGroup();
}


function BuildGrid()
{

  GUILayout.BeginVertical();
  GUILayout.FlexibleSpace();
  for(var i:int=0; i<rows; i++)
  {

    GUILayout.BeginHorizontal();
    GUILayout.FlexibleSpace();
    for(var j:int=0; j<cols; j++)
    {
      var card:Card = aGrid[i,j];
      var img:String;
      if(card.isMatched)
      {
        img = "blank";
      } else {
```

```
        if(card.isFaceUp)
        {
          img = card.img;
        } else {
          img = "wrench";
        }
      }

      GUI.enabled = !card.isMatched;
      if(GUILayout.Button(Resources.Load(img),
         GUILayout. Width(cardW)))
      {
        if(playerCanClick)
        {
          FlipCardFaceUp(card);
          Debug.Log(card.img);
        }
      }
      GUI.enabled = true;
    }
    GUILayout.FlexibleSpace();
    GUILayout.EndHorizontal();
  }
  GUILayout.FlexibleSpace();
  GUILayout.EndVertical();
  //print ("building grid!");
}

function BuildDeck()
{

  var totalRobots:int = 4; // we've got four robots to work with
  var card:Card; // this stores a reference to a card
  var id:int = 0;

    for(var i:int=0; i<totalRobots; i++)
  {
    var aRobotParts:List.<String> = new List.<String>();
```

```
    aRobotParts.Add("Head");
    aRobotParts.Add("Arm");
    aRobotParts.Add("Leg");

    for(var j:int=0; j<2; j++)
    {
      var someNum:int = Random.Range(0, aRobotParts.Count);
      var theMissingPart:String = aRobotParts[someNum];

      aRobotParts.RemoveAt(someNum);

      card = new Card("robot" + (i+1) + "Missing" + theMissingPart,
        id);
      aCards.Add(card);

      card= new Card("robot" + (i+1) + theMissingPart, id);
      aCards.Add(card);
      id++;
    }
  }
}

function FlipCardFaceUp(card:Card)
{
    card.isFaceUp = true;

    if(aCardsFlipped.IndexOf(card) < 0)
    {
    aCardsFlipped.Add(card);

    if(aCardsFlipped.Count == 2)
    {
      playerCanClick = false;

      yield WaitForSeconds(1);

      if(aCardsFlipped[0].id == aCardsFlipped[1].id)
```

```
      {
        // Match!
        aCardsFlipped[0].isMatched = true;
        aCardsFlipped[1].isMatched = true;

        matchesMade ++;

        if(matchesMade >= matchesNeededToWin)
        {
          playerHasWon = true;
        }

      } else {
        aCardsFlipped[0].isFaceUp = false;
        aCardsFlipped[1].isFaceUp = false;
      }

      aCardsFlipped = new List.<Card>();

      playerCanClick = true;
    }
  }
}


class Card extends System.Object
{
  var isFaceUp:boolean = false;
  var isMatched:boolean = false;
  var img:String;
  var id:int;

  function Card(img:String, id:int)
  {
    this.img = img;
    this.id = id;
  }
}
```

6.13 C#脚本参考

我们来看看把这个脚本的Unity JavaScript版转换成C#版会是怎样的。该脚本的完整C#版如下：

```
using UnityEngine;
using System.Collections;
using System.Collections.Generic;

public class GameScriptCSharp : MonoBehaviour
{

  private int cols = 4; // the number of columns in the card grid
  private int rows = 4; // the number of rows in the card grid
  private int totalCards = 16;
  private int matchesNeededToWin;
  private int matchesMade = 0; // At the outset, the player has not
    made any matches
  private int cardW = 100; // Each card's width and height is 100
    pixels
  private int cardH = 100;
  private List<Card> aCards; // We'll store all the cards we create
    in this array
  private Card[,] aGrid; // This 2d array will keep track of the
    shuffled, dealt cards
  private List<Card> aCardsFlipped; // This generic array list
    will store the two cards that the player flips over
  private bool playerCanClick; // We'll use this flag to prevent
    the player from clicking buttons when we don't want him to
  private bool playerHasWon = false; // Store whether or not the
    player has won. This should probably start out false :)


  private void Start()
  {
    matchesNeededToWin = totalCards / 2; // If there are 16 cards,
     the player needs to find 8 matches to clear the board
```

```
  playerCanClick = true; // We should let the player play, don't
   you think?

  // Initialize some empty Collections:
  aCards = new List<Card>(); // this Generic List is our deck
    of cards. It can only ever hold instances of the Card class.

  aGrid = new Card[rows,cols]; // The rows and cols variables
    help us define the dimensions of this 2D array
  aCardsFlipped = new List<Card>(); // This List will store the
    two cards the player flips over.

  BuildDeck();

  // Loop through the total number of rows in our aGrid List:
  for(int i = 0; i<rows; i++)
  {
    // For each individual grid row, loop through the total
      number of columns in the grid:
    for(int j = 0; j<cols; j++)
    {
      int someNum = Random.Range(0,aCards.Count);
      aGrid[i,j] = aCards[someNum];
      aCards.RemoveAt(someNum);
    }
  }
}

private void OnGUI()
{
  GUILayout.BeginArea (new Rect (0,0,Screen.width,Screen.height));
  BuildGrid();
  if(playerHasWon) BuildWinPrompt();
  GUILayout.EndArea();
}

private void BuildWinPrompt()
{
```

```
  int winPromptW = 120;
  int winPromptH = 90;

  float halfScreenW = Screen.width/2;
  float halfScreenH = Screen.height/2;

  int halfPromptW = winPromptW/2;
  int halfPromptH = winPromptH/2;

  GUI.BeginGroup(new Rect(halfScreenW-halfPromptW, halfScreenH-
    halfPromptH, winPromptW, winPromptH));


  GUI.Box (new Rect (0,0,winPromptW,winPromptH), "A Winner
    is You!!");

  int buttonW = 80;
  int buttonH = 20;

  if(GUI.Button(new Rect(halfPromptW-(buttonW/2),
    halfPromptH-(buttonH/2),buttonW,buttonH),"Play Again"))
  {
    Application.LoadLevel("Title");
  }
  GUI.EndGroup();
}


private void BuildGrid()
{

  GUILayout.BeginVertical();
  GUILayout.FlexibleSpace();
  for(int i = 0; i<rows; i++)
  {
    GUILayout.BeginHorizontal();
    GUILayout.FlexibleSpace();
    for(int j = 0; j<cols; j++)
```

```
    {
        Card card = aGrid[i,j];
        string img;
        if(card.isMatched)
        {
          img = "blank";
        } else {

          if(card.isFaceUp)
          {
            img = card.img;
          } else {
            img = "wrench";
          }

        }

        GUI.enabled = !card.isMatched;

      if(GUILayout.Button((Texture2D)Resources.Load(img,
        typeof(Texture2D)), GUILayout.Width(cardW)))
      {
        print ("playerCanClick = " + playerCanClick);
        if(playerCanClick)
        {
          FlipCardFaceUp(card);
        }
      }
      GUI.enabled = true;
    }
    GUILayout.FlexibleSpace();
    GUILayout.EndHorizontal();
  }
  GUILayout.FlexibleSpace();
  GUILayout.EndVertical();
}

private void BuildDeck()
```

```
{
  int totalRobots = 4; // we've got four robots to work with
  Card card; // this stores a reference to a card
  int id = 0;

  for(int i = 0; i<totalRobots; i++)
  {
    List<string> aRobotParts = new List<string>();

    aRobotParts.Add("Head");
    aRobotParts.Add("Arm");
    aRobotParts.Add("Leg");

    for(int j=0; j<2; j++)
    {
      int someNum = Random.Range(0, aRobotParts.Count);
      string theMissingPart = aRobotParts[someNum];

      aRobotParts.RemoveAt(someNum);

      card = new Card("robot" + (i+1) + "Missing" + theMissingPart,
        id);
      aCards.Add(card);


      card= new Card("robot" + (i+1) + theMissingPart, id);
      aCards.Add(card);
      id++;
    }
  }
}

private void FlipCardFaceUp(Card card)
{
  card.isFaceUp = true;

  if(aCardsFlipped.IndexOf(card) < 0)
  {
```

```
      aCardsFlipped.Add(card);

      if(aCardsFlipped.Count == 2)
      {
        playerCanClick = false;

        Invoke("CheckCards", 1);
      }
    }
  }

  private void CheckCards()
  {
    if(aCardsFlipped[0].id == aCardsFlipped[1].id)
    {
      // Match!
      aCardsFlipped[0].isMatched = true;
      aCardsFlipped[1].isMatched = true;

      matchesMade ++;

      if(matchesMade >= matchesNeededToWin)
      {
        playerHasWon = true;
      }

      } else {
        aCardsFlipped[0].isFaceUp = false;
        aCardsFlipped[1].isFaceUp = false;
      }

      aCardsFlipped = new List<Card>();

      playerCanClick = true;
    }

  }
```

其中，多数的转换工作都没什么特别的。你要改变变量的声明方式，需要在变量名前声明其类型，并且把分号删掉。你应当为函数和变量添加private访问修饰符，还应该在多数的函数里加上void，因为它们不会返回值。小事一桩！我们之前已经见过这种用法啦。

代码中唯一的一处较大的改动就是对yield命令的处理方式。在JavaScript中，它没那么要紧，但在C#中，yield的用法会稍显复杂，需要把你的代码拆分成一个独立的函数并返回IEnumerator数据类型，还有各种让撰写新手指南的作者头疼的东西。

简单来说，我们将yield替换成简单而又精巧的Invoke函数，下面就是它的作用：

```
Invoke("CheckCards", 1);
```

也就是说，这行代码会让时间停止1秒钟，然后立即执行CheckCards函数。因此，我们将函数剩下的代码转移到新的名为CheckCards的函数中。当玩家翻转第二张牌时，会暂停1秒钟，然后执行CheckCards函数。

Invoke函数非常简单精巧，随时可以信手拈来。

第7章
搞定计时器

我们已经做出了一个像翻牌记忆这样的小儿科的游戏，并通过将单调的翻牌配对机制润色成一个机器人组装的游戏，让它变得更好玩。正因为如此，《修理机器人》才变得更有趣，也更有挑战性。

我们还有很多办法可以增加游戏的难度：例如可以大量增加机器人的数量，换成20×20的网格，或者用Unity结合外围设备，在配对失败时实现低压电击惩罚机制。现在这还算是个小儿科的游戏吗？

不过这些点子需要投入很多时间去做，而这些功能的投资回报率也不是那么有吸引力。不过可以添加一个既简单又有效果的东西，那就是加个计时器。游戏中的计时器总是会让我们感到紧张，几乎找不到没有时间压力的游戏——无论是方块掉落速度越来越快的《俄罗斯方块》，还是《超级马里奥兄弟》里的倒计时。还有一些通关时间会越来越短的游戏，例如《超级拼字》（Boggle）、《派对猜词》（Taboo）、《限时拼词》（Scattergories）。

7.1 施加压力

如果玩家只有x秒去找出《修复机器人》游戏里的所有配对呢？又或者说，如果在游戏进行的过程中，玩家需要同时去颠球，并且不让球落地，直到时间结束才能过关呢？我们先这样做：

- 编写一个基于文本的计时器，为游戏增加一点紧张感。
- 把计时器的效果改得更生动些，做成一个持续变短的横条。
- 再用另一些新代码和图片做出一个圆盘风格的计时器（图7.1）。

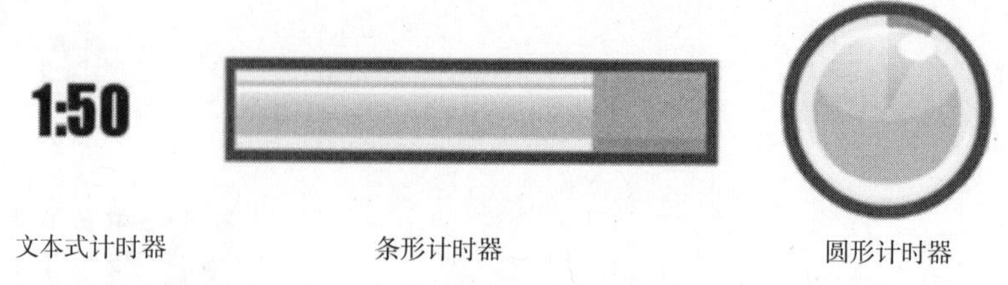

图7.1

这是三种不同类型的计时器，都源自同样的代码，在所有的Unity游戏里都会用得上。现在就挽起袖子——又到了写代码的时候了！

动手环节——准备计时器脚本

打开你的《修复机器人》工程，并确保当前位于game场景。就像我们之前做过的那样，我们要创建一个空物体，并把代码赋给它。

1. 依次点开菜单GameObject（游戏物体）| Create Empty（创建空物体）。
2. 将空物体重命名为`Clock`。
3. 新建一个JavaScript脚本并将其命名为`ClockScript`。
4. 将ClockScript拖拽到名为Clock的游戏物体上。

好了！我们已经做好了一个带有一个空脚本的游戏物体。

再动动手——准备计时器文本

为了显示数字，我们需要为Clock物体添加GUIText组件，不过有个问题：GUIText默认是白色的，这对于白色的背景来说可不是个好主意。我们来调节一下游戏的背景色，好让我们看得清楚。随后可以再改回来。

1. 在层级面板中找到Main Camera。
2. 在检视面板中找到Camera组件。
3. 点击标有Background（背景）的色块，并改用一种较深的颜色，好让我们的白色GUIText突显出来。我选用的是一种“赏心悦目”的紫褐色（R157 G99 B120）。
4. 在层级面板中选中Clock物体。最好瞧一眼检视面板，确定之前的ClockScript脚本已经被作为组件加了进去。
5. 保持Clock物体为选中状态，在菜单中找到Component（组件）|Rendering（渲染）| GUIText。这就是我们用来在屏幕上显示数字的GUIText组件；
6. 在检视面板中找到GUIText组件，并在空白的Text属性里输入whatever（图7.2）。

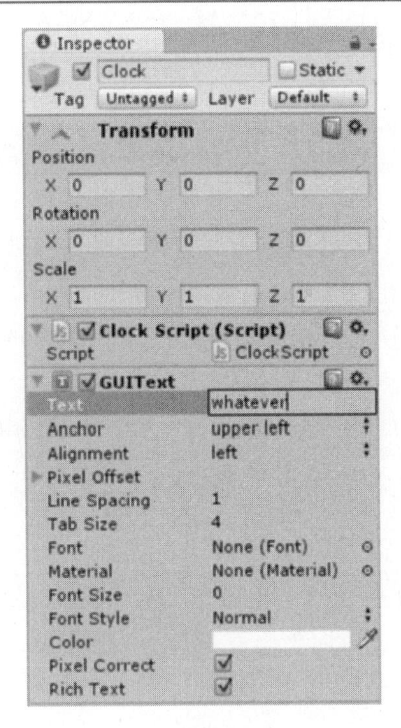

图7.2

7. 在检视面板中，将计时器的Position值改为`X:0.8 Y:0.9 Z:0`。现在你可以看到白色的whatever字样，位于Game窗口的右上角（图7.3）。

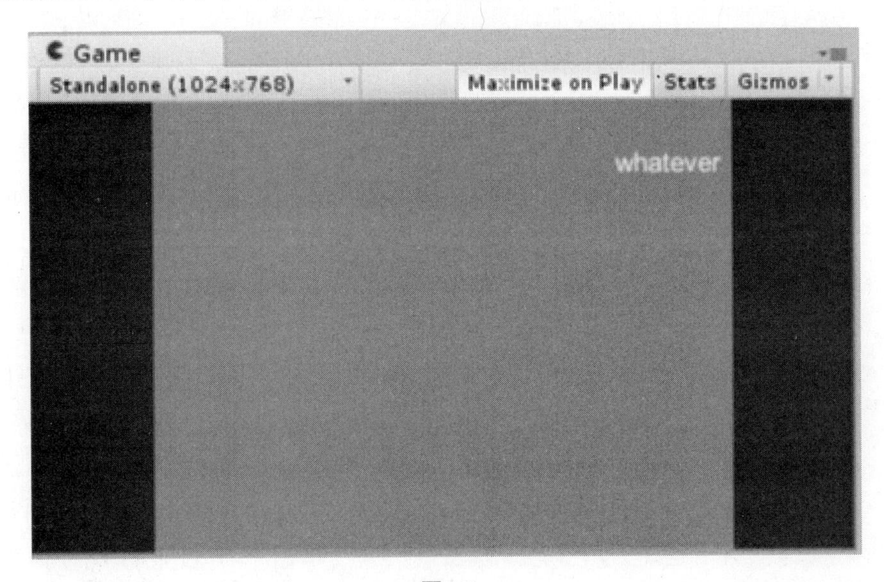

图7.3

8. 大功告成了！我们有一个附有空脚本的游戏物体。这个游戏物体包含一个GUIText组件，用来显示计时器的数字。只是背景色丑了点。我们来编写一个计时器吧。

继续动动手——更改计时器文本颜色

双击ClockScript脚本。空脚本会在编辑器中默认显示`Start()`和`Update()`函数，以及`#pragma strict`行。我们首先要考虑的事情就是去把GUIText的颜色从白色换成黑色。我们来看看做法：

1. 将Start函数用内建的Awake函数替换掉，并更改GUIText的颜色。

```
function Awake()
{
    guiText.color = Color.black;
}
function Update() {
}
```

2. 保存脚本并测试游戏，这时你会看到新的黑字效果。

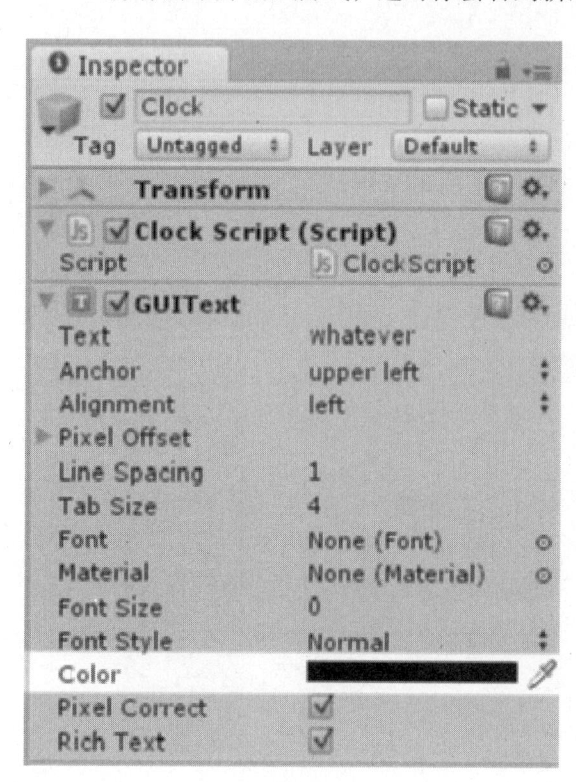

图7.4

和`Start()`一样，`Awake`是一个内建的函数，不过它会执行得更早。`Awake`是我们运行脚本时最先执行的函数。

如果你愿意，可以点击Main Camera物体并在检视面板中找到色块，在这里将游戏背景换回白色。白色的whatever文本在白色背景下会变得不可见，因为我们刚才写的那个换色代码只会在运行游戏的时候执行（不信可以测试游戏看看）。你可以点击GUIText组件中的色块将文本色改成黑色（图7.4），但用代码同样可以实现。

如果你对现在这个字体满意的话，就可以继续阅读“准备计时器代码”章节。不过，假设你想改变字体，那就按下面的步骤做。

再来动动手——创建字体贴图和材质

哈！我就知道你按捺不住了。要想更改GUIText元素的字体，我们需要导入一个字体，把它赋给一个材质，再把材质应用给GUIText元素。

1. 找到一种你想使用的字体。我喜欢用Impact这款字体。如果你是在Windows系统中，你的字体路径应该是`C:\Windows\Fonts`。如果是Mac系统，应该去`/Library/Fonts/`文件夹下找。.ttf格式的文本兼容性最好。

2. 如图7.5所示，将字体拖拽到Unity的Project（工程）面板中。字体会被添加到Assets（资源）列表中（记得创建一个名叫`Fonts`的文件夹来保存它哦，如果你想让工程面板更整洁一些的话）。

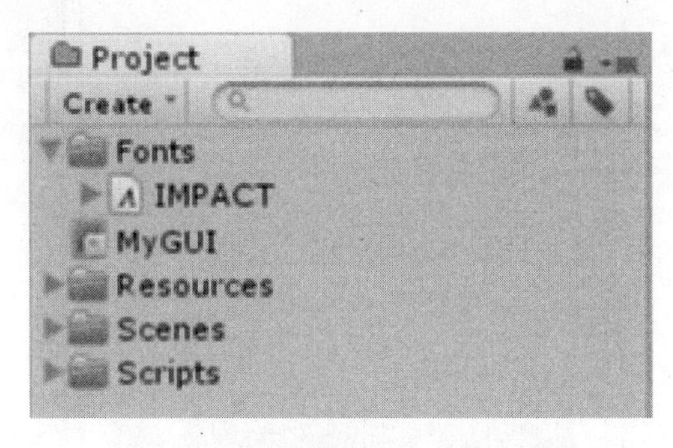

图7.5

3. 在工程面板的空白区域点击鼠标右键，并找到Create（创建）| Material（材质）。你也可以点击面板顶部的Create按钮。

4. 为材质取个合理好记的名字。如图7.6所示，因为我用的是Impact字体，而且要用黑色显示，所以我把我的字体命名为`BlackImpact`（真巧，《Black Impact》也是我最喜欢的一部20世纪70年代的影片）。同样，你可以新建一个名为`Materials`的文件夹用来存放新材质。

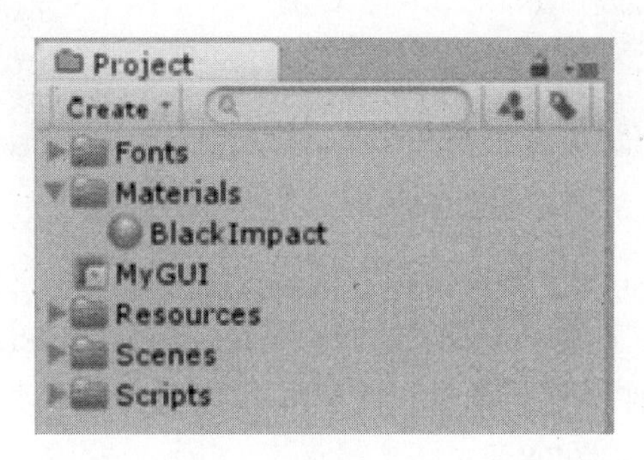

图7.6

5. 点击刚刚在工程面板中创建的那个材质。

6. 在检视面板中点击标有Main Color（主色）的色块，并改成黑色（R0 G0 B0），然后点击那个小叉关闭拾色器（图7.7）。

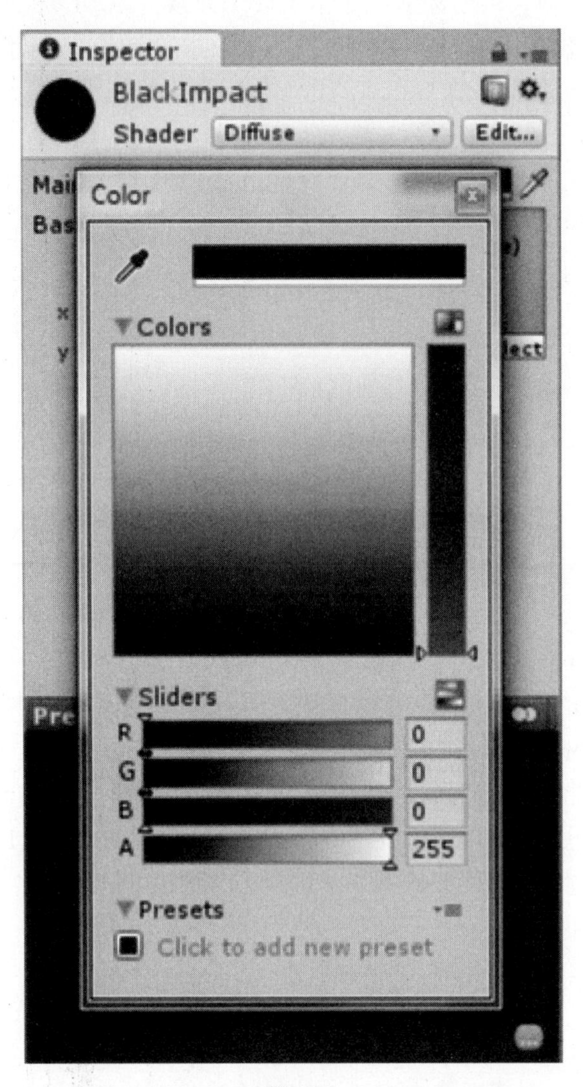

图7.7

7. 在标有None(Texture 2D)的空白方框内，点击Select（选择）按钮，并从贴图列表中找出想要使用的字体（我的字体标签是Impact下的Font Texture）。如果你的字体贴图没有出现在列表中，可以在工程面板中打开字体，并将字体贴图拖拽到None(Texture 2D)方框内（图7.8）。

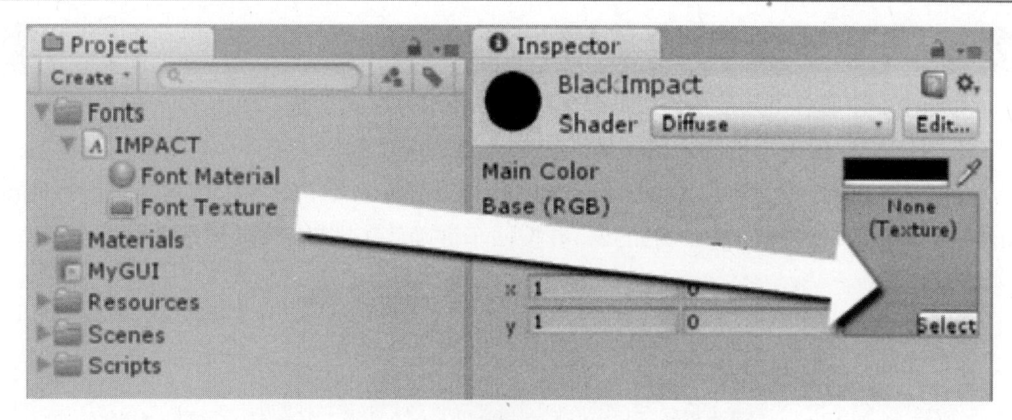

图7.8

8. 在检视面板顶部，有一个标有Shader（着色器）的下拉菜单。从中选择GUI/Text Shader（文本着色器）。

9. 在层级面板中点击Clock物体。

10. 在检视面板中找到GUIText组件。

11. 点选你的字体（那个带有字母A的图标）并把它从工程面板拖拽到GUIText组件中的标有Font的参数上。你也可以点击参数None(Font)旁边的那个小圆圈，并从弹出列表中选择字体。

12. 如图7.9所示，用类似的方法将材质（图标为球形）从工程面板拖拽到GUIText组件中标有Material的参数上。你也可以点击None(Material)旁边的那个小圆圈，并从弹出列表中选择材质。

现在，GUIText终于把你选用的那个字体换成了黑色！现在你可以跟那个难看的紫褐色背景说再见了，并把背景换成白色，后面会用到。如果你照做了，并且你使用的是一个材质而不是纯字体，或者如果你已经在检视面板中将色块换成了黑色，那么完全可以将`guiText.material.color = Color.black;`从ClockScript脚本中删掉。

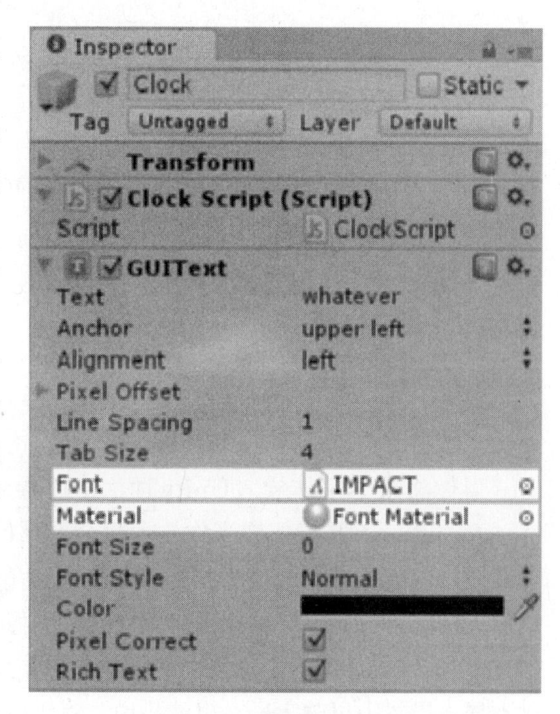

图7.9

动手环节——字体选项

Impact字体或者是其他字体，其默认的字号并没有那么扎眼。我们来加大字号吧。

1. 在工程面板中点击导入的字体（图标上有个A）。

2. 在检视面板中，你会看到True Type Font Importer（TTF字体导入器）。将Font Size（字号）改成合适的值，例如32，并按回车键确认（图7.10）。

图7.10

3. 点击Apply（应用）按钮。奇迹发生了，你的GUIText元素一下子变成了32点那么大（只有当Clock物体的GUIText组件的Text参数中依然保留着`whatever`字样时才能看得到）。

刚才发生了什么——真的是魔术吗?

当然，一点也不神奇。以下就是当你点击Apply按钮时发生的事情。

当你将某个字体导入Unity时，字体导入器会根据它创建一套光栅图。光栅图（raster image）是指那些当你放大后会看到像素块的图像。字体原本是矢量图，而非光栅图，它使用数学运算来描述曲线、角度等信息。矢量图（vector image）指的是可以放大任意倍数而不会看到任何像素快的图像。

不过，Unity并不支持矢量字体。要想使用多种字号，就需要再导入新的字体版本并在导入设置中更改字号。也就是说，对于Impact这种字体来说，也许会有四种不同字号的副本。

当你点击Apply按钮时，Unity会根据导入的字体创建一套光栅图。

动手环节——准备计时器代码

我们先大致定义几个空函数，以及三个变量，我们会在计时器代码里用到它们。双击打开ClockScript脚本。按如下方式更改代码：

```
#pragma strict
var clockIsPaused : boolean = false;
var startTime : float; //(in seconds)
var timeRemaining : float; //(in seconds)
function Awake()
{
}

function Update() {
  if (!clockIsPaused)
  {
    // make sure the timer is not paused
    DoCountdown();
  }
}

function DoCountdown() {
}

function PauseClock()
{
clockIsPaused = true;
}
function UnpauseClock()
{
clockIsPaused = false;
}

function ShowTime()
{
}
```

```
function TimeIsUp()
{
}
```

刚才发生了什么——其实也没什么

我们创建了几个可能会派上用场的函数。多数都是空的，但不要紧——像这样定义空函数其实是很有效的编程方法。我们有一个DoCountdown()函数，可以在每次更新时调用，直到clockIsPaused标记被设为false为止。我们有PauseClock()和UnpauseClock()函数——每个函数都需要一小行代码去更改clockIsPaused标记，所以我们把它包含了进去。在ShowTime()函数中，我们会在GUIText组件中显示时间。最后，我们在计时器归零时调用TimeIsUp()函数。

在代码顶部是三个直观的变量：一个布尔型变量，用来存储计时器的暂停状态；还有两个浮点型数值，分别用来保存开始时间和剩余时间。

现在代码已经初具雏形了，可以预见到将要完成的工作量。

动手环节——创建倒计时逻辑

我们设置startTime变量，并创建用来处理计时器的倒计时功能的逻辑。

1. 设置startTime变量：

```
function Awake() {
    startTime = Time.time + 5.0;
}
```

5秒钟的游戏时间肯定是太短了。我们出于测试目的才把它设得这么短。你可以随后修改这个变量。

2. 减少计时器的总时间：

```
function DoCountdown()
{
    timeRemaining = startTime - Time.time;
}
```

3. 如果计时器归零，那就暂停计时器并调用TimeIsUp()函数：

```
timeRemaining = startTime - Time.time;
if (timeRemaining < 0)
{
    timeRemaining = 0;
    clockIsPaused = true;
    TimeIsUp();
}
```

4. 添加若干Debug语句，以便能够观察代码运行情况。

```
function DoCountdown()
{
    // (other lines omitted for clarity)
    Debug.Log("time remaining = " + timeRemaining);
}

function TimeIsUp()
{
    Debug.Log("Time is up!");
}
```

5. 保存脚本并测试游戏。

你会在屏幕顶部的信息栏上看到Debug语句。当五秒倒计时结束时，你会看到“Time is Up!”（时间到！）信息。如果你的眼睛能捕捉到超快运动体的话。Time is up!信息会被下一条“time remaining”（剩余时间）信息覆盖掉，无论时间是否用完，都会被持续调用下去。如果你想仔细看看它，可以打开Console（控制台）窗口（依次点击菜单Window（窗口）| Console（控制台））并查看打印出来的语句列表（图7.11）。

如果在控制台窗口中看上一章中的building grid!语句，可以先用//把它注释掉。

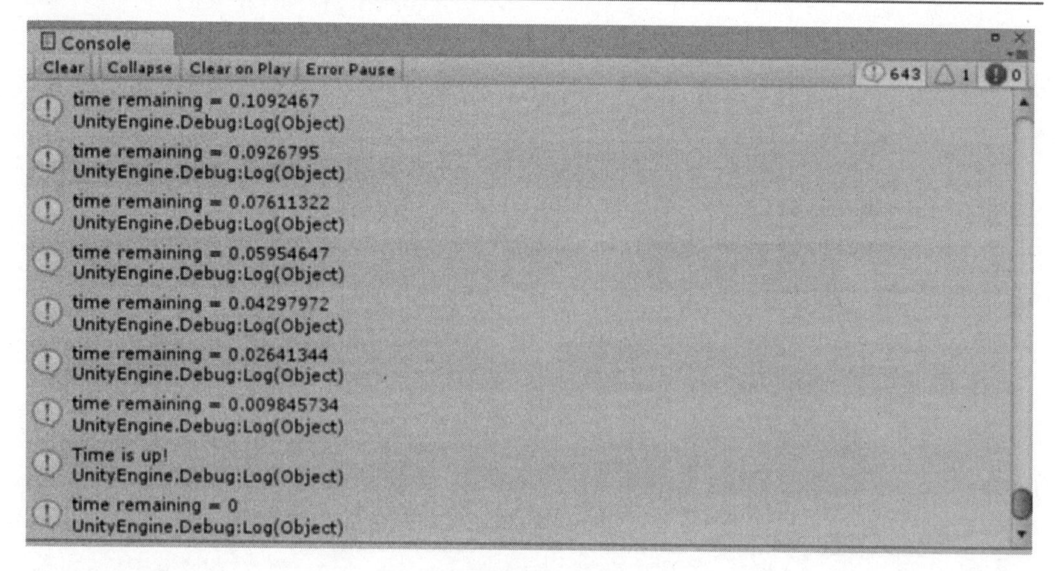

图7.11

动手环节——在屏幕上显示时间

我们通过Debug语句得知计时器正处于工作状态，因此，我们要做的就是将timeRemaining的值赋给GUIText元素，以便能够在屏幕上看到它。不过，它看上去不会像钟表的样子，除非我们对这个值做点数学运算，把分和秒分开显示，让5秒钟显示为0:05，如果是119秒，则显示为1:59。

1. 调用DoCountdown()函数中的ShowTime()函数（你可以删除或注释掉Debug.Log()语句）：

```
function DoCountdown()
{
  timeRemaining = startTime - Time.time;
  // (other lines omitted for clarity)
  ShowTime();
  //Debug.Log("time remaining = " + timeRemaining);
}
```

2. 在ShowTime()函数中创建几个用来存储分值与秒值的变量，以及一个用来存储string（文本）这种样式的时间码：

```
function ShowTime() {
    var minutes : int;
    var seconds : int;
```

```
    var timeStr : String;
}
```

3. 紧接着，用60去除timeRemaining值，得到剩余的分钟值：

```
var timeStr : String;
minutes = timeRemaining/60;
```

4. 存储剩余的秒数值：

```
minutes = timeRemaining/60;
seconds = timeRemaining % 60;
```

5. 将文本样式的时间设定给剩余分钟数，后面加个冒号：

```
seconds = timeRemaining % 60;
timeStr = minutes.ToString() + ":";
```

6. 将文本样式的剩余时间追加到后面：

```
timeStr = minutes.ToString() + ":";
timeStr += seconds.ToString("D2");
```

7. 最后，将timeStr值赋给GUIText组件：

```
timeStr += seconds.ToString("D2");
guiText.text = timeStr; //display the time to the GUI
```

8. 为了做出秒数的倒计时效果，需要在Awake函数中创建startTime数值：

```
startTime = Time.time + 120.0;
```

9. 保存脚本并测试游戏。

漂亮的游戏计时器就做好了，字体和字号都是自己定的，分位和秒位之间用冒号隔开，就像所有的游戏计时器那样直观。

刚才发生了什么——那段代码是怎么工作的?

我们刚才写的那段代码中有几处需要格外注意的地方，我们来看一下：

```
minutes = timeRemaining/60;
```

我们通过用60去除timeRemaining值得到分钟数。如果剩余120秒，那么除以60的结果就是2分钟。如果表上仅剩11秒，就会得到0.18333...。

之所以没有在分位看到0.1833333，是对数据类型的巧妙运用：timeRemaining是浮点（float）型数值，因此可以存储小数位。而我们的分钟变量是整型（int），这种类型是不会保留小数位的。因此，当我们把1.83333代入一个int变量时，就会略去小数点后面的所有信息。既然它不保留，那岂不正好？minutes的结果被设为0，也就是我们在计时器上看到的那个样子。

我知道，之前我们讲过乘法会比除法更节省运算资源，那为什么还要用60去除？因为输入0.0166666666666666666666666666667这个数太恐怖了。

```
seconds = timeRemaining % 60;
```

这个让人不安的百分号执行的是一个取模运算，类似于在小学三年级的数学课上学的长除法。取模运算类似于除法，只是它得到的是余数部分。下面是几个例子：

- 4 % 2 = 0，因为4可以被2整除。
- 11 % 10 = 1，因为11除以10后余1（10+1 = 11）。
- 28 % 5 = 3，因为5个5是25，再加上3就是28。

```
timeStr = minutes.ToString() + ":";
```

int.ToString()方法的作用很直观，就是将整型转化成字符串。所有的数据类型都有ToString()方法，只是其中的某些类型相对于其他类型而言更有用些而已。在此行代码后面，我们输入一个冒号（:），为的是在视觉上把分位和秒位分开。

```
timeStr += seconds.ToString("D2");
```

操作符“+=”会在现有数据的基础上附加新数据。在本案例中为seconds.ToString();。我们将特殊参量D2传递给ToString()方法，为的是显示两位小数，让计时器看上去是4:02而不是4：2这样子。

大功告成！

whatever碍事吗？

如果你的占位符文本whatever还在，那么现在是时候把它去掉了，在数值出现之前的瞬间，它出现了。这可真别扭！在层级面板中点击Clock物体，并在检视面板中的GUIText组件里将Text一栏的内容全部清空即可。

7.2 做成图形样式

数字型计时器已经没什么问题了，不过我还想尝试做成图形化的，让游戏显得更加紧张刺激。没有什么比一个缓慢缩短的白色条棒更让人神经紧张了。把文本样式的计时器转化成图形样式其实并不费事，那么我们这就来做吧！

动手环节——获取计时器图片

还是那句话，用什么图你说了算。例如不妨去下载与本章内容对应的Unity资源包。要想导入它，可点击菜单Assets（资源）| Import Package（导入资源包）| Custom Package...（自定义资源包...）并找到`.unitypackage`文件。打开它，然后就可以看到了！如果实际生产环境中也能这么轻而易举地获取游戏图形就好了。

我们先创建若干代码，用来调用资源包中的两幅图形——一个蓝色的计时器背景条，以及一个会随时间慢慢缩短的亮黄色的前景条（图7.12）。

图7.12

1. 我们回到ClockScript脚本顶部，创建一个用来存储逝去时间百分比值的变量：

```
var clockIsPaused : boolean = false;
var startTime : float; //(in seconds)
var timeRemaining : float; //(in seconds)
var percent:float;
```

2. 创建几个变量，用来存储前景（FG）贴图和背景（BG）贴图，包括黄色前景条的初始宽度：

```
var percent:float;
var clockBG:Texture2D;
var clockFG:Texture2D;
var clockFGMaxWidth:float; // the starting width of the
  foreground bar
```

3. 保存脚本并回到Unity。
4. 在层级面板中点击Clock物体。
5. 在检视面板中找到ClockScript组件（图7.13）。

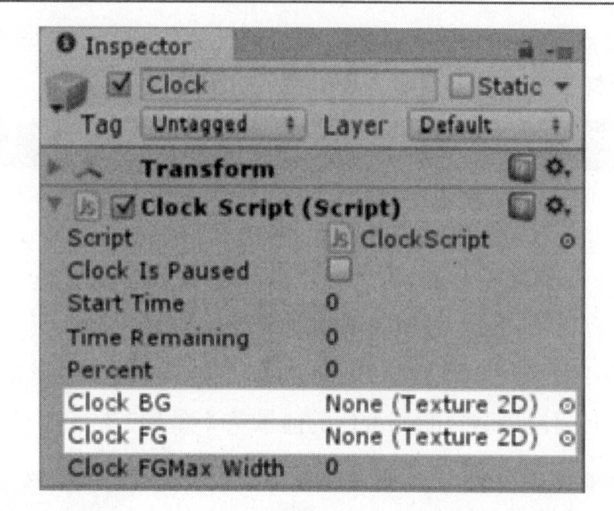

图7.13

6. 新创建的`clockBG`和`clockFG`变量列在了上面，现在将`clockBG`贴图从工程面板拖拽到`clockBG`槽，并将`clockFG`纹理拖拽到对应的槽上（图7.14）。

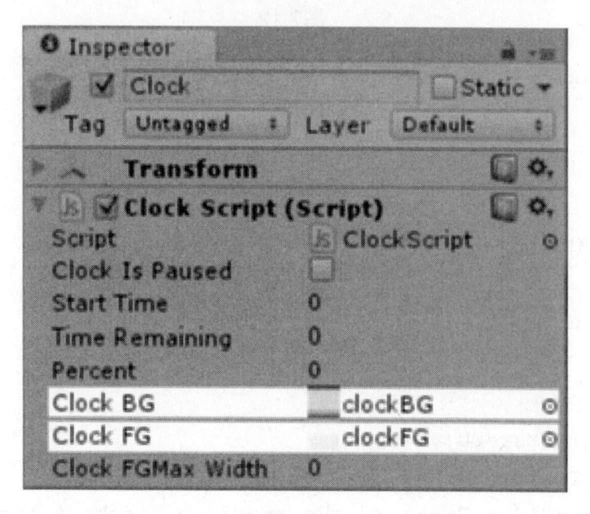

图7.14

刚才发生了什么——这样也行？

这是Unity中的“拖拽大法”的又一种实用案例。我们创建了两个`Texture2D`变量，它们显示在检视面板的Script组件当中。我们将两张贴图分别拖拽到这些槽内，从现在起，每当我们在代码中用到`clockBG`和`clockFG`的时候，实际上都是在指那两张贴图。很方便吧？

动手环节——充分运用GUI

我们来回想一下上一章节，我们当时已熟练掌握了onGUI的用法。我们将使用已经学过的GUI技能来呈现这两个条形，并让前景条随着时间的流逝变短。

1. 在ClockScript的DoCountdown函数中，通过对比startTime和timeRemaining的值来计算出剩余时间的百分比：

```
function DoCountdown()
{
  timeRemaining = startTime - Time.time;
  percent = timeRemaining/startTime * 100;
  if (timeRemaining < 0)
  {
    timeRemaining = 0;
    clockIsPaused = true;
    TimeIsUp();
  }
  ShowTime();
}
```

2. 用一个clockFGMaxWidth变量来存储clockFG图形的初始宽度：

```
function Awake()
{
  startTime = 120.0;
  clockFGMaxWidth = clockFG.width;
}
```

3. 在脚本中其他函数的外侧创建一个内建onGUI函数（确保别把它放在任何函数的花括号内）：

```
function OnGUI()
{
  var newBarWidth:float = (percent/100) * clockFGMaxWidth;
  // this is the width that the foreground bar should be
  var gap:int = 20; // a spacing variable to help us position
    the clock
}
```

4. 新建一个组，用来装clockBG贴图。调整组的位置，让clockBG图形距离屏幕上方以下20像素、距离屏幕右侧20像素的位置：

```
function OnGUI()
{
  var newBarWidth:float = (percent/100) * clockFGMaxWidth;
  // this is the width that the foreground bar should be
  var gap:int = 20; // a spacing variable to help us position
    the clock
  GUI.BeginGroup (new Rect(Screen.width - clockBG.width - gap,
    gap, clockBG.width, clockBG.height));
  GUI.EndGroup ();
}
```

5. 使用DrawTexture方法在组中绘制clockBG贴图：

```
GUI.BeginGroup (new Rect (Screen.width - clockBG.width - gap,
  gap, clockBG.width, clockBG.height));
GUI.DrawTexture (Rect (0,0, clockBG.width, clockBG.height),
  clockBG);
GUI.EndGroup ();
```

6. 在第一个组中嵌入另一个组，用来装clockFG贴图。注意，我们要为它设定一个(5, 6)的像素偏移坐标值，让它位于clockBG图形之内：

```
GUI.BeginGroup (new Rect (Screen.width - clockBG.width - gap,
  gap, clockBG.width, clockBG.height));
GUI.DrawTexture (Rect (0,0, clockBG.width, clockBG.height),
  clockBG);
  GUI.BeginGroup (new Rect (5, 6, newBarWidth, clockFG.height));
  GUI.EndGroup ();
GUI.EndGroup ();
```

这里，我故意把第二个组的代码写得更易读些。

7. 现在，在嵌套组中绘制clockFG贴图：

```
GUI.BeginGroup (new Rect (5, 6, newBarWidth, clockFG.height));
GUI.DrawTexture (Rect (0,0, clockFG.width, clockFG.height),
  clockFG);
GUI.EndGroup ();
```

搞定了吗？以下是完整的函数：

```
function OnGUI()
{
```

```
    var newBarWidth:float = (percent/100) * clockFGMaxWidth;
    // this is the width that the foreground bar should be
    var gap:int = 20; // a spacing variable to help us position
      the clock
    GUI.BeginGroup (new Rect (Screen.width - clockBG.width - gap,
      gap, clockBG.width, clockBG.height));
    GUI.DrawTexture (Rect (0,0, clockBG.width, clockBG.height),
      clockBG);
      GUI.BeginGroup (new Rect (5, 6, newBarWidth,
        clockFG.height));
      GUI.DrawTexture (Rect (0,0, clockFG.width,
        clockFG.height), clockFG);
      GUI.EndGroup ();
    GUI.EndGroup ();
}
```

保存脚本并回到Unity中。我们把那个老气的数字计时器关掉，把它换成图形化的计时器。在层级面板中选择Clock物体。在检视面板中找到它的GUIText组件，取消前面的勾，关掉它的显示。

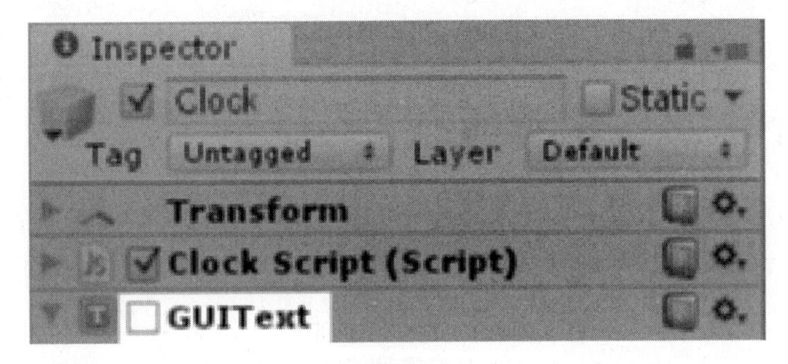

图7.15

现在测试一下游戏。太棒了！你新做的图形化计时器会随着时间的推移慢慢缩短（图7.16）。这真的可以让人产生心理紧张感哦。无需华丽的元素，就能达到效果。

图7.16

刚才发生了什么——原理是什么？

表面背后的数学就是简单的比值运算。我们将用掉的时间转化成相对于总时间的百分比值。然后，我们根据这个百分比值算出clockFG图形的宽度相对于其初始宽度的百分比。此后就是简单的代数运算了。

唯一需要知道的数学知识

我总是说，简单得不能再简单的比值运算是你作为一名游戏开发者所需了解的唯一的数学知识。当然，我是半开玩笑啦。深谙三角函数的开发者当然可以做出像《弹珠台》那样的游戏，而熟悉微分学的开发者则可以做出坦克游戏，其中的AI能够算出该瞄准哪个目标，并考虑到弹道、风向、重力等因素。

不过，当人们弱弱地问编程有多难学时，他们往往以为只有使用复杂的数学公式才能做出游戏来。希望我们打破了这个神话，用简单的数学技能创作出了两款简单的游戏。而所有的游戏中都会用到这些比值运算，包括血条指示、行程进度指示、关卡完成度指示等。如果你跟我一样害怕数字，并且在学校里只学过一项数学技能的话，那希望会是这个。

7.3 神奇的收缩式计时器

在之前的章节里，我们已经知道GUI.BeginGroup()和GUI.EndGroup()函数能够把固定位置的UI控件封装在一起，这样我们就可以把它当做一个单元来移动。在前面的代码中，我们用一个组来装载背景条，并用另一个内嵌组来装载前景条，位置略微偏移一些。外层组位于屏幕右边，距离屏幕边缘20像素（图7.17）。

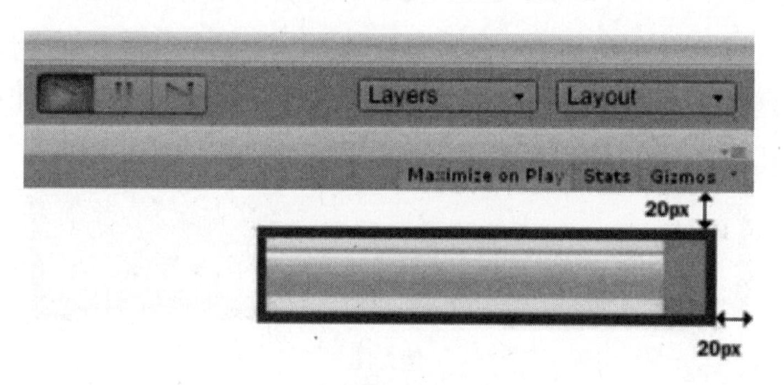

图7.17

当我们绘制前景计时条时，我们绘制的是正常尺寸，而包裹它的组会内缩一圈，所以它会把贴图裁掉一些。如果你把一张500 × 500的像素图放在一个20 × 20的组中，那么你只能看到大图上的20 × 20像素大小的区域。我们利用这种特性来显示随时间变短的计时条。

7.4 准备好刀叉，来张馅饼吧！

第三类计时器就是饼状图样式了。图7.18为运转起来的效果。

图7.18

突击测验——我们该如何制作？

在阅读后面的内容之前，先观察上面这个饼状计时器，试着思考一下，如果不看本书讲解的话，你该如何实现它。作为一个游戏开发新手，你会花上很多的时间去模仿或模拟你在各种游戏中所见到的各种效果。就像是看一场魔术表演那样，你总会去猜想魔术师是如何做到的。那么问题来了：究竟是怎么做到的呢？

（如果你需要一个提示的话，不妨去工程面板中看一眼前面导入过的还没有用到的贴图吧。）

7.5 它们是怎么实现的

饼状计时器需要玩点手法。图7.19为计时器的贴图块。

图7.19

它有点像一个三明治。我们开始画出蓝色的背景。然后，我们在上面画两个半月形。为了让计时器看起来更美观，我们所有图像的顶层再加一张高光反射图（图7.20）。

我们将右侧那个半月形绕着圆旋转，做出黄色饼状图区域越来越小的效果（图7.21）。

到了中途，我们在上层放一个蓝色半圆背景图，位于计时器右半边。之前的黄色右半圆已经转完了，所以不需要再去绘制出来了（图7.22）。

图7.20

图7.21

图7.22

现在，我们旋转黄色左半圆，让它消失在遮挡图形（蓝色右半圆）的后面，营造出计时器的余下时间逐渐耗尽的视觉假象（图7.23）。

当时间完全用光时，我们用一张红色的饼图挡在上层（图7.24）。

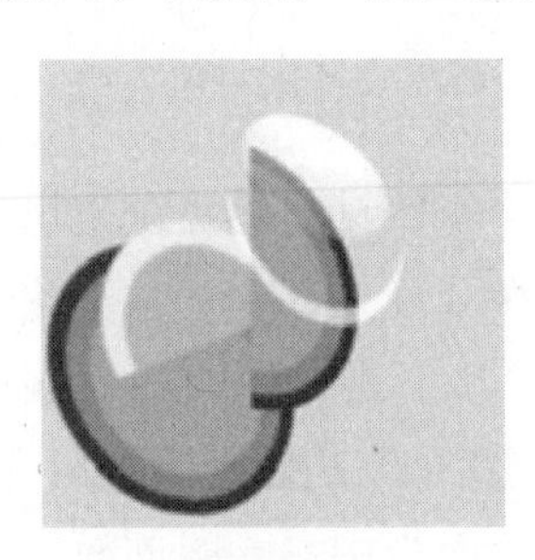

图7.23

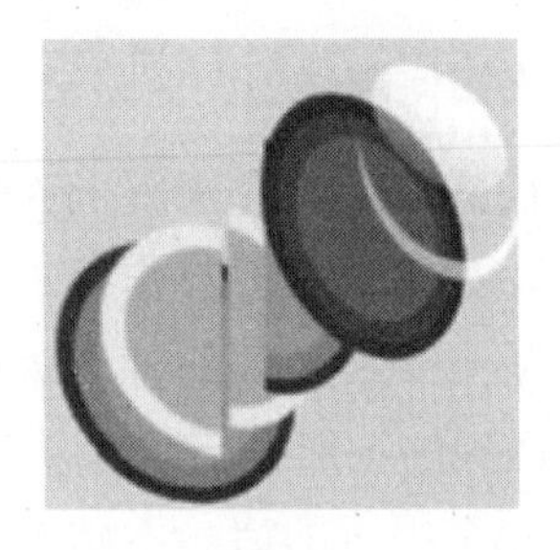

图7.24

轻松实现了一个障眼法，玩家不会看出半点破绽！

动手环节——旋转贴图

我们已经基本知道从哪里着手了。只是需要学点旋转贴图的技巧。不过，首先让我们先来为我们的计时器设定若干变量，用来在屏幕上绘制贴图。

1. 在ClockScript脚本顶端为新的饼状计时器贴图新建一些变量：

```
var clockFGMaxWidth:float; // the starting width of the
  foreground bar
var rightSide:Texture2D;
var leftSide:Texture2D;
var back:Texture2D;
var blocker:Texture2D;
```

```
var shiny:Texture2D;
var finished:Texture2D;
```

2. 在层级面板中，选中Clock物体。

3. 正如我们对条形计时器所做的那样，将饼状计时器贴图从工程面板中拖拽到检视面板中的ClockScript组件上的相应槽位上去。完成后如图7.25所示。

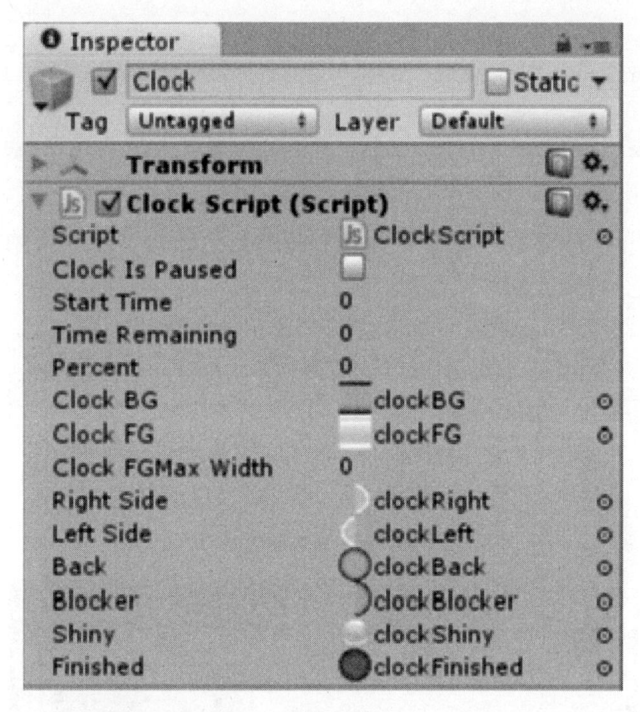

图7.25

动手环节——编写饼状图脚本

定义了这些Texture2D变量，也将图像存储在了那些变量中，我们可以在脚本中控制图像了。我们来编写一些脚本，并测试效果：

1. 我们要让那两个黄色半圆转动起来，而且很有必要知道计时器何时转动到一半的位置。我们在OnGUI函数中创建一个isPastHalfway变量：

```
function OnGUI ()
{
  var isPastHalfway:boolean = percent < 50;
```

（没看懂？记住，我们的percent变量指的是剩余时间所占的百分比值，而不是逝去的时间。当百分比值小于50时，就意味着时间已经过半。）

2. 定义一个矩形，用来绘制贴图：

```
var isPastHalfway:boolean = percent < 50;
var clockRect:Rect = Rect(0, 0, 128, 128);
```

3. 在接下来的代码行里，绘制背景的蓝色图和前景的高光图：

```
var clockRect:Rect = Rect(0, 0, 128, 128);
GUI.DrawTexture(clockRect, back, ScaleMode.StretchToFill,
  true, 0);
GUI.DrawTexture(clockRect, shiny, ScaleMode.StretchToFill,
  true, 0);
```

4. 保存脚本并运行游戏。你会看到亮晶晶的蓝色计时器在屏幕的左上角闪闪发光呢（图7.26）。

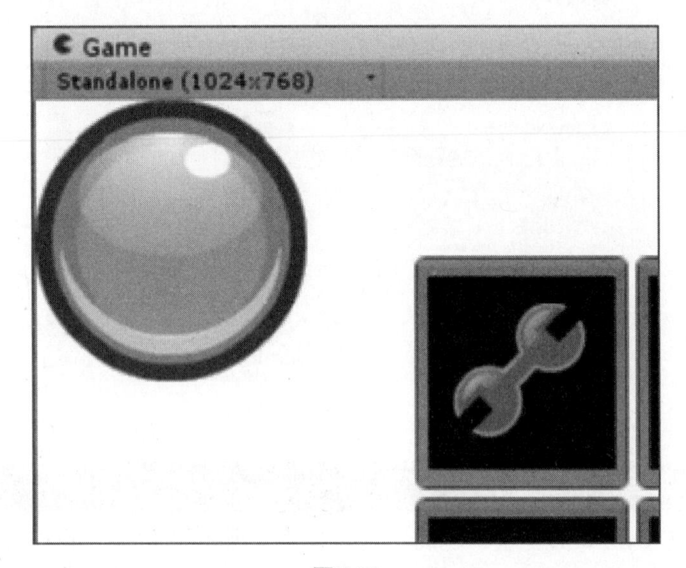

图7.26

5. 接下来，我们添加一个条件检查机制，并在百分比值归零的时候在上层绘制一个红色的“finished”（结束）图像，但要位于高光层的下方，这样好让高光层依然能够显示在最顶层：

```
GUI.DrawTexture(clockRect, back, ScaleMode.StretchToFill,
  true, 0);
if(percent < 0)
```

```
{
    GUI.DrawTexture(clockRect, finished, ScaleMode.StretchToFill,
      true, 0);
}
GUI.DrawTexture(clockRect, shiny, ScaleMode.StretchToFill,
  true,
  0);
```

6. 再次保存脚本并运行游戏，确保已经生效。当时间用完时，你的蓝色计时器会变成红色（图7.27）。

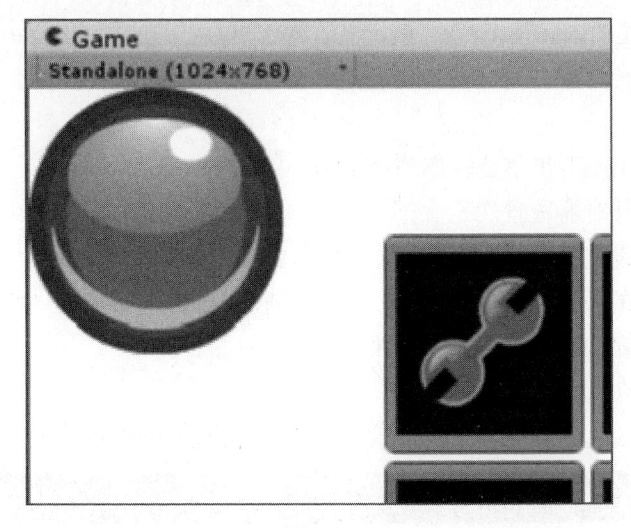

图7.27

7. 我们在OnGUI函数顶部设定`rotation`变量。我们将使用percent值得出与那两个黄色半圆的旋转角度对应的360度范围内的角度值。请再次注意，这里用到的比值运算和之前对条形计时器所用的如出一辙：

```
var clockRect:Rect = Rect(0, 0,128,128);
var rot:float = (percent/100) * 360;
```

如果你想确定它是否生效，可以在下面添加一个`Debug.Log()`或`print()`语句，追踪`rot`的值。当时间用尽时，对应的值应为360。

8. 在大功告成前，我们还需要设定两个变量——一个是`centerPoint`，另一个是`startMatrix`。我们一会再详细讲解它们：

```
var rot:float = (percent/100) * 360;
```

```
var centerPoint:Vector2 = Vector2(64, 64);
var startMatrix:Matrix4x4 = GUI.matrix;
```

刚才发生了什么？

值得注意的是，与颠球游戏中的球拍和球那样的3D游戏物体不同，GUI贴图并不能旋转。即使你把它赋给某个游戏物体，然后去旋转游戏物体，贴图依然不会旋转（或者说会以一种怪异的方式歪斜）。我们知道我们需要去旋转那两个半圆来实现倒计时功能，但是，由于存在这一制约因素，我们只能另辟蹊径了。

游戏计划是这样的：我们先使用GUIUtility类中的一种名为RotateAroundPivot的方法。我们创建的centerPoint值定义了旋转轴心点的位置。RotateAroundPivot会让整个GUI旋转起来。好比GUI空间是一面玻璃上的贴纸，只是我们旋转的不是贴纸，而是玻璃。

因此，我们用以下步骤旋转那两个半圆：

1. 绘制蓝色计时器背景。

2. 使用我们设定的rot（意为旋转）值来旋转GUI。

3. 在旋转后的位置绘制黄色半圆，就像是在相册页上贴相片一样。背景已经固定了。然后，我们旋转贴纸并把半圆印在它上面。

4. 将GUI旋转回原始位置。

5. 将“finished”（结束）图像和高光图绘制或印到上面去。

动手环节——着手操作饼状计时器

我们写一段代码来让那些半圆转起来。

1. 设定一个条件语句，以便可以在时间中点前后显示不同的内容：

```
GUI.DrawTexture(clockRect, back, ScaleMode.StretchToFill, true,
  0);
  if(isPastHalfway)
  {
  } else {
  }
```

2. 如果时间尚未过半，那么就绕着centerPoint点旋转GUI。在旋转后的GUI的上层绘制右半边圆。然后将GUI转回起始位置：

```
if(isPastHalfway)
{
} else {
  GUIUtility.RotateAroundPivot(-rot, centerPoint);
  GUI.DrawTexture(clockRect, rightSide,
    ScaleMode.StretchToFill, true, 0);
  GUI.matrix = startMatrix;
}
```

3. 保存脚本并测试游戏。你会看到计时器的右半边开始转动了。不过，我们知道它不是真的转了起来——而是整个GUI都在转，我们只是在它返回初始位置之前在屏幕上给它留下一个印记（图7.28）。

图7.28

4. 当GUI回到初始位置时，绘制左半边圆：

```
GUI.matrix = startMatrix;
GUI.DrawTexture(clockRect, leftSide, ScaleMode.StretchToFill,
  true, 0);
```

5. 此时你也可以保存并测试一下游戏看看。当右半边圆转到左半边圆后面时就消失了，留给我们的视觉假象是图7.29所示的样子。

图7.29

6. 不过，在过了半圈以后它还会继续向下转，我们这就来修复一下：

```
if(isPastHalfway)
{
    GUIUtility.RotateAroundPivot(-rot-180, centerPoint);
    GUI.DrawTexture(clockRect, leftSide, ScaleMode.StretchToFill,
      true, 0);
    GUI.matrix = startMatrix;
```

7. 保存并测试。当我们过了半圈以后，左半边圆的任务完成了，但视觉上的效果并不理想，因为我们看到它转到了计时器的右边去了（图7.30）。

图7.30

我们只需要在其上层绘制一个蓝色半圆把它遮挡住，即可实现完美的视觉效果：

```
GUI.matrix = startMatrix;
GUI.DrawTexture(clockRect, blocker, ScaleMode.StretchToFill,
  true, 0);
```

8. 最后一次保存并测试。你会看到饼状计时器的效果和预想的一模一样（图7.31）。

图7.31

刚才发生了什么——解释一下这一段

希望代码还算比较直观吧。注意这一行：

```
GUIUtility.RotateAroundPivot(-rot, centerPoint);
```

我们在rot值前面加了个减号，相当于用-1去乘一个数值一样的道理。如果我们不这么做，那么那个半圆就会朝相反的方向旋转（亲手试一下就知道啦，看看不加减号的效果）。

同样，在下面这一行中：

```
GUIUtility.RotateAroundPivot(-rot-180, centerPoint);
```

我们依然用了rot的负值，并且减去180°。这是因为左半圆位于计时器的另一侧。同样，可以试试删掉-180，看看是什么效果。

你还可以试着更改一下centerPoint值。我们的计时器图像是128×128像素大小。因此中心点位于64, 64。调整这个值，看看计时器会有怎样有趣的效果。

```
GUI.matrix = startMatrix;
```

值得一提的是，这一行代码会将GUI锁定到我们存储过的startMatrix值对应的位置。

```
GUI.DrawTexture(clockRect, leftSide, ScaleMode.StretchToFill,
  true, 0);
```

你或许好奇其中的ScaleMode.StretchToFill是做什么用的吧。这里你可以应用三种不同的设置，它们都能将贴图填充到已有的矩形中，只是方式不同。不妨去脚本参考手册里看看它们各自的用途吧。

动手环节——调整计时器的位置及大小

饼状计时器已经很有效果了，不过它一直停靠在屏幕的左上角。如果我们能调整它的尺寸就好了，如果能在屏幕上随意摆放它的位置那就更好了。

要实现起来也很简单。只要按下面的步骤做，即可实现动态调整它的位置及大小：

1. 在OnGUI函数顶部创建下面这些变量：

```
var pieClockX:int = 100;
var pieClockY:int = 50;

var pieClockW:int = 64; // clock width
var pieClockH:int = 64; // clock height

var pieClockHalfW:int = pieClockW * 0.5; // half the clock width
var pieClockHalfH:int = pieClockH * 0.5; // half the clock height
```

本例中，100和50分别是X和Y坐标值，也就是计时器在屏幕上的位置。计时器的初始坐标是在屏幕左上角，两个64分别是计时器图形的宽度和高度值——正好是原来图形的一半。

缩放图形会让图像看上去不太自然，所以我并不建议这样做。实际上，输入一个非标准化的尺寸（如57×64）会完全破坏掉视觉美感！不过，把学习如何动态调节计时器的大小当做代码练习还是蛮好的。我们继续吧。

2. 修改clockRect声明，使用新的x、y、宽度和高度值：

```
var clockRect:Rect = Rect(pieClockX, pieClockY, pieClockW,
    pieClockH);
```

3. 修改centerPoint变量，确保计它依然位于计时器图形的死角上：

```
var centerPoint:Vector2 = Vector2(pieClockX + pieClockHalfW,
   pieClockY + pieClockHalfH);
```

4. 保存脚本并测试游戏。会看到一个小巧的计时器出现在屏幕的x：100，Y：50的坐标位置上了。

探索吧英雄——进一步完善计时器

你可以进一步去完善计时器的功能，以下列出了几个参考：

- 在TimeIsUp()方法中加某种逻辑。可以弹出一个Try Again（再来一次）的按钮，上面写着Time is up！（时间到！）的字样，或者可以连接到另一个场景，其中是你的游戏人物在地狱里饱受煎熬的场景……怎样设计你说了算！
- 创建一个“暂停/继续”按钮，用来开始或停止计时。ClockScript脚本已经可以实现这种效果了——只需勾选clockIsPaused变量，创建一个记录游戏暂停时剩余秒数的变量，并减去timeRemaining的值即可。
- 在后面几章里，我们将讲解如何添加游戏声效。届时你可以再返回本章，继续为计时器添加滴答作响的时钟声效。
- 创建一个写着More Time！（延长时间！）字样的按钮。每次点击它就会增加计时器的剩余时长。届时你可以使用这个逻辑为游戏添加延长游戏时间的功能。
- 使用之前学过的各种技能，把这个计时器放到你创作的各种Unity游戏当中去，包括之前做过的颠球游戏和修理机器人游戏。

7.6　没有最好，只有更好

在本章节里，身为游戏开发新手的你又向前迈出了重要的一步。理解如何制作游戏计时器将使你在未来几乎所有的原创游戏里获益匪浅。很少有游戏是不带计时模块的，所以把这个技能学到手了是大有好处的。以下就是你在本章中所学到的知识点：

- 创建一个字体材质。
- 使用GUIText在屏幕上显示数值。
- 将数值转换成字符串。
- 将字符串型数据做成双小数位格式。
- 比值运算：会这个就够了（对于那些不懂数学的人而言！）。
- 用变量存储纹理贴图。
- 根据脚本数据缩放或裁切图像。
- 将固定脚本值转换成动态的脚本值。

在之前的三章里面，我们学过了用按钮链接场景，显示标题画面，添加在屏幕显示的计时器，现在回头看看，我们最初做的那个颠球游戏貌似显得简单了许多。让我们怀着胜利的喜悦回家去，用这些技巧做出点新的东西出来吧。然后，我们会进一步学习后面的知识，用内建的3D模型为游戏场景添加3D艺术元素吧。

7.7　C#脚本参考

ClockScript脚本转换成C#脚本还是蛮简单的。遵照如下步骤即可：

1. 将JavaScript脚本复制/粘贴到一个新的C#脚本中（保留C#的类定义，省略#pragma格式行）。

2. 为变量声明添加适当的访问修饰符（注：所有需要显示在Unity的拖放式界面中的变量，例如那些存储贴图的变量，都需要用到public修饰符。所有其他的变量可使用private）。

3. 更改所有的变量声明语法（在变量名称前声明类型，并且不加分号）。

4. 更改函数声明，让它们以返回型（在该脚本中均使用void）以及一个访问修饰符（对所有这些函数均使用private）开始。

5. 当声明一个Rect或Vector2实例时添加一个关键字new。

6. 当从浮点型数值向整型数值转换时，明确定义变量的类型。例如下面这个例子：

```
minutes = (int)(timeRemaining/60); // minutes is an int,
  while timeRemaining is a float
```

如果你把Javascript脚本移除并改用C#脚本的话，必须重新把纹理贴图拖拽到变量上去，因为Unity会完全失去与它们的关联。

有个有趣的练习不妨一试（要看你怎样定义“有趣”这个词了）：新建一个C#脚本，看看自己是否能一一修复代码报出的错误，最终实现脚本的完全转译。试试吧！如果遇到困难，答案就在下面。

```
using UnityEngine;
using System.Collections;

public class ClockScriptCSharp : MonoBehaviour {



  private bool clockIsPaused = false;
  private float startTime; //(in seconds)
  private float timeRemaining; //(in seconds)
  private float percent;
  public Texture2D clockBG;
  public Texture2D clockFG;
  private float clockFGMaxWidth; // the starting width of the
    foreground bar
  public Texture2D rightSide;
  public Texture2D leftSide;
  public Texture2D back;
  public Texture2D blocker;
  public Texture2D shiny;
  public Texture2D finished;

  private void Awake ()
  {
    startTime = Time.time + 120.0f;
    clockFGMaxWidth = clockFG.width;
  }

  private void Update ()
  {
```

```
    if (!clockIsPaused)
    {
      // make sure the timer is not paused
      DoCountdown();
    }
  }

  private void DoCountdown()
  {
    timeRemaining = startTime - Time.time;
    percent = timeRemaining/startTime * 100;
    if (timeRemaining < 0)
    {
      timeRemaining = 0;
      clockIsPaused = true;
      TimeIsUp();
    }
    ShowTime();
    //Debug.Log("time remaining = " + timeRemaining);
  }

  private void PauseClock()
  {
    clockIsPaused = true;
  }

  private void UnpauseClock()
  {
    clockIsPaused = false;
  }

  private void ShowTime()
  {
    int minutes;
    int seconds;
    string timeStr;
    minutes = (int)(timeRemaining/60);
    seconds = (int)(timeRemaining % 60);
```

```
    timeStr = minutes.ToString() + ":";
    timeStr += seconds.ToString("D2");
    guiText.text = timeStr; //display the time to the GUI
  }

  private void TimeIsUp()
  {
    Debug.Log("Time is up!");
  }

  private void OnGUI()
  {
    int pieClockX = 100;
    int pieClockY = 50;

    int pieClockW = 64; // clock width
    int pieClockH = 64; // clock height

    int pieClockHalfW = (int)(pieClockW * 0.5); // half the clock width
    int pieClockHalfH = (int)(pieClockH * 0.5); // half the clock
      height

    bool isPastHalfway = percent < 50;
    Rect clockRect = new Rect(pieClockX, pieClockY, pieClockW,
      pieClockH);
    float rot = (percent/100) * 360;
    Vector2 centerPoint = new Vector2(pieClockX + pieClockHalfW,
      pieClockY + pieClockHalfH);

    Matrix4x4 startMatrix = GUI.matrix;

    GUI.DrawTexture(clockRect, back, ScaleMode.StretchToFill,
      true, 0);

    if(isPastHalfway)
    {
      GUIUtility.RotateAroundPivot(-rot-180, centerPoint);
      GUI.DrawTexture(clockRect, leftSide, ScaleMode.StretchToFill,
```

```
            true, 0);
        GUI.matrix = startMatrix;
        GUI.DrawTexture(clockRect, blocker, ScaleMode.StretchToFill,
            true, 0);
    } else {
        GUIUtility.RotateAroundPivot(-rot, centerPoint);
        GUI.DrawTexture(clockRect, rightSide, ScaleMode.StretchToFill,
            true, 0);
        GUI.matrix = startMatrix;
        GUI.DrawTexture(clockRect, leftSide, ScaleMode.StretchToFill,
            true, 0);
    }


    if(percent < 0)
    {
        GUI.DrawTexture(clockRect, finished, ScaleMode.StretchToFill,
            true, 0);
    }

    GUI.DrawTexture(clockRect, shiny, ScaleMode.StretchToFill,
        true, 0);

    float newBarWidth = (percent/100) * clockFGMaxWidth; // this is
        the width that the foreground bar should be
    int gap = 20; // a spacing variable to help us position the clock
    GUI.BeginGroup (new Rect(Screen.width - clockBG.width - gap, gap,
        clockBG.width, clockBG.height));
    GUI.DrawTexture (new Rect (0,0, clockBG.width, clockBG.height),
        clockBG);
        GUI.BeginGroup (new Rect (5, 6, newBarWidth, clockFG.height));
            GUI.DrawTexture (new Rect (0,0, clockFG.width, clockFG.
                height), clockFG);
        GUI.EndGroup ();
    GUI.EndGroup ();

  }
}
```

第8章 扣人心弦

现在你的血管里充满了Unity GUI的强劲动力，几章前做过的那个颠球游戏现在看来就像是小菜一碟的东西。逐渐习惯吧：随着你的技能不断积累，每当你回头看看之前做过的游戏，心里会想“老天，我本可以用其他方法把它做得更好”或者“得了吧，那个游戏也太小儿科了”。

现在正是重温颠球游戏的时候了，去加一些之前我们计划过的东西，让它变得更好玩。依次点击菜单File（文件）| Open Project...（打开工程文件），加载你的颠球游戏工程文件。加载完成后，双击名为Game的场景，你会看到球和球拍，和之前的场景一样。

在本章中，我们将：

- 用真正的3D模型替换掉之前效果平平的原型。
- 完善颠球游戏的视觉效果，让它更具有可玩性。
- 在屏幕上添加计分器，更新显示玩家的得分。
- 检测玩家不慎让球掉落的时间点，然后弹出得分统计，以及Play Again（再玩一次）按钮。

8.1 欢迎来到瞌睡村

我们先认清一个事实：目前这个颠球游戏的趣味性是有限的，一球一拍，仅此而已。我们要加入一个计分器，但这并不影响什么，我们需要一个有趣的主题来吸引玩家的兴趣，让我们的Unity游戏脱颖而出。

那该怎么做呢？我们把游戏起名叫《Ticker Taker》吧，我们把球换成一个人的心脏，并把球拍换成一双托着一个平底盘的手。我们要编个故事情节，将这两个事物联系起来：

费德曼先生需要做一个心脏移植手术，而且时间紧迫！请你帮助护士，穿过长廊，把一颗正在跳动的心脏送往急诊室，而且是用一个餐盘去颠着走！如果心脏掉到了地上，那么费德曼先生也就一命呜呼了哦。

经过了这么一番铺垫，我们现在有了一个生死大拯救的任务。这个设定听上去是不是要比用球拍颠球更刺激？如果是你，你会选择玩哪一个？

我们需要导入本章附带的资源包。打开Importing package（导入资源包）对话窗后，什么也不用改动，直接点击Import（导入）按钮即可（图8.1）。

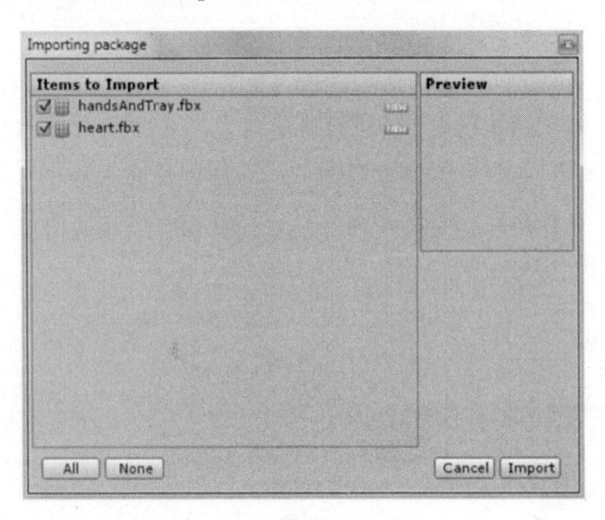

图8.1

8.2　模型的行为

我们来看一下刚刚添加到工程文件夹里的资源：两个新项目，图标是神秘的蓝色，一个叫handsAndTray，另一个叫heart（图8.2）。这些模型都是用一款叫Blender的免费三维套件制作的，并导出成.fbx格式文件。

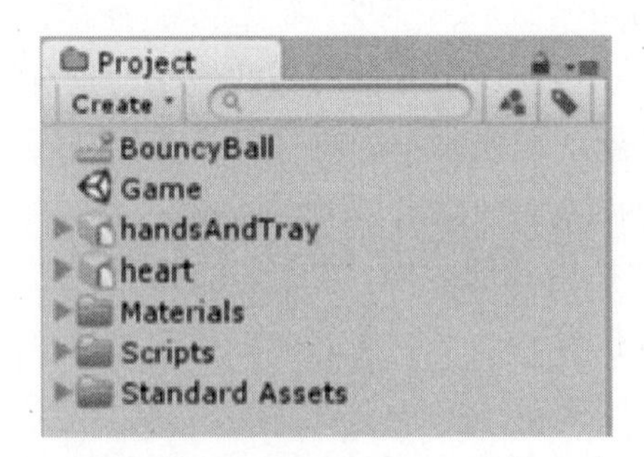

图8.2

关于非网格型元素

Unity并不搭载任何的3D建模工具。如果你想为游戏添加比自带的球体、长方体、圆柱体等细节更为丰富的对象，那就需要自己想办法去获取3D模型了。要么花钱买，要么自己做，或者去请求某位3D艺术家来帮你制作。

正如之前在《修理机器人》案例中所用的平面图片资源都是在平面设计软件里制作好后导入进来的那样，这些3D模型都是在Blender里做好后导入到工程里面来的。所有导入进来的资源都存储在Assets文件夹中，你应该还记得，这个文件夹是被Unity高度关注的，有复杂的元数据在时刻追踪着这个文件夹内所有项目的变动，如果擅自改动，可能会毁掉你的项目。另外，在本书的附录中可以找到各种可以创建或购买游戏资源的相关资源信息。

动手环节——浏览模型

点击handsAndTray模型旁边的灰色小箭头。这个模型包含了两个独立的网格——一双手和一个医用托盘。每个网格共有两个实例，图标也不一样——一个是带有一页白纸的蓝色方块，另一个是一个黑色网格状的图标（图8.3）。

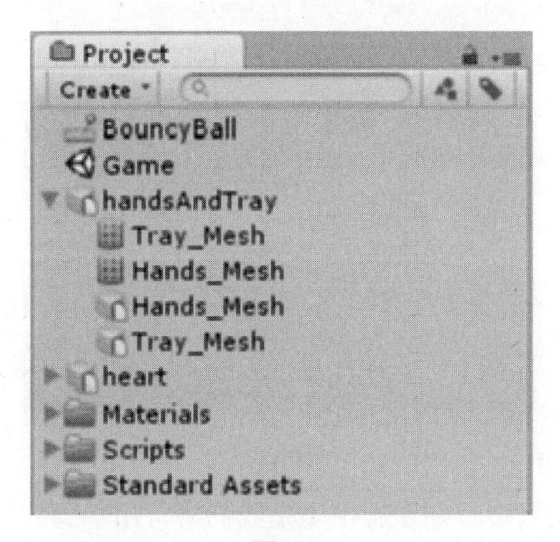

图8.3

下面来详细说说。handsAndTray模型数据层的最顶级是Unity导入的那个`.fbx`文件。在使用它之前，Unity会执行一个导入程序，确保模型的尺寸、朝向以及其他设定得当。在Unity里一般会使用FBX导入器（FBXImporter）来生成可供使用的模型。在工程面板中点击handsAndTray父级模型即可看到它（图8.4）。

图8.4

FBX导入器的选项繁多，好在有很多是我们通常用不到的。我们最关注的问题在于，模型现在是朝向右侧的，大小合适。对于不同的3D软件导出的模型，导入后的效果可能会千差万别。这就像签到计数机制一样，在正式使用模型之前应确保其可用性。在FBX导入器的底部，可以看到模型的预览效果。

文件格式排名

说Unity拥有超能力是有根据的。它就像是一个可以吸收其他超能英雄的能力的超级英雄。Unity自身并没有集成建模或艺术创作工具。不过，正如我们所见到的，它可以导入外面的模型和图像。如果你的电脑中装有它所支持3D建模软件（如3D Studio Max、Maya或Blender）或平面图像软件（如Photoshop），那么Unity就能导入其原生文件格式。也就是.max格式、.ma格式、.blend格式或.pdf格式。如果你双击这些资源，Unity也会自动弹出该格式对应的编辑程序。如果你对文件进行了更改，那么结果也会自动更新到工程的Assets文件夹。无需再次导入该文件啦！

你也可以告诉Unity双击文件时所弹出的默认程序，因为某些格式可以被多种软件程序读取，如.fbx或.jpg格式。下面列出了Unity目前所支持的3D软件及其对应的原生文件格式：

- Maya .mb和.ma。
- 3D Studio Max .max。
- Cheetah 3D .jas。
- Cinema 4D .c4d。
- Blender .blend。
- Carrara。
- Lightwave。
- XSI 5.x。
- Sketchup Pro。
- Wings 3D。
- 3D Studio .3ds。
- Wavefront .obj。
- 图纸交换文件格式 .dxf。
- Autodesk FBX .fbx。

Unity的一大炫酷特性就是能够支持众多主流软件的原生文件格式。如果你熟悉Photoshop，那么你就无需把图像转存成不带图层的文件格式了——只需要隐藏或显示图层后保存一下文件，Unity会自动将psd文件转存并更新到现有的图像文件。

动手环节——举起手来！

我们这就来把双手和托盘添加到场景中去！

1. 依次点击菜单GameObject（游戏物体）| Create Empty（创建空物体）。这个空物体用来挂载双手和托盘的模型。

2. 将新建的游戏物体重命名为HandsAndTray。

3. 点击包含Tray_mesh和Hands_mesh子模型的HandsAndTray模型，将其从工程面板拖拽到层级面板中的新建的HandsAndTray物体上。你会看到模型出现在了游戏物体的下一层级，并且会生成一个灰色箭头代表是个父级物体。

4. 在层级面板中点击顶层的HandsAndTray物体，在检视面板中按下面的数值更改Position/Rotation/Scale的值：

Position（位置）X：–0.18 Y：–0.4 Z：–0.2

Rotation（旋转）X：8 Y：180 Z：0

Scale（缩放）X：1 Y：1 Z：1

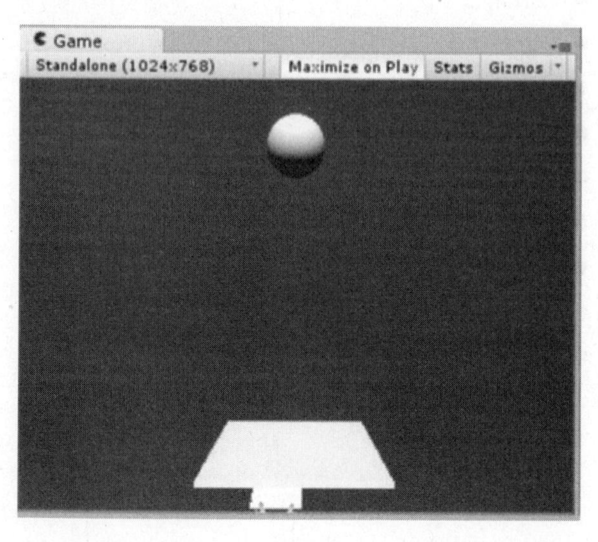

图8.5

刚才发生了什么——尺寸很关键

当你更改Position和Rotation的值时，HandsAndTray物体会出现在我们之前那个名为Paddle的球拍物体上方，但网格显得太小了。显然，在导入FBX的过程中有些不对劲的地方。我们固然可以在Unity里更改它的尺寸，不过这样可能会导致不可预料的结果，例如动画数据紊乱、碰撞器失效，或是太阳变成血红色……这样的场景真是糟透了。

动手环节——更改FBX的导入比例设定

我们再次打开FBX导入器（FBXImporter），并为模型设定一个合适的导入比例。

1. 在工程面板中点击蓝色的HandsAndTray模型，会看到检视面板中出现了FBX导入器。

2. 在FBX导入器上方，将Scale（比例）系数从0.01改为0.03。

3. 勾选Generate Colliders（生成碰撞器）复选框（我们稍后就会讲解它的作用）。

4. 点击FBX导入器底部的Apply（应用）按钮。你可能会向下滚动面板才能找到它，取决于你的屏幕分辨率。

如图8.6所示，你会看到游戏窗口中的HandsAndTray模型比之前大了点，这样好些了！

图8.6

自动生成式碰撞器

我们刚才在FBX导入器里勾选的那个复选框是要让Unity在导入后的模型外围放置一个碰撞器罩。你可能还记得之前的球和球拍物体都有自己的碰撞器组件，在创建之初便已自带，球的是Sphere Collider（球体碰撞器），球拍的是Cube Collider（块形碰撞器）。

Unity使用网格的另一个副本来充当碰撞“罩体”。对于外形复杂的网格来说这很有用，你也希望碰撞效果自然一些。但这会占用运行性能（取决于碰撞器的多边形数量）。如果你能自己添加基础形状（立方体/球体/胶囊体）减少物理引擎的运算量，那么建议这样做。我们的《Ticker Taker》游戏有点复杂，所以我想我们可以为托盘模型添加一个适当的碰撞物体。

动手环节——使用凸型碰撞体

假设我们的网格的三角形面数在255以内，那么能让网格碰撞器效果更为理想的一种方法就是把它标为“convex（凸型）”（查看网格三角形面数的方法是点击网格后查看检视面板的预览区）。运动中的游戏物体（如将要登场的HandsAndTray物体）则会在标记为convex后与其他碰撞体产生更好的碰撞检测结果。

1. 在层级面板中，按住键盘上的Alt键，并点击HandsAndTray物体旁边的灰色箭头。这样可以展开父级物体下方的所有树级，而不只是展开顶层。

2. 选中Hands_Mesh（图8.7）。

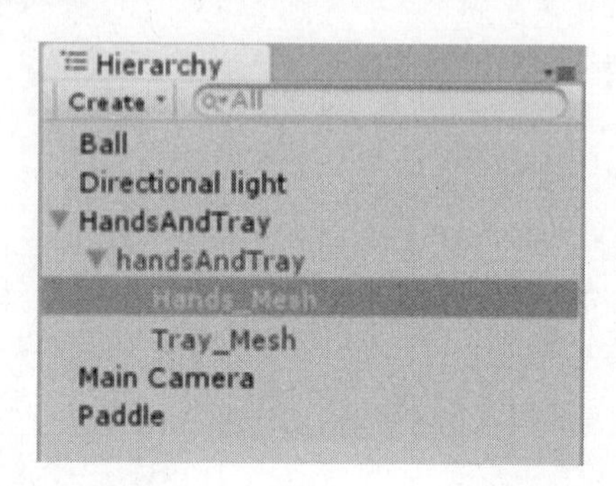

图8.7

3. 在检视面板中的Mesh Collider组件下方勾选标有Convex（凸型）的复选框（图8.8）。

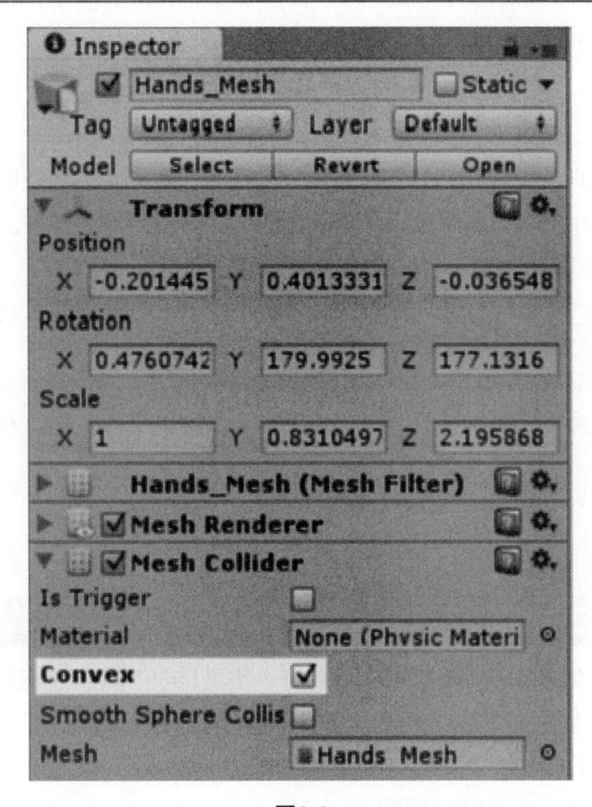

图8.8

4. 对Tray_Mesh网格重复同样的操作。

5. 正如我们之前对球拍所做的那样，在检视面板中为HandsAndTray物体添加一个Rgidbody（刚体）组件，并勾选Is Kinematic（运动学）复选框。你应该还记得，如果一个碰撞体是运动的，那么给它加个刚体组件能够避免它占用过多的运算性能。

现在我们来让这个导入进来的网格像那个球拍原型那样动起来。

动手环节——让手和托盘跟随鼠标运动

我们在Unity里创建的任何脚本都是可以重复利用的，我们可以把脚本赋给多个游戏物体。我们这就把MouseFollow脚本赋给HandsAndTray物体。

1. 在工程面板中找到MouseFollow脚本（我的位于自己创建的“Scripts”文件夹中），并把它拖放到父级的HandsAndTray物体上，而不是子级的HandsAndTray模型。

2. 点击Play按钮测试游戏。

现在，手和托盘会像球拍那样跟随你的鼠标运动了。由于我们在FBX导入器设置中为托盘生成了一个碰撞器，Ball物体会像在球拍上弹跳那样在托盘上弹跳。

唯一的问题在于，手和托盘可能会反转了方向。这是因为，在MouseFollow脚本中，我们设定球拍让它持续朝y=0的方向倾斜。而HandsAndTray物体在y轴上旋转了180°。别担心，这很好办。

选择HandsAndTray物体并将它的Y向旋转值改为0（而不是180）。然后，展开该游戏物体并选中其中的HandsAndTray fbx预制件实例。将它的Y向旋转值改为180。现在的方向就被修正过来了。

刚才发生了什么——丈二和尚摸不着头脑

因为Paddle和HandsAndTray物体所附带的脚本相同，所以它们的行为也会完全一样。想象这样一个游戏：屏幕上满是敌人角色，都在执行同一个脚本：

1. 追捕玩家。
2. 吃掉他的脸。

可被重复使用的脚本完全可以做到这一点，只需要调用同一个脚本就够了。

动手环节——颠起你的小心脏

正如我们对双手和托盘模型所做的那样，我们要新建一个名为Heart（心脏）的游戏物体，并把它作为我们导入的心脏模型的父级，并且需要在FBX导入器里做些设置。

1. 在工程面板中，点击heart模型。
2. 在检视面板中，将心脏模型的Scale（比例）系数改为0.07。
3. 不勾选Generate Colliders（生成碰撞器）。
4. 点击Apply（应用）按钮。
5. 将心脏模型从工程面板拖拽到场景中。
6. 在检视面板中，将心脏的position值改为 X：0，Y：0，Z：0。
7. 在层级面板中，点击heart物体旁边的灰色箭头，找到里面的Heart_Mesh。
8. 点击选中Heart_Mesh，并在检视面板中将它的Transform值改为 X：0，Y：0，Z：0。

将所有的位置值归零，我们可以让将要生成的碰撞器出现在心脏模型的位置上。这回我们不用找个专门的Mesh Collider（网格型碰撞器），而是新建一个更基本的Capsule Collider（胶囊型碰撞器），并为心脏物体设置弹跳属性。

9. 在层级面板中选择父级heart物体，然后依次点击菜单Component（组件）|Physics（物理）| Rigidbody（刚体），向检视面板中添加一个Rigidbody组件。
10. 找到Component（组件）| Physics（物理）| Capsule Collider（胶囊型碰撞器），

为心脏添加一个胶囊形的碰撞器，此时会看到场景中的心脏物体外围显示出绿色的罩体（图8.9）。

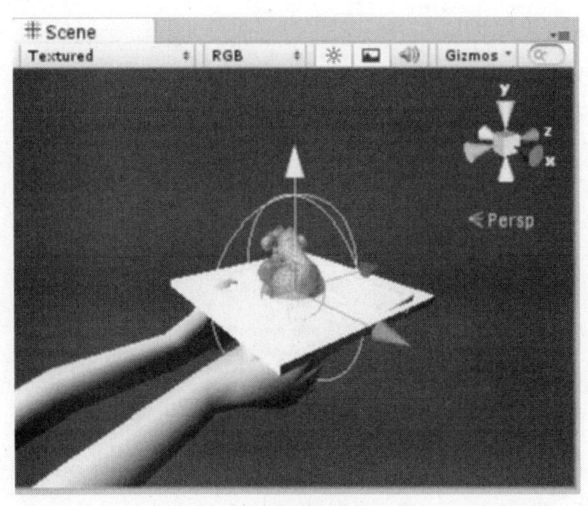

图8.9

11. 在检视面板中，将胶囊碰撞器的设置改为：

Center

X： −0.05 Y：0.05 Z： 0

Radius： 0.2

Height： 0.6

这样一来，胶囊碰撞器就会大致贴合心脏模型的尺寸了（图8.10）。

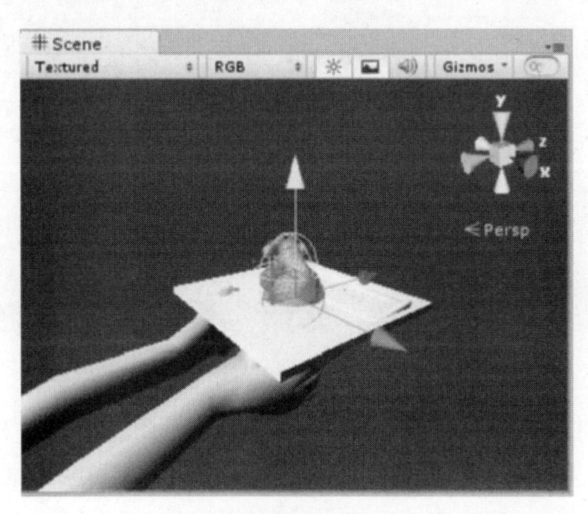

图8.10

12. 依然是在胶囊碰撞器组件中，点击标有Material（材质）的框后面的小圆圈按钮，并从中选择自定义型BouncyBall 物理材质（这是在之前的章节里创建好的）。它会让心脏具有弹跳属性（图8.11）。

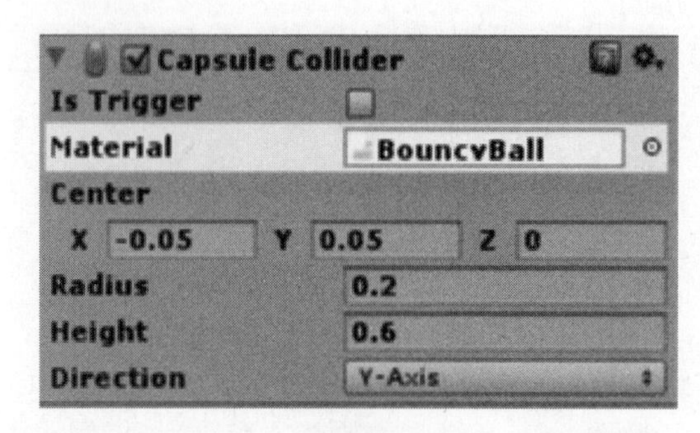

图8.11

13. 最后，在检视面板中，将heart物体的Transform position值更改为 X：0.5 Y：2 Z：–0.05。这样就将心脏放到了小球的旁边（图8.12）。

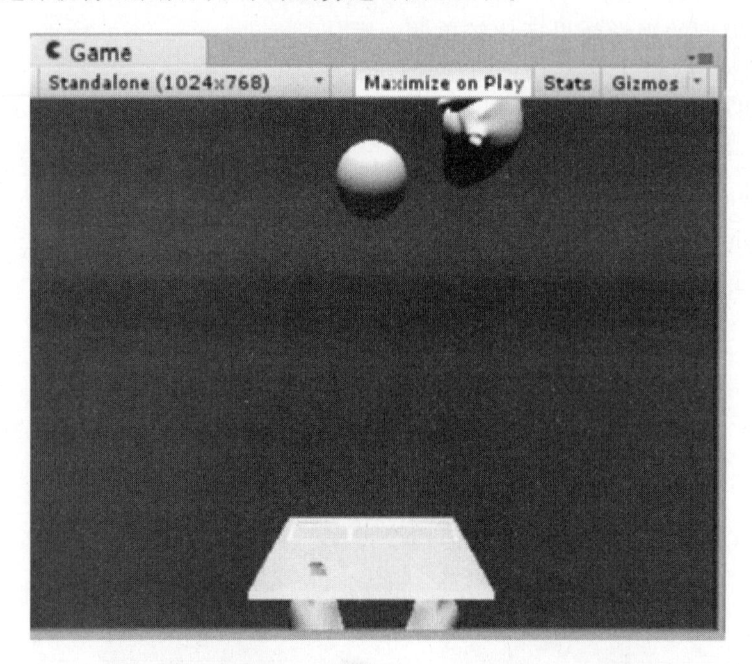

图8.12

14. 保存场景并点击Play按钮测试游戏。球拍、托盘、心脏和小球都会弹跳起来。实际上，看上去还是有点怪怪的。我们把原先的球拍和球删掉，只保留新的模型就好。

动手环节——删掉小球和球拍

在层级面板中点击Paddle物体，在其检视面板中将名称旁边的勾去掉，让它消失不见。对Ball物体也做同样的操作。再来测试一下游戏。现在就再也看不到小球和球拍了，只有一颗心脏在托盘上跳动着。

刚才发生了什么——忽略模型的细节

之所以要对心脏使用Capsule Collider（胶囊碰撞器）而不是Mesh Collider（网格碰撞器），是因为心脏模型的形状细节很多。如果心脏上的大血管接触到托盘，可能会产生无法预料的偏转，从而失去控制。胶囊碰撞器可以让心脏的弹跳结果变得可以预知，况且即使心脏的碰撞结果在视觉上并没有那么精确，也不易被察觉（当然，胶囊的形状和Sphere Collider（球形碰撞器）相比会产生稍微真实些的效果，这也是使用胶囊这个折中方案的理由）。

动手环节——见证材质

目前，模型的视觉效果还比较单调，默认都是灰色。我们来创建一些自定义材质，应用给这些模型。

推陈出新

如果你足够细心，应该会注意到，当我们导入模型的时候，它们自身的材质也被一并导入了。工程面板中有一个名为Materials的文件夹，其中包含了三个单调的材质，就是我们现在在模型上看到的那样。Unity会根据我们所使用的3D软件来导入材质。鉴于这三个模型在Blender中未被指定过材质，因此它们的材质会默认显示为灰色。现在我们可以在工程面板中选中Materials文件夹，并点击键盘上的Delete键把它删掉（Mac用户请点击Command + Delete）。确认操作后，模型会变成紫粉色。别担心——我们这就修复一下。

1. 在工程面板的空白区域点击鼠标右键（或点击面板上方的Create（创建）按钮），从中选择Create（创建）|Material（材质）。这样就在工程面板中创建了一个名为New Material的新材质。

2. 将该材质更名为Skin Material。

3. 在检视面板中，选中SkinMaterial材质，点击上面的色块（吸管图标旁边）。

4. 为护士选择一种颜色。我为这位白皮肤的护士选的是R: 251 G: 230 B: 178。你可以随便设定自己喜欢的颜色（图8.13）。

图8.13

5. 点击右上角的叉号图标关闭窗口（Mac版本的位于左上角）。

6. 点击SkinMaterial材质，把它从工程面板中拖拽到层级面板中的Hands_Mesh上。你可能需要点击父级HandsAndTray物体前面的灰色小箭头展开后才能看到它。眨眼间，护士的双手就变成了白里透红的皮肤颜色啦（图8.14）。

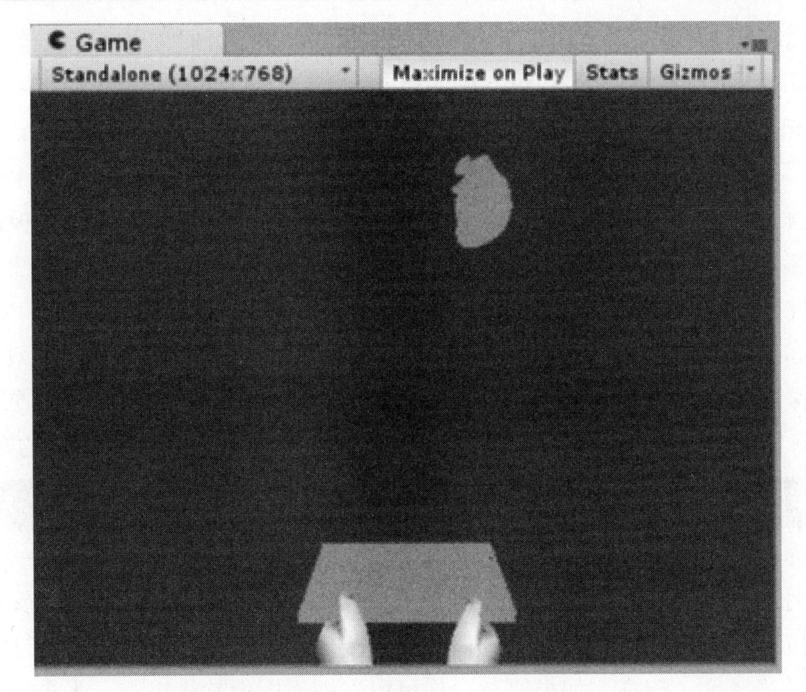

图8.14

刚才发生了什么——理解材质

目前我们在其他方面用过了某些材质，例如设置字体等，而将材质赋给物体则是经典的用法。如果说网格是铁丝网，那么材质就是我们喷在上面的漆皮。材质就是影响光在模型上反弹效果的着色器和纹理的集合。

漫射色是材质最基础的颜色。如果我们想要做得更好，可以在Photoshop里为护士画一张逼真的皮肤贴图，包括雀斑、指甲这样的细节。然后我们将这张贴图导入Unity，并把它拖放到材质色块下方的Texture2D槽位上。转瞬之间，护士的双手看上去真实多了（当然，逼真的效果并不是我们做这个游戏的主题）。

UV映射

我们对模型使用的任何纹理默认可能都不会适配到合适的位置上。3D贴图技术中有一个程序叫UV映射（UV Mapping），专门用来调节纹理图在模型上的方位。只要不是极其简单的纹理，都免不了去调节UV设置，而这个工作也是在Unity外部的3D软件里完成的。

你可以结合使用纹理与着色器来做出更加惊艳的效果。我们常用的着色器（Shader）是Bump Map（即凹凸贴图，在Unity中叫Bumped Specular或Bumped Diffuse）能够让你指定受光表面的“高”、“低”细节。先绘制一张有明暗色调的平面图，用来定义图像的哪部分需要抬高，哪部分需要下凹。凹凸贴图能够让护士的手指看上去有指甲的细节。优点在于不用在网格上做出实际的网格细节——用着色器就可以模拟出来效果。让光影看上去像是那里真的有很多细节一样。毕竟更多的网格细节必然会消耗更多的运算性能。所以用着色器来模拟这种效果不失为一个妙招。

如果你有能力，甚至可以自行编写着色器，随心所欲地控制光照和纹理效果。本书就不深入探讨这方面的内容了，但如果你对编写自定义的着色器感兴趣，完全可以去找资料学哦。尽情去探索代码世界吧！在本书结尾可以找到一些学习这种技能的好资源。

探索吧英雄——为其他模型添加材质

现在你已经学会如何创建材质，不妨为其他的材质再创建两种材质吧——一个赋给托盘，另一个赋给心脏。我对心脏选用了（R：255　G：0　B：0）这种颜色，并在着色器下拉列表中选用Specular（高光）让它看起来有湿滑感（图8.15）。然后我把它的Shiness（光泽度）调高。如果愿意，你可以在平面图像软件里画一张布满血管的贴图，然后把它导入Unity，并拖放到心脏材质上来。

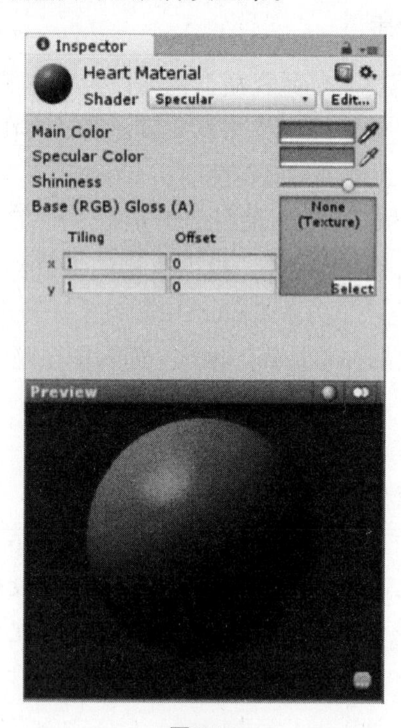

图8.15

完成了托盘和心脏的材质指定，并把它们拖拽到名为Materials的新建文件夹里以后（图8.16），我们继续后面的内容。

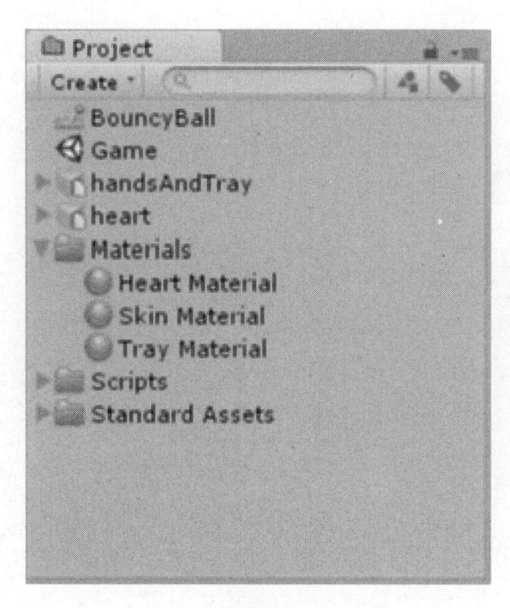

图8.16

8.3 好戏开始——游戏即将登场

无论我们在主题方面润色得多么充分，这个颠心脏的游戏依然存在一个基本问题。之前的平面游戏是一码事，但现在我们要让玩家在3D世界里操作，恐怕要比登天还难了。在心脏飞到天边之前，我只能颠上几下。不过幸亏我们可以取点巧，不仅能修复这个问题，也能提升玩家的体验感。

动手环节——大兴土木

我们要在玩家周围建造四面看不见的墙壁，把心脏圈在里面。

1. 依次点击菜单GameObject（游戏物体）| Create Other（创建其他物体）|Cube（立方体）。

2. 将新建的Cube物体更名为Wall Back（意为“后墙”）。

3. 在检视面板中将其transform设置更改为：

Position X：–0.15 Y：1.4 Z：1.6

Rotation X：0 Y：90 Z：0

Scale　　X：0.15　Y：12　Z：6

4. 在检视面板中去掉Mesh Renderer勾选框，不让玩家看到这面后墙（图8.17）。

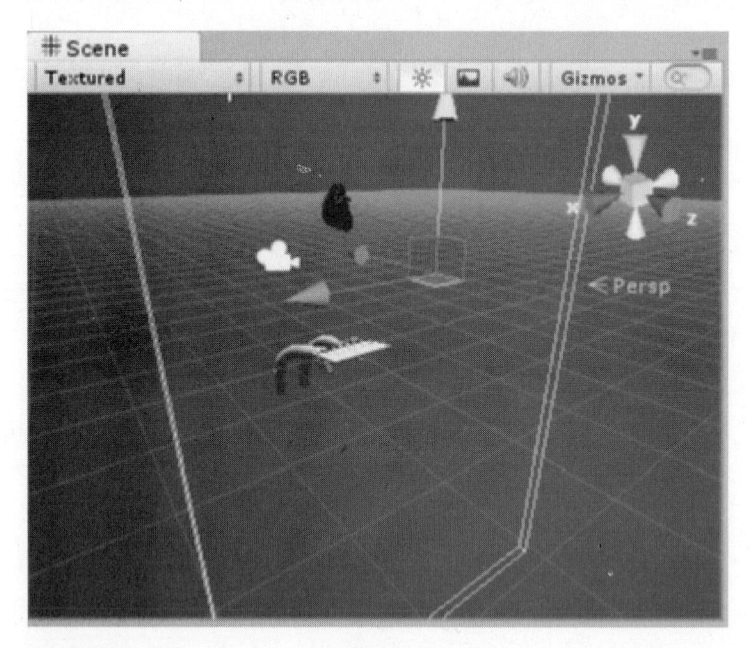

图8.17

5. 重复这个过程，再创建三个立方体，分别命名为`Wall Front`（前墙）、`Wall Left`（左墙）和`Wall Right`（右墙）。最好的做法是直接将之前建好的那面墙复制三次。只需在`Wall Back`物体上点击鼠标右键并从弹出菜单中选择Duplicate（复制）即可。对于这三面墙应该分别做不同的设定，以下设定仅供参考：

Wall Front物体

Position　X：–0.7　Y：1.4　Z：2.4

Rotation　X：0　Y：90　Z：0

Scale　　X：0.15　Y：12　Z：6

Wall Left物体

Position　X：–2　Y：1.4　Z：0.56

Rotation　X：0　Y：17.6　Z：0

Scale　　X：0.15　Y：12　Z：6

Wall Right物体

Position　X：1.6　Y：1.4　Z：–0.06

Rotation　X：0　Y：348　Z：0

Scale　　X：0.15　Y：12　Z：6

6. 记住得要把各面墙的Mesh Render的勾选框去掉（图8.18）。如果以后想继续在场景中调整其位置的话，可以随时把它勾上。

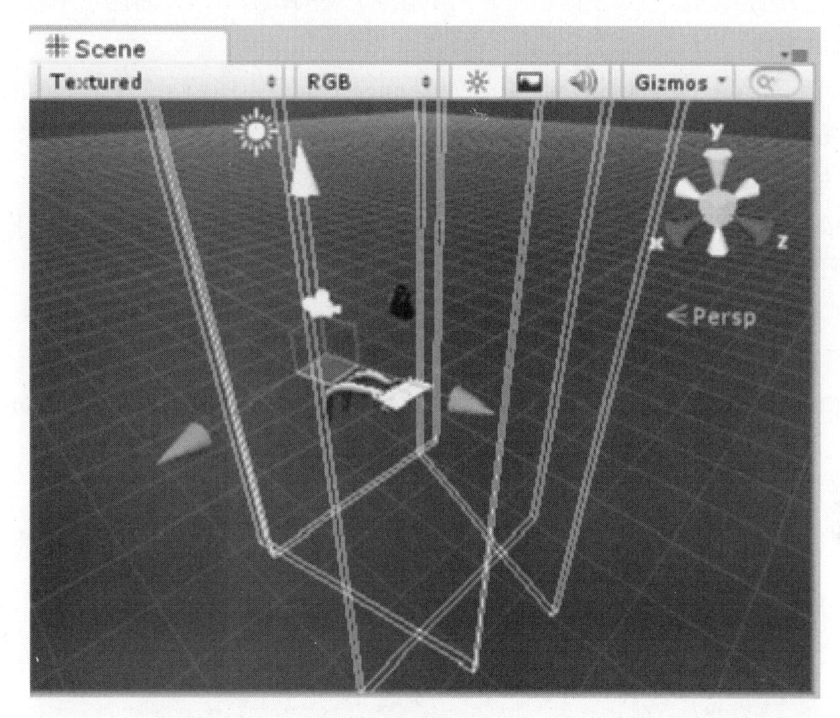

图8.18

7. 我略微改动了一下handsAndTray的transform数值，将X旋转值改成了16。

保存脚本并测试游戏。在玩家看来，心脏会弹到护士的额头上，或是弹到屏幕的边缘，但是究竟怎么回事只有我们最清楚啦。我们只是善意地欺骗了玩家，为的是能让他们更好地体验我们的游戏。

为那些墙说点好话

如果你自己去稍微探索过Unity，你会纳闷为什么我们要放置四个立方体而不是四个平面。对于初学者来说，平面从背面看是隐形的，这不太便于在场景中调整它的位置。而且，由于它的单面显示特性，如果方向摆放不当，有可能会让心脏直接穿过去。

对于最后的冲刺阶段，我们将重复使用之前学过的技法，在屏幕上显示玩家成功颠起的次数。并在心脏落地的时候弹出一个Play Again（再玩一次）按钮。

动手环节——创建字体贴图

首先，我们来创建一张字体贴图，用来显示一些GUIText，上面记录了玩家将心脏成功颠起的次数。

1. 新建一个GUIText物体，并更名为Bounce Count。遵照第7章里学过的知识创建一个GUIText物体，并为它映射一个字体材质。测一次，我选择一个名为“Cajun Boogie”的字体，因为它实在是太特别了。

2. 在字体浏览器中更改字体大小。我对我选用的字体使用了45磅字号。你的字体可能需要设定不同的值才合适。

3. 在检视面板中，将Bounce Count的transform position值改为 X：0.9 Y：0.9 Z：0，把它放到屏幕的右上角。

4. 在检视面板的GUIText组件设定中，将Anchor设为Uppper Right，Alignment设为Right。

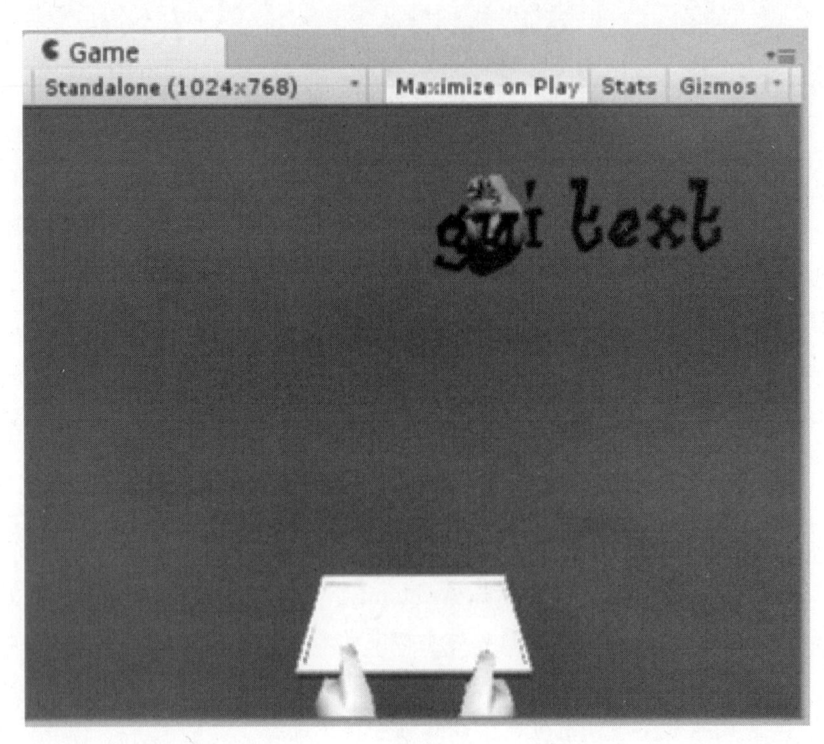

图8.19

现在屏幕上就多了一个能够显示玩家颠心脏次数的GUIText物体。

动手环节——创建心跳脚本

我们需要为心脏添加另一个脚本。这个脚本会作用于两个时刻：一个是当心脏碰到托盘的时候，另一个是没接住心脏的时候。我们这就来新建一个简单的脚本，并写一段简单的代码。

1. 在工程面板的空白处点击鼠标右键（或者点击顶部的Create按钮），并以此点击Create | JavaScript。
2. 将新建的脚本更名为HeartBounce。
3. 双击它，以便在脚本编辑器中打开它。
4. 在Update函数上面添加如下代码：

```
function OnCollisionEnter(col : Collision) {
  if(col.gameObject.CompareTag("tray")) {
    Debug.Log("yes! hit tray!");
  }
}
```

刚才发生了什么——记录碰撞

这里用到了新的代码。onCollisionEnter是一个内建函数，会在游戏物体碰撞器间相互接触（或者说碰撞）时调用，前提是游戏物体已包含非运动学刚体组件碰撞器（正如我们的心脏物体）。我们使用col变量（collision一词的简写）来存储传入的参数。该参数包含了碰撞对象的信息。

当世界中发生了碰撞

Unity文档中有一段关于碰撞交互与它们发出信息之间的区别的简单描述。不妨去看一看：http://docs.unity3d.com/Documentation/Components/class-MeshCollider.html

找出碰撞对象的一种方式就是查找它的tag（标签）。这里我们要找的是碰撞物体是否被标记为tray（托盘）。为了实现这个目的，我们需要学习一点关于tag的知识。

动手环节——为托盘添加tag

保存并关闭HeartBounce脚本，稍后再回来找它。首先，我们来为托盘物体添加tag，以便能够确定心脏是否和它发生了接触。

1. 在层级面板中点击HandsAndTray物体。

2. 在检视面板中，在游戏物体名称下方有一个标有Tag字样的下拉列表（图8.20）。点击列表底部的Add Tag（添加标签）（默认情况下，所有的游戏物体都是没有添加过标签）。

图8.20

3. 然后我们会跳转到Tag Manager（标签管理器）。点击列表顶部Tags字样旁边的灰色箭头（图8.21）。

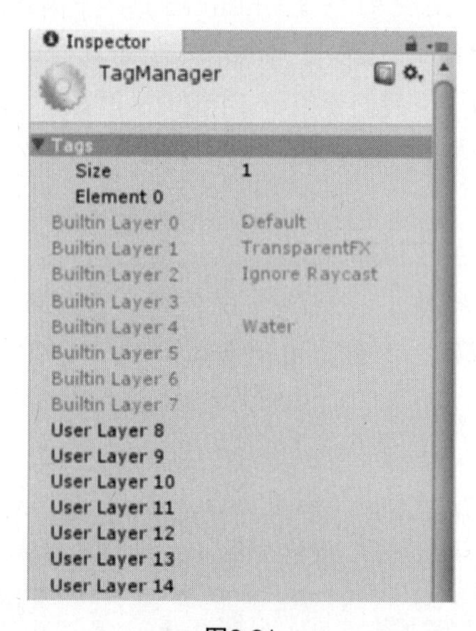

图8.21

4. 在Element 0旁边有一个看不见的文本输入栏。如果我不说你可能发现不了它。在Size行中的数字2的下方点击一下，然后输入tray。按回车键确认。你会看到Unity同时会再为我们添加一个空行，自动命名为Element 1（图8.22）。

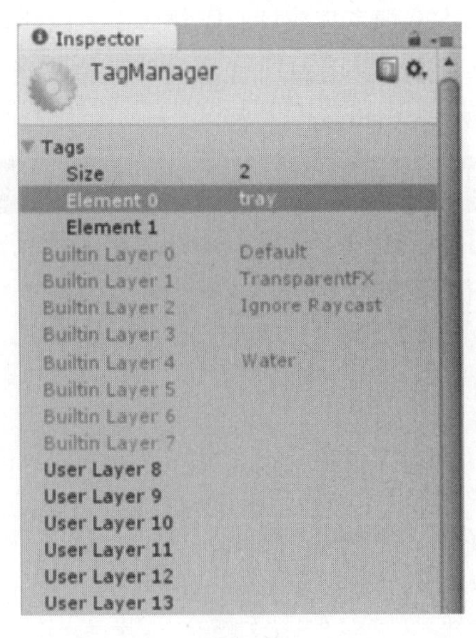

图8.22

5. 在层级面板中点选Tray_Mesh（可能需要点击HandsAndTray物体旁边的灰色箭头展开下级列表才能看到它）。我们刚才选择Add Tag（添加标签）一项的时候，你可能以为我们会把那个tray标签赋给HandsAndTray物体。实际上，Add Tag的真正意思是“向列表中添加一个标签供选用”的意思。新建的标签并不会自动赋给任何游戏物体哦。

6. 现在我们已经添加了tray标签。我们可以在列表顶部选用它。保持Tray_Mesh为选中状态，在检视面板中，从标签列表中选用tray，把它加给Tray_Mesh物体（图8.23）。

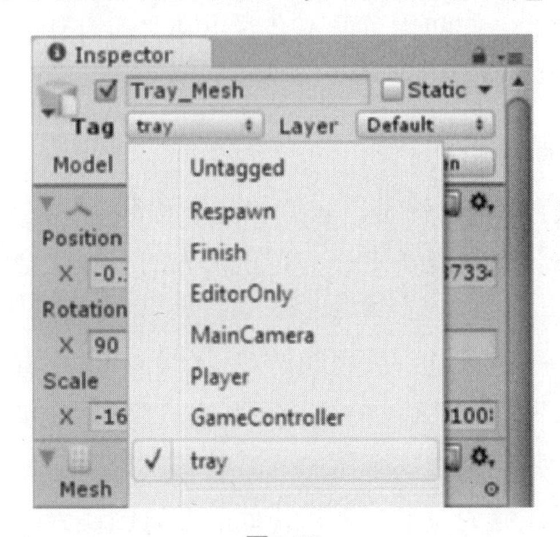

图8.23

7. 为Hands_Mesh物体也添加一个tray标签。

8. 点击HeartBounce脚本并把它拖放到心脏物体上，以此将脚本赋给后者。

保存场景并测试一下游戏。注意屏幕底部的信息栏。当心脏碰到托盘或手的模型时，你会看到信息栏上弹出yes! Hit tray!的字样。

动手环节——调节弹跳设定

既然我们能够检测到心脏碰撞了托盘，那就用它来干点实事吧！打开代码后，我们稍加改动，进一步提升游戏体验。

1. 双击HeartBounce脚本打开它。

2. 在脚本顶部输入如下代码：

```
#pragma strict
var velocityWasStored = false;
var storedVelocity : Vector3;
function OnCollisionEnter(col : Collision) {
  if(col.gameObject.CompareTag("tray")) {
    Debug.Log("yes! hit tray!");
    if (!velocityWasStored) {
      storedVelocity = rigidbody.velocity;
      velocityWasStored = true;
    }
    rigidbody.velocity.y = storedVelocity.y;
  }
}
```

保存脚本并测试游戏。起初你可能不会看出和之前有什么不同。但我们已经让游戏的运行机制发生了显著变化。

刚才发生了什么——存储速率

Unity的物理模拟有个问题就是，它有些过于称职了。心脏的跳动幅度会越来越小，最终停在托盘上面。而在现实中，一颗正常人的心脏是会持续跳动下去的。发现这一点我也是醉了。

但这并不是现实——这只是一款视频游戏，伙计！这里有巨型火炮和蘑菇人！我们想要让心脏持续跳动下去，而不会在它碰到托盘或隐形墙壁时导致力度衰减。

我们的那一小段代码就是做这个用的。心脏首次跳动时，我们把它的速率（也就是随时间变化的幅度）存储为变量。替换掉此后心脏因碰到隐形墙而逐渐减弱的跳动幅度。我们使用velocityWasStored标记来确定心脏是否产生了跳动。

动手环节——时刻追踪跳动变化

我们再来引入几个用来存储玩家颠起心脏次数的变量。

1. 在顶部增加这三个变量（加粗显示的那三行）：

```
var hitCount:GUIText;
var numHits:int = 0;
var hasLost:boolean = false;
var velocityWasStored = false;
var storedVelocity : Vector3;
```

2. 保存脚本并回到Unity。

3. 在层级面板中选中心脏物体。

4. 我们创建好了变量，用来装载GUIText物体。将名为Bounce Count的GUIText控件从层级面板中拖拽到检视面板中的GUIText槽位上。现在，每当我们在脚本中使用hitCount的时候，都是在调用GUIText物体。

5. 在Update函数里添加如下代码：

```
function Update() {
  var str:String = "";

  if(!hasLost){
    str = numHits.ToString();
  } else {
    str = "Hits:" + numHits.ToString() + "\nYour best:" +
      bestScore;

    if(bestScore > lastBest) str += "\nNEW RECORD!";
  }

  hitCount.text = str;
}
```

这段脚本的意思是在每次执行Update时检查hasLost标记，并将hitCount这个GUIText物体显示现有的颠起次数，或是在游戏结束时的醒目统计内容，效果如下：

Hits：32

Your Best：12

NEW RECORD!

我们目前并没有任何用来反转hasLost标记的逻辑，也没有为numHits变量赋予增量值的代码。下面我们就来做这两件事。

\n

这个代码用来创建一个换行。无论你何时看到它，都可以把它想象成有人在代码里按了一次回车键。不过它只对字符串有效。

动手环节——添加游戏失败的判断条件

判断玩家是否失败的最简单的办法是检查心脏的transform.position.y属性的值。如果心脏掉了下去，那么玩家显然无法再去用托盘去颠它了。

1. 添加让玩家得分累积增量的逻辑：

```
function OnCollisionEnter(col : Collision) {
  if(col.gameObject.CompareTag("tray")) {
    //Debug.Log("yes! hit tray!");
    if (!velocityWasStored) {
      storedVelocity = rigidbody.velocity;
       velocityWasStored = true;
    }
    if(rigidbody.velocity.y > 1) {
      numHits ++;
}
rigidbody.velocity.y = storedVelocity.y;
}
```

2. 在Update函数内添加判定游戏失败的代码：

```
function Update() {
  var str:String = "";

  if(!hasLost){
     str = numHits.ToString();
  } else {
    str = "Hits:" + numHits.ToString() + "\nYour best:" +
      bestScore;

    if(bestScore > lastBest) str += "\nNEW RECORD!";
```

```
  }
  hitCount.text = str;
  if(transform.position.y < -3){
    if(!hasLost) {
      hasLost = true;
      lastBest = bestScore;
      if(numHits > bestScore) {
        bestScore = numHits;
      }
    }
  }
}
```

3. 将这些变量添加到脚本顶部（加粗的那两行）：

```
var hitCount:GUIText;
var numHits:int = 0;
var hasLost:boolean = false;
var bestScore:int = 0;
var lastBest:int = 0;
var velocityWasStored = false;
var storedVelocity : Vector3;
```

刚才发生了什么——看懂这段代码

每当心脏碰到托盘时，我们就开始为numHits添加增量值，代码如下：

```
if(rigidbody.velocity.y > 1) {
numHits ++;
}
```

通过检查心脏的垂直速率是否大于1，我们可以确保它是在向上回弹。有的时候，虽然玩家的托盘碰到了心脏，但却并未让它弹起来，我们为心脏的速率添加了这个条件检查就是为了避免在这种情况下得分。

```
if(transform.position.y < -3){
    if(!hasLost) {
      hasLost = true;
```

这段代码的意思是“如果心脏穿过了地面（transform.position.y的值小于-3），而且玩家还尚未输过的时候，判定玩家为输”。

```
lastBest = bestScore;
```

如果玩家在本轮挑战中让心脏弹起的次数是玩家的最好成绩，那就将原最好成绩改写为玩家所获得的新最好成绩。

```
if(numHits > bestScore) {
  bestScore = numHits;
}
```

保存脚本并测试游戏。屏幕上的计分器会在你每次颠起心脏的时候更新，并且会在心脏掉落在地的时候显示你的最后得分和最好成绩。

动手环节——添加“再玩一次”按钮

最后，我们还需要做的就是在游戏结束时添加一个按钮，让玩家可以选择再玩一次。我们再次使用上一章用到的GUI技能来做。

1. 为HeartBounce脚本添加OnGUI函数：

```
function OnGUI(){
  if(hasLost){
   var buttonW:int = 100; // button width
   var buttonH:int = 50; // button height

   var halfScreenW:float = Screen.width/2; // half of the
    Screen width
  var halfButtonW:float = buttonW/2; // Half of the
    button width

  if(GUI.Button(Rect(halfScreenW-halfButtonW,
    Screen.height*.8, buttonW, buttonH), "Play Again"))
  {
     numHits = 0;
     hasLost = false;
     velocityWasStored = false;
     transform.position = Vector3(0.5,2,-0.05);
     rigidbody.velocity = Vector3(0,0,0);
  }
 }
}
```

刚才发生了什么?

既然我们已经是GUI老手了，这段代码应该算是小菜一碟了。

整个函数被封装在一个“玩家是否输掉了游戏？”的条件语句中。

首先我们存储了屏幕宽度和高度的值，以及按钮的宽度或高度：

```
var buttonW:int = 100; // button width
var buttonH:int = 50; // button height

var halfScreenW:float = Screen.width/2; // half of the Screen width
var halfButtonW:float = buttonW/2; // Half of the button width
```

接着，我们在屏幕上绘制按钮，并在它被点击时重置某些游戏变量：

```
if(GUI.Button(Rect(halfScreenW-halfButtonW, Screen.height*.8,
    buttonW, buttonH),"Play Again")){
     numHits = 0;
     hasLost = false;
     velocityWasStored = false;
     transform.position = Vector3(0,2,0);
     rigidbody.velocity = Vector3(0,0,0);
}
```

我们将心脏的起始位置及Rigidbody组件中的速率值重置，这一步很关键。不信的话，可以试试将上面那些行注释掉看看会发生什么！

保存脚本并测试一下。《Ticker Taker》游戏现在使用了3D模型，还有一个显示在屏幕上的计分器，这让一个原本平淡无奇的颠球游戏变成了一个急诊室里的惊险剧情（图8.24）。

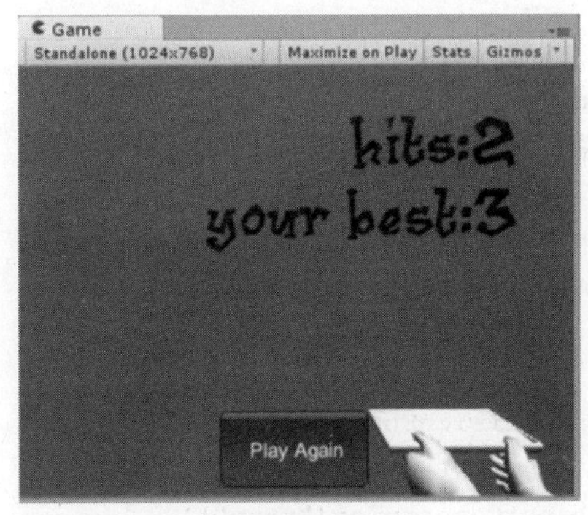

图8.24

8.4　大功告成

我们来回顾一下在本章中所做过的事情：

- 为游戏添加了3D模型。
- 创建了几种简单的材质。
- 学会了如何为游戏物体添加标签（tag）。
- 实现了游戏物体间的碰撞检测。
- 用自己的代码替代了物理模拟。
- 编写并完善了屏显积分器的代码。

我们还可以有很多的创意，让这款《Ticker Taker》游戏更引人入胜。我们暂且告一段落，等学完后面的章节后再回来继续。在下一章节中，我们将进一步实践游戏物体的碰撞，也会充分了解预制件（Prefab），它们会改变你使用Unity的方式！我都等不及啦。

8.5　C#脚本参考

当把上面的脚本转译成C#脚本时，只需要对MouseFollow脚本做一处小改动即可。HeartBounce脚本就不用多说了。下面是C#参考脚本：

```
using UnityEngine;
using System.Collections;

public class HeartBounceCSharp : MonoBehaviour {

  public GUIText hitCount;
  private int numHits = 0;
  private bool hasLost = false;
  private int bestScore = 0;
  private int lastBest = 0;
  private bool velocityWasStored = false;
  private Vector3 storedVelocity;

  private void OnCollisionEnter(Collision col)
  {
    if(col.gameObjectCompareTag("tray"))
```

```
        {
          Debug.Log("yes! hit tray!");
          if (!velocityWasStored)
        {
             storedVelocity = rigidbody.velocity;
             velocityWasStored = true;
        }

        if(rigidbody.velocity.y > 1)
        {
            numHits ++;
        }

        rigidbody.velocity = new Vector3(rigidbody.velocity.x,
        storedVelocity.y, rigidbody.velocity.z);
      }
  }


  void Update ()
  {
    string str = "";

    if(!hasLost)
    {
      str = numHits.ToString();
    } else {
      str = "Hits:" + numHits.ToString() + "\nYour best:" + bestScore;

      if(bestScore > lastBest) str += "\nNEW RECORD!";
    }

    hitCount.text = str;

    if(transform.position.y < -3)
    {
      if(!hasLost)
      {
```

```
        hasLost = true;
        lastBest = bestScore;
        if(numHits > bestScore)
        {
          bestScore = numHits;
        }
      }
    }
}
  void OnGUI()
  {
    if(hasLost)
    {
      float buttonW = 100; // button width
      float buttonH = 50; // button height

      float halfScreenW = Screen.width/2; // half of the Screen width
      float halfButtonW = buttonW/2; // half of the button width

      if(GUI.Button(new Rect(halfScreenW-halfButtonW,
        Screen.height*.8f, buttonW, buttonH), "Play Again"))
      {
        numHits = 0;
        hasLost = false;
        velocityWasStored = false;
        transform.position = new Vector3(0.5f,2,-0.05f);
        rigidbody.velocity = new Vector3(0,0,0);
      }
    }
  }
}
```

第9章

游戏#3——分手大战(一)

我们一直在学习像象乐高积木那样的游戏开发机制。我们始终在跟进两条路线：一条是了解制作一个完整游戏需要哪些方面的要素，另一条是我们如何使用Unity去做出这些方面。

《分手大战》是一个简单的接物游戏。接物游戏属于一种游戏类型，如今我们称之为小游戏（mini-game）——通常，这些游戏会存在于其他游戏中。和颠球游戏类似，接物游戏有一个非常简单的机制。玩家控制一个物件（例如球拍、角色、桶或者弹簧垫等），通常位于屏幕下方，其他物件会从上面落下，或是朝着玩家控制的物件的方向运动过来。在一个接物游戏中，玩家必须用手里控制的物件接住掉落的物件（例如从楼上跳下的人、从树上落下的果实等）。常用的附加特性是向其中添加某些需要玩家避免接触的物件。

游戏的内在机制就是这样。当然，你可以有无数种方法去包装它。我玩过最早的一款接物游戏叫做《大爆炸！》（Kaboom!），游戏平台是Atari 2600。玩家控制一排桶，用来接住屏幕上方的坏人抛下的炸弹（图9.1）。

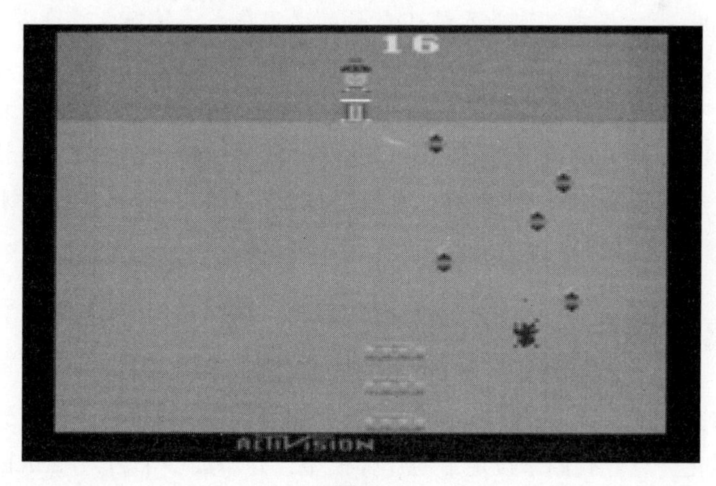

图9.1

我为《分手大战》设定的包装方案是，让你扮演一个被女友从公寓撵出来的家伙。你最宝贵的财物就是自己收集的世界各地的酒杯，还有你的卡通炸弹藏品，而你的前女友正在把它们扔出窗外！当然，炸弹是被引燃的。你要做的就是去接住那些易碎的酒杯，同时要躲开炸弹。

这个点子显然有点搞怪，但却让你看到了你能把一个简单的机制包装成什么样子。

那么，我们需要些什么？我们需要场景背景、啤酒杯和炸弹，包括一个角色。如果角色能带动画当然最好。哦对了，我们还得学学怎样把东西打碎，因为破碎的效果会很有意思。在本章中，我们将学习：

- 如何为外部模型设置动画。
- 如何创建爆炸及火花的粒子效果。
- 如何使用预制件处理同一游戏物体的多个副本。
- 如何写一个能够控制多个物体的脚本。
- 如何为画面增添更多内容。

和之前一样，首先要做的就是为本章新建一个Unity工程，并取名为TheBreakUp。确保将`Particles.unityPackage`文件导入进去。当开始工程后，将默认的场景保存一下，取名为`Game`。制作游戏所需的所有元素都将出现在工程面板当中，位于它们各自的Materials（材质）和Models（模型）文件夹中。

转换的利弊

就像《Ticker Taker》工程里的心脏、手和托盘模型那样，这些元素都是在免费的3D建模软件Blender里制作而成的。然后它们被导出成`.fbx`格式，这是各种3D软件的通用格式。转换成通用格式的一个缺点就是会丢失某些转换数据，例如模型的法线可能反了，贴图的位置可能错乱了，甚至模型的风格可能也已不是最初的模样。我们说过，Unity可以识别多种原生3D文件格式。与`.fbx`这样的通用格式相比，使用原生文件格式有利也有弊，以后你会在Unity里有更深刻的体会。

9.1 远离炸弹！

我们都清楚：又大又圆的卡通炸弹很好。现实中的炸弹可没这么好玩，所以我们把它做得卡通化一点。我们来设定卡通炸弹模型，并添加一个名为Particle System的特效，让它看上去像是被点燃了引线。

1. 在工程面板中，点击Models文件夹前面的灰色箭头，把它展开（图9.2）。

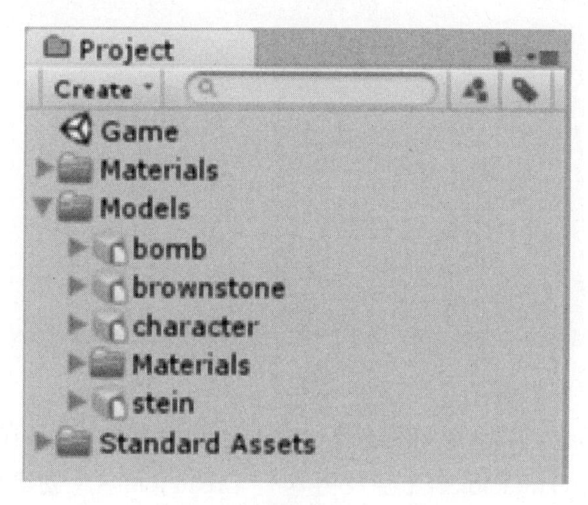

图9.2

2. 将名为bomb的炸弹模型拖拽到场景视图中（图9.3）。

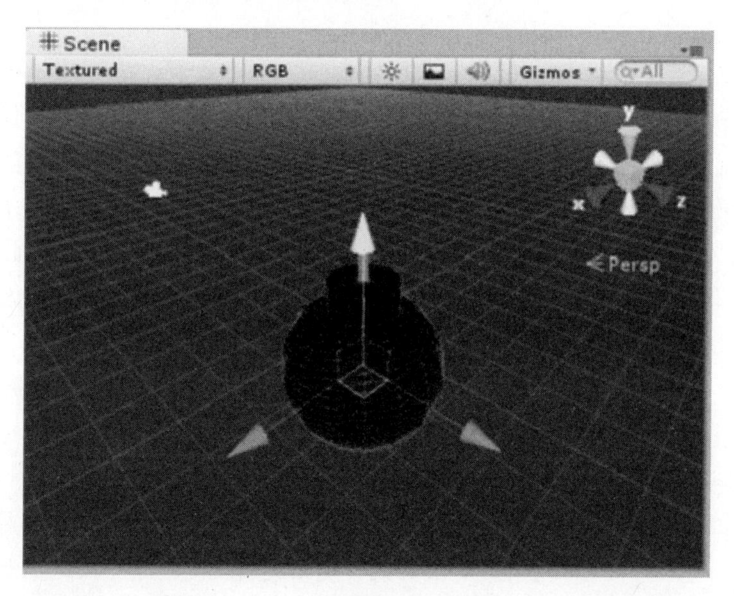

图9.3

3. 在检视面板中，将炸弹的Transform Position的X, Y, Z值设为0, 0, 0，让炸弹位于3D世界的原点。你也可以点击灰色的小齿轮图标，从下拉菜单中点选Reset Position（重置位置），如图9.4所示。

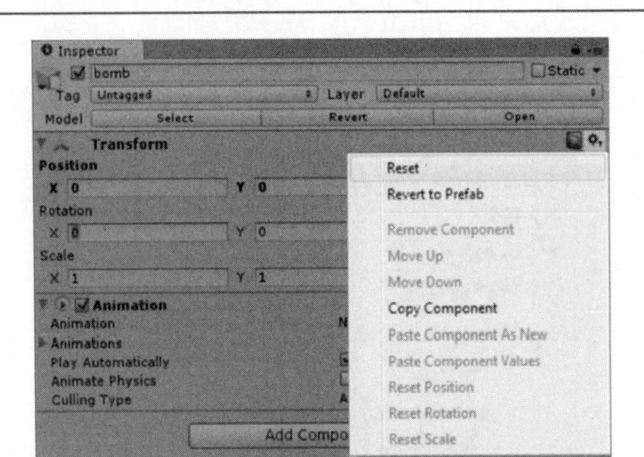

图9.4

4. 鼠标悬停在场景视图上，按下F键。这样会让炸弹居中显示在视图中。

5. 依次点击菜单GameObject（游戏物体）| Create Other（创建其他物体）| Particle System（粒子系统）。

6. 在检视面板中，将Particle System的X, Y, Z方向的position值改为`0,3,0`。这会将其置于引线末端。

7. 在层级面板中，将Particle Effect更名为`Sparks`（意为火花）。

粒子系统会让游戏的效果大增。它们可以用来模拟烟雾、火焰、水体、火花、魔法、气浪、离子等很多自然或非自然的现象。本质上讲，它们是大量的始终面朝摄像机的微小图像的集合。其中使用了一种称为billboarding（公告板）的技术。每张小图片都贴上去，就像3D模型上的材质那样。小图片支持透明度特性，因此，它们不一定是方形的。粒子系统有一个发射器，也就是粒子的发射源头。Unity内建的粒子系统提供了大量让你眼花缭乱的附加参数，例如粒子的数量、颜色、频率、方向，以及随机性等。

追求光感

很多游戏开发者都会用粒子特效为玩家营造视觉感受。对于很多普通玩家来说，对解谜游戏的最大奖励反馈就是播放一段充满胜利喜悦的声效，伴随着流光四射的粒子效果。像《宝石迷阵》和《幻幻球》这样的游戏，都是粒子效果的经典使用案例。

现在，我们的粒子效果像是幽灵的魔法，萦绕在炸弹周围（图9.5）。我们想要做出类似于经典的华纳兄弟出品的动画《大笨狼怀尔》所用的那种炸弹效果，让火花从引线上迸下来。我们这就来看一下Unity的那一大堆粒子系统选项。

图9.5

在层级面板中，点击Sparks Particle System（如果尚未选中它的话）。

转到检视面板。那里真的有好多的粒子系统选项！我们并不打算深入介绍，因为官方手册里都有。总之，要想获得满意的效果就要去耐心调节它们了。我们这就动手吧！

动手环节——调节那些粒子

1. 调节粒子系统，按下面的数值修改对应的选项：

顶部：

- Start Lifetime（起始寿命）：0.1。
- Start Speed（起始速度）：10。
- Start Size（起始大小）：0.3。

发射：

- Rate（频率）：50。

形状：

- Shape（形状）：HemiSphere。

至于其他选项，不必做任何改动（图9.6）。

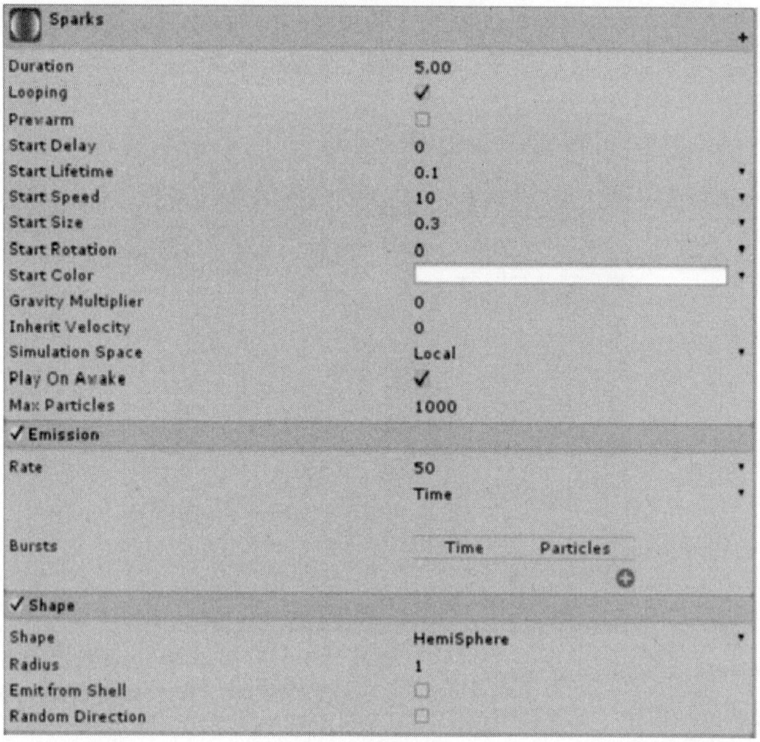

Sparks	
Duration	5.00
Looping	✓
Prewarm	
Start Delay	0
Start Lifetime	0.1
Start Speed	10
Start Size	0.3
Start Rotation	0
Start Color	
Gravity Multiplier	0
Inherit Velocity	0
Simulation Space	Local
Play On Awake	✓
Max Particles	1000
✓ Emission	
Rate	50
	Time
Bursts	Time Particles
✓ Shape	
Shape	HemiSphere
Radius	1
Emit from Shell	
Random Direction	

图9.6

Start Lifetime（起始寿命），这是我们调节的第一个数值，它决定了粒子从玩家的视图中“死去”或消失所需的时长。引线上呲呲作响的火花是转瞬即逝的，所以我们将这个值设得很小。

Start Speed（起始速度）的作用从名字上看就不言而喻了，它决定了粒子从发射器射出时的初始速度。

Start Size（起始大小）控制的是粒子贴图的尺寸。较小的值可以让粒子看上去更像火花。

在Emission（发射）栏中，Rate（频率）值控制的是随时间发射出来的粒子数量。较高的值会发射出更多的粒子，当然看上去也更让人眼花缭乱。

在Shape（形状）栏中，使用HemiSphere（半球）替代默认的Cone（锥形），这样会让粒子的发射效果更自然。

下面还有Color Over Lifetime（寿命期颜色）一栏。这里，我们可以选用很多颜色来做出火花的效果。点击Color（颜色）标签旁边的色块，会弹出Gradient Editor（渐变色编辑器）。

在计算机图形术语中，渐变是指颜色间的连续过渡。中间可以不加其他颜色，也可以加多个颜色。白条两端的两个小房子形状的图标定义的是起始颜色与结束颜色。双击其中的任何一个（或在结束颜色色块上单击），将右边设为红色，左边设为白色。

接下来，在两个房子标记之间的空白区域内单击鼠标，新建两个标记，并将颜色分别设为橙色和黄色。让渐变色从右边的纯红色平滑地过渡到左边的纯白色。如果想要去掉的话，把它们从过渡条上移走即可。你可以在渐变条上点击并拖拽它们，调节渐变样式。

以下是我使用的颜色值，从左到右依次为：

255 / 255 / 255（白）

249 / 220 / 0（黄）

246 / 141 / 0（橙）

255 / 0 / 0（红）

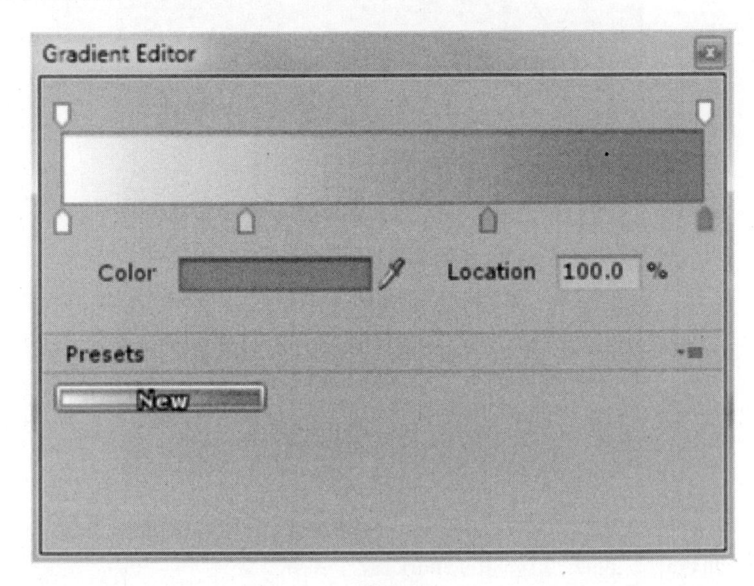

图9.7

很好！现在看上去有火花的感觉了！粒子的颜色会随着时间按照渐变色逐渐变化，直至最终消失。这大概是另一种生命的循环吧。

9.2 创建火花材质

目前的效果还不错。但要想真正做出火花特效，我们还需要为粒子添加材质才行。这个材质会被应用到每个微小的粒子单元上去。

1. 在工程面板的空白处点击右键新建一个材质，或者依次点击菜单Assets | Create | Material。

2. 将材质更名为`Spark`。球形图标可以提醒我们这是个材质。可以考虑把新建的材质拖拽到Materials文件夹中，让面板看着更整洁。

3. 在检视面板中将Shader类型选作Particle的附加件（Additive）。

4. 在标有Particle Texture的方块上点击Select按钮（那里默认会显示None（Texture 2D）字样），并从列表中选择fire4纹理。如果没看到列表，可能是在开始工程时忘记导入粒子资源包了。要想弥补，可以把电脑一把火烧了，然后去外面透透气（或者，等你决定继续时，再Assets | Import | Package | Particles）。

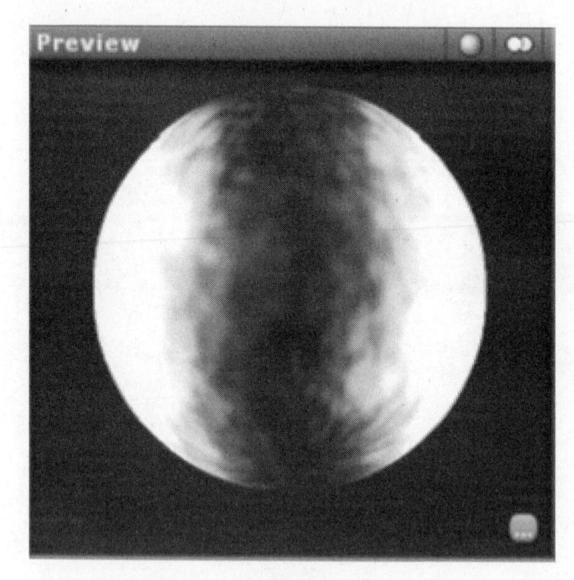

图9.8

5. 在层级面板中，再次点选你的Sparks粒子系统。

6. 在检视面板中，将Renderer栏中的Cast Shadows（投射阴影）和Receive Shadows（接受阴影）的勾去掉。这里，我们并不需要真实的视觉效果，所以可以让Unity省去渲染阴影效果的工作，而且可以不被人察觉（注意，截至写这段话的时候，实时阴影特性仅在专业版的Unity本提供，没办法呀！）。

7. 还是在Renderer栏中，点击Material标签旁的小圆圈，那里会有默认的粒子材质。

8. 在弹出的列表中，双击选中新建的Spark材质（图9.9）。

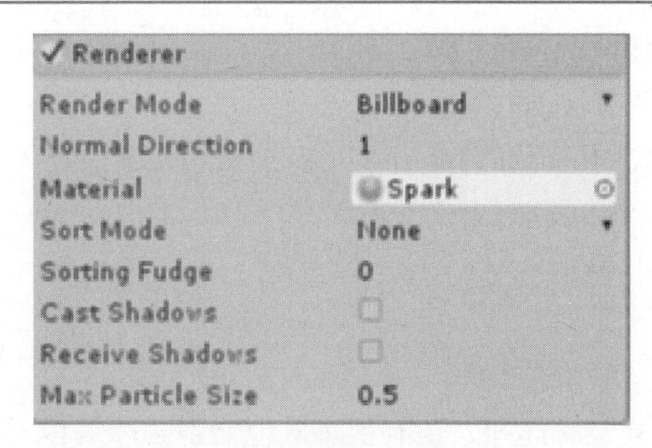

图9.9

就是这样！现在看上去更像火花了（图9.10）！

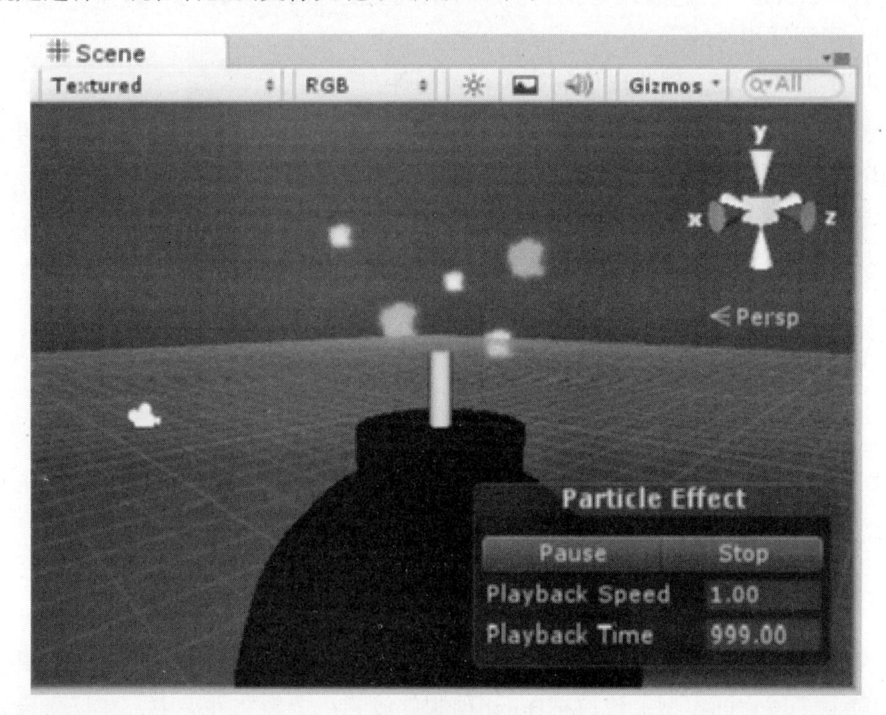

图9.10

探索吧英雄——点燃你的创意火花

你喜欢操作按钮或手柄的感觉吗？当你看到Unity的粒子系统里全是小火花，会不会有热血沸腾之感？现在可以把手里的书先放一放，去把玩一下它了（当然是在Unity里啦）。或许你找到了一个可以让它看上去更像火花的设置也说不定呢？或许可以试着画出自己的火花纹理，让它比渐变式火焰图更显犀利。或者，还可以创建另一个粒子系统，让它发射出淡淡的灰色烟雾，模拟出燃烧的效果呢？可以看一看velocity（速率）设置，那里可以调节粒子的发射方向。

关于粒子系统设置的更详细的介绍可以参见Unity官方手册：

`http://docs.unity3d.com/Manual/ParticleSystems.html`

9.3　预制件

我们的游戏不仅会包含炸弹，还有很多其他元素。和编程一样，重复执行某个动作在Unity里是很恼人的事，所以我们打算走个捷径。我们要创建一个内建的东西，名曰预制件（Prefab）。它可以为我们创建可供重复使用的炸弹，这和脚本中创建可供重复调用的函数是相通的。

参照下面的步骤，创建出你的第一个预制件：

1. 在工程面板中点击鼠标右键，并找到Create | Prefab，或者依次点击菜单Assets | Create | Prefab。工程面板中会出现一个灰色方块图标，标签默认为New Prefab（图9.11）。因为方块的颜色是灰色的，所以我们知道预制件实际上是个空物体（empty）。

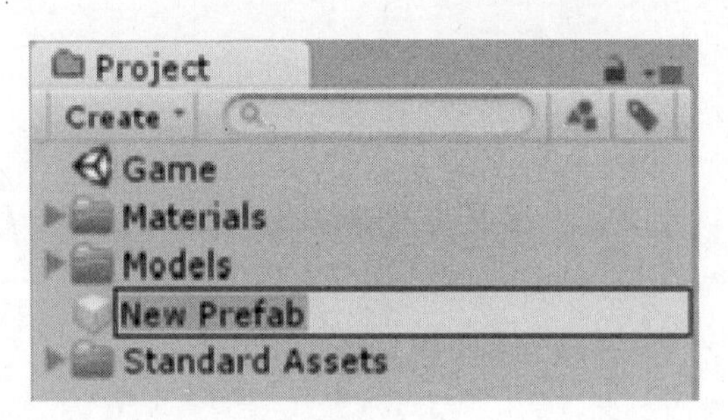

图9.11

2. 将该预制件更名为Bomb（意为“炸弹”）。和Spark材质一样，这个图标有助于我们随时了解它的类型。建议把Bomb预制件放到一个新文件夹中，建议将该文件夹命名为`Prefabs`。

3. 在层级面板中，点击Sparks粒子系统，并把它拖放到Bomb物体上。

4. 在层级面板中，点击bomb父级模型旁边的灰色箭头，你会看到其中包含了Bomb模型和Sparks粒子系统。你已经在两个游戏物体之间创建了父子关联。Sparks会永远跟着Bomb走（图9.12）。

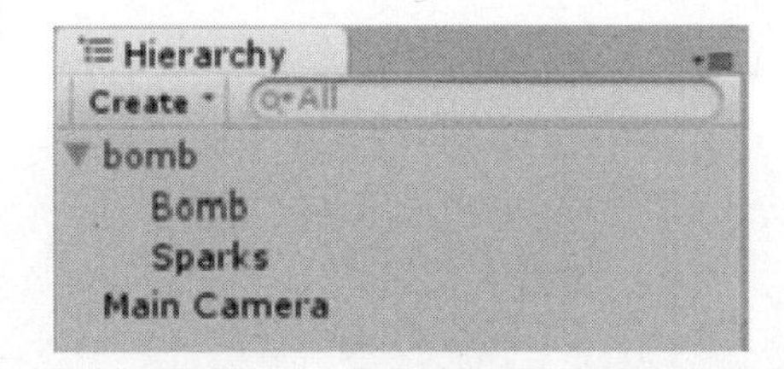

图9.12

5. 在层级面板中，点击父级bomb物体标签（也就是包含了Bomb模型和Sparks粒子系统的那个物体）并把它拖放到工程面板中的Bomb预制件上（还记得吧，它旁边的图标是个灰色的方块）。这里有个技巧，你也可以将某个游戏物体拖拽到工程面板中，这样即可自动为你创建一个预制件。

当将bomb物体托放进预制件空物体中时，灰色的预制件图标会立即变成蓝色。有内容的预制件图标会显示为蓝色（图9.13）。这与3D模型的图标很像，不同的是，后者的图标上多了一个小白纸图标。

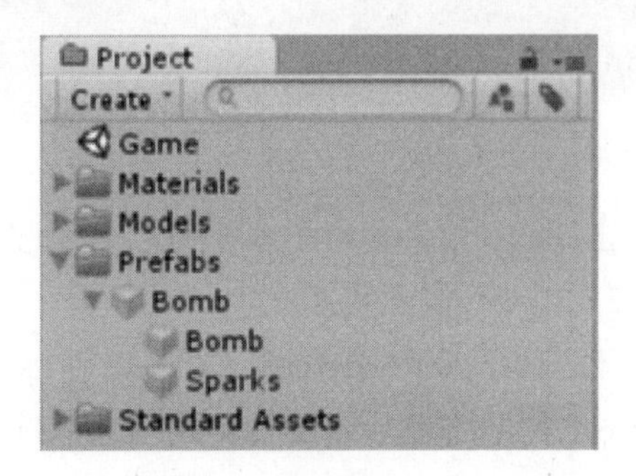

图9.13

刚才发生了什么——预制件是什么？

那么预制件到底是什么呢？其实它就是装东西的容器而已，而且具有神奇的可再用特性。现在，火花和炸弹都被安全地装在了一个预制件里面，这样我们就可以向场景中批量添加炸弹啦。如果预制件的内容变动了，那么所有的实例都会跟着变动。我们来动手体会一下：

1. 在层级面板中点选父级bomb物体，并按键盘上的Delete键把它删掉。不要担心，Bomb模型和火花粒子已经被放在了我们新建的预制件里，位于工程面板中。

2. 将Bomb预制件从工程面板里拖放到场景中，重复操作多次，让场景里出现五六个炸弹预制件。

3. 把场景中的炸弹分散摆放，别让它们叠放在一起就好（图9.14）。

图9.14

4. 在工程面板中，点击Bomb预制件前面的灰色箭头，把它展开。

5. 在Bomb预制件里点击Sparks粒子系统。

6. 在检视面板中，向下滚动找到Renderer栏。

7. 点击Particle Texture（粒子纹理）色块，将我们之前选用的fire4纹理用列表中的其他纹理图替换掉。可以随便选，例如soapbubble纹理。

8. 此时，场景中的所有预制件上的粒子都会更新并使用soapbubble纹理啦！测试游戏看看是否生效。

9. 在继续后面的内容之前，还是把纹理换回fire4吧（除非你有特立独行的幽默感）。

你已经证明了主预制件的变动会影响到所有的预制件实例。我们稍后再来处理这些炸弹。现在先把所有的炸弹预制件实例从层级面板中删掉，还场景一个清净。

与Flash相通

如果你用过Flash软件，那么就会很好理解预制件的概念了。预制件的作用相当于Flash里的影片剪辑（Movieclip）。

9.4　灯光，摄像机，还有公寓

工程面板的Models文件夹里有一个名为brownstone的模型。这就是我们的倒霉蛋主人公被女友赶出来的那间公寓。我们来设置一下它：

1. 在工程面板中，点击Models文件夹前面的灰色箭头，把它展开。
2. 将brownstone模型拖放到场景中。
3. 在检视面板中，将公寓楼的Transform Position值设为X：0，Y：0，Z：0。
4. 当前的摄像机方位并不是十分合适。
5. 因此我们调节摄像机的Transform值，让它以一个低视角观察公寓楼。
6. 在层级面板中点选名为Main的摄像机。
7. 在检视面板中，将Transform Position的值设为35,25,-38（图9.15）。
8. 将Rotation值改为333,355,0.4。

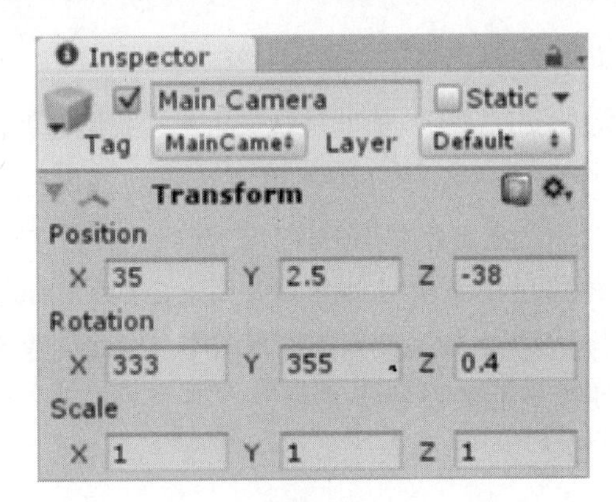

图9.15

9. 此时，公寓楼应该会出现在你的游戏窗口里了。
10. 将摄像机的field of view（视场）值改为51，免得被玩家识破这只是个二层小楼而已。周围一片昏暗，所以我们再添加一个灯光来模拟白天的效果。
11. 依次点击菜单GameObject | Create Other | Directional Light。将灯光放到场景原点（0, 0, 0）处，以便容易找到它的位置。
12. 在检视面板中，将灯光的Rotation值改为X：45，Y：25，Z：0（图9.16）。

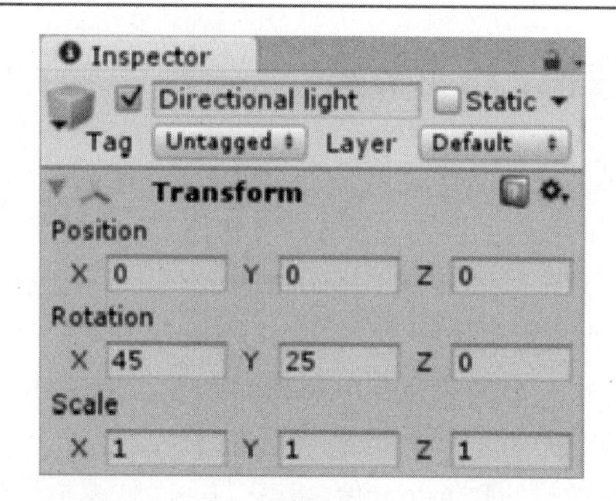

图9.16

现在，公寓楼的视觉效果就好多了。

9.5 添加角色

目前还差最重要的元素没有登场，那就是玩家角色。我们这就来把他加到场景里来。

1. 创建一个空预制件，并命名为`Character`（意为“角色”）。建议把它拖放到Prefabs文件夹里。

2. 在工程面板中，将角色模型从Models文件夹中拖拽到Character预制件中。

3. 将Character预制件从工程面板拖拽到场景视图中，以此创建该预制件的一个实例。

4. 如图9.17所示，使用下面的设置摆放角色：

Position：`24,0,-16`

Rotation：`0,90,0`

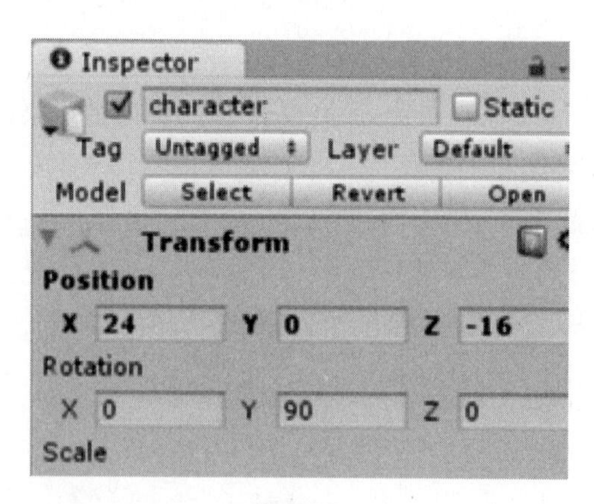

图9.17

这些设定会将角色置于公寓楼下。他看上去像是在伸开双臂做某种有氧操（图9.18）。这种姿势叫“基督姿势”或“T型姿势”，是创建角色模型时常用的姿势，因为这样比较便于为网格添加骨架（skeleton），这个过程叫做装配（rigging）。一个经过充分装配的角色叫做角色装配（character rig）。骨架是“骨骼”的可视化形态，能够让你的角色做出四肢弯曲等网格变形效果。

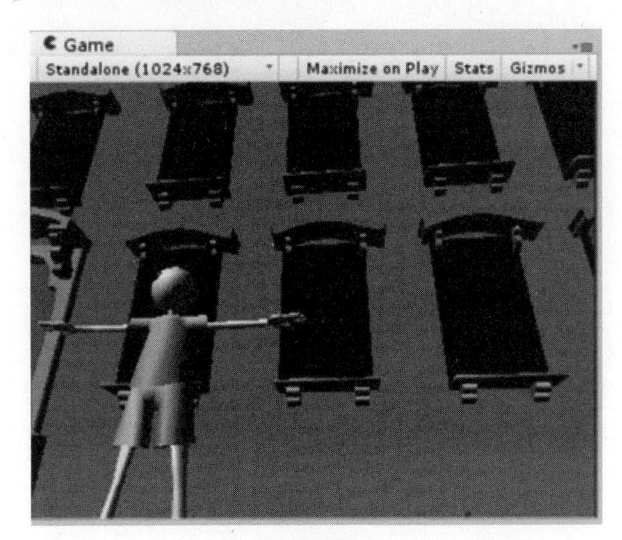

图9.18

9.6 注册动画

我们正在使用的这个角色模型已经在Blender里设定好了动画。它包含了三个动画：step（行走）、idle（静立）和catch（接物）。在我们能够用脚本播放这些动画之前，还得让Unity知道模型所使用的帧区间。

1. 在工程面板中，点选Models文件夹里的角色模型。
2. 在检视面板顶部，点击Animations选项卡。
3. 在Clips框右边的小加号图标上点击两下，弹出一个含有全部三个动画的列表。
4. 依次点击各个动画，在下方区域里，分别命名为`step`、`idle`和`catch`。
5. 对Start、End和Wrap Mode应用如下参数（图9.19）：
   - step　1–12，Loop
   - idle　22–47，Loop
   - catch　12–20，Once

6. 设置完成后点击Apply（应用）按钮。

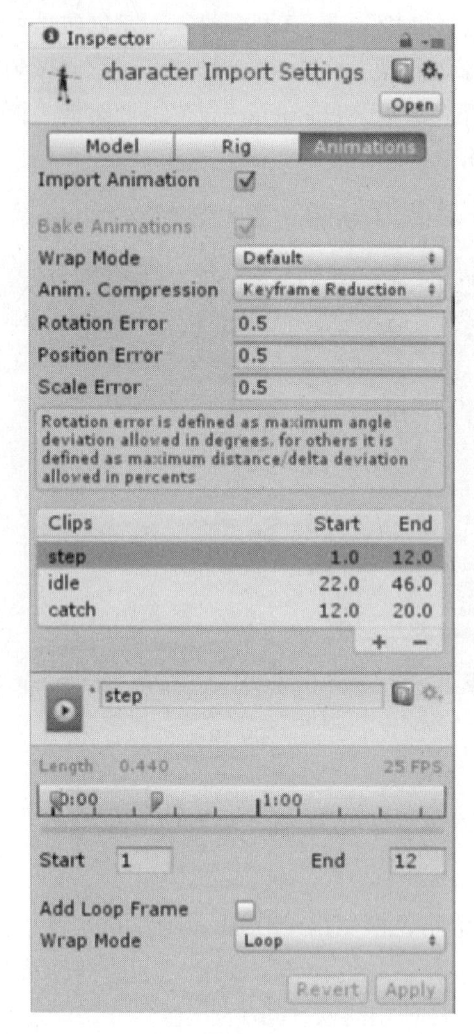

图9.19

现在，这些动画已经经过命名和辨识。这样就可以在代码中调用它们了。

9.7 编写角色脚本

这就来做吧！我们将新建一个脚本，并运用之前学过的跟随鼠标运动的技法，让角色跟随鼠标运动。然后，我们让角色知道什么时候该播放哪个动画。

1. 新建一个JavaScript脚本，更名为`Character`。如果你想让工程目录更明朗，建议新建一个名为Scripts的文件夹，并将新建的脚本拖放进去。

2. 打开脚本，并在#pragma行下方输入如下代码：

```
var lastX:float; // this will store the last position of
  the character
var isMoving:boolean = false; //flags whether or not the
  player is in motion
function Start()
{
   animation.Stop(); // this stops Unity from playing the
      character's default animation.
}

function Update()
{
transform.position.x = (Input.mousePosition.x)/20;
}
```

目前，所有的东西都似曾相识。我们使用了与颠球游戏中类型相同的命令让游戏物体跟随鼠标运动，但这回我们要让玩家只在X轴向上运动，让他只能左右运动。

现在我们要在Update函数中添加一个逻辑，用来确定玩家是否处于运动状态。

之前我们用过的那个数值20是一个“幻数”，这是一个编程用语，指的是一种难以理解其作用的数值。这个数值对你来说取决于你的屏幕宽度。所以要根据自己的实际情况去试着找出最适合自己的那个数值。

3. 将下面的代码添加到Update函数中（加粗显示的那两行）：

```
function Update()
{
  var halfW:float = Screen.width / 2;
  transform.position.x = (Input.mousePosition.x)/20;
if(lastX != transform.position.x)
{
  // x values between this Update cycle and the last one
  // aren't the same! That means the player is moving the
  // mouse.
```

```
    if(!isMoving)
    {
      // the player was standing still.
      // Let's flag him to "isMoving"
      isMoving = true;
      animation.CrossFade("step");
    } else {
    // The player's x position is the same this Update cycle
    // as it was the last! The player has stopped moving the
    // mouse.
    if(isMoving)
    {
      // The player has stopped moving, so let's update the
          flag
      isMoving = false;
      animation.CrossFade("idle");
    }
  }
  lastX = transform.position.x;
}
```

4. 保存脚本。现在将该脚本赋给工程面板中的Character预制件。我发现拖拽功能在预制件上显得有点不好控制。Unity总是以为我想把脚本放到预制件的下面，而不是里面。所以稳妥的方法是，在工程面板中点击Character预制件，然后从菜单中找到Component | Scripts | Character。你会看到Character脚本被成功作为一个组件添加在了检视面板里。

5. 运行游戏看看效果。当你移动鼠标时，角色会一直重复他的“step”动画。当你的鼠标停下来时，他又回到了“step”动画状态，寻找新的可以接到手里的东西。

注意：如果你的角色没有动起来，并且你收到了“The animation state idle could not be played because it couldn’t be found!”字样的报错信息（意思是“无法播放idle动画状态，因为未能找到它！”），那就需要将动画剪辑赋给预制件的动画类中去。

1. 在工程面板中点选Character预制件。
2. 在检视面板中，将Animations Size改为3。

3. 将我们之前加给模型的那三个动画剪辑附加进去。

刚才发生了什么——剖析step代码

注释里写得很明白，这行关键代码：

```
if(lastX != transform.position.x)
```

它的意思是“如果角色的上一个x位置值不等于角色当前的x位置的话……”，我们就用这行代码作为其余逻辑部分的检测依据。

如果他从运动状态转为停止状态，就把他标记为“未运动”并平滑过渡到“idle”动画状态。如果他之前并没运动，而是自上一个Update循环起刚刚开始运动，那么就把他标记为“运动中”，并平滑过渡到“step”动画状态。

9.8 芝麻开门

不管你怎么想，反正我已经准备让上面掉下很多炸弹了。我们可以像之前在颠球/颠心脏游戏中所做的那样，为炸弹添加一个Rigidbody Collider组件，让Unity的物理引擎搞定所有事情。但在当前的案例中，我们可能需要对炸弹的速率进行一点干预。所以，我们先为炸弹添加Rigidbody和Collider组件，不过要取消其重力属性。

1. 在工程面板中，点选Bomb预制件。

2. 依次点击菜单Component | Physics | Rigidbody。你会在检视面板中看到新加的这个Rigidbody组件。

3. 在检视面板中，将Use Gravity（使用重力）复选框的勾去掉。这样会让炸弹不受Unity的重力的影响。题外话：我倒是很想给我自己的身体也加上这么个勾选框，那样可就太好玩了。

4. 依次点击菜单Component | Physics | Sphere Collider。我们不需要使用任何细节精准的网格碰撞器，因为炸弹基本是个球体。

5. 在检视面板中，为Sphere Collider（球形碰撞器）输入一个0值，这样会让碰撞器匹配到和炸弹差不多的大小。可以在场景中放一个Bomb预制件测试一下看看，或者直接用我说的数值。

在颠球游戏里，我们曾经结合使用Rigidbody和Sphere Collier（球形碰撞器）/ Capsule Collier（胶囊碰撞器），用来设置游戏物体的碰撞检测效果。

动手环节——为角色添加碰撞属性

现在炸弹差不多装配好了，我们需要一段代码来检测它是否碰到了玩家的角色。

不过，玩家的角色目前还缺一个碰撞组件。我们这就来加上吧。

1. 在层级面板中点选Character预制件。
2. 依次点击菜单Component | Physics | Box Collider。
3. 在检视面板中，为新建的Box Collider设定尺寸与中心点坐标（图9.20）：
   - Center：`-1,8,1`。
   - Size：`5,16,10`。

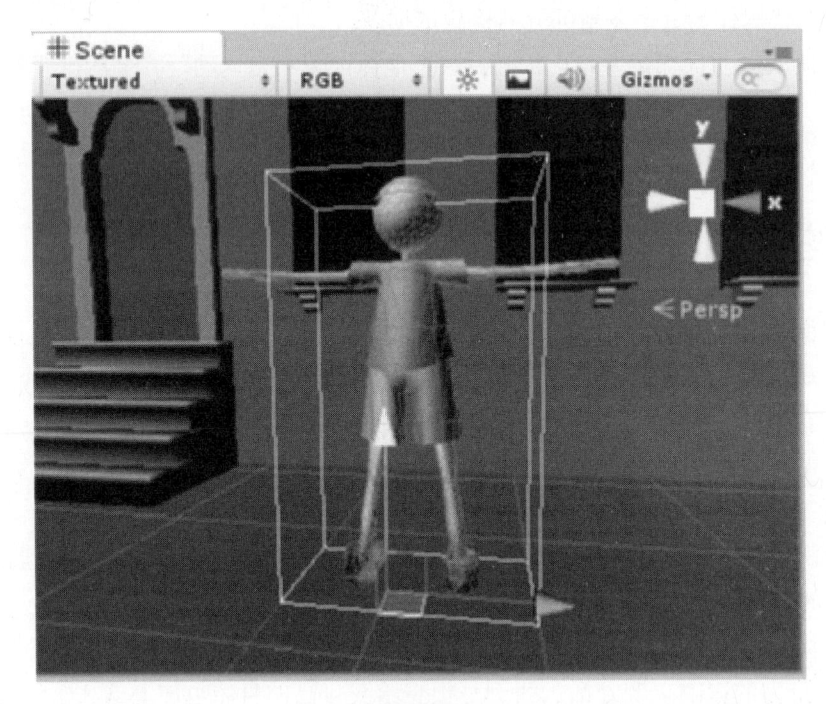

图9.20

正如对炸弹所做的那样，我们不打算使用消耗运算性能的Mesh Collider（网格碰撞器），而是使用基型代替。我们让角色的周围显示了一个绿边的盒子，这样可以减轻Unity的运算负担。在游戏开发者看来，任何好的效果都会以消耗运算性能为代价。

为角色添加一个Rigidbody组件，并勾选Is Kinematic（使用运动学），就像我们之前所做的那样。记住一点：如果它有一个碰撞器，并且需要动起来，那么它就需要一个Rigidbody（否则又会增加Unity的负担）。

动手环节——现在进入关键阶段了吗?

闲话少说，我们这就开始设定爆炸代码！

1. 新建一个JavaScript脚本并命名为`Bomb`。建议把它放入Scripts文件夹，让工程文件更井然有序。

2. 打开脚本，输入如下代码：

```
function Update()
{
  transform.position.y -= 50 * Time.deltaTime;
  if(transform.position.y < 0)
  {
    transform.position.y = 50;
    transform.position.x = Random.Range(0,60);
    transform.position.z = -16;
  }
}
```

这些关键字之前我们见过，所以也没什么需要特别说明的。Update函数每执行一次，都会让炸弹沿y轴方向每秒下移50个单位：

```
transform.position.y -= 50 * Time.deltaTime;
```

如果炸弹落到了地面上：

```
if(transform.position.y < 0) {
```

那就把炸弹送回到公寓楼顶上去：

```
transform.position.y = 50;
```

并使用Random Range让它出现在楼顶的不同位置。这会造成一种有很多炸弹从天而降的假象。

保存脚本。正如对Character预制件所做的那样，在工程面板中点选Bomb预制件，依次点击菜单Component | Scripts | Bomb，为炸弹新建一个脚本。

将Bomb预制件拖放到场景中，并将其Transform Position值设为 X：-9，Y：36，Z：-16。现在测试一下游戏。

当心！楼上有迸着火花的炸弹从楼上落下！不妨试试去让一枚炸弹落在你的脸上。由于我们还没做任何的碰撞处理，所以我们的倒霉伙计身上全是火花。

动手环节——爆炸吧

我得承认，我们的爆炸主题游戏目前缺少一个关键元素。是什么呢，是什么呢？啊，对了，当然是爆炸效果啦！当炸弹碰到地面或角色的时候，就该来个大爆炸。貌似粒子系统可以胜任这个任务哦。

1. 确保退出测试模式。

2. 依次点击菜单GameObject | Create Other | Particle System新建一个粒子系统并命名为Explosion（意为“爆炸”，或者别的你喜欢的名字）。

3. 新建一个预制件并命名为`Explosion`。把它拖放到Prefabs文件夹，让工程文件显得规整些。

4. 在层级菜单中，将Explosion粒子系统拖拽到Explosion预制件容器中。

5. 再次在层级面板中选中Explosion物体，鼠标指针悬停在场景窗口，按F键居中显示该粒子系统。

6. 在检视面板中，按下面的设置调节参数（图9.21）：

- Duration（时长）：`0.1`。

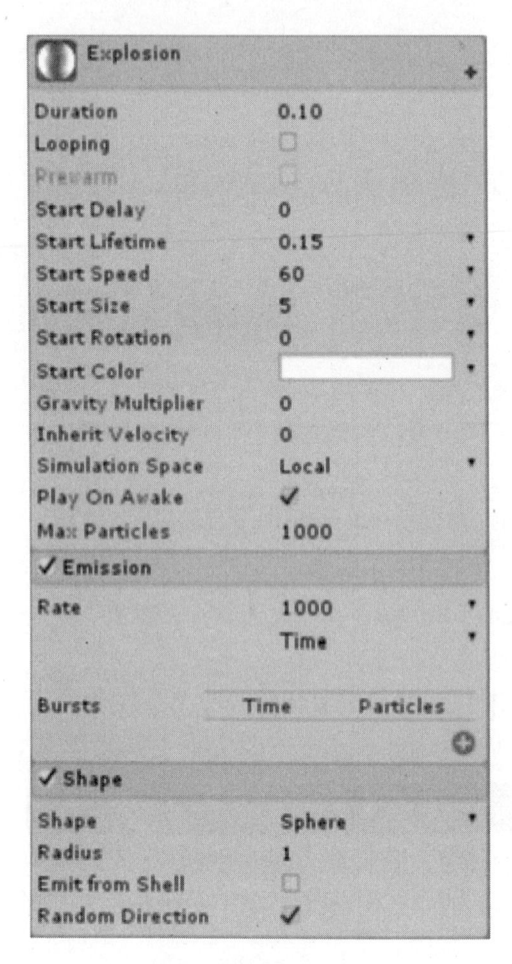

图9.21

- Looping（循环）：不勾选。
- Start Lifetime（起始寿命）：`0.15`。
- Start Speed（起始速度）：`60`。
- Start Size（起始大小）：`5`。

Emission（发射）栏

- Rate（频率）：`1000`。

Shape（形状）栏

- Shape：Sphere。
- Random Direction（随机方向）：勾选。

7. 去掉Looping勾选框后，我们会创建出一个只发射一次后就过期的粒子系统——爆炸本就是这样的嘛。只不过你没办法一直观察调节的结果罢了。当游戏停止的时候，在场景视图中点击Particle Effect（粒子特效）工具上的Simulate（模拟）按钮查看粒子系统的回放（图9.22）。

8. 和之前一样，使用Color over Lifetime选项，点击上面的色块，并让渐变色从左侧的纯白色过渡到黄色，然后是橙色，最后到右侧的红色。和之前为火花粒子所做的设置一样。

9. 在Renderer栏中，去掉Cast Shadows和Receive Shadows的勾选（非专业版用户请忽

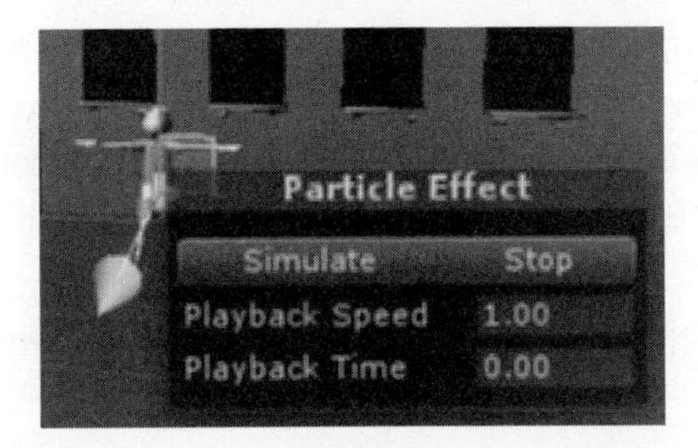

图9.22

略此步）。将我们之前赋给炸弹的Spark材质拖放到Material槽位上（图9.23）。

✓ Renderer	
Render Mode	Billboard
Normal Direction	1
Material	Spark
Sort Mode	None
Sorting Fudge	0
Cast Shadows	☐
Receive Shadows	☐
Max Particle Size	0.5

图9.23

10. 你会看到在场景中，这次的爆炸效果有点夸张，效果很是“惨烈”（图9.24）。没错，这样就算达到效果了。

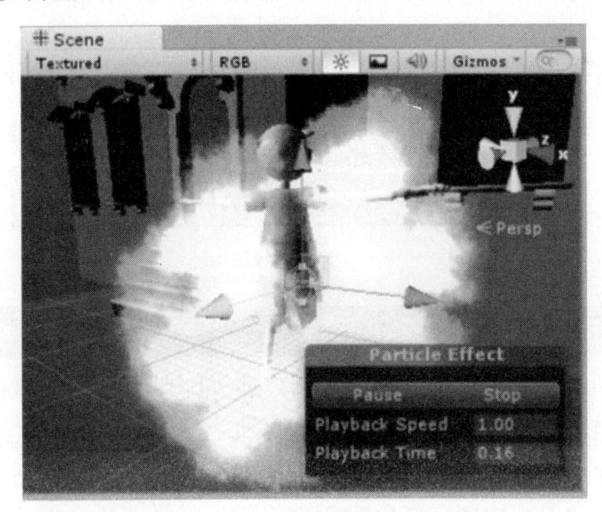

图9.24

11. 将Explosion物体的Transform Position和Rotation的值改为X：0， Y：0，Z：0。

动手环节——被炸出局了

这样的爆炸可不能在现实生活中对平民发动哦，必须制止这种行为才行。而你，作为视频游戏开发者，是唯一一个能制止这一切的人。

编写一小段代码，用来判定上一个爆炸粒子是什么时候出现的，然后去让爆炸终止。这是唯一的办法。

1. 新建一个JavaScript脚本，命名为DestroyParticleSystem，把它作为组件赋给Explosion物体。

2. 然后对代码做如下修改：

```
function LateUpdate ()
{
  if (!particleSystem.IsAlive())
  {
  Destroy (this.gameObject);
  }
}
```

内建的LateUpdate函数会在每次调用Update函数之后执行。

3. 此时，如果在工程面板中点击Explosion预制件查看它，你会惊讶地发现，你对Explosion粒子系统所作的那些改动都没被更新到预制件中。要想将层级面板中的Explosion的改动更新到预制件上去，请点击检视面板顶部的Apply按钮（图9.25）。

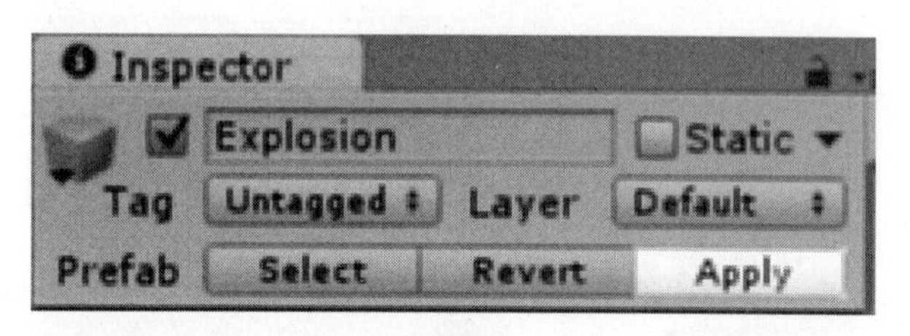

图9.25

动手环节——撞击点

爆炸效果做好了，可以从场景视图里删掉那个Explosion预制件的实例了。原预制件容器依然好好地呆在工程面板当中。我们理所当然会想要让这个爆炸效果发生在炸弹碰到地面的一刹那。我们已经做好了检测与地面碰撞的逻辑——我们之前实现过，让它刚一碰地就瞬间回到楼顶。所以完全可以用来判定爆炸发生的时机。真是得来全不费工夫!

1. 打开Bomb脚本并在最顶行添加如下代码:

```
var prefab:GameObject;
```

2. 然后，在我们的地面触碰检测代码后面，紧跟着输入如下代码:

```
if(transform.position.y < 0)
{
  Instantiate(prefab, transform.position,
    Quaternion.identity);
```

我们在脚本顶部创建了一个名为prefab的变量，用来存储特定的游戏物体。注意，prefab并不是一个Unity关键字——我们之所以要调用它，是因为如果把它叫“猴屁股”之类的话可能会让人看不懂代码哦。

`Instantiate`命令的作用是把它实例化。我们需要向游戏物体传递一个引用（在我们的案例中，有一个物体被存储到了`prefab`变量中），包括用来判定物体的位置和旋转角度的参数。接着，Unity会查找我们指定的物体，并把它按我们指定的位置和转角放到场景中去。

我们为position传递的是什么值呢？是炸弹物体在返回楼顶前它自己的位置。我们为rotation传递的又是什么值呢？让人望而生畏的数学!

动手环节——爆炸关联

“且慢！”你可能会对我喊道。我们又当如何让脚本知道我们想要把谁实例化呢？呃，这又是Unity一个神奇之处了。保存Bomb脚本，按如下步骤操作:

1. 在工程面板中选择Bomb预制件。

2. 在检视面板中找到Bomb脚本组件。你会看到我们的`prefab`变量列在了那里（如果你真的把你的变量命名为“猴屁股”了，那么你会看到它就叫“猴屁股”喽）。

3. 在工程面板中将Explosion拖放到位于检视面板中的Prefab变量槽位上。你会看到一个包含红绿蓝三色的小图标出现在了那里，标签上写着Explosion（图9.26）。我有种很好的预感哦!

图9.26

测试一下游戏。炸弹会从楼顶落下，落在地面上，在瞬移到楼顶某个随机位置之前引发了一次爆炸。至于Explosion预制件，由于它包含的DestroyParticleSystem脚本，让它完成爆炸后从场景中消失了（图9.27）。干得漂亮。

图9.27

9.9 总 结

好啦，我们现在算是做出了一款游戏吗？还不算哦。尽管用手去接炸弹看上去很过瘾，但我们的游戏目前还需要一些必要的元素才能具有可玩性。我们依然需要处理炸弹与玩家的碰撞，而且要把啤酒杯加进去。它们可是你跟女友闹掰的导火索，所以这个元素很重要。

在下一章里，我们会把这些统统搞定，并且加一些额外的东西。准备好继续下一章的探索吧！

9.10 C#脚本参考

以下是本章脚本的C#版本。有一点不同的地方是，在C#中，你无法像在JavaScript中那样单独更改X/Y/Z的transform.position值——只能新建一个`Vector3`类实例去同时更改这三个值。

BombCSharp

```
using UnityEngine;
using System.Collections;
public class BombCSharp : MonoBehaviour {

  public GameObject prefab;

  void Update ()
  {
    transform.position = new Vector3(transform.position.x,
      transform.position.y - 50 * Time.deltaTime,
      transform.position.z);
    if(transform.position.y < 0)
    {
      Instantiate(prefab, transform.position,
        Quaternion.identity);
      transform.position = new Vector3(Random.Range(0,60), 50,
        -16);
    }
  }
}
```

DestroyParticleSystemCSharp

```
using UnityEngine;
using System.Collections;

public class DestroyParticleSystemCSharp : MonoBehaviour
{

  void LateUpdate ()
  {
    if (!particleSystem.IsAlive())
    {
      Destroy (this.gameObject);
    }
  }
}
```

CharacterCSharp

```
using UnityEngine;
using System.Collections;

public class CharacterCSharp : MonoBehaviour {

  private float lastX; // this will store the last position of
    the character
  private bool isMoving = false; //flags whether or not the player
    is in motion

  void Start()
  {
    animation.Stop(); // this stops Unity from playing the
      character's default animation.
  }

  void Update()
  {

    transform.position = new Vector3((Input.mousePosition.x)/20,
      transform.position.y, transform.position.z);

    if(lastX != transform.position.x)
    {
      // x values between this Update cycle and the last one
      // aren't the same! That means the player is moving the mouse.
      if(!isMoving)
      {
        // the player was standing still.
        // Let's flag him to "isMoving"
        isMoving = true;
        animation.CrossFade("step");
      }
    } else {
      // The player's x position is the same this Update cycle
      // as it was the last! The player has stopped moving the mouse.
```

```
      if(isMoving)
      {
        // The player has stopped moving, so let's update the flag
        isMoving = false;
        animation.CrossFade("idle");
      }
    }
    lastX = transform.position.x;

  }

}
```

第10章

游戏#3——分手大战（二）

话说我们的那位可怜的老兄，他已经被女友从公寓里赶了出来，而且女友开始把点燃的炸弹从四楼向他抛了下来。幸运的是，我们的主人公不仅不怕炸弹，而且还可以利用物理法则让炸弹停在鼻尖。显然，如果我们想要让游戏好玩一些，还有段路要走。

在继续完善《分手大战》游戏的过程中，我们会加入啤酒杯，以及杯子摔碎的动画。我们会写一个碰撞检测脚本让玩家对他所接到的物品做出反应。我们会学习如何用同一个脚本控制两个不同的物体。随后我们会为游戏添加声效，并且掌握如何对同一个动作随机播放不同的声音反馈。我们这就开始喽。

10.1　加入啤酒杯

如果游戏的唯一目的就是接住角色获得的世界啤酒杯系列藏品，那么添加酒杯就是我们接下来要做的事了。

1. 新建一个预制件。你可以在工程面板中点击右键并从弹出菜单中选择Create | Prefab，也可以依次点击菜单Assets | Create | Prefab。

2. 将新建的预制件命名为`Stein`（意为“啤酒杯”），把它拖入`Prefabs`文件夹。

3. 在工程面板的`Models`文件夹内找到啤酒杯模型。

4. 把模型拖放到Stein预制件容器内。正如我们之前所见的那样，图标会从灰色转为蓝色，代表该预制件包含了内容（图10.1）。

图10.1

10.2 创建粒子系统

这个步骤我们之前学过了，所以没什么好说的。现在再来回顾一下创建粒子系统的方法，做出酒杯摔在地面上时到处都是碎玻璃的效果：

1. 依次点击菜单GameObject | Create Other | Particle System。
2. 将新建的粒子系统更名为Glass Smash（意为“碎玻璃”）。
3. 鼠标指针悬停在场景视图内，按F键居中显示粒子系统。如果公寓楼的模型挡住了视线，可能需要把它临时挪开一点（可按住Alt键并点击）。
4. 如图10.2所示，在检视面板中，使用下述设置（保持其余设置不变）：

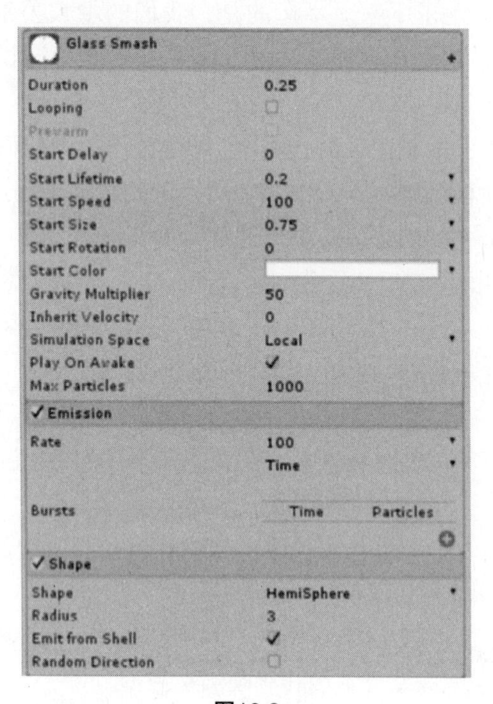

图10.2

- Duration（时长）：0.25。
- Looping（循环）：不勾选。
- Start Lifetime（起始寿命）：0.2。
- Start Speed（起始速度）：100。
- Start Size（起始大小）：0.75。
- Gravity Multiplier（重力倍增量）：50。

在Emission（发射）栏中：

❑ Rate（频率）：100。

在Shape（形状）栏中：

❑ Shape（形状）：HemiSphere。

❑ Radius（半径）：3。

❑ Emit From Shell（从壳体发射）：勾选。

5. 最后，在Renderer栏中去掉Cast Shadows（投射阴影）和Receive Shadows（接受阴影）的勾选。

刚才发生了什么——碎了一地

经过了这些调节，你会看到大致的粉碎效果已经出来了。我们使用一个Gravity Multiplier设置来做出这种碎片四溅的效果。粒子发射出来后会被引力牵回大地（如果你在正交顶视图中无法看到效果。建议旋转一下场景视图，改用透视视图来观察）。试着增加或减少设定的数值，看看粒子系统的效果又会怎样（图10.3）。

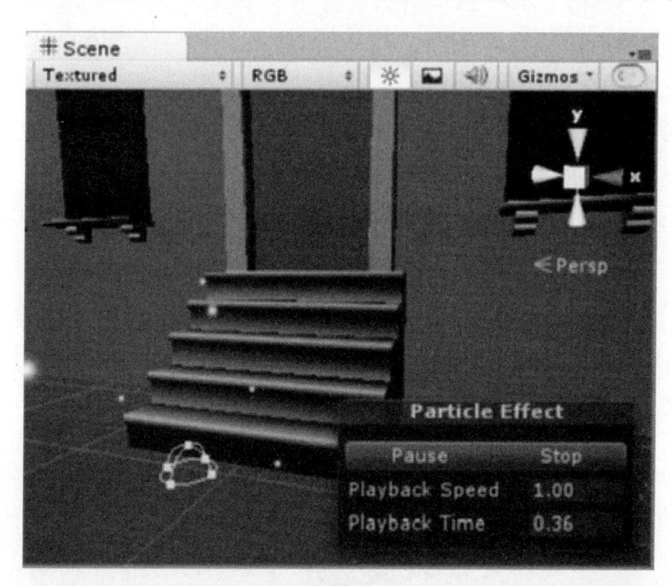

图10.3

动手环节——让效果更犀利

目前的粒子看着有点像雪花，而我们其实是想做出锐利的碎玻璃效果。那么我们就来新建一个材质，使用一张边线犀利的贴图，让它看上去更真实些。

1. 在工程面板的空白区域点击鼠标右键并点选Create | Material。

2. 将新建的材质重命名为Glass。

3. 如图10.4所示，在检视面板中，从Shader（着色器）下拉菜单中选用Particles/Additive。

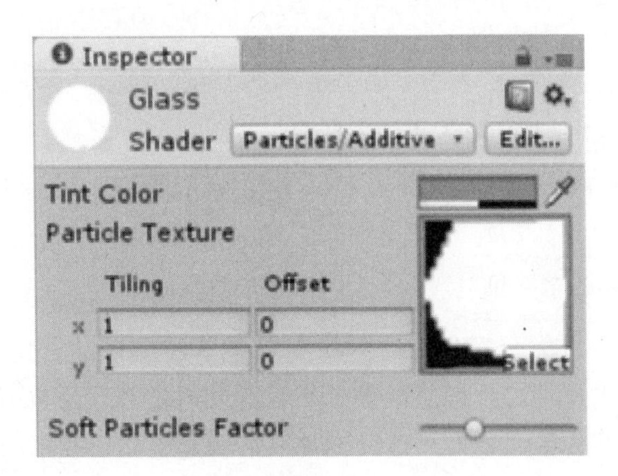

图10.4

4. 点击贴图块旁边的Select按钮，并从列表中选用`glassShard.png`（该图位于第10章的资源包文件中）。

5. 在层级面板中选中Glass Smash粒子系统。

6. 转到检视面板，向下滚动找到Particle Renderer组件。

7. 在Materials栏中，从弹出菜单中选用Glass材质（图10.5）。

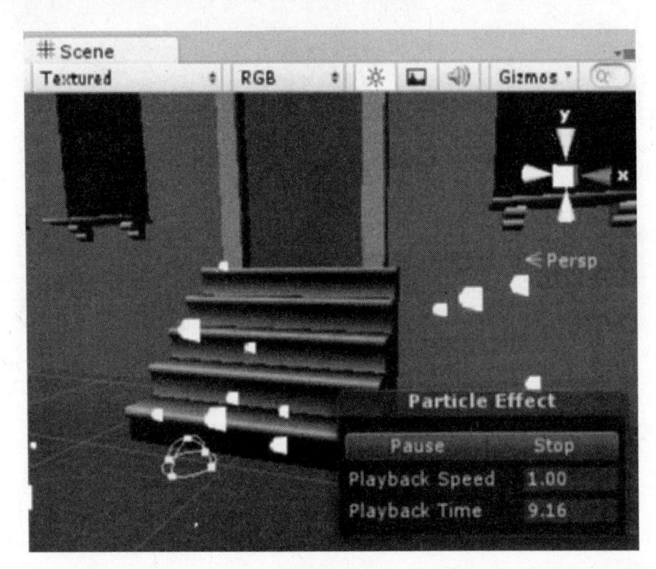

图10.5

刚才发生了什么——摔了个粉碎

当我们用上边线犀利的贴图后，效果立竿见影！现在，我们的Glass Smash粒子系统看上去更像真正的碎玻璃，而不是一个个小雪球了。

10.3 添加爆炸

我们把这个Glass Smash粒子系统放到一个预制件中，让它随时供我们的啤酒杯调用：

1. 在工程面板中，点击右键并选择Create | Prefab。
2. 将新建的预制件更名为`Glass Smash`。
3. 将Glass Smash粒子系统从层级面板中拖拽到空无一物的Glash Smash预制件中。图标马上变成了蓝色，表示操作成功了。
4. 然后就可以将Glass Smash粒子系统从场景中删掉了（先在层级面板中选中它，然后按键盘上的Delete键即可）。

清理资源

如图10.6所示，我把所有的预制件都放到Prefabs文件夹内，让工程面板显得整洁有序。对于脚本、材质、模型等也都做了相应的归档。由于这个工程里并没有用到太多的资源，所以看上去有点浪费精力。不过，用文件夹组织各类资源依然是个好习惯。在较大型的项目中，这样能够为你省很多事！

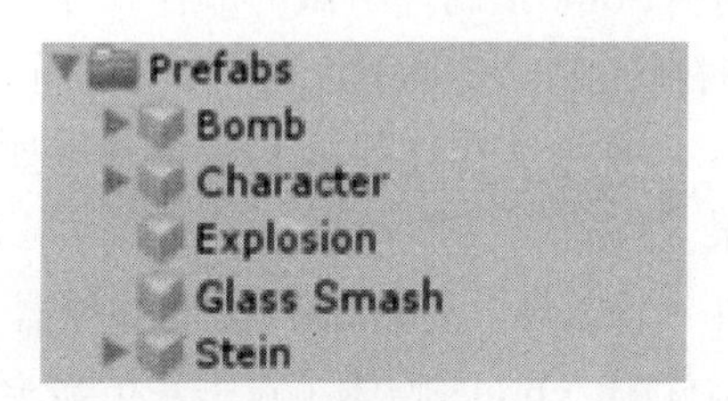

图10.6

刚才发生了什么——我被愚弄了吗？

我们几乎是复制了与炸弹相同的处理过程。你发现了吗？酒杯有了，炸弹也有了，我们也把一个导入的模型放进了预制件中，还创建了一个粒子系统，并把它放到了单独的预制件中。然后我们创建了一个脚本让炸弹从屏幕上方落下。我们也将脚本赋给了炸弹。将炸弹的爆炸粒子拖放到其脚本组件的prefab变量上。

这一切都似曾相识——太熟悉了。我们说过，如果同样的代码行输入两遍的话，那就不利于代码的维护。同样的道理也适用于炸弹和啤酒杯。如果需要对炸弹和啤酒杯进行完全相同的处理，何不一石二鸟来得方便？

10.4　偷偷懒

对于啤酒杯，完全没有必要创建单独的脚本。按照如下步骤操作，让单个脚本的作用发挥到极致：

1. 在工程面板中找到名为Bomb的脚本，将其更名为FallingObject。由于我们要把它作为通用脚本，应该给它取个通用点的名字。

在编辑器中为UnityScript脚本重命名是可以的，但要是对C#脚本也这么做的话，如果在MonoDevelop编辑器中不将脚本顶部的类声明一并修改，就会带来问题。

2. 在工程面板中，选择Stein预制件（不是Stein模型哦）。

3. 从菜单中依次点选Component | Scripts | FallingObject，将脚本赋给预制件。

4. 在检视面板中，你会看到FallingObject脚本已经被作为脚本组件添加给了Stein预制件。

5. 正如我们之前对Bomb预制件所做的那样，在工程面板中找到Glass Smash预制件，把它拖拽到啤酒杯的prefab变量上。这样一来，你就会让脚本知道当酒杯落地时你希望向屏幕上添加什么效果。在炸弹的案例中是爆炸的效果。在啤酒杯的案例中就是玻璃碎一地的效果。

6. 为啤酒杯添加一个Capsule Collider（胶囊碰撞器）组件。

7. 点选Stein预制件的Cylinder物体（点击灰色箭头展开才能看到它）。将Cylinder的X/Y/Z方向的Position值都设为0（图10.7）。

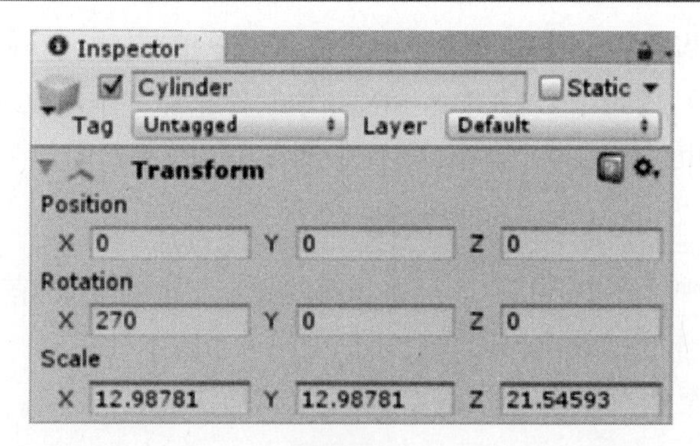

图10.7

8. 回到父级Stein节点，按如下参数更改它的胶囊体碰撞器设定（图10.8）：

Radius（半径）：2

Height（高度）：5.5

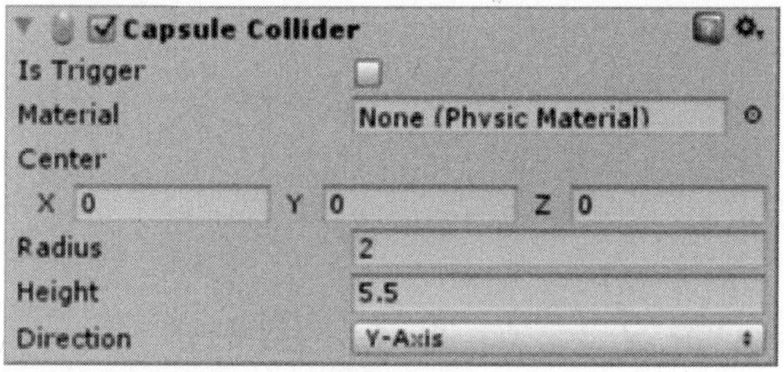

图10.8

9. 为啤酒杯添加一个Rigidbody（刚体）组件。

10. 将Rigidbody组件设置中的Use Gravity（使用重力）的勾选去掉，因为我们在FallingObject脚本中使用编程方式控制啤酒杯的运动（图10.9）。

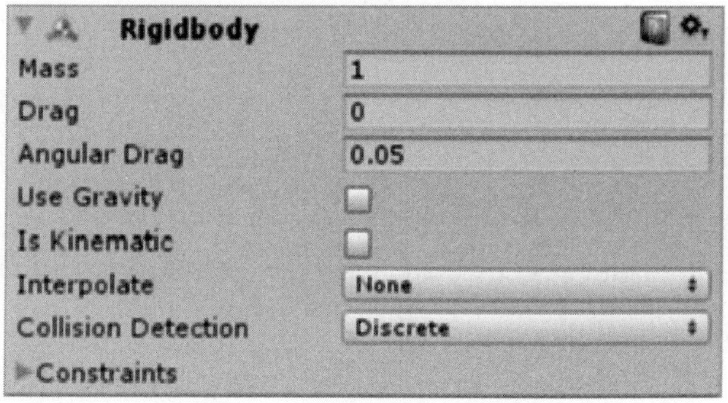

图10.9

一石二鸟。或者说，一个脚本搞定两个物体。要想测试一下啤酒杯的效果，可将啤酒杯预制件拖拽到场景中。为Glass Smash预制件添加一个DestroyParticleSystem组件，确保碎片在结束后消失掉。点击Play按钮测试一下效果。

刚才发生了什么——FallingObject：傀儡大师

和炸弹一样，啤酒杯也会从一个屏幕顶部的一个随机的X坐标落下，并在落到地面上时用粒子呈现出摔碎的效果，但两者都是受同一个脚本的控制。不过，当它们接触到角色的脸部时会戛然而止，而这是我们接下来要解决的事情。

10.5 来点花样怎么样

你已经学会了如何使用一个脚本控制两个不同的物体。那么如果我们想要让炸弹和啤酒杯以不同的速度落下呢？还有，我们不是想要让玩家在碰到不同物体时产生不同的反应吗？

我们稍后将在本章中回答关于碰撞的问题。现在我们还是先解决速度差异问题。在继续之前，不妨先开动脑筋想一想。怎样解决这一问题？怎样才能让物体的速度不一样，而且碰撞反应也不一样？是否依然使用同样的脚本？

自由落体速度是个传说——炸弹落得更快

暂且抛开物理法则不谈，我们来看看如何用同一个代码让两个物体以不同的速度落下。一种方案就是在FallingObject脚本顶行声明一个speed变量。

```
var speed:int;
```

将下面这行：

```
transform.position.y -= 50 * Time.deltaTime;
```

改为：

```
transform.position.y -= speed * Time.deltaTime;
```

然后，对于每个物体——炸弹和啤酒杯预制件——分别在各自的检视面板中输入不同的速度值。可以为啤酒杯设30，为炸弹设50。两个物体，一个脚本，两种速度。是不是很酷？没错，的确很酷。

知道该何时这么做

有时候，物体间的差异可能过大，使用同一个代码控制并不能省时省力，反而会带来麻烦。身为一名游戏开发者，你需要决定哪种构架最适合你的游戏创作目标。程序员们有各种技巧去安排代码，达到事半功倍的效果。面向对象的编程方法中有种称为继承式（之前我们大致了解过）的方法，是实现两个物体共享同一代码的另一种方式，同时又能保持各自不同的功能。

等到合适的时机再用代码

当游戏快要完工之时，别觉得自己的游戏开发方向错了。尤其是在刚开始开发的时候，一条经典规则就是：先让游戏能运行起来，然后再去完善代码。完善代码并尽可能去把它组织好，这一过程称为“重构”。当你刚起步时，还是要专注在代码的功能方面，而不是完善度方面。

刚才发生了什么——游戏物体何时碰撞？

炸弹从楼顶落下，并在我们的角色周围爆炸，而他心爱的啤酒杯也在地上摔得粉碎。这正是接物游戏让人揪心的地方！现在我们来关注一下当玩家接住啤酒杯或碰到炸弹时会发生什么。

我们可以充分发挥创意。我们可以在FallingObject脚本中写一段碰撞检测代码。不过这可能会让它变得复杂些。我们正在用同一脚本控制两个物体，而且需要它们在碰到玩家时有不同的反应。在我看来，还是把碰撞检测逻辑放在玩家的角色身上更靠谱一些。我们会检测他何时触碰到物品，并根据物品的种类做出不同的反应。

动手环节——标记物体

正如我们在跳动的心脏案例中所做的那样，我们可以为场景中的物体添加标签，然后在代码中通过使用这些标签名来引用物体。我们来为炸弹和啤酒杯添加标签，让玩家角色判断出是什么碰到了他。

1. 在工程面板中选中Bomb预制件（实际上，在这一步中，你可以选中任何物体。我们现在并不会应用标签，只是创建一个出来而已。不过我们需要选中某个物体，这样才能在检视面板中看到标签操作界面。你也可以从菜单中的Edit | Project Settings | Tags找到）。

2. 在检视面板顶部，按住标有Tag的下拉菜单，并从中选择Add Tag...（添加标签）。

3. 在TagManager（标签管理器）中点击Tags列表旁边的灰色箭头将其展开。

4. 在Element 0旁边的空白区域上点击，并输入标签名`bomb`，然后用同样的方法在下行输入标签名`stein`（图10.10）。

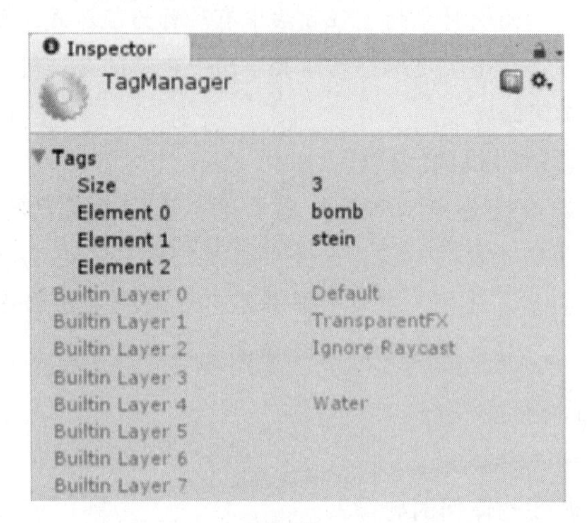

图10.10

5. 在工程面板中再次选中Bomb预制件。

6. 在检视面板中，从Tag标签列表中选中新建的bomb标签。

7. 对Stein预制件执行同样的操作（图10.11）。

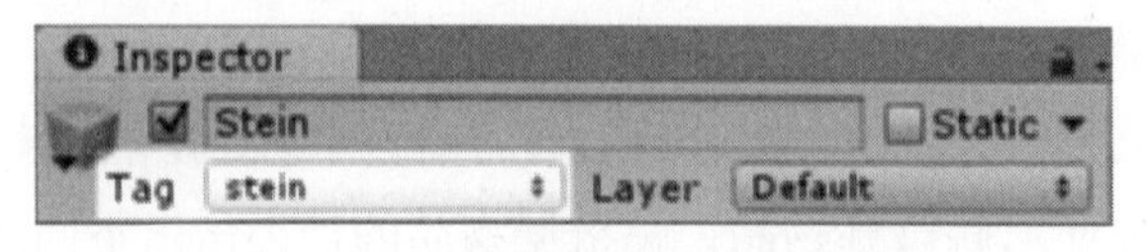

图10.11

当炸弹和啤酒杯都被指定了标签后，我们就可以编写碰撞检测代码了。

动手环节——编写碰撞检测代码

打开Character脚本。然后继续下面的操作。

1. 在脚本输入如下函数。确保遵循我们之前学过的新建函数的编写规则（即：写在其他函数的“外面”）：

```
function OnCollisionEnter(col : Collision)
{
```

```
    if(col.gameObject.CompareTag("bomb"))
    {
      // I got hit by a bomb!
    } else if (col.gameObject.CompareTag("stein"))

    {
      animation.CrossFade("catch"); // Ima catch that stein!
    }
    col.gameObject.transform.position.y = 50;
    col.gameObject.transform.position.z = -16;
    col.gameObject.transform.position.x = Random.Range(0,60);
}
```

同样，我们之前学过的游戏代码知识都用上了。下面这行想必也不陌生了吧：

```
function OnCollisionEnter(col : Collision) {
```

我们是在声明一个函数——在本例中为一个名为OnCollisionEnter的Unity内建函数——并接受一个名为col的变量作为参数。col的值是由Unity的物理引擎在刚体间相互接触时计算并检测出来的碰撞信息。

```
if(col.gameObject.CompareTag("bomb"))
```

col.gameObject是碰到代码所挂载的游戏物体（这里指的是角色）的物体。gameObject.CompareTag显然是要查看与该标签对应的游戏物体。我们将bomb和stein标签分别贴给了Bomb预制件和Stein预制件，这就是当它们碰撞时我们所获取的信息。我们使用一个分支条件语句 (if) 对bomb或stein分别做出反应。

```
animation.CrossFade("catch"); // Ima catch that stein!
```

如果玩家碰到了啤酒杯，那么我们就播放存储在Character模型里的catch动画。

```
col.gameObject.transform.position.y = 50;
col.gameObject.transform.position.z = -16;
col.gameObject.transform.position.x = Random.Range(0,60);
```

无论玩家碰到了什么东西，我们都会将碰撞的物体瞬移到楼顶X轴向上的某个随机位置上去，并让它继续落下。对于碰到后无需返回楼顶的物体来说，可能不太适合，但我们姑且先不去管它。

等一下！保存脚本并测试一下游戏。然后看看你是否能看出问题所在。

动手环节——动画中断

问题出现了，当我们正在让角色接触到啤酒杯时，我们要让他播放自身的catch动画，但这并没有发生。我们最多只是在第一帧看到有动画播放，然后就被idle或step动画打断了：

1. 幸运的是，我们可以向脚本中添加一个条件，来避免在接到酒杯时产生这种不正常的动画效果。回到Character脚本中作如下更改（加粗部分）：

```
if(lastX != transform.position.x) {
  if(!isMoving) {
    isMoving = true;
    if(!animation.IsPlaying("catch")){
      animation.CrossFade("step");
    }
  }
} else {
  if(isMoving) {
    isMoving = false;
    if(!animation.IsPlaying("catch")) {
      animation.CrossFade("idle");
    }
  }
}
```

通过将animation.Play调用封装在animation.isPlaying条件中，我们可以确保玩家不会在播放step或idle动画时抢先播catch动画。这一点要牢记！

2. 保存脚本并测试游戏。你的玩家角色会像专业选手那样接住那些酒杯啦！

刚才发生了什么——一脸茫然

我们的角色那张能接住炸弹的神奇脸孔继续施展神功——现在，炸弹直接砸在鼻子上，然后神奇地消失了！我不知道你看过多少卡通片，但我上一回看到有人鼻子被撞到，是在被生日蛋糕砸到的时候。

多方便，我们刚才有了一个可重复使用的预制件，包含了一个效果不错的炸弹爆炸效果。如果让炸弹碰到人脸时爆炸会不会很有意思？（角色本人可能不会同意，但我们才不管他！）

10.6 添加面部爆炸效果

正如我们对物体砸到地面时所作的那样，我们会使用Instantiate命令在游戏世界中创建某个预制件的副本。这一次，当我们判定玩家已经被炸弹砸到脸的时候，我们会让Explosion预制件在他的脸上呈现出来。

1. 在代码顶部添加加粗的那一行：

```
var lastX:float;
var isMoving:boolean = false;
var explosion:GameObject;
```

2. 然后，在用来判定玩家被炸弹击中的条件语句中添加Instantiate命令：

```
  if(col.gameObject.CompareTag("bomb"))
  {
    // I got hit by a bomb!
    Instantiate(explosion, col.gameObject.transform.position,
      Quaternion.identity);
      } else if (col.gameObject..CompareTag("stein")) {
```

3. 保存脚本。
4. 在工程面板中，选中Character预制件。
5. 转到检测面板，在Script组件中找到Explosion变量。
6. 将Explosion预制件拖放到Explosion变量槽上（图10.12）。

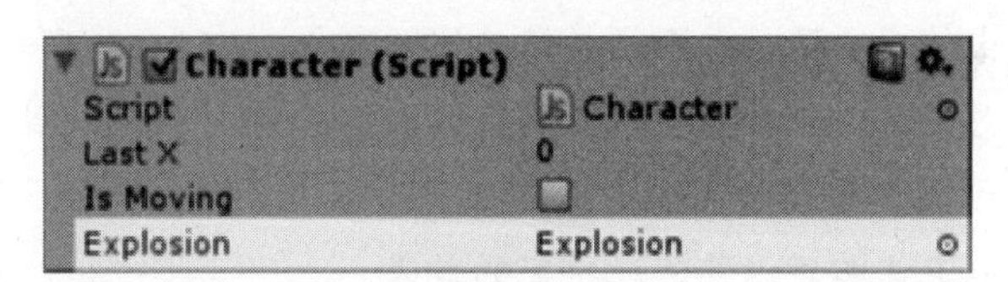

图10.12

刚才发生了什么——炸弹如雨点般打在头上

我们已经知道Instantiate命令的作用，所以就不再赘述了。简而言之，当炸弹落在玩家头上的时候就会爆炸。爆炸结束后会自行消失，因为它包含了DestroyParticleSystem脚本。当然，我们知道到底发生了什么：我们只是将炸弹瞬移到楼顶的X方向上的某个随机位置上，让玩家以为那是另一枚炸弹。同时，我们在炸弹接触到玩家的时候在爆炸点上创建出Explosion预制件的一个副本。神不知鬼不觉！

10.7　来点声效

目前，我们做过的游戏都是无声的。我觉得这是不能接受的，玩家的情感体验有一半会受到游戏音效的影响。在《劲舞乐团》一类的游戏中，可谓是“无音乐不游戏”（尽管用的是滑稽的塑料乐器）。对于游戏而言，声音非常重要，即使是非常微不足道的声效（例如我们将要向这个游戏中添加的那种！）都可以提升游戏的体验感。这是很合情理的事。

我们来为Bomb和Stein预制件添加声效：

1. 在工程面板中，点选Bomb预制件。

2. 在菜单中找到Component | Audio | Audio Source，添加一个Audio Source（声源）组件。

3. 重复上述步骤，为Stein预制件也添加一个Audio Source组件。

现在听我说

你可能已经发现Unity也提供了Audio Listener（声音监听器）组件。作用是什么？是这样的，在3D游戏中，你不想让玩家一直听到场景中的声响。你只想在他渐渐远离声源的时候让他听到的声音逐渐减小。默认情况下，Audio Listener组件组件被赋给所有场景的默认主摄像机上。在某些第一人称视角游戏里，Audio Listener只会获取到一定范围内启用了声源的物体的声音。经过适当的设置，玩家就不会听到关卡的另一边所发出的声响了。每个场景只能同时包含一个Audio Listener。

另外，Unity也提供了Unity Reverb Zone（Unity混响区）组件。这个球形操纵件可以让你定义一个声音不受外部影响的区域，由一个边界外壳来定义回声以及其他特定的效果。

既然炸弹和啤酒杯都加了声源，我们在FallObject脚本中以添加几行代码，让它们在碰到地面上时发出声响。

动手环节——为FallingObject脚本添加声音

我们在FallingObject脚本中加几行代码，启用几个声效：

1. 打开FallingObject脚本。

2. 在脚本顶部声明一个`clip1`变量（加粗部分）：

```
var prefab:GameObject;
var speed:int;
var clip1:AudioClip;
```

3. 在检测物体接触地面的代码后面，紧跟着写入如下代码：

```
if(transform.position.y < 0)
{
  audio.PlayOneShot(clip1);
```

现在，你可能已经猜到还需要再做一步操作了。脚本还不知道clip1是什么呢——它只是一个变量占位符而已。我们来为炸弹和啤酒杯预制件添加几个真正的声效文件：

1. 如图10.13所示，在工程面板中，点击并打开SFX文件夹。太棒了，声效都在这里!

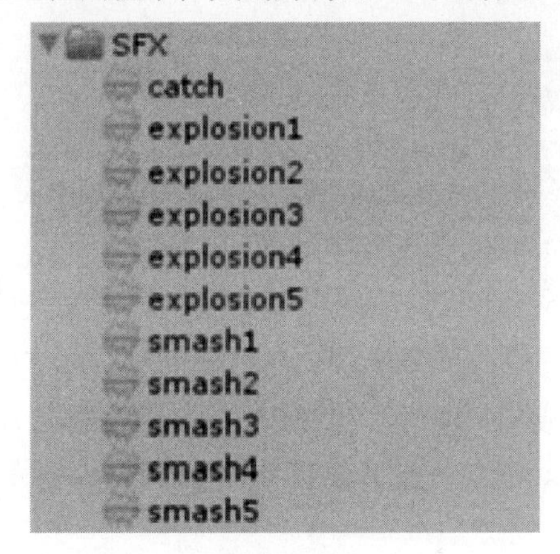

图10.13

2. 再次在工程面板中点选Bomb预制件。
3. 在检视面板中，在FallingObject组件中找到clip1变量。
4. 将名为explosion1的声效拖放到clip1变量槽上。
5. 对Stein预制件重复上述操作，但这一次选用smash1声效（图10.14）。

图10.14

测试游戏看看。每当炸弹砸到地面上时，都会伴随着爆炸声效。同样，当酒杯摔碎时也会听到一个8-bit的声效。

无声的爆炸

即使是8-bit这样的低保真声效，也没能打动我们的耳朵。为什么它们的声音这么小呢？如图10.15所示，答案就在Import Settings（导入设置）里，在那里，这两个声效文件都被标记为3D Sound（3D声音）。

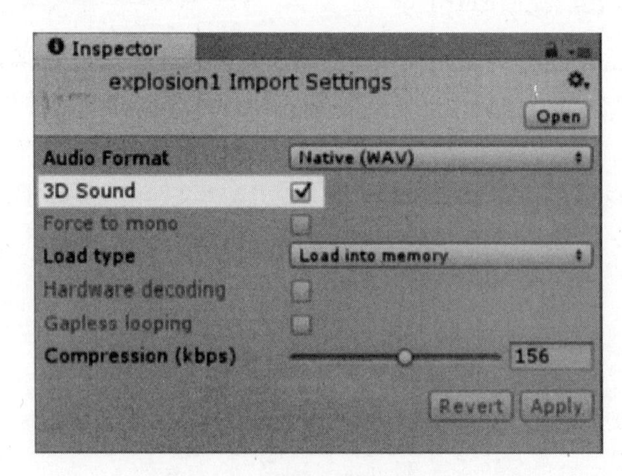

图10.15

由于Unity把它们看成了3D声音，因此在距离摄像机较远的地方，听到的音量就会比实际的更小。为了验证这一点，你可以将摄像机挪到距离地面物体较近的地方试试。

为了让Unity知道我们想要让声效的音量恒定、不受摄像机距离远近的影响，我们只能将3D Sound的勾去掉，然后点击Apply按钮，确保应用更改。对SFX文件夹内的所有声效都做相同的操作。

更改完毕后，再次测试一下游戏。声效的音量有了明显的增强。

接住物体时声效呢？

使用之前用过的方法，你可以为游戏角色添加接住啤酒杯时的声效。同样，你也希望在他接住炸弹的时候播放explosion1爆炸声效。如果你没能做出来，不妨深呼吸一下，然后去请教旁人。这叫“合法授权”，在游戏开发时是明智的做法。

摔出境界来

Unity有各种复杂的声音控制，用来播放音乐等声效。audio.PlayOneShot命令非常适合用来作为碰撞声效。如果你更希望在游戏中添加自己的声音或音乐。可以看看Unity脚本参考里的关于AudioSource类，AudioListener类，以及AudioClip类的介绍。

低保真，高趣味

我们在游戏里用到的声效都是用一款名叫BFXR的声效生成软件做的，这是一款自由软件。那些声效都是免费的，而且品质都很不错，属于比较经典怀旧的那种。不妨去下载一个BFXR，用来制作自己的游戏声效，本书后面的附录中有相关的资源。

探索吧英雄——关掉声音

如果你不喜欢复古风格的音效，那么可能你错过了20世纪80年代。当然，你可以导入自己的声效。以下是几点建议：

● 用麦克风录下自己的声效。这是获得最理想效果的唯一方式。业界对音效评分的术语叫“foley”，你可以用真实的表演，让杯子从高处落下，或者在电脑旁边引爆一颗炸弹（不建议这样做），或者你可以直接用嘴说一句“炸！”或者“碎！”总之就是这个意思了。

● 还有很多公司销售供电影、电视节目使用的免版税声效。使用这样的声效时，我有两点建议：第一，免版税声效对于爱好者来说可能显得比较昂贵了。第二，一旦这样的声效你听得多了，那么那些影视剧可能就会被你毁了。到处都可以听到那些声效！当你看到某个电影时，心里可能会想：“嘿，那可是《大爆炸音效系列》的第二张碟的第58条声效哦。”

● 还有一些并不那么昂贵的免版税声效网站。但我发现相当一部分都含有盗版声效。这就牵扯到法律问题了。也就是说，你可能不会被起诉，但马上停止这种做法。

动手环节——混声

我个人不太喜欢把游戏音效设计得千篇一律。在我们的游戏里，重复听到同一段声音会让人感到听觉疲劳。我喜欢为同一件事物创建多个不同的声效。你可能注意到了，SFX文件夹里包含了五个版本的smash和explosion声效。我们来学习如何随机播放它们：

1. 打开FallingObject脚本。

2. 删掉声明clip1变量的那一行，取而代之的是一个数组声明（加粗那行）：

```
var prefab:GameObject;
var speed:int;
var audioClips : AudioClip[];
```

3. 修改播放声音的那一行：

```
audio.PlayOneShot(audioClips[Random.Range(0,audioClips.length)]
);
```

我们观察一下这段新代码：

```
var audioClips : AudioClip[];
```

这是一个特殊的内建数组，它的书写格式固定，也就是说，我们会告诉Unity它所包含的数据类型。在本例中，数据类型将会是一个AudioClip列表。常规的数组（例如var myArray = new Array()）并不会显示在检视面板中，但内建型数组则可以。

```
audio.PlayOneShot(audioClips[Random.Range(0,audioClips.length)]);
```

我们在这里做的是，从0到内建数组长度值之间随机选取一个数，我们将此值用作想要播放的audioClip列表的下标。

最后一步是将explosion和smash声效拖放到位于检视面板中的新建的内建数组上：

1. 在工程面板中选中Bomb预制件。

2. 在检视面板中找到FallingObject组件。

3. 点击灰色箭头，展开Audio Clips数组。

4. 在Size标签上输入数值5，列表被进一步扩展了，现在包含了5个空槽位，用来添加Audio Clips对象。

5. 将五个explosion声效拖放到数组的各个下标上。

6. 对Stein预制件重复上述操作，但要使用smash系列声效（图10.16）。

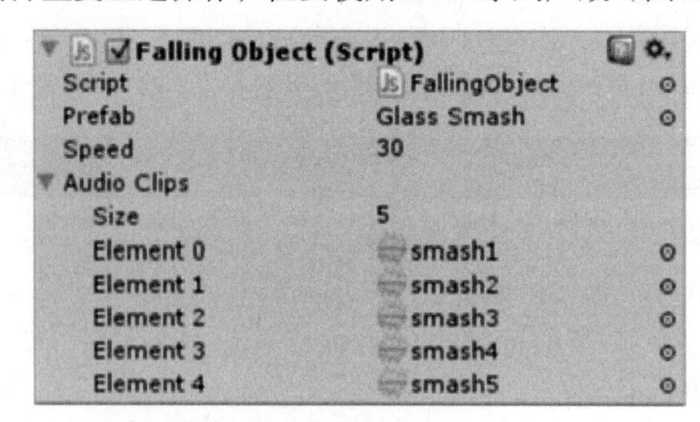

图10.16

7. 运行游戏。

现在，每当同一种物体落在地面上时都会发出不一样的声音。生活本就该多元化一点才好嘛。

10.8 填补空隙

请把这个当做接物游戏的起点。游戏大致成型了，还有一些修饰元素值得加入：

- 带有Play按钮的标题画面。
- 玩家指导页面。
- 制作人员画面。
- 游戏结束画面。
- Play Again按钮。
- 屏显计分器（也就是记录玩家成功接到的啤酒杯数量）。
- 玩家被炸弹击中声效。

我们已经知道如何添加这些元素了。在《修理机器人》游戏中，我们已经建好了一个带有Play按钮的标题画面，至于其他画面也是一样，例如制作人员名单和玩家指导页面。在《Ticker Taker》游戏中，我们已经建好了一个屏显计分器，也在游戏中创建了一个计时器。

如果你把所有的元素想象成一块蛋糕上的各种配料，那么你可以想象一下它现在是什么样子了。此外还有一些关于这个游戏的想法：

得分模式

让玩家接住啤酒杯。每接住一个就累积一次得分。当他碰到炸弹时就算游戏结束，并显示玩家的最后得分和最好成绩，当他打破自己的最好成绩时要弹出提示信息，就像我们在《Ticker Taker》游戏里所做的那样。

生存模式

在屏幕上加入一个在第8章里所做的计时器。玩家必须不断地收集啤酒杯，直到时间结束。可以只容许他错过三个啤酒杯——如果打碎了第三个，或是被炸弹击中，那么游戏结束。这与上一种情形不太一样，因为这里加入了获胜机制，而另一种方法则是让玩家一直玩下去，直到最终输掉为止。这种获胜机制并不会让得分增加，也不会增加多少看点，但某些玩家（比如我）倘若不能赢得游戏，那么就不会觉得有乐趣。

定额模式

计时器是游戏当中常用的工具，但有时候会让玩家有如坐针毡之感。另一种判定玩家是否获胜的方法是定额。例如，玩家需要接住指定数量的酒杯才算完成游戏。

关卡

还有一种获胜机制就是使用多关卡构架。如果玩家通过了第一关，那就增加炸弹的数目（或是加快物体掉落的速度）。或者时不时地让屏幕上驶过一辆公交车，玩家必须跳进下水井中才能躲过去。或者酒杯越来越小，越来越难接住，或者炸弹越来越大，越来越难避开。如果你在生存模式中使用计时器的话，可以增加玩家的最低生存时长。如果你使用定额模式，那就增加玩家要想过关所必须接住的酒杯的数量下限。

这样一来，你就将两个世界完美地结合在了一起——之所以要为游戏设定有限的成功完成点，是因为玩家可以借此产生成就感。但也要为玩家设定可能输掉游戏的门槛，因为闯关的标杆会逐渐抬高，越来越难以实现。你甚至可以为游戏设置顶级关卡，如果完成了第十关，那么玩家就会立刻赢得整个游戏。或许他用最短的时间闯完全部的十关才能获得高分呢？

健康点数

你可以创建某些《塞尔达传说》里的那种红心图形，并显示在屏幕上方。每当玩家被一枚炸弹砸中时，就减掉一颗红心。如果玩家丢掉了所有的红心，那么游戏也就结束了。该特性适用于得分模式，也适用于生存模式，这会让玩家更尽力。如果你能让玩家感觉到规则是公平的，同时又能“输得起”，那么他会更愿意去玩。不该让他感觉到自己“要被逼死了”。要记住，有的时候，“公平”一词的意思是指“让着玩家”——只要计算机不“作弊”，那么在玩家看来就是公平的。

接住没有点燃的炸弹

你还可以创建另一个不包含点燃了引线的炸弹预制件，并且要求玩家不仅要接住啤酒杯，也要接住没有点燃的炸弹。它的降落速度可能需要放慢一些（或者你可以将镜头拉远一些，以便能够看到更大的范围），而且你可能需要让引线上的火花尺寸放大些，便于玩家区分炸弹是否被点燃了。另外，为了让游戏更“公平”，你可以为点燃的炸弹贴上红色贴图。

各种千奇百怪的元素

那位老兄的公寓里不是除了卡通炸弹和啤酒杯外就没别的东西了吗？为了让游戏看上去更有趣，你可以导入几种新模型，把它们被抛出窗外。什么线团啊、玩偶啊，或者是成人杂志都行。

10.9 总 结

这还不算完！我们已经能够运用相当多的编程知识以及一点简单的Unity概念，并把它们用在了三个简单的入门游戏当中，而且都还有可以深入开发的潜力。在下一章里，我们要进一步学习更加炫酷的游戏开发技能，用图形元素润色《分手大战》这款游戏，并把它做成一款完全不同的游戏！跟我们一起来吧！

10.10 C#脚本参考

以下是用C#版本的脚本实现本章内容的方案。有一点需要注意的地方是，在C#版本的FallingObject脚本中，内建数组的Length属性是以大写的L开头的，而Unity的JavaScript版本则是以小写的l开头。

下面就是代码：

FallingObjectCSharp.cs

```
using UnityEngine;
using System.Collections;

public class FallingObjectCSharp : MonoBehaviour {

  public GameObject prefab;
  public int speed;
  public AudioClip[] audioClips;

  void Update ()
  {
    transform.position = new Vector3(transform.position.x,
      transform.position.y - speed * Time.deltaTime,
      transform.position.z);
    if(transform.position.y < 0)
    {
      audio.PlayOneShot(audioClips[Random.Range(0,
        audioClips.Length)]);
```

```
      Instantiate(prefab, transform.position, Quaternion.identity);
      transform.position = new Vector3(Random.Range(0,60), 50, -16);
    }
  }
}
```

CharacterCSharp.cs

```
using UnityEngine;
using System.Collections;

public class CharacterCSharp : MonoBehaviour {

  private float lastX; // this will store the last position of
    the character
  private bool isMoving = false; //flags whether or not the player is
    in motion
  public GameObject explosion;

  void Start()
  {
    animation.Stop(); // this stops Unity from playing the
      character's default animation.
  }

  void Update()
  {

    transform.position = new Vector3((Input.mousePosition.x)/20,
      transform.position.y, transform.position.z);

    if(lastX != transform.position.x)
    {
      // x values between this Update cycle and the last one
      // aren't the same! That means the player is moving the mouse
      if(!isMoving)
      {
        // the player was standing still.
```

```
            // Let's flag him to "isMoving"
            isMoving = true;
            if(!animation.IsPlaying("catch")){
              animation.CrossFade("step");
            }
          }
      } else {
        // The player's x position is the same this Update cycle
        // as it was the last! The player has stopped moving the mouse
        if(isMoving)
        {
          // The player has stopped moving, so let's update the flag
          isMoving = false;
          if(!animation.IsPlaying("catch")){
            animation.CrossFade("idle");
          }
        }
      }
      lastX = transform.position.x;

    }

    void OnCollisionEnter(Collision col)
    {

      if(col.gameObject.CompareTag("bomb"))
      {
        // I got hit by a bomb!
        Instantiate(explosion, col.gameObject.transform.position,
          Quaternion.identity);
      } else if (col.gameObject.CompareTag("stein")) {
          animation.CrossFade("catch"); // Ima catch that stein!
      }
      col.gameObject.transform.position = new
        Vector3(Random.Range(0,60), 50, -16);
      }
    }
```

第11章 游戏#4——射月

在第2章里，我们提到过游戏的内在机制与外在表现之间的区别。我们也使用Unity做出了几款非常简单的游戏，包含了趣味、搞怪而有趣的外在表现元素。在本章里，我们来看看一种新的表现元素能够为游戏带来怎样显著的变化。

我们将要把之前几章所做的游戏《分手大战》打造成一款截然不同的游戏：一名科幻世界的太空射手（想象一下《大蜜蜂》（Galaga）、《太空侵略者》（Space Invaders）和《蜈蚣》（Centipede）等游戏）。我们要利用之前在《分手大战》游戏中做好的东西创建一款截然不同的游戏。不过内在机制还是一样的。在业界，我们称之为“事半功倍”，而且是明智之举。如果剖析本质来看，接物游戏和太空射击游戏之间并没有太大的区别。在这两个游戏中，都是需要你在屏幕上来回移动角色。在接物游戏中，你移动的是角色的身体。而在太空射击游戏中，你是要尽量避开危险的物体。在接物游戏中，你是要去碰撞那些能够得分的物体，而在太空射击游戏中，你需要避开危险的物体，也就是敌方飞船。所幸的是，我们的接物游戏既包含了需要碰撞的物体，也包含了需要躲开的物体，所以我们省事了。唯一的区别在于，太空射击游戏，顾名思义，需要去射击才行。你可能会很惊讶，根据你之前学过的技能打造一个射击特性是多么简单！

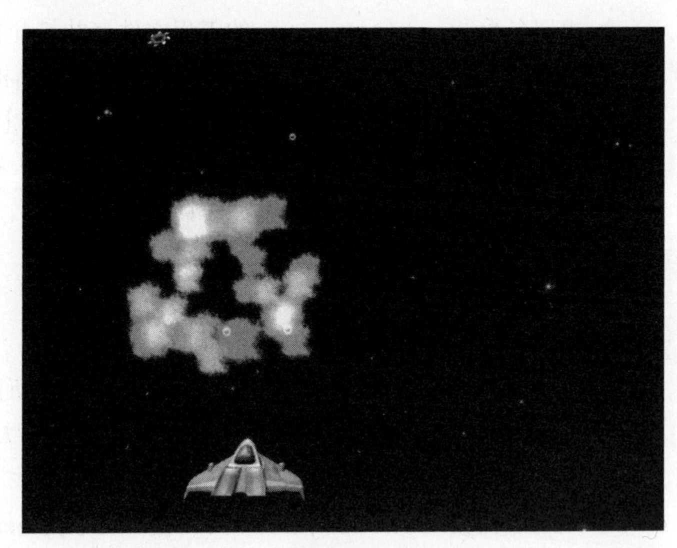

图11.1

图11.1就是我们将要在本章制作的游戏预览效果。

11.1 复制游戏工程

Unity并没有为我们提供一个另存功能来创建工程的副本。你只能在电脑的操作系统里操作。

1. 关闭Unity。

2. 找到在前两章中保存过的已经做好的游戏，也就是《分手大战》。

3. 复制该文件夹。

4. 将文件夹粘贴到任意路径。

5. 将文件夹副本更名为`Shoot the Moon`（或者`ShootTheMoon`，如果你不喜欢用空格的话）

Unity会将整个`Assets`文件夹及其包含的所有资源都复制过去，让你可以创建《分手大战》游戏的一个完整的副本，唯一不同的是工程的名称。我们来打开新的工程：

1. 打开Unity，并在菜单中依次点击File（文件）| Open Project...（打开工程文件）。

提示

如果你在双击文件后按住Alt键打开Unity，那么就会弹出一个工程选择器，可供你在无需打开最新的工程时即可选择打开某个工程。

2. 找到名为`Shoot the Moon`的工程文件夹并打开它。

3. 你的工程打开后看到的会是空白场景。在工程面板中找到Game场景并双击它。你会看到公寓楼、炸弹、啤酒杯等等游戏元素，就像在上一章中看到的那些。

4. 导入与本章对应的新的资源包，其中包含两艘飞船模型及其材质、一个新声效、一张新的背景图。对所有这些新文件做适当的归档，让工程显得更加有序。

11.2 让炮口朝上

我们从没想过在公寓楼前会有一架太空炮出现。所以，我们还是先把之前的背景删掉吧。然后我们使用多重摄像机技术为游戏添加一个太空场景。

1. 点选公寓楼物体，将其从场景中删掉。

2. 依次点击菜单GameObject | Create Other | Camera向场景中添加第二个摄像机物体。

3. 将该摄像机更名为SpaceCam。

4. 在工程面板中，选用starfield贴图。

5. 依次点击菜单GameObject | Create Other | GUI Texture。

眨眼间，starfield贴图就出现在了游戏视图中，如图11.2所示。

图11.2

虽然如此，但是它把场景中的一切都遮挡住了！我们这就来修复一下。

1. 在层级面板中，点击刚才创建的名为starfield的 GUITexture。

2. 如图11.3所示，在检视面板中，我们创建一个新层。点击Layer下拉菜单并选择Add Layer...（新建层）。

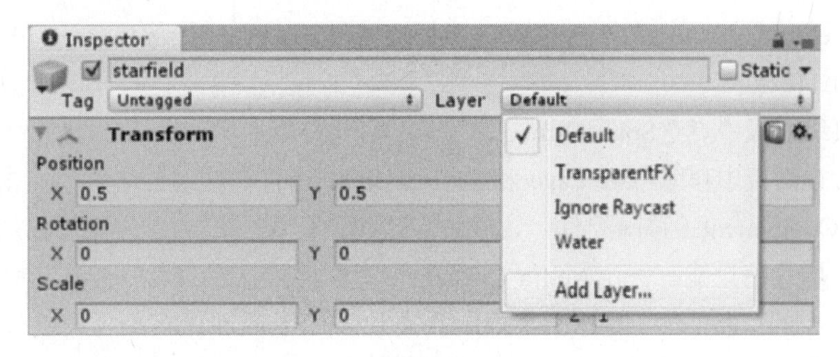

图11.3

3. 目光转向列表底部，越过所有的Builtin Layer。紧接着的一个变量名叫User Layer 8。如图11.4所示，在标签右侧的空白处点击鼠标并输入`starfield`。输入完层名称后按回车键确认。

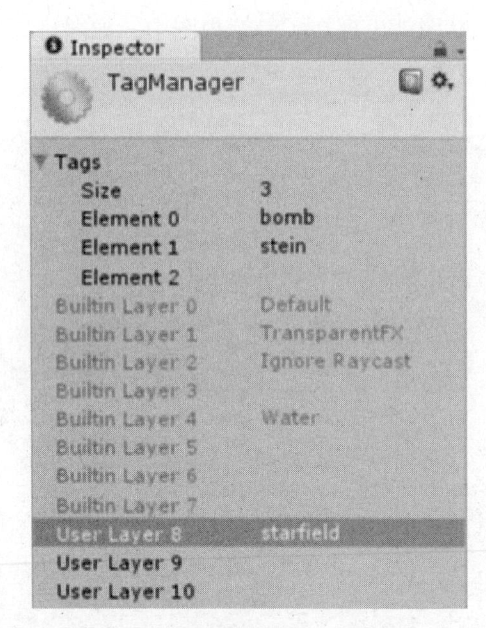

图11.4

4. 在层级面板中点选starfield GUITeture。

5. 在检视面板中点开Layer下拉菜单并选择刚创建的starfield层（图11.5）。

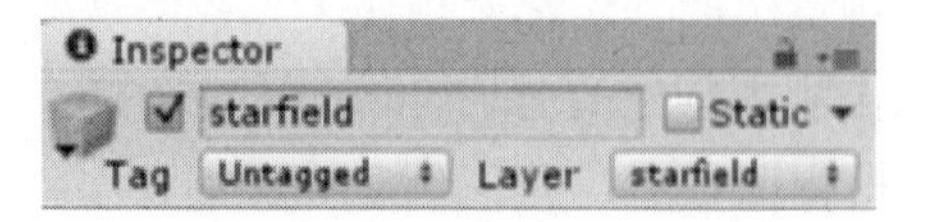

图11.5

将starfield GUITexture放入新层后，我们要修改SpaceCam摄像机，让它只能“看得到”那张GUITexture。

1. 在层级面板中点选SpaceCam。

2. 在检视面板中移除Flare Layer和Audio Listener组件（在组件名称上点击右键并选择Remove Component（移除组件），或者点击组件面板右侧的小齿轮图标从中找到该菜单项）。场景中只能有一个Audio Listener，我们要把这个工作交给主摄像机去做，所以删掉其余的Listener。同样，我们不需要让第二个摄像机渲染任何的镜头光晕效果，这就是为什么我们把Flare Layer的勾去掉了。

3. 在Camera组件上方找到Clear Flags（清空标记）下拉菜单。它默认显示的是Skybox（天空盒）。我们把它改为Solid Color（实色）。

4. 将Depth值改为-1。

5. 在Culling Mask（剔除遮罩）下拉菜单中，选择Nothing（不使用）。这会取消列表中其他选项的选择状态，而且场景窗口中的那个小摄像机预览窗也会被清空。

6. 再次进入Culling Mask下拉菜单，选择starfield层（图11.6）。

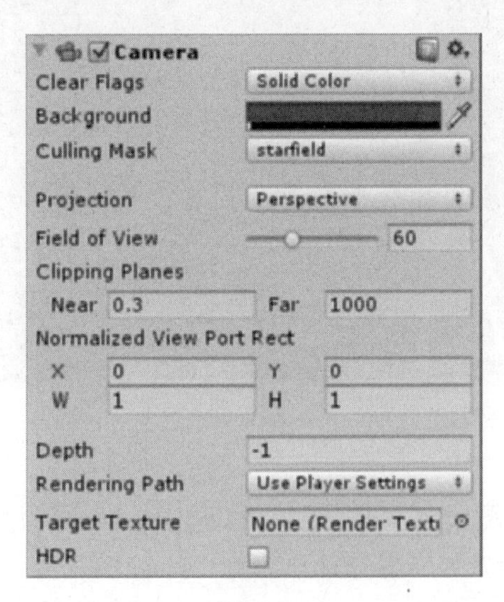

图11.6

现在，我们已经让SpaceCam组件只渲染（或者说“绘制”、“看得到”）那些位于starfield层中的对象。目前，starfield层中唯一的对象就是我们的starfied GUITexture。我们将SpaceCam相机的depth值改成一个较小的值，因为我们想要让它所能看到的内容出现在主摄像机送所能看到的内容后面。我们对Main Camera稍作改动，将两个摄像机的视图内容混到一起。

1. 在层级面板中选中Main Camera。

2. 在检视面板中将其Clear Flags项设置为Depth Only（仅使用深度）。

3. 在Culling Mask下拉菜单中将starfield层的勾去掉。此时，你取消了starfield层的被选中状态，让Main Camera看到其他所有层。将Culling Mask一项设置为Mixed（混合），此时角色模型出现在了视图中。

4. 确保Main Camera的Depth值被设置成了1。

由于Main Camera的深度值被设为1，同时SpaceCam的深度值被设为了-1，这使得Main Camera的景象层排在了SpaceCam获取到的景象之前。现在你就能看到《分手大战》游戏里的那个角色漂浮在太空里了（图11.7）。好像他这一天还不够倒霉似的！

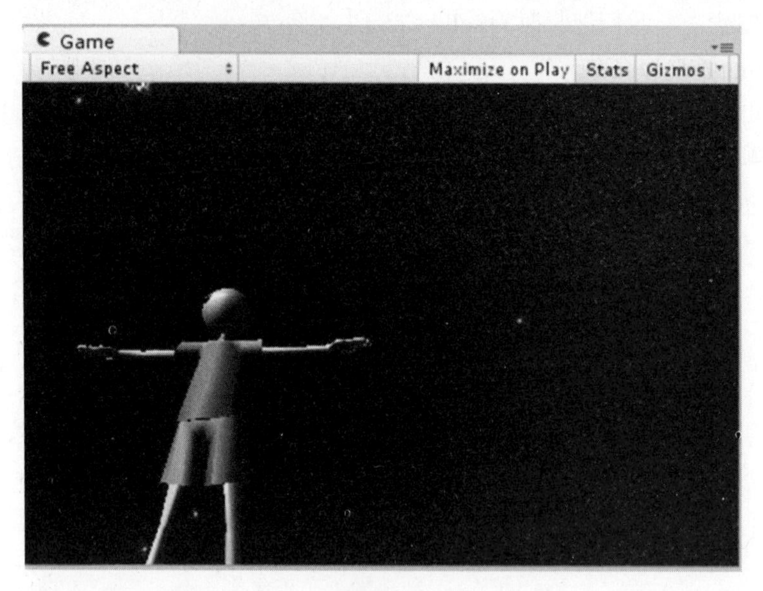

图11.7

修改GUI贴图尺寸

如果你的显示器分辨率很高，那么这张1024×768像素的startfield贴图可能不能将屏幕完全覆盖。你随时可以在层级面板中选中GUITexture并在Pixel Inset（像素内插）设置项中调节它的Width和Height属性。请记住，尽管如此，更改位图的尺寸会让图像的显示品质下降。我们在之前的章节里学过，最好是直接根据目标屏幕分辨率做出所有的贴图资源。

清空标记

我们之前用到的Clear Flags（清空标记）设置项决定了在空无一物的场景中会渲染什么（模型、粒子特效等等）。默认渲染天空盒，也就是一个内外翻转的立方体，你可以在上面贴贴图，例如天空贴图，模拟出天空的感觉。

Clear Flags下拉菜单能够让我们为空白场景指定天空盒、实色，或只使用镜头深度。当选择Depth Only（只使用深度）时，摄像机只会显示它的Culling Mask列表内的内容。任何空白区域都会裂开，并且会被低深度值较低的摄像机所显示的内容所填充。最后一个选项是Don't Clear（不清空），并不是Unity的建议操作项，因为这会造成一种模糊混乱的效果。

11.3 角色登场

由于上一个游戏里的角色有很多和飞船一样的行为，所以我们只需把角色直接替换成飞船就好了，既简单又方便。

1. 在工程面板中找到Hero Ship模型，并把它拖拽到场景中。

2. 在层级面板中点击Character预制件旁边的灰色箭头，将其展开。

3. 删掉名为Armature的子级物体。

4. 如果Unity警告你说会失去与预制件的连接，点击Continue即可。

5. 在层级面板中将heroShip模型拖拽到刚刚操作过的Character预制件上（记住是在层级面板中，而不是工程面板中）。

6. 在检视面板中，更改heroShip所有的默认transform值（或者点击那个黑色小齿轮图标并选择Reset Position（重置位置））。然后调节Rotation值：

Position：X：0，Y：0，Z：0

Rotation：X：0，Y：-180，Z：-180

Scale：X：1，Y：1，Z：1

7. 在层级面板中，选中父级的Character预制件。

8. 在检视面板中，按如下参数设置Character 预制件的位置：

Position：X：25，Y：5，Z：0

9. 将所有的Rotation值都设为0，并将所有的Scale值设为1。HeroShip模型在游戏视图底部摆来摆去。我将Main摄像机的Field of View（景深）值设为60，把视角稍微拉回一点（图11.8）。

HeroShip物体变成了Character预制件的子物体，取代了原角色的骨架和模型。也就是说，它会保持我们赋给角色的所有组件——包括Box Collider、Script、Audio Source等。这可要比从零创建预制件要来得快！

保存工程并测试游戏。炸弹和啤酒杯看上去会怪怪的，不过飞船的操纵效果还是很理想的。

图11.8

11.4 遭到袭击

现在我们要让Character预制件与那个新创建的小飞船模型适配。还记得我们之前为那位老兄添加的那个绿色边框方盒碰撞器吗（图11.9）？它还在那里，但是不太适合目前这个游戏。我们来修复一下吧！

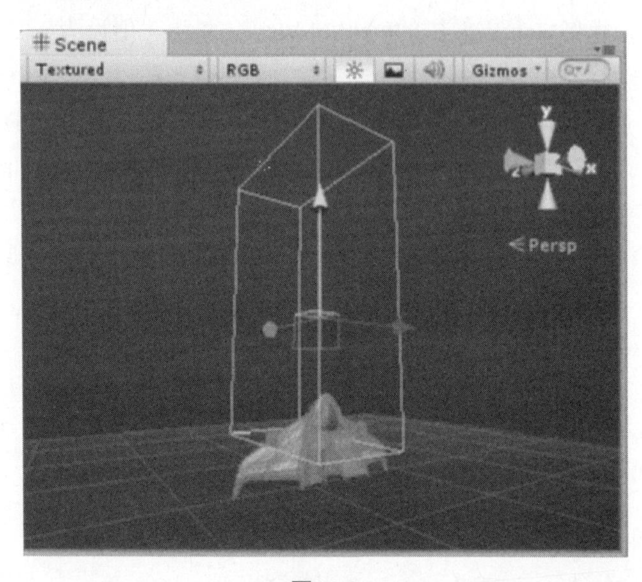

图11.9

1. 在层级面板中点击Character预制件。

2. 鼠标指针悬停在场景视图内，按键盘上的F键居中显示飞船。

3. 在检视面板中找到Box Collider组件。

4. 在菜单里依次点击Component | Physics | Mesh Collider，然后会弹出一个窗口询问我们是想替换还是添加新的碰撞器。点击Replace（替换）即可将原先大尺寸的碰撞器替换成新的。

5. 在工程面板中找到heroShipCollisionCage模型。

6. 如图11.10所示，点击灰色按钮，展开heroShipCollisionCage树级。其中有个叫CollisionCage的网格（记住，网格前面的图标呈栅格样式）。

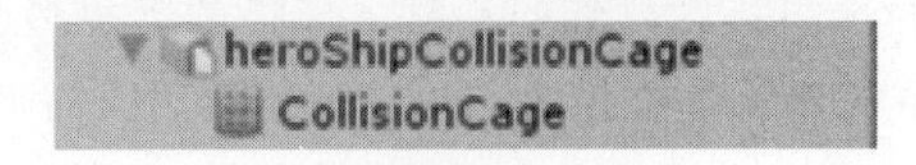

图11.10

7. 在层级面板中再次点击Character预制件选中它。

8. 点击CollisionCage并将其拖拽到检视面板中的Mesh Collider组件的Mesh栏中（图11.11）。

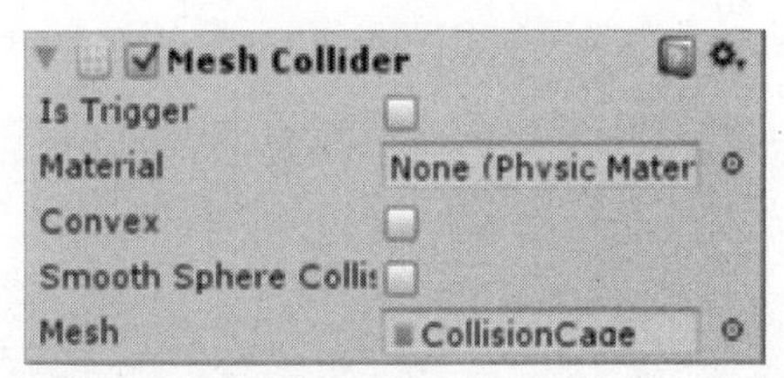

图11.11

9. 在检视面板顶部点击Apply按钮应用所有更改。

这里我们不打算对飞船使用简单粗糙的box碰撞器，而是一个贴合其网格形状的单独的碰撞轮廓（图11.12）。现在，物体不会击打在船翼上面的空白区域了，但用box碰撞器的话则会这样。

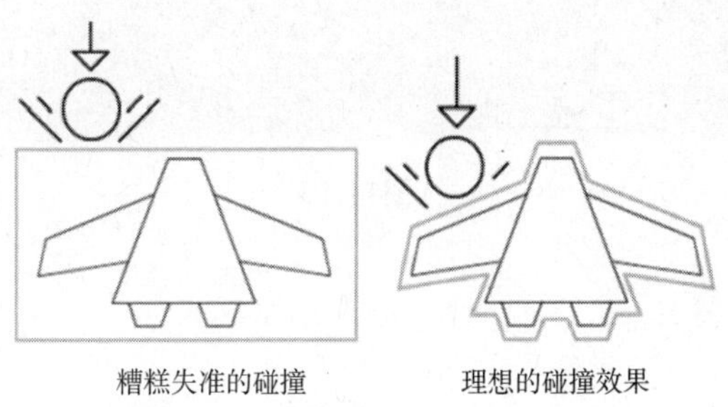

图11.12

自定义碰撞器

你可能已经猜到了，我们本可以将HeroShip自身的网格用作自身的网格碰撞器。但这样做会带来一个问题，HeroShip网格相对较为复杂。如果你所制作的游戏需要尽可能榨干Unity的全部性能，那么你就要考虑去建一个相对简化的网格作为飞船的网格碰撞器，也就是一个与飞船外形大致相仿的形状，只不过细节更少，就像我们这里所做的那样。如果使用经过优化的网格碰撞器，Unity就能运算得更快。如果你想让Unity将网格碰撞器转成一个凸形网格碰撞器，就像我们在《Ticker Taker》游戏中为双手和医用托盘所作的那种，网格的三角形面务必控制在256个以内。在测试运动物体碰撞时，你应该还记得，凸形网格碰撞器的效果比较好。一个未经优化的网格，就像一面结构松垮的墙，有可能会让物体直接穿透过去，也就是所谓的“隧道效应”。应确保优化碰撞器网格以避免隧道效应。薄片一样的碰撞器最容易产生隧道效应了。

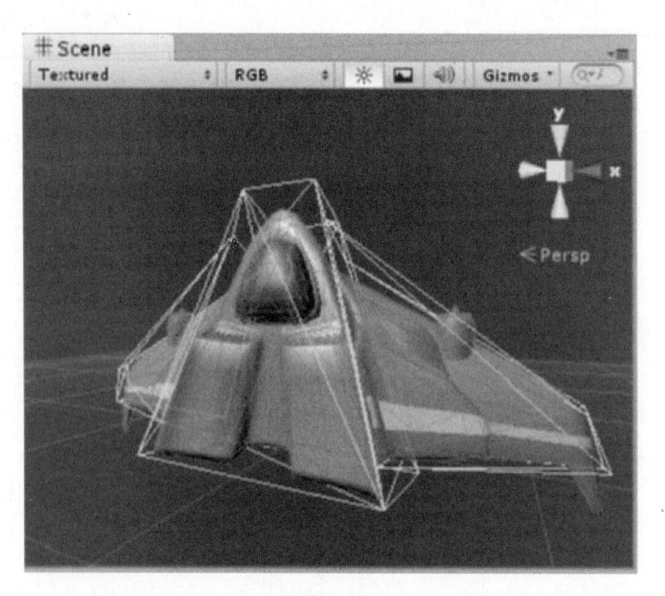

图11.13

11.5 反派登场

与《分手大战》不同，那里我们有好物品和坏物品，而在《射月》游戏中，我们的战舰面对的全都是坏物品。那些坏物品将会是敌方飞船，在宇宙里到处搞破坏。我们把啤酒杯删掉，并利用之前已经对炸弹做过的设定，把它应用到敌方飞船上。

1. 在层级面板中，点击Stein预制件并把它删掉。这个游戏里用不到它。你可以把啤酒杯模型连同啤酒杯物体一并删掉。

2. 将EnemyShip模型从工程面板中拖拽到场景里（图11.14）。

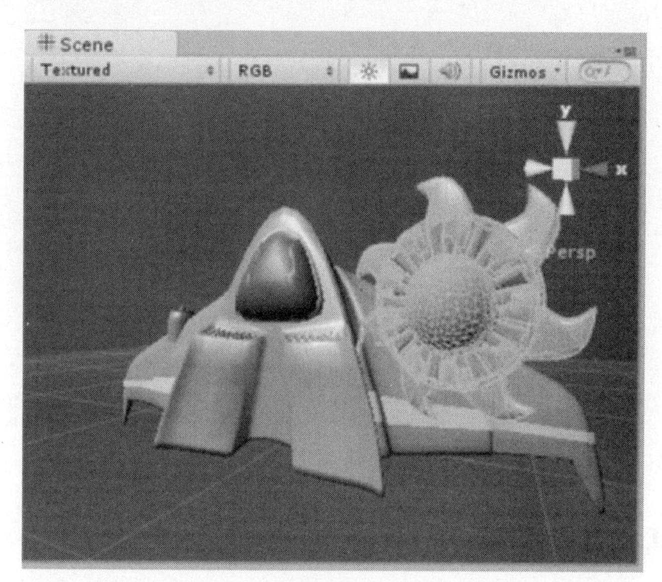

图11.14

3. 在层级面板中，点击Bomb旁的灰色箭头将其展开。

4. 删掉Bomb子对象。在弹出丢失关联提示时点击Continue。

5. 用同样的方式删掉Sparks子对象。

6. 将EnemyShip游戏物体拖拽到Bomb游戏物体内（在层级面板中操作）。和之前一样，EnemyShip成为了Bomb物体的子对象。

7. 确保EnemyShip的transform的默认值如下（点击小齿轮图标会看到Reset选项，能够快速初始化transform值）：

Position：X：0， Y：0， Z：0

Rotation：X：0，Y：0， Z：0

Scale：X：1，Y：1，Z：1

8. 在层级面板中，点击Bomb物体。转到检视面板，将它的位置改为：

Position：X：25，Y：71， Z：0

9. 如图11.15所示，在检视面板中找到Rigidbody组件，在Constraints展开栏中将

Freeze Rotation行中的X、Y和Z的勾去掉。这样可以防止敌船在碰撞后乱转。

图11.15

10. 点击检视面板顶部的Apply按钮，应用对该预制件所做的更改。

11. 测试游戏。

飞船的位置还是不太理想，但请注意，我们已经能够控制我方飞船在屏幕上运动，而那些敌船由于携带了FallingObject脚本，所以会从屏幕上方落下。

11.6　清理一下

我们的新游戏就快做好了，而且过程也很轻松！在继续修改代码之前，我们来花点时间将某些资源重命名。

1. 将Bomb和Character预制件分别命名为`EnemyShip`和`HeroShip`。在层级面板和工程面板中都要改一下。

2. 在工程面板中，将Character脚本命名为`HeroShip`。

3. 同样，将FallingObject脚本改名为`EnemyShip`。

如果你用的是C#版本的脚本，那么也要将脚本中的类名称一并重命名才行。

4. 在层级面板中，点击选择EnemyShip预制件（也就是之前的Bomb预制件）。

5. 将鼠标指针停在场景视图上，按F键居中显示EnemyShip。你会发现Sphere Collider（球形碰撞器）的尺寸太大了，我们这就来修复一下。

6. 在检视面板中，将Sphere Collider的radius（半径）设为`1.7`。

7. 如图11.16所示，点击Apply按钮应用更改。如果愿意，现在完全可以把Bomb和Stein模型从工程面板中删掉了。

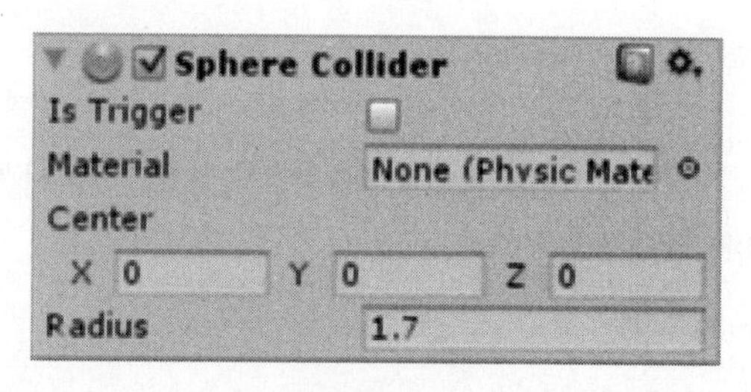

图11.16

11.7 修复下落效果

在《分手大战》里，我们的坠落物体比较大，而且竖直方向上的坠落落差也不大。现在既没有地面也没有天空，我们得在EnemyShip脚本（也就是之前的FallingObject脚本）里修改几行代码。双击EnemyShip脚本，准备改代码：

将：

```
if(transform.position.y < 0)
```

改为：

```
if(transform.position.y < -4)
```

这会将敌船移动到屏幕下边界以外的地方，而不是去接触y:0处的本不存在的地面。

将：

```
transform.position.y = 50;
```

改为：

```
transform.position.y = 71;
```

改完EnemyShip的位置后，增加y向position值会让敌船的起点位于屏幕上边界外。

将：

```
transform.position.x = Random.Range(0, 60);
```

改为：

```
transform.position.x = Random.Range(-11, 68);
```

这会让EnemyShip在水平方向上出现的位置得到修正——是一个位于X方向上的

从-11到68之间的随机位置。你可以删掉或注释掉下面这两行（还记得吧，只需在行首加//即可做成注释）：

```
// audio.PlayOneShot(audioClips[Random.Range(0,audioClips.length)]);
// Instantiate(prefab, transform.position, Quaternion.identity);
```

这样做是因为我们不希望让EnemyShip在运动到屏幕底部时发出爆炸之类的异响。在太空里，没人能听见爆炸声的。

为下面这行代码更改数值：

```
transform.position.z = 0;
```

在position.z行下面加入下面这行（加粗部分）：

```
transform.position.z = 0;
rigidbody.velocity = Vector3.zero;
```

完整的Update函数如下所示：

```
function Update(){
    transform.position.y -= speed * Time.deltaTime;
    if(transform.position.y < -4) {
      //audio.PlayOneShot(audioClips[Random.Range(
         0,audioClips.length)]);
        //Instantiate(prefab, transform.position,
           Quaternion.identity);
        transform.position.y = 71;
        transform.position.x = Random.Range(-11,68);
        transform.position.z = 0;
        rigidbody.velocity = Vector3.zero;
    }
}
```

为什么要重置regidbody.velocity的值呢？当游戏物体相互碰撞时，有可能会将彼此撞离原来的轨道，或者会让物理引擎在物体原有的rigidbody运算基础上附加额外的速率值。我们用这两行代码来让所有相关属性值在敌船再次从屏幕上方落下时归零。

EnemyShip的角度有点怪。我们可以通过改动一行代码给它一个转角，让它朝向合适的方向。

在Update函数中添加一行代码（加粗部分）：

```
function Update () {
    transform.position.y -= speed * Time.deltaTime;
    transform.Rotate(0,0,Time.deltaTime * -500); // buzzsaw!!
```

还记得吧，在之前章节中，Time.deltaTime增量值会让物体的运动速度加快。这样可以让敌船仅用两秒时间即可横穿屏幕区域，无论玩家电脑性能是快是慢。照顾到那些电脑运行速度并不快的玩家总是好的。

保存EnemyShip脚本并运行游戏。那些气势汹汹践踏宇宙的敌方飞船从屏幕的顶部向底部运动。并且会在合适的时间重新从顶部的某个X向随机落下。旋转起来如刀刃一般，典型的坏蛋角色。

11.8 设置玩家角色

需要对HeroShip脚本（即先前的Character脚本）做些修改，才能适用于这款新游戏。我们这就开始吧：

1. 打开HeroShip脚本。

2. 删掉用来处理啤酒杯的else if条件语句，也就是下面加粗的那些内容：

```
if(col.gameObject.tag == "bomb")
{
    audio.PlayOneShot(explosionSound);
    Instantiate(explosion, col.gameObject.transform.position,
        Quaternion.identity);
} else if (col.gameObject.tag == "stein") {
    animation.Play("catch"); // Ima catch that stein!
}
```

《射月》游戏里可没有啤酒杯哦，所以我们完全可以把这段删掉。

3. 删掉所有控制角色模型动画的代码，删掉加粗部分：

```
if(lastX != transform.position.x) {
    // x values between this Update cycle and the last one
    // aren't the same! That means the player is moving the
    // mouse.
    if(!isMoving) {
      // the player was standing still.
      // Let's flag him to "isMoving"
```

```
        isMoving = true;
        if(!animation.IsPlaying("catch")){
        animation.Play("step");
          }
      }
      } else {
        // The player's x position is the same this Update cycle
        // as it was the last! The player has stopped moving the
        // mouse.
        if(isMoving) {
          // The player has stopped moving, so let's update the
             flag.
          isMoving = false;
          if(!animation.IsPlaying("catch")){
          animation.Play("idle");
          }
        }
    }
    lastX = transform.position.x;
```

4. 删掉代码顶部的isMoving变量：

```
var isMoving:boolean = false; // flags whether or not the
  player is in motion
```

5. 删掉代码顶部的lastX变量定义：

```
var lastX:float; // this will store the last position of the
  character
```

6. 删掉整段Start函数：

```
function Start() {
    animation.Stop(); // this stops Unity from playing the
       character's default animation.
}
```

玩家飞船默认并不带任何动画，因此这段代码显得没有必要。以下是脚本的完整效果：

```
var explosion:GameObject;
```

```
function Update() {
    transform.position.x = (Input.mousePosition.x)/20;
}

function OnCollisionEnter(col : Collision) {
    if(col.gameObject.tag == "bomb")
    {
    // I got hit by a bomb!
    Instantiate(explosion, col.gameObject.transform.position,
      Quaternion.identity);
  }
  col.gameObject.transform.position.y = 50;
  col.gameObject.transform.position.x = Random.Range(-11,68);
  col.gameObject.transform.z = -16;
}
```

《分手大战》游戏中的人物角色在导入时自带了一个循环动画，而飞船模型则没有。如果我们不删掉动画调用代码，Unity就会持续报错说找不到那些动画。

刚才发生了什么——懒人福音!

留意HeroShip脚本的下面这三行代码：

```
col.gameObject.transform.position.y = 50;
col.gameObject.transform.position.x = Random.Range(-11,68);
col.gameObject.transform.z = -16;
```

这几行代码会让下落的敌船碰到玩家飞船时重新调整位置。在EnemyShip脚本中，我们已经引入过类似的代码，当时是用来更新数值。我们在这里也应该使用吗？如果数值以后变化怎么办？所以我们就得在两个不同的脚本里更新一下代码了。

是不是觉得该将这个代码做成某种ResetPosition函数供两个脚本调用，然后我们只在一处更新数值即可，是这样吗？不过你真的可以从另一个脚本里调用函数吗？没错，没有什么不可能。

动手环节——放弃函数吧

我们先在EnemyShip脚本里设置好函数。双击打开EnemyShip脚本，然后准备录入。

1. 在脚本中的其他函数外部写个新函数：

```
function ResetPosition(){
  transform.position.y = 71;
  transform.position.x = Random.Range(-11, 68);
  transform.position.z = 0;
  rigidbody.velocity = Vector3.zero;
}
```

这和我们用过的重定位代码如出一辙。你甚至可以先写出个函数壳，然后复制/粘贴那些代码即可。无论哪种方法，你都需要把原来那些行从Update函数中移除，并用一个ResetPosition()函数调用来替代。

2. 将下面加粗的那几行删掉：

```
if(transform.position.y < -4) {
  transform.position.z = 0;
  transform.position.y = 71;
  transform.position.x = Random.Range(-11, 68);
  rigidbody.velocity = Vector3.zero;
}
```

取而代之的是ResetPosition()函数调用（加粗部分）：

```
if(transform.position.y < -4) {
  ResetPosition();
}
```

3. 将HeroShip脚本中原先的重定位代码行删掉（下面加粗的部分）：

```
function OnCollisionEnter(col : Collision) {
    // (a few lines omitted here for clarity)
    col.gameObject.transform.position.y = 50;
    col.gameObject.transform.position.z = -16;
    col.gameObject.transform.position.x = Random.Range(-11,68);
```

4. 取而代之的是下面加粗的行：

```
function OnCollisionEnter(col : Collision) {
    // (a few lines omitted here for brevity)
    if(col.gameObject.GetComponent(EnemyShip))
    {
       col.gameObject.GetComponent(EnemyShip).ResetPosition();
    }
}
```

下面是OnCollisionEnter函数的完整内容：

```
function OnCollisionEnter(col : Collision) {
if(col.gameObject.tag == "bomb")
{
// I got hit by a bomb!
Instantiate(explosion, col.gameObject.transform.position,
Quaternion.identity);
}

if(col.gameObject.GetComponent(EnemyShip))
{
col.gameObject.GetComponent(EnemyShip).ResetPosition();
}
}
```

我们来剖析一下新的代码：

```
if(col.gameObject.GetComponent(EnemyShip)){
```

col值代表Collision（碰撞），Collision类中有个名为gameObject的变量，也就是发生碰撞行为的物体。GameObject类包含一个名为GetComponent的函数。你可以将想要访问的脚本名称作为参数进行传递。

在本例中，我们要调用的是与HeroShip物体发生碰撞的物体上附带的EnemyShip脚本。我们使用一个if语句，意思是说“如果碰到Heroship的那个物体包含一个名为EnemyShip的组件，那就调用它”。

```
col.gameObject.GetComponent(EnemyShip).ResetPosition();
```

然后调用脚本中的ResetPosition()函数。

我们的条件语句能够判定碰撞物体上是否存在这样的脚本，只需返回（回应）true或false即可（还记得吧，if条件语句终归可以被归结成这两种布尔状态：true或false）。

以后，如果某个假定的FallingStar物体击中了飞船，并且它上面并没有携带一个名为EnemyShip的组件，那么我们就在调用EnemyShip脚本时产生一个报错。我们在调用任何函数前检查脚本是否存在于碰撞物体上。

所有代码的执行结果就是，当敌方飞船（EnemyShip）物体到达屏幕底部时就调用ResetPosition()函数，并瞬间回到屏幕顶部。当敌方飞船（或者任何携带EnemyShip脚本组件的物体）碰到玩家飞船（HeroShip）时，HeroShip脚本就会调用

EnemyShip脚本的ResetPosition()函数，敌方飞船物体回到屏幕顶部。

保存脚本，测试一下你的游戏吧！敌方飞船在这两种情况时都会重置位置。成功了！

优化

下面是代码的优化范例。GetComponent函数比较消耗运算资源，也就是说，它在执行时会耗用较长的运算时间，你会发现，我们在这里调用了该函数两次。我们可以将GetComponent函数的结果值存储为一个变量。然后只需调用该函数一次即可。代码改动如下：

```
var other = col.gameObject.GetComponent(EnemyShip);
if (other) {
other.ResetPosition();
}
```

先保证脚本能够运行，然后再去考虑优化速度和代码写法。

11.9 开枪开到手抽筋

总是会有很多人喜欢射击的感觉。那么我们就来制作一颗炮弹，用它来打倒坏蛋吧。

1. 在菜单中依次点击GameObject | Create Other | Sphere。将新建的球体重命名为bullet（意为“炮弹”）。

2. 在层级面板中点击你刚创建的这个bullet物体。

3. 在检视面板中将bullet的Transform值重置，然后为Scale的xyz值都输入0.5：

Position：X：0，Y：0，Z：0

Rotation：X：0，Y：0，Z：0

Scale：X：0.5，Y：0.5，Z：0.5

4. 鼠标悬停在场景窗口内，并按F键居中显示它。

11.10 美化炮弹

一颗黯淡无光的炮弹可不符合科幻游戏的风格哦。我们来为它制作一个亮绿色的材质吧，因为我有强烈的预感，未来的炮弹会是这种颜色的。

1. 在工程面板中新建一个材质，更名为Bullet。

2. 点击选中这个新建的Bullet材质。

3. 如图11.17所示，在检视面板中点击Material的色块，选用一种亮绿色。我的颜色值为：

R：9

G：255

B：0

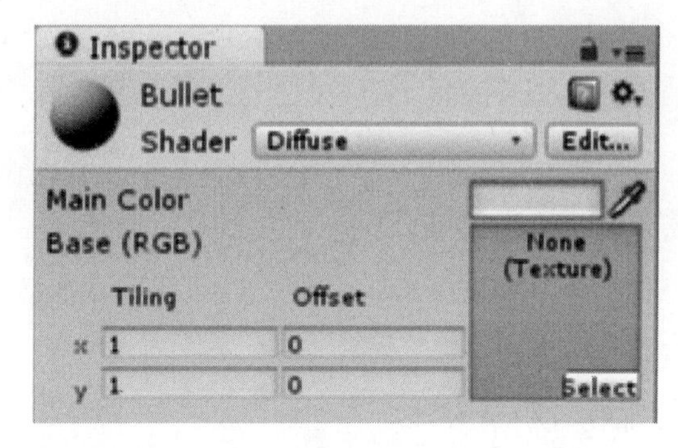

图11.17

4. 在层级面板中选中Bullet物体。

5. 在检视面板中找到Mesh Renderer组件。

6. 将Bullet材质应用给Bullet物体。你可以在材质列表的Element 0槽位上选用Bullet材质，也可以选中Bullet材质并把它拖拽到该槽位上（可能需要先点击灰色箭头展开材质列表）。也可以将材质拖放到层级面板或场景视图中的游戏物体上。

7. 在Mesh Renderer组件中，将Cast Shadows和Receive Shadows的勾选去掉（图11.18）。

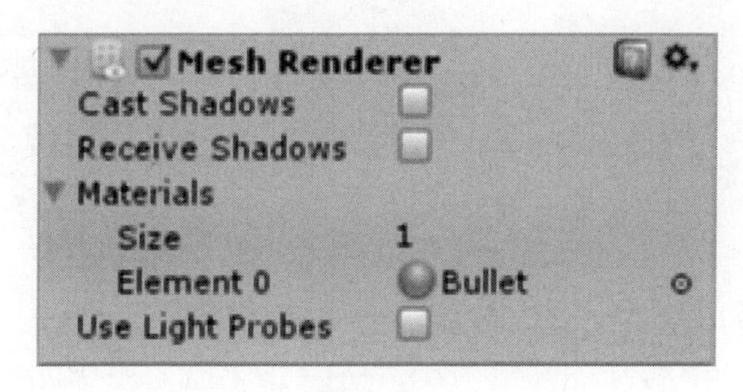

图11.18

动手环节——制作光晕

好了，别太激动。我们并不是真要做出圣人头顶的光圈……而是要让炮弹看上去更光亮一些。

1. 确保已选中Bullet物体。

2. 依次点击菜单Component | Effects | Halo。这会为炮弹添加一种好看的光晕效果。

3. 在层级面板中点击Halo组件上的色块。输入相同的亮绿色色值：

R：9

G：255

B：0

4. 将光晕的Size值改为0.5（图11.19）。

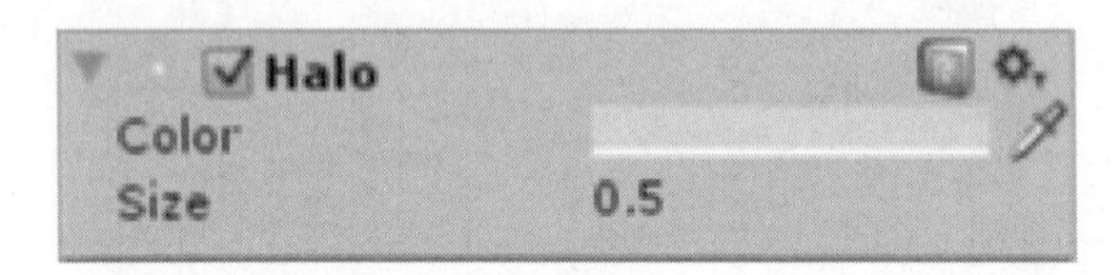

图11.19

现在我们来为它添加物理引擎效果。

5. 确保已选中Bullet物体（图11.20）。

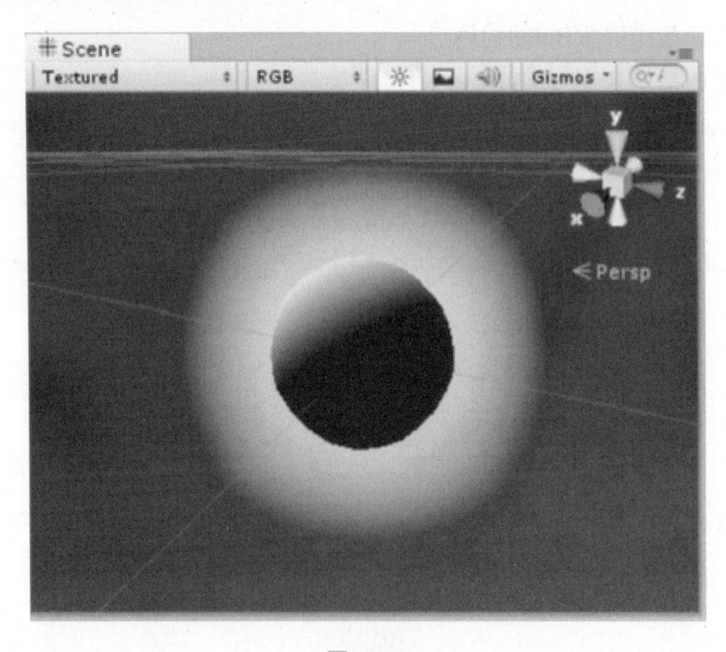

图11.20

6. 在菜单里找到Component | Physics | Rigidbody。

7. 在检视面板中去掉Use Gravity的勾选。

8. 在检视面板顶部点击Add Tag... 进入Tag下拉菜单。

9. 新建一个名为bullet的新标签（如果想要让列表看着更整洁，可以删掉上一个项目里创建的bomb和stein标签，将列表行数降为2）。

10. 再次点选bullet游戏物体。

11. 在检视面板中从Tag列表中选择bullet标签，应用给bullet物体（图11.21）。

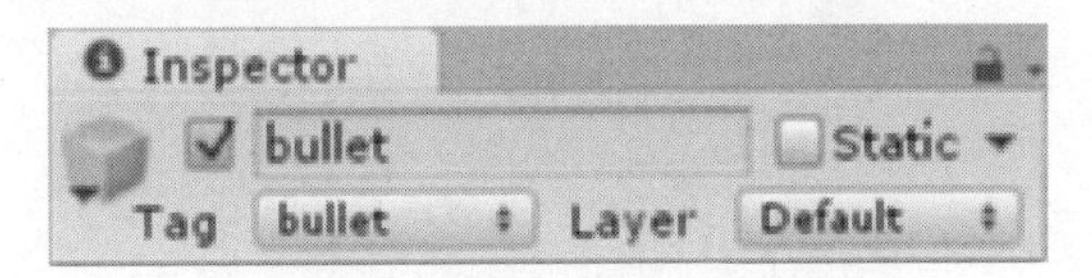

图11.21

我们要创建一个非常简单的脚本，并把它赋给炮弹。

12. 在工程面板中新建一个JavaScript脚本。

13. 将新脚本重命名为Bullet。

14. 为Bullet脚本添加一个Start函数：

```
function Start() {
    rigidbody.velocity.y = 100;
}
```

这会让炮弹的初始运动速度变快。

15. 将下列代码添加到Update函数中：

```
function Update () {
  if(transform.position.y > 62) {
    Destroy(gameObject);
  }
}
```

16. 在层级面板中点选Bullet游戏物体。

17. 如图11.22所示，将脚本赋给bullet物体。你可以将脚本拖拽到Bullet物体上，也可以在菜单中找到Component | Scripts | Bullet。

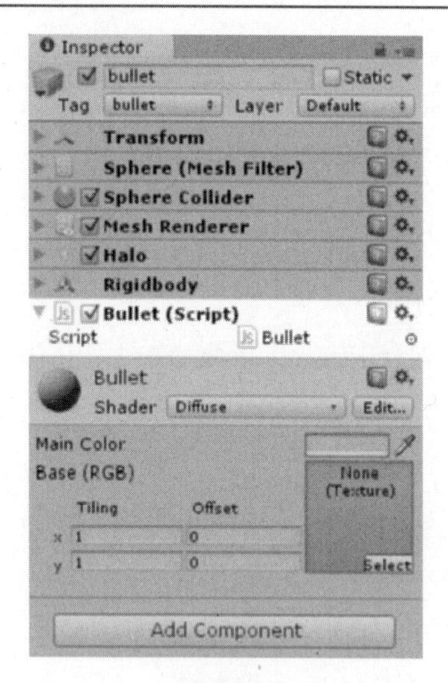

图11.22

最后，我们会新建一个预制件，用来存放Bullet游戏物体。

18. 在工程文件夹中，新建一个名为Bullet的预制件（记得把资源放到对应的分类文件夹里，保持列表井然有序）。

19. 将Bullet物体从层级面板拖放到Bullet空预制件容器中。此时，旁边的灰色箭头会变亮，表示该预制件包含内容。

20. 选中Bullet游戏物体并把它从层级面板中删掉。它现在已经安全地包含在预制件里了。

先别玩了

如果目前你将资源整理的还算井然有序，那倒还好。但如果不是，你的资源名称看上去会与上一个工程的很雷同。建议花些时间去整理一下资源。我们不需要炸弹、砖墙、酒杯，也不需要那些角色模型及其附带的材质。整洁的工程才算是好工程。

11.11 开 火

为了让飞船能够射击，我们需要在脚本顶部创建一个名为bullet的变量。并把它拖放到检视面板中的变量槽上。否则，脚本就无法获知当我们试图将某个名为bullet的东西实例化时想要干什么。

步骤如下：

1. 在HeroShip脚本顶部声明一个变量：

```
var bullet:GameObject;
```

2. 保存脚本。
3. 在层级面板中选择HeroShip预制件。
4. 在检视面板中找到HeroShip脚本组件。
5. 将Bullet预制件关联到bullet变量（图11.23）。

图11.23

我们为HeroShip脚本添加几行代码，让飞船在你按下鼠标键时进行射击，这样就可以过瘾了。

```
function Update ()
{
    transform.position.x = (Input.mousePosition.x )/20;
    if(Input.GetMouseButtonDown(0)){
      Instantiate(bullet, transform.position + new Vector3(-3,2,0),
      Quaternion.identity);
      Instantiate(bullet, transform.position + new Vector3(3,2,0),
      Quaternion.identity);
      }
}
```

我们来看这行代码：

```
if(Input.GetMouseButtonDown(0)){
```

当鼠标左键（ID值为0）在执行某次`Update`时被按下的时候，这行代码就会返回`true`。

```
Instantiate(bullet, transform.position+new Vector3(-3,2,0),
    Quaternion.identity);
```

```
Instantiate(bullet, transform.position+new Vector3(3,2,0),
    Quaternion.identity);
```

我们之前用过Instantiate命令，这回我们要在与HeroShip相同的位置上新建两个Bullet预制件实例，旋转角度也相同。在同一个语句里，我们将炮弹沿Y轴移动两个单位，把它放到玩家飞船的侧翼处。右边的炮弹沿X轴移动-3个单位，左边的炮弹沿对立方向移动3个单位，也就是把它放到右翼上面。由于我们在bullet脚本的Start函数中用了rigidbody.velocity，炮弹会朝屏幕上方运动。

现在来测试一下游戏。当你点击鼠标左键时，会在画面中添加两个新的Bullet预制件实例。由于Rigidbody组件的作用，它们最终会向屏幕上方滑动，然后会挂载到HeroShip两翼的炮膛上。附在每个炮弹上的脚本会侦测到炮弹何时经过游戏区域的上边界，并且会移除Bullet预制件实例及其下挂的所有内容，

说白了就是一句话：点击鼠标，开炮射击。

11.12 交 换

由于游戏需求变了，我们可能需要重新考虑如何编写代码，以及在哪里编写。在《分手大战》游戏中，理应去检测玩家角色的所有碰撞行为。不过，在《射月》这款游戏中，所有明显的碰撞行为都发生在敌船上。敌船需要判断自己何时与玩家飞船发生碰撞，并且需要判断自己何时被来自玩家飞船的炮弹击中。这样我们就可以将所有的碰撞代码挂载到敌船上了。这样才是明智之举，所以我们来移植部分代码：

1. 在HeroShip脚本中删除OnCollisionEnter函数。
2. 删除代码顶部的explosion变量声明。
3. 保存HeroShip脚本。

正如我们对ResetPosition()函数所作的那样，我们创建一个可以重复使用的Explosde()函数，并将控制爆炸行为的代码放入其中。

4. 在EnemyShip脚本中，在其他函数的外部创建一个Explode()函数：

```
function Explode()
{
audio.PlayOneShot(audioClips[Random.Range(0,audioClips.length)]);
  Instantiate(prefab, transform.position, Quaternion.identity);
}
```

5. 为EnemyShip创建一个OnCollisionEnter函数，并调用Explode和

ResetPosition函数。敌船会在碰到任何东西时爆炸：

```
function OnCollisionEnter(col : Collision) {
    Explode();
    ResetPosition();
}
```

6. 接下来，我们在OnCollisionEnter函数中设置一个条件语句，用来判定敌船何时与炮弹或敌船发生碰撞：

```
function OnCollisionEnter(col : Collision) {
  Explode();
  ResetPosition();
  if(col.gameObject.tag == "bullet") {
    Destroy(col.gameObject);
  } else if (col.gameObject.tag == "heroShip") {
    // This enemy ship hit the player!
  }
}
```

7. 在EnemyShip脚本最顶部将prefab变量更名为explosion：

```
var explosion:GameObject;
```

8. 更改Explode()函数，让它调用一个新变量：

```
Instantiate(explosion, transform.position,
  Quaternion.identity);
```

9. 保存脚本。

10. 由于我们将prefab变量的名称变更为explosion，我们应当去检视面板中看看，确保Explosion预制件的数值设置得当。有时候，在Unity里更改这样的变量名会中断数据间的关联。将Explosion预制件拖放到explosion变量的槽位上，让Unity恢复关联。

刚才发生了什么——尝尝炮弹的滋味

测试一下游戏。当敌船碰到炮弹或玩家的飞船时，它会执行Explode()函数并将位置重置到屏幕顶部。特别是当炮弹击中它时，炮弹也会被毁掉。但如果你试着在条件句中嵌入print命令显示 //This enemy ship hit the player!（这艘敌船撞到了玩家！），那么你就会看到代码其实并没有运行。

这是因为我们还没为HeroShip物体添加标签。如果没有标签，我们EnemyShip脚本就不知道它撞到了玩家的飞船。它只知道自己撞到了某个东西而已。所以它会显示爆炸效果并弹回到屏幕顶部。你可能会注意到我们的代码会带来一个小的副作用。由于我们要使用敌船的transform.position属性值来实例化爆炸效果，因此爆炸会出现在敌船原来的位置上。当敌船碰到炮弹时，这样倒还合乎情理，但当敌船撞到玩家飞船时就不合情理了。那效果看上去就像它无法穿过玩家的飞船一样——所有撞到它的物体都会被撞得粉碎。实际上，这个时候我们想要爆炸发生在玩家的飞船所在的位置上。

还好，我们可以运用参数的魔力迅速搞定。

11.13 参数的魔力

为了让爆炸发生在与敌船相撞的物体上，而不是敌船本身，我们要将碰撞物体的位置属性值传递给Explode()函数。

1. 打开EnemyShip脚本，并作如下更改：

2. 在OnCollisionEnter函数中将碰撞物体的transform.position值传递给Explode()函数：

```
Explode(col.gameObject.transform.position);
```

3. 现在，确保Explode()函数接收该参数：

```
function Explode(pos:Vector3){
```

4. 最后，将实例化后的爆炸效果放到pos变量所接收的参数值所示的位置处：

```
function Explode(pos:Vector3){
  audio.PlayOneShot(audioClips[Random.Range(0,
    audioClips.length)]);
  Instantiate(explosion, pos, Quaternion.identity);
}
```

5. 保存脚本并测试游戏。爆炸效果会在碰撞时出现，视觉上也更合情理了（图11.24）。

图11.24

11.14 添加太空射击游戏最重要的部件

我们差不多快要做完太空射击游戏了。我们可以射出炮弹并炸毁敌方飞船。尽管效果上有点不符合物理法则，毕竟在没有氧气的真空太空里并不会有这样剧烈的爆炸效果。不过貌似还少了点什么。对吗?

大量的研究都致力于寻找泛着绿色光芒的炮弹所能够发出的最科学最准确的声响，结果都认为类似“pew”的声音是最合适的。好在我们的`Assets`文件夹里有一个这样的声效，可以直接拿来用了。

1. 在HeroShip脚本顶部，声明一个用来存储“pew”声效的变量：

```
var pew:AudioClip;
```

2. 在用鼠标左键控制炮弹发射的那段代码中，播放“pew”声效：

```
if(Input.GetMouseButtonDown(0)){
  audio.PlayOneShot(pew);
```

3. 保存并关闭脚本。

4. 在工程面板中找到“pew”声效。

5. 在层级面板中点选HeroShip。

6. 把“pew”声效拖拽到检视面板中的HeroShip脚本组件上的“pew”槽位上（图11.25）。

图11.25

7. 点击Apply按钮，应用对源预制件的改动。

现在，每当你开火的时候，飞船就会发出“pew”的声效（图11.26）。看啊，多有氛围！

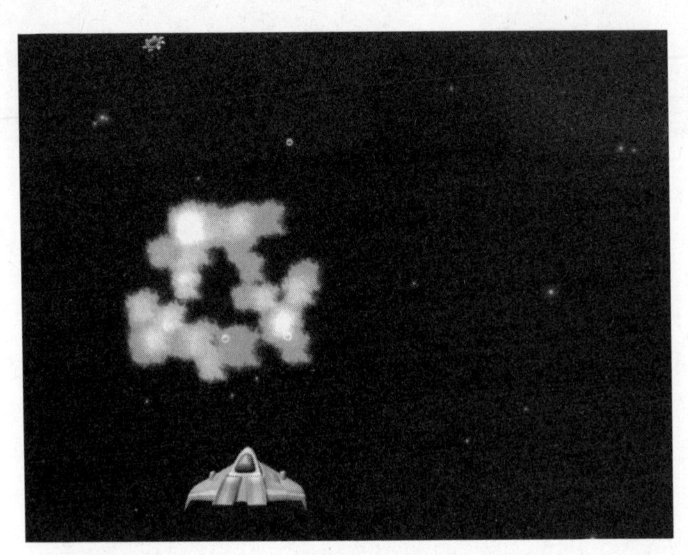

图11.26

11.15 旧瓶装新酒

之前的那个游戏讲的是一个被女友赶出公寓的家伙，而在现在这个游戏里，我们的游戏是要摧毁外星飞船的进攻。这是一个完全不同的主题。两个游戏的内在机制其实是差不多的，做那些改动也并不是非常费事。基本上就是旧瓶装新酒。

这又有何不可呢？游戏开发的一个好处就是，你无须每次都去从零开始造轮子。在以后的工程里，你应该始终怀揣重复利用现有资源的意识。你所创建出来的动量会把你变成一台动力十足的游戏开发机器。

探索吧英雄——填补空白的空间

和《分手大战》一样，这个游戏里也少了很多元素，等着你去运用之前学过的技能来填补。然而，除了我们此前探讨过的标题画面、玩家指南、制作人员名单、输赢状况以基础玩家健康度，下面还列出了其他一些可供你随后继续完善《射月》这款游戏的点子：

- 做出一些效果超棒的引擎喷气效果的粒子系统，并把它们挂载到飞船后面的排气口处。
- 当飞船左右移动时，做出偏转效果。不妨在第8章当中的球拍代码的基础上做些更改看看。
- 在太空里添加某些随机出现的物品。如果玩家碰到了它们，可以获得超棒的技能……或许船体会在一段时间内变得不可见，亦或你可以提升火炮的数量，实现三连射的效果。有了自己写过的代码做基础，这种改动会很轻松。
- 复制敌船并把它漆成紫色或别的颜色。为飞船设置碰撞点数，让它直到被三颗炮弹击中后才会爆炸。
- 修改敌船的运动脚本。运用数学魔法，你是否可以让飞船沿斜向运动，或者甚至可以沿螺旋或波形轨迹运动？如果不用数学的话你能实现吗？
- 把它做成当你按住鼠标键不放时，火炮的能量会持续累积，然后当你松开手时，会从飞船前面射出超大的炮弹。
- 让敌船还击！
- 当玩家击落X架敌船后，终极敌人boss登场：那就是月亮，要让它经得起打。这时，游戏的标题画面才算是没跑题……希望这个能让你在夜晚乐此不疲。

11.16 总 结

我们今天受益良多：

- 设置了双摄像机系统，用来合成两个不同的视图内容。
- 让已有的预制件换用其他模型。
- 应用一个网格碰撞器。

- 使用光晕效果组件。
- 发射炮弹。
- 单独用一章完成了一款游戏重塑。

11.17 C#脚本参考

本章代码的C#版脚本转译也很直观，完整代码如下：

HeroShipCSharp.cs

```
using UnityEngine;
using System.Collections;

public class HeroShipCSharp : MonoBehaviour {

    public GameObject bullet;
    public AudioClip pew;

    private void Update()
    {
        transform.position = new Vector3(Input.mousePosition.x/20,
          transform.position.y, transform.position.z);
        if(Input.GetMouseButtonDown(0))
        {
            audio.PlayOneShot(pew);
            Instantiate(bullet, transform.position +
              new Vector3(-3,2,0), Quaternion.identity);
            Instantiate(bullet, transform.position +
              new Vector3(3,2,0), Quaternion.identity);
        }
    }
}
```

EnemyShipCSharp.cs

```
using UnityEngine;
using System.Collections;
```

```
public class EnemyShipCSharp : MonoBehaviour {

    public GameObject explosion;
    public int speed;
    public AudioClip[] audioClips;

    private void Update ()
    {
        transform.position = new Vector3(transform.position.x,
          transform.position.y - speed * Time.deltaTime,
          transform.position.z);
        transform.Rotate(new Vector3(0,0,Time.deltaTime * -500));
        // buzzsaw!!
        if(transform.position.y < -4)
        {

            ResetPosition();
        }
    }

    private void ResetPosition()
    {
        transform.position = new Vector3
          (Random.Range(-11, 68), 71, 0);
        rigidbody.velocity = Vector3.zero;
    }

    private void Explode(Vector3 pos)
    {
        audio.PlayOneShot(audioClips[Random.Range(
          0,audioClips.Length)]);
        Instantiate(explosion, pos, Quaternion.identity);
    }


    private void OnCollisionEnter(Collision col)
    {
        Explode(col.gameObject.transform.position);
```

```
        ResetPosition();
        if(col.gameObject.tag == "bullet") {
            Destroy(col.gameObject);
        } else if (col.gameObject.tag == "heroShip") {
            // This enemy ship hit the player!
        }


    }

}
```

第12章 游戏#5——井字棋

回溯本书最前面的章节。当时你还是个菜鸟，当时还什么都不懂。我们当时讲到了创作单人游戏或多人游戏、单机或多机、回合对战或实时对战各自需要投入的工作量。

截至目前，我们制作的都是单人游戏，也就是说玩家自己跟自己玩。计算机为玩家设置障碍或挑战元素——例如等着被翻开的牌、要避免撞到的炸弹——不过对于电脑来说其实并不需要做什么决定，也不需要去思考问题。如果我们想要让玩家与具备人工智能的电脑对手对抗呢？这可远超一本入门书籍所能涵盖的范畴，不是吗？话虽这么说，也不一定哦！

12.1 有思想的计算机

人工智能（AI）是计算机科学家们用来模拟人类的思维与学习方式的研究方向，可以是单机或多机。AI在游戏中由来已久，最著名的案例就是1997年的世界棋王卡斯帕洛夫与IBM公司的国际象棋计算机“深蓝”的对弈。“深蓝”最终打败了卡斯帕洛夫。当时，我们很多人都重温了《终结者2：审判日》，并且为之震撼。

AI编程是一门非常复杂且不断发展的学科。是它让第一人称射击游戏中的敌人向你射击，是它在拼字探险游戏中对游戏的结局进行分析，是它驱动着你的那些非人类游戏对手。如图12.1所示，本章将制作一款简单的适合双人玩的《井字棋》游戏（画圈和叉，就是O和X）。在此后的那一章节里，你将编写一个具备人工智能的计算机对手，让它与人类玩家周旋。

Unity完全具备制作《井字棋》游戏的所有资源，无需导入3D模型。我们可以用立方体、圆柱体等预置的基础形状做出整个游戏。这就开始吧。

图12.1

动手环节——设置工程

启动Unity，按照下述步骤设置工程：

1. 创建一个全新的Unity工程。
2. 依次点击菜单File | Save Scene As，并将场景命名为“Game”。
3. 如图12.2所示，向场景中添加一个平行光（directional light）。

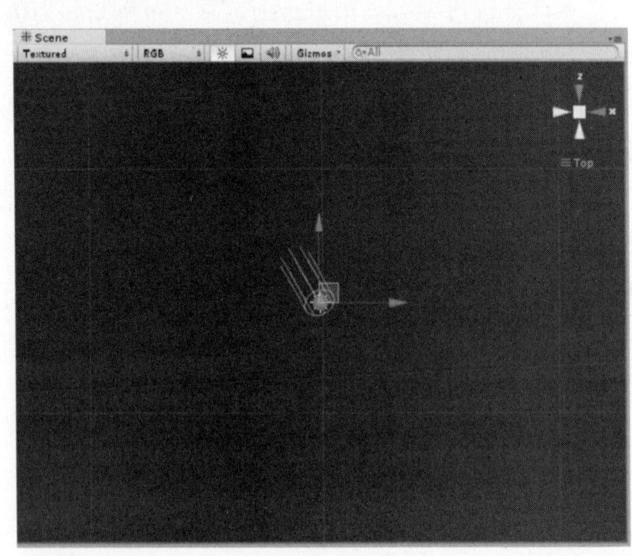

图12.2

很好，我们快要完成了。

动手环节——制作井字格

我们要拉伸几个立方体基型，做出井字格。

1. 将场景视图切换为正交顶视图。
2. 依次点击菜单GameObject | Create Other | Cube，新建一个立方体基型。
3. 如图12.3所示，将立方体的z向Scale值设为`15`，并将Position值设为`0,0,0`。

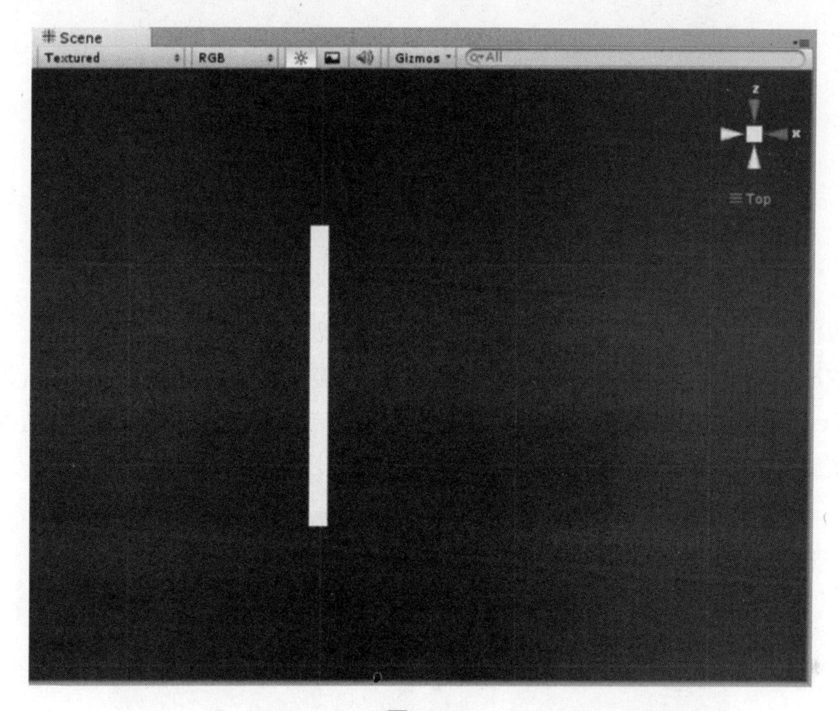

图12.3

4. 如图12.4所示，按Ctrl + D复制该立方体，并沿X轴向右移动5个单位。

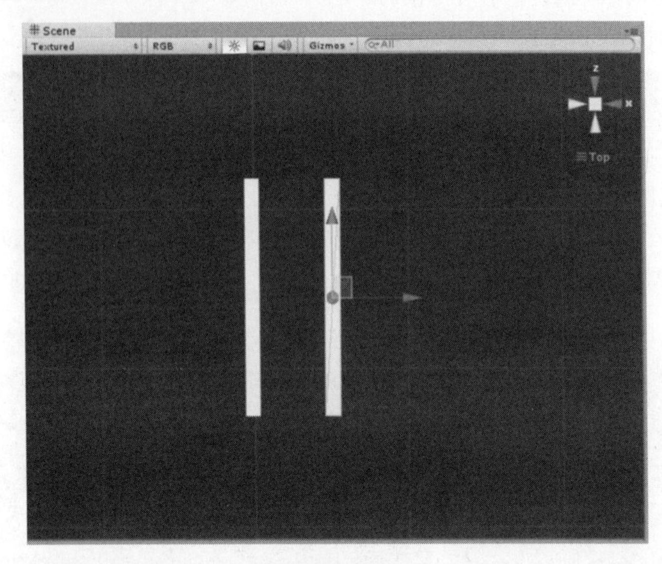

图12.4

5. 按住Ctrl将两个立方体都选中。重复上一步操作。

6. 按E键调出旋转操纵件。点击屏幕窗口上方的按钮，直到它显示Center为止（而不是Pivot）。将复制出来的那两个立方体沿Y轴旋转90°（图12.5）。要想精确旋转，你可以在旋转后转到检视面板里去调节Rotation: Y属性。

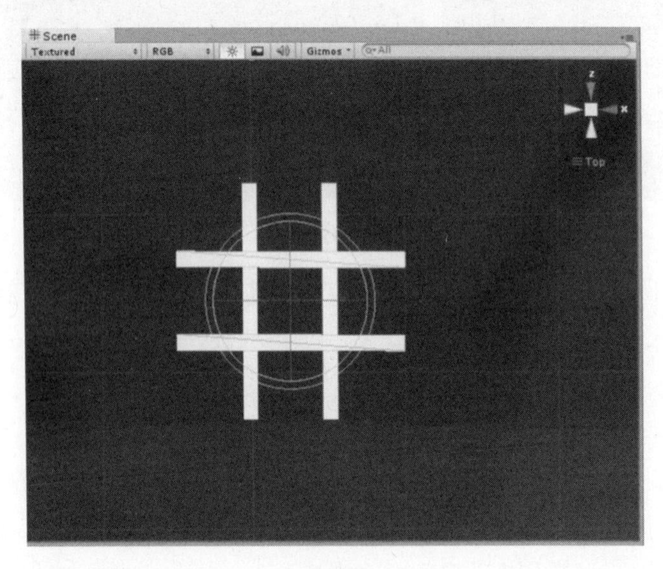

图12.5

7. 依次点击菜单GameObject | Create Empty新建一个空物体，并更名为Grid。将其

位置重置到场景原点。

8. 在层级面板中，将横纵四个长条形立方体拖拽到Grid物体上，作为它的子对象。

9. 将Grid物体置于0,0,-25的坐标处。

10. 将摄像机置于2.5,15,-30坐标处，并将它的旋转角度设为72,0,0。这样可以让我们的格子看起来效果好些。

12.2 添加一个控制脚本

我们要创建一个脚本，用来控制《井字棋》游戏。步骤如下：

1. 新建一个空物体，并把它更名为Gamelogic。

2. 新建一个JavaScript脚本并把它也更名为GameLogic。

3. 将GameLogic脚本拖放到GameLogic物体上，把前者转成后者的一个组件。

GameLogic脚本将会是游戏的核心控制脚本。

动手环节——制作方片

玩家在《井字棋》游戏里的交互方式就是要将X和O放到空的格子里。如果我们创建一个可以点击的隐形物体，把它放到那些空白格子里来响应点击事件，那么就解决了游戏的交互性。创建可点击的方片的步骤如下：

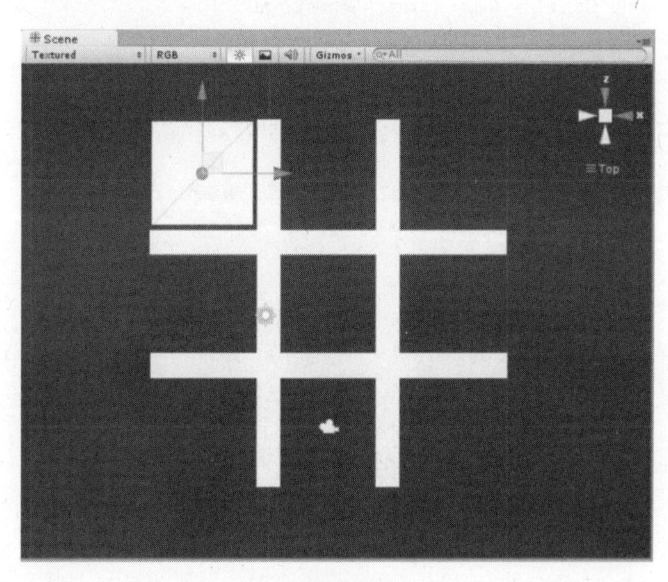

图12.6

1. 创建一个立方体。把它放到-2.8,1,-19.7的位置上，并将缩放值设为4.2,1,4.2。这会将方片物体置于网格的左上角，尺寸也是合适的。

2. 把它更名为Square。

3. 新建一个JavaScript，也更名为Square。

4. 将Square脚本拖放到Square物体上。

5. 在GameLogic中添加如下代码：

```
function ClickSquare(x:int, y:int)
{
  print("Square " + x + "," + y + " was clicked");
}
```

6. 双击打开Square脚本，输入如下代码：

```
#pragma strict
var x:int;
var y:int;

var gameLogic:GameObject;

function Start ()
{
  gameLogic = GameObject.Find("GameLogic");
}

function OnMouseDown()
{
  gameLogic.GetComponent(GameLogic).ClickSquare(x, y);
}
```

刚才发生了什么——查找与点击

我们来分析一下刚才的代码。

```
gameLogic = GameObject.Find("GameLogic");
```

在Square脚本的Start函数中，我们使用了GameObject.Find()方法，用来获得对于GameLogic主物体的引用。Unity会搜索层级列表，查找一个名称匹配的元素。由于这种操作比较消耗系统运算资源（相当于让速度变慢），我们只在游戏开始的时候执行一次就好。而不是在Update函数中重复地执行，或是在玩家每次点击方片物体时重复去执行。

当鼠标主控制键（通常指的是鼠标左键，除非玩家的系统或设定方式特殊）被按下，并且鼠标指针与物体的碰撞器交叠时，函数onMouseDown()会被调用。

测试一下游戏。如图12.7所示，当你点击方片物体时，信息会被传送给GameLogic脚本，并且我们会在状态栏上看到Square's x and y coordinates:的信息（意思是“方片的x/y坐标”）。

图12.7

尝试在检视面板中更改方片的x和y属性值，然后运行游戏并点击方片看看效果。测试完成后，将x和y值分别改为9。

为什么要都改成9？答案稍后揭晓。

12.3 阵列排布方片物体

现在我们有了一个可供操作的方片。让我们再创建八个副本填充其余的空格。但在此之前，我们应当先把它放到一个预制件里，以便可以让以后的更新结果更新到所有的副本上。

1. 新建一个预制件，并更名为Square。

2. 在层级面板中，将Square预制件内的Square物体拖放到工程面板中。预制件的图标会变成亮蓝色。

3. 在场景窗口中，复制那个方片物体，直到将场景中的空白格都填满。建议将左上角的方片复制两次，并将副本分别拖放到中上格和右上格里。然后选中所有的3个方片复制一次，把复制出来的3个物体下移到中间那行网格。再复制一次，放到最下面的那行网格上（图12.8）。

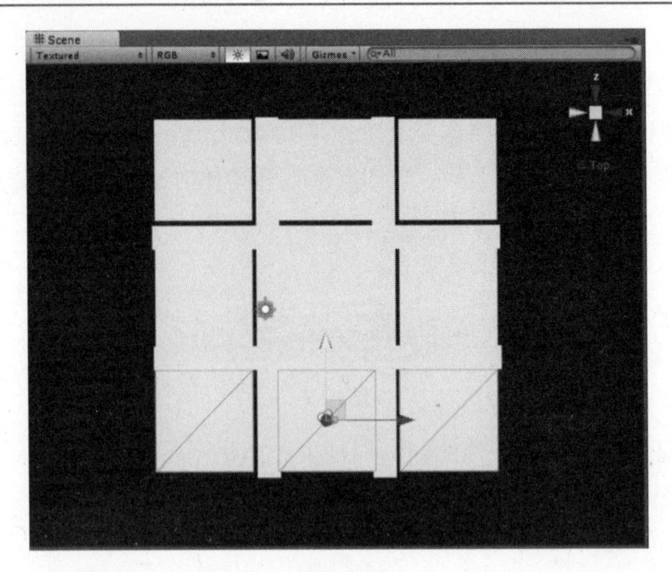

图12.8

4. 在检视面板中点击每个方片，并适当更改它们的x、y值。加粗显示的数值意味着对它所作的更改会覆盖预制件的初始默认值，也就是9，9。确保场景窗口中左上角的那个方片也在摄像机窗口的左上角，可以稍微调节一下摄像机的位置。如果你的场景窗口的方位不对，那就旋转一下视图，直到视角正确位置。

方片的x和y值设置应如图12.9所示。

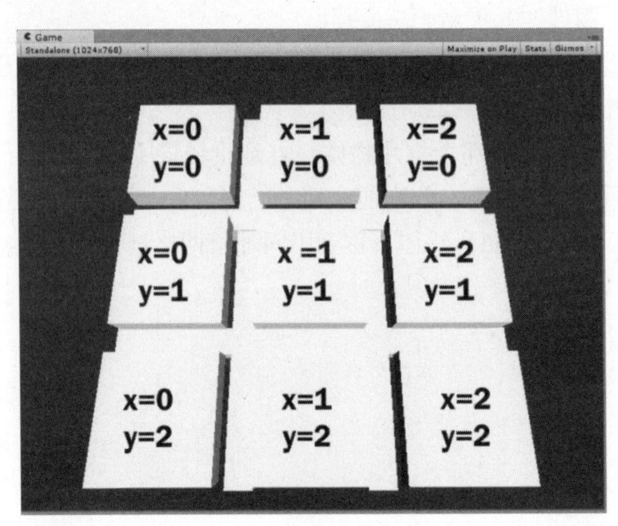

图12.9

注意，当你将x和y值改为9，9时，数值会加粗显示，这意味着这个预制件实例上的数值会覆盖预制件的同一属性值。

测试一下游戏，依次点击每个方片并查看状态栏的信息反馈。

动手环节——现在才算有效果

由于方片现在是可见的，我们的《井字棋》游戏看上去像是一个大号的计算器。我们可以按下面的步骤修复一下效果：

1. 选中左上角的Square物体。

2. 在检视面板中，去掉Mesh Renderer前面的勾选。这会让方片物体隐形。

3. 此时，勾选Box Collider组件中的Is Trigger复选框。我们稍后再讲解这样做的重要性。

4. 点击检视面板顶部的Apply按钮。所有的方片都从屏幕上消失了，如图12.10所示。

图12.10

12.4 数值组

现在我们就来解释一下为什么要将x/y值设为9,9。

如果不这样做（例如，如果我们将值设为0,0），那么所有x:0 y:0的方片的值都不会被覆盖。也就是说，检视面板中的数值不会被加粗显示。未被覆盖的值是不受“保护”的，因为一旦某个预制件实例的值被改动了，就会影响到其他实例的值。

想象一下你要为右下角的那个方片物体做上述改动，也就是将x/y值设为2,2，一旦你点击了Apply按钮，x:2 y:2就会成为所有未被覆盖的预制件的默认值。也就是说，所有x:0 y:0的方片都会被覆盖为x:2 y:2。中上格的那个默认值为x:1 y:0的方片，由于y:0不受“保护”，因此会被替换成y:2。

这就是为什么我们要将预制件x、y的默认值设为9,9了（实际上，在这个案例中，只要是大于2,2都可以）。由于该值不会被任何方片用到，我们将x和y值覆盖到每个方块上，避免它们被意外改动。通过用这种方法，当我们点击Apply按钮时，其他方片的数值都不会被覆盖。

动手环节——制作X形元素

正如我们用立方体基型制作的《井字棋》格子那样，我们也可以用同样的方法制作叉形。

1. 创建一个立方体，把它放到0,0,0。
2. 将立方体的缩放值改为0.8,1,4.5。
3. 沿Y轴旋转-45°。
4. 创建一个副本。
5. 将立方体副本的Y旋转值改为45。现在你会看到一个×型，如图12.11所示。

图12.11

6. 创建一个空物体。

7. 把它命名为x。

8. 把它放到0,0,0处。

9. 在层级面板中将两个立方体都拖拽到该空物体上，作为它的子对象。

10. 为x物体添加一个Rigidbody组件。

11. 创建一个名为X的预制件。

12. 将X物体从层级面板拖拽到工程面板的X预制件中。

13. 删除层级面板中的X物体。

动手环节——创建O形元素

Unity并没有预置管型的基础形状，所以不能直接做出一个空心的O形，不过，我们可以利用圆柱体做出一个实心的O形来大致模拟一下。

1. 创建一个圆柱体（Cylinder）。

2. 重命名为O。

3. 如图12.12所示，将缩放值改为3.5,0.5,3.5。

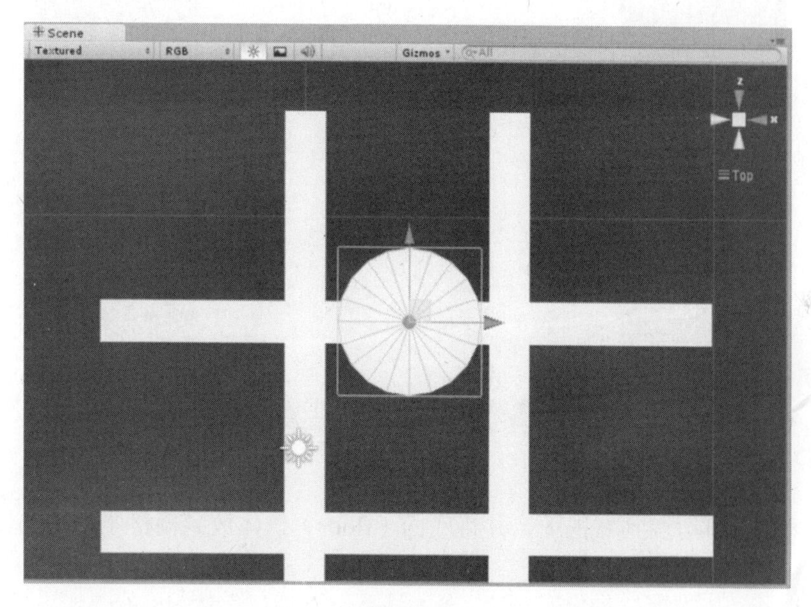

图12.12

4. 依次点击菜单Component | Physics | Box Collider，为该圆柱体添加一个BoxCylinder（方盒碰撞器）。Unity会询问你是否想要替换掉现有的胶囊体碰撞器（Capsule Collider），当然要点Yes啦！

5. 添加一个Rigidbody组件。
6. 将O放在0,0,0处。
7. 创建一个名为O的预制件。
8. 将O物体拖拽到O预制件内。
9. 删掉层级面板中的O物体。

动手环节——制作底面

我们的设计目标是，当玩家点击隐形的方片物体时，×和O元素会缓缓落到区域内。

1. 创建一个平面（Plane）。
2. 重命名为floor。
3. 缩放一下它的大小，让它完全覆盖或超出Grid物体的大小（图12.13）。

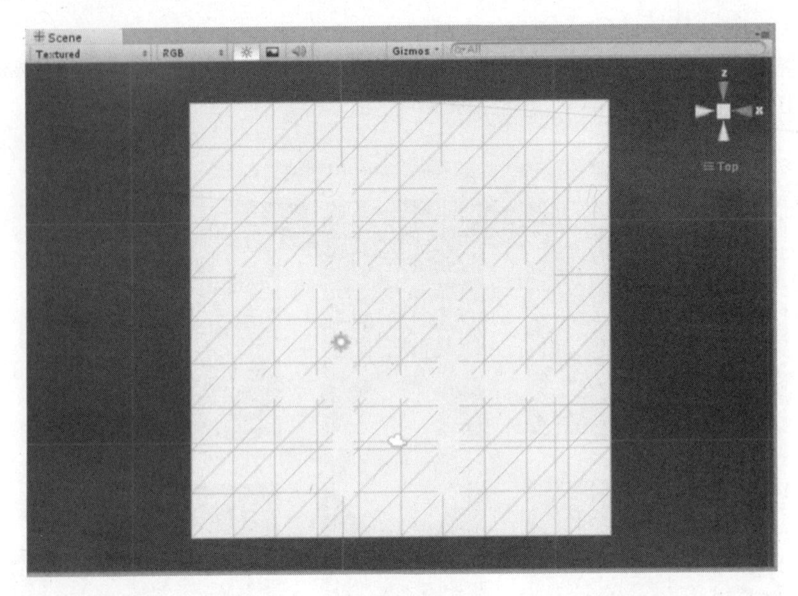

图12.13

4. 将场景窗口切换到右视图，并将底面（floor）物体放到栅格（Grid）物体的下方（图12.14）。

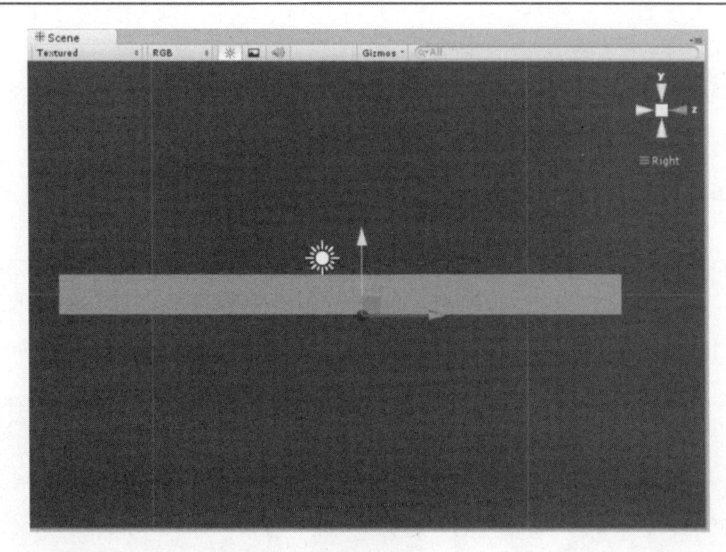

图12.14

5. 在检视面板中，将floor物体的Mesh Renderer组件前面的勾选去掉。

和那些方片物体一样，在关掉Mesh Renderer后，底面物体也会隐形，不过它的碰撞器依然起效，我们需要来解决这个问题。

12.5　物体下落效果

做好了底面后，我们来编写一些代码，让×和O形元素在玩家点击方片时落到栅格上。

在GameLogic脚本顶部的#pragma strict行的下方声明如下变量：

- var XPiece:GameObject;
- var OPiece:GameObject;

如图12.15所示，点击Game Logic物体。将×和O物体拖拽到检视面板中对应的变量槽上。

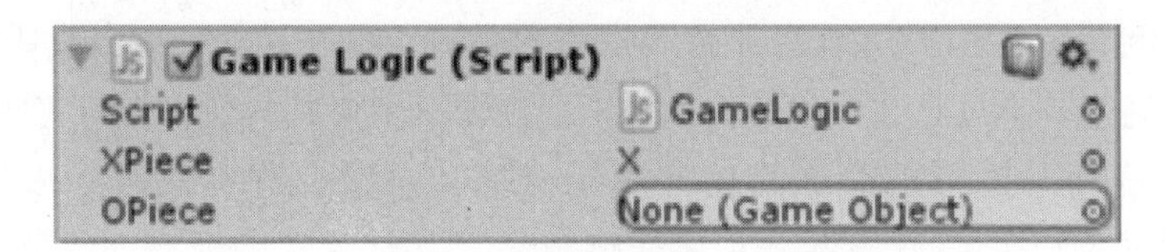

图12.15

在ClickSquare函数中添加下面的代码（加粗部分）：

```
print("Square" + x + "," + y + "was clicked");
Instantiate(XPiece, new Vector3(-2.8,1,-19.7), Quaternion.identity);
```

这行代码会在屏幕上的指定位置新建一XPiece预制件。

刚才发生了什么——到底要不要碰撞?

现在测试一下游戏，并在任意的隐形方片上点击。×形物体会被妥妥地放到左上角的格子中，如图12.16所示（如果不是这样，可能之前你在创建×或它的Cube子对象时忘记将它们的位置设为0,0,0）。

图12.16

×并未与方片的方盒碰撞器（Box Collider）发生碰撞，因为Box Collider组件被标记为“Is Trigger（是触发器）”。试着将预制件中的这个勾选去掉，看看会有怎样的影响。Is Trigger会让游戏物体的碰撞器组件对鼠标点击或代码中的碰撞事件等做出响应，不过它并不参与物理模拟，也没有阻碍到其他物体与它碰撞。

×物体确实与隐形的底面物体产生了碰撞。不过，你可以点击多次，在那里投放很多的叉叉。它们就像爆米花那样蹦出来，并且落在隐形底面物体的边缘，让我们的《井字棋》游戏看上去更像是一款《完美切割》（Perfection）那样的游戏（图12.17）。

图12.17

12.6 精准投放

我们来稍微改动以下代码，以便可以将×放到与被点击的那个方片相同的位置上。

在Square脚本中改动此行代码（改动部分被加粗）：

```
gameLogic.GetComponent(GameLogic).ClickSquare(gameObject);
```

在Gamelogic脚本中修改如下代码中的ClickSquare函数（改动部分被加粗）：

```
function ClickSquare(square:GameObject)
{
  Instantiate(XPiece,  square.transform.position,
    Quaternion.identity);
}
```

删掉我们以前添加的print语句。

我们要将一个引用传递到整个Square物体自身，使用一个首字母小写的square引用名，而不是只将Square的x和y值传递给ClickSquare函数（还记得吧，Unity JavaScript是区分大小写的，所以Square和square代表两个截然不同的事物）。

测试游戏并点击那些方片物体。现在，×形元素就会落到你所点击的方片上了，如图12.18所示。

图12.18

动手环节——解决X的问题

不过，你会发现，如果你点击的次数太多，就会得到很多的 x 。我们这就来修复一下这个问题。

在Square脚本中添加如下代码（加粗部分）：

```
var x:int;
var y:int;
var isUsed:boolean;

function OnMouseDown()
{
  if(!isUsed)
  {
    gameLogic.GetComponent(GameLogic).ClickSquare(gameObject);
    isUsed = true;
  }
}
```

刚才发生了什么——锁定

现在你在同一个方片上只能投放一个×了，因为isUsed布尔变量锁住了它。isUsed的默认值是false，当你点击方片的时候它会变为true。当你再次点击方片时，脚本会检查isUsed布尔变量，如果它为true，则跳过条件语句中的代码。

12.7 两个人玩的《井字棋》

一个人玩的井字棋游戏的确没什么意思。不如我们把O形元素也放进来吧。

在GameLogic脚本中添加如下代码（加粗部分）：

```
var XPiece:GameObject;
var OPiece:GameObject;
var currentPlayer:int = 1;
```

在后面的代码中添加：

```
function ClickSquare(square:GameObject)
{
  var piece:GameObject;
  if(currentPlayer == 1)
  {
    piece = XPiece;
  } else {
    piece = OPiece;
  }

  Instantiate(piece, square.transform.position, Quaternion.identity);

  currentPlayer ++;
  if(currentPlayer > 2) currentPlayer = 1;
}
```

测试一下游戏，现在，当你点击时，投放的元素会在×和O之间轮流切换（图12.19）。

图12.19

刚才发生了什么——在两个玩家之间轮换

我们来剖析一下代码。

```
var currentPlayer:int = 1;
```

游戏开始时，先将currentPlayer设为1。

```
var piece:GameObject;
if(currentPlayer == 1)
{
  piece = XPiece;
} else {
  piece = OPiece;
}
```

上面这段代码定义了一个名为piece的变量。如果currentPlayer值为1，就使用XPiece（这在脚本顶部已经定义过了，目前也包含了对×预制件的一个定向调用）。如果currentPlayer值为2，则向OPiece值存储一个引用，也就是引用我们的O形元素预制件。

```
Instantiate(piece, square.transform.position, Quaternion.identity);
```

我们将piece变量中存储的元素实例化，而不是去明确实例化XPiece或Opiece。

```
currentPlayer ++;
if(currentPlayer > 2) currentPlayer = 1;
```

当完成一次元素投放后，我们为currentPlayer变量赋一个增量，也就是说，1会变成2，2会变成3。在第二行代码中，我们定义的是，如果值达到了3，那么我们就将值直接降到1。这样一来，currentPlayer的值会在1和2之间切换。

12.8 添加屏幕提示

几乎人人都知道怎么下井字棋。不过万一你真不知道怎么下，我们就在屏幕上显示信息，提示当前该轮到谁去下。

1. 新建一个GUI 文本。
2. 把它放到0,1,0处，字号设为36。
3. 把它更名为Prompt。

图12.20

4. 在GameLogic脚本中为它存储一个引用（加粗部分）：

```
var XPiece:GameObject;
varOPiece:GameObject;
varcurrentPlayer:int = 1;
var prompt:GUIText;
```

5. 保存脚本。

6. 选中GameLogic物体。

7. 将名为Prompt的GUI文本物体拖放到GameLogic物体的检视面板中的prompt变量上（图12.21）。

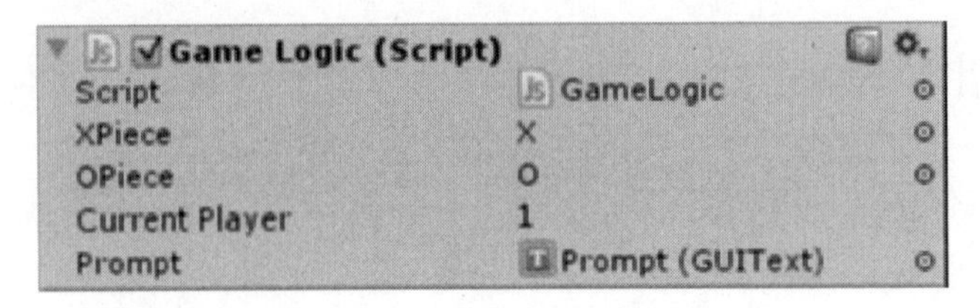

图12.21

8. 回到GameLogic脚本中，创建一个函数，具体写法如下，用来显示玩家名称或该轮到谁下：

```
function ShowPlayerPrompt()
{
  if(currentPlayer == 1)
  {
    prompt.text = "Player 1, place an X.";
  } else {
    prompt.text = "Player 2, place an O.";
  }
}
```

9. 在游戏开始时以及每次点击时调用该函数：

```
function Start ()
{
  ShowPlayerPrompt();
}
```

然后：

```
function ClickSquare(square:GameObject)
{
```

```
    // (prior code omitted for brevity)
    ShowPlayerPrompt();
  }
```

10. 测试游戏。

刚才发生了什么——温馨提醒服务

希望新代码不难理解。ShowPlayerPrompt会对currentPlayer变量执行一次条件检查。如果轮到1号玩家下棋，那么GUI文本就会显示“Player 1, place an ×（1号玩家，投放×）”。否则就会显示“Player 2，Place an0”（2号玩家，投放0）。

```
ShowPlayerPrompt();
```

新建函数会被两个地方调用：一处是在游戏刚刚开始时在内建的Start函数执行时，另一处是在一方玩家的投放行为执行后。

12.9　胜利就在眼前

现在我们的双人《井字棋》游戏近乎成型。既然你可以花成百上千元去买台电脑玩《井字棋》游戏，还有什么理由再去花钱买纸和笔画着玩呢?

我强烈建议你先别读后面的内容。这不像是某个墨西哥小女孩说“大家像小鸡那样拍拍翅膀吧！”，而你只是像一条懒虫那样吃着快餐。踏踏实实坐下来思考一下怎样才能在这个游戏中取得胜利吧。认真下完棋后（无论成败与否），再回来继续阅读这本书，并参考我提出的其中一种解法。

12.10　先思考后阅读

我们缺少的一个关键信息就是各个方片内的棋子各属于哪一方玩家。多亏有了isUsed布尔变量，我们知道一个方片什么时候包含了棋子，但却不知道棋子是×还是O。要想判定胜利的条件，首先要弄清楚哪个棋子占据哪个方片才行。

isUsed变量并没有包含太多的信息量。通过把它替换成一个整型值，我们可以用它来存储更有价值的数据。

在Square脚本中，将：

```
var isUsed:boolean;
```

替换成：

```
var player:int;
```

在逻辑检查代码段中，将：

```
if(!isUsed)
```

替换成：

```
if(player == 0)
```

并从OnMouseDown函数中移除下面这行：

```
isUsed = true;
```

经过这样一番改动，Square脚本的就是这样：

```
#pragma strict
var x:int;
var y:int;
var player:int;

var gameLogic:GameObject;

function Start ()
{
  gameLogic = GameObject.Find("GameLogic");
}

function OnMouseDown()
{
  if(player == 0)
  {
    gameLogic.GetComponent(GameLogic).ClickSquare(gameObject);
  }
}
```

刚才发生了什么——建造一把更复杂的锁

我们再来看一遍刚才的代码。使用整型（int）后，玩家的变量值默认为0。因此，未被使用过的方片所持有的玩家值就是0。如果一个方片的玩家值为0，我们就知道可以安全地将棋子投放在上面了。不过，如果值是1或2怎么办？

在游戏逻辑脚本（GameLogic）中，在Instantiate行后面添加一行代码（加粗部分）：

```
Instantiate(piece, square.transform.position, Quaternion.identity);
square.GetComponent.<Square>().player = currentPlayer;
```

我们使用了熟悉的GetComponent命令来获取对依附在玩家所点击的Square物体上的Square脚本的引用（即对传递到该函数内的值的引用，变量名称为首字母小写的square）。这行代码会将被点击的方片上的玩家变量值设为currentPlayer的变量值，也就是一个“非1即2”的值。

如果轮到1号玩家，那么被点击的square上的玩家变量就会被设为1。如果轮到2号玩家，那么被点击的square上的玩家变量就会被设为2。当值为0时，表示当前方片为空。

再次测试一下游戏看看。表面上貌似看不出什么不同，但背后的代码却发生了巨变。

12.11 被动与主动

现在所有的方片都知道它里面放的是哪一方的棋子了，理论上我们可以查询任何一个方片的状态。那么问题来了，GameLogic脚本只是在被动地响应。ClickSquare函数会响应玩家对某个方片的点击事件，我们需要一种主动查询机制。

目前，我们并没有什么好办法去实现它，因为我们尚未创建任何针对方片的引用。正如我们对《修理机器人》游戏里所做的那样，可以考虑创建一个二维数组，以便能够根据方片的坐标位置来引用它们。说干就干！

动手环节——整整齐齐排好队

我们要创建一个2D数字，用一种有趣的方式引用方片物体。操作步骤如下：

1. 在GameLogic脚本中声明一个变量，以创建一个用来保存方片的标准1D数组：

```
var XPiece:GameObject;
varOPiece:GameObject;
var currentPlayer:int = 1;
var prompt:GUIText;
var aSquares:GameObject[];
```

2. 选中GameLogic物体。在检视面板中将aSquares数组的Size（大小）设为9（图12.22）。

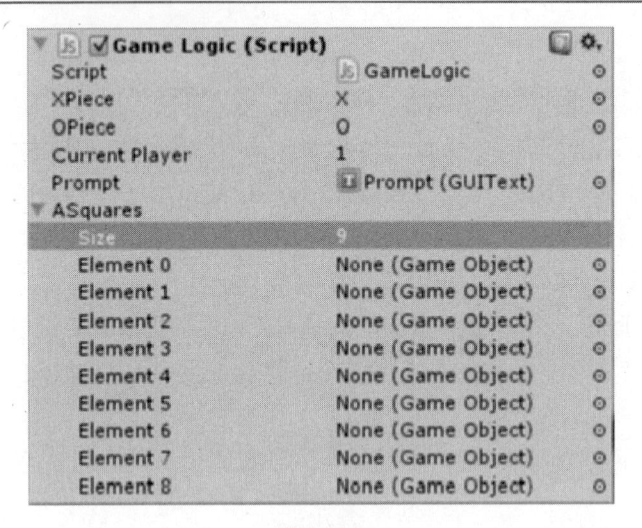

图12.22

3. 逐一设置，确保9个方片单元没有被重复引用，将9个Square物体从层级面板中拖拽到检视面板的数组槽中，数组大小为0，然后选择GameLogic物体，并将检视面板锁定显示（点击面板右上方的小锁头图标）。GameLogic的检视面板被锁定后，你可以选择其他的方片，并把它们拖拽到检视面板的数组中（图12.23）。

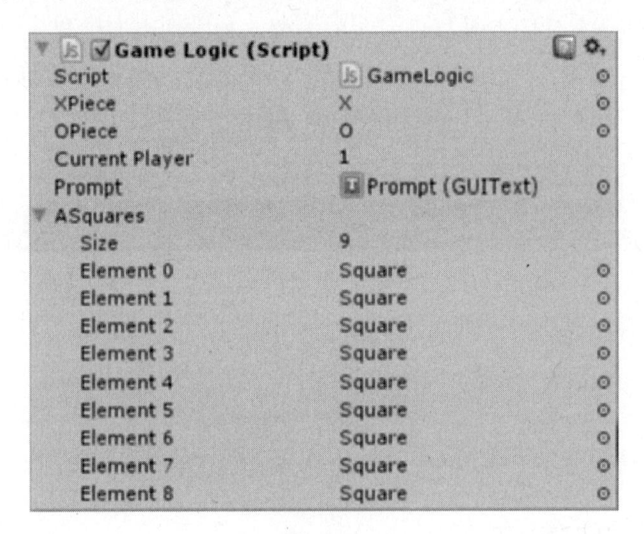

图12.23

4. 我们继续。aSquares数组会显示代码中对方片物体的引用情况。但不易获取方片的坐标值，毕竟这是个1D数组。

5. 在游戏里，我们可以从方片物体中拾取方片并将其放入另一个2D数组中，取的是x和y值。

6. 对GameLogic脚本作如下更改（加粗部分）：

```
var aSquares:GameObject[];
var aGrid:GameObject[,];
function Start ()
{
  currentPlayer = 1;
  ShowPlayerPrompt();

  aGrid = new GameObject[3,3];

  var theSquare:GameObject;
  var theScript:Square;

  for(var i:int =0; i < aSquares.Length; i++)
  {
    theSquare = aSquares[i];
    theScript = theSquare.GetComponent.<Square>();
    aGrid[theScript.x,theScript.y] = theSquare;
  }
}
```

刚才发生了什么——顺序！

新代码将方片物体放入一个易被访问2D数组中，和我们在《修理机器人》游戏里存储卡牌实例的用法差不多。

```
var aGrid:GameObject[,];
```

下面这行代码定义了一个2D数组：

```
aGrid = new GameObject[3,3];
```

Start函数中的那行代码将该2D数组定义为3个元素，每个单项都包含3个元素。结果就形成了一个行列矩阵：

```
var theSquare:GameObject;
var theScript:Square;
```

我们将两个变量定义在for循环的上方而不是内侧，这样一来，Unity不必在每次迭代时都去重新创建。对于复杂的循环语句来说（显然不是这个），这样做会起到明显的性能提升作用。Unity的编译器会处理好位于循环内侧的变量，但知道这个技巧也是好事，说不定以后在其他编程语言里也会用到类似的编程思想。在Unity中，在循环结构的外侧声明变量，这关乎代码的风格。

变量theSquare将存储面向Square物体的引用，并且该方片物体位于aSquares数组中，而变量theScripts存储的是面向附在Square物体上的Square脚本。

```
for(var i:int =0; i < aSquares.Length; i++)
{
  theSquare = aSquares[i];
  theScript = theSquare.GetComponent.<Square>();
  aGrid[theScript.x,theScript.y] = theSquare;
}
```

for循环让我们对aSquares数组中的9个元素执行迭代运算，该数组同时包含了对栅格内每个方片物体的引用。对于每个方片物体来说，我们分别存储一个面向自身附带的Square脚本的引用。然后我们将该引用插入2D数组，使用附在它上面的Square脚本中的x和y值。

不管aSquares数组中的方片顺序如何，我们都会用一个2D数组，依据它们的x和y值进行排序，实现简单的引用：

```
aGrid[x,y]
```

其实，有一个公式可以将1D数组转成2D数组：

x + 宽度 * y

将《井字棋》游戏的栅格做成下面这种排列样式：

A B C

D E F

G H I

而1D数组是这样：

[A, B, C, D, E, F, G, H, I]

方片H的坐标地址是x:1 y:2。栅格的宽度是3格，所以公式的写法就是：

1+3 * 2

结果就是7了。如果我们沿着1D数组数下去，从第0个元素A算起，第7个元素就是H。公式是对的！

12.12　判断胜负

现在我们已经得到了执行各种操作所需的信息，包括检查方片、判定它们包含的棋子类型，以及在三颗相同棋子排成一列时宣布比赛结果。在GameLogic脚本中，插入一个CheckForWin函数：

```
function CheckForWin(square:GameObject):boolean
{


}
```

注意到这个函数声明里有什么不一样的地方吗？它后面跟了一个boolean。

该函数声明的是一个返回型的值。我们已经调用过很多带返回值的函数，但这里我们还是第一次在自己的自定义代码中设置它。它的意思是，在执行过程中，该函数会返回一个布尔值，其实，它必须被返回一个布尔值，否则我们就会得到报错信息。

为了返回一个值，我们将使用关键字return。CheckForWin函数必须在某个时候返回true或false，或者一个可以得出true或false结果的语句，例如(2+2)==4（结果当然是true）或 beeStings=="awesome"（结果会是false）。

函数准备完毕。请你系好安全带，因为编写该代码会是个复杂的过程。

12.13　代码大爆炸

在之前的章节里，我曾经说过，先让代码运行起来。这要比去优化、完善它更为重要。然而，在某些情况下，例如接下来的这个案例中，代码的完善程度之低可能会让你大跌眼镜。

还记得吗？在数学课上，当老师教你乘法之前，会先让你做大量的加法练习。我们也来从基础做起。写下这段代码，要有耐心。然后我们在找机会去完善它。

查询三颗棋子连成一条线的代码如下：

```
// Check the first row:
if(aGrid[0,0].GetComponent.<Square>().player == currentPlayer &&
  aGrid[1,0].GetComponent.<Square>().player == currentPlayer &&
  aGrid[2,0].GetComponent.<Square>().player == currentPlayer) return
  true;
```

```
// Check the second row:
if(aGrid[0,1].GetComponent.<Square>().player == currentPlayer &&
  aGrid[1,1].GetComponent.<Square>().player == currentPlayer &&
  aGrid[2,1].GetComponent.<Square>().player == currentPlayer) return
  true;
```

后面的行以此类推。这会得到8个臃肿的语句：分别对应的是3个横行、3个竖列以及2个对角线。

在本例中，我们要在两个地方返回一个true值。这不要紧。一旦解释器获取到第一个返回语句，那么它就会自动从函数里跳出去，并且跳过其余的代码，就像是飞行员从燃烧的战机座舱里弹出去一样。

12.14 需要知道的事

通过写了那么一大堆代码去检查棋盘，我们覆盖了所有可能的胜局情景，而检查的时机就是玩家落下当前棋子之时。

有了所有方片的x和y值，我们可以检查同行或同列，而不是逐一检查每种胜局情景。检查同行方片的代码写法如下：

```
if(aGrid[0,square.GetComponent.<Square>().y].GetComponent.<Square>().
  player == currentPlayer && aGrid[1,
  square.GetComponent.<Square>().y].GetComponent.<Square>().player ==
  currentPlayer && aGrid[2,
  square.GetComponent.<Square>().y].GetComponent.<Square>().player ==
  currentPlayer) return true;
```

12.15 另外需要知道的事

这算是个突破，但是那行代码看着真是臃肿！注意到了吧，上面重复使用了square.GetComponent.<Square>().y语句。只需存储一次的变量为什么要分别用三遍呢？

或许我们也需要获取square.GetComponent.<Square>().x的值以便检查竖

列。因此，我们只需将前面的部分square.GetComponent.<Square>()存储为一个变量，写法如下：

```
function CheckForWin(square:GameObject):boolean
{
  var theScript:Square = square.GetComponent.<Square>();
```

因此，检查方片竖列的代码现在就变成了：

```
if(aGrid[0,theScript.y].GetComponent.<Square>().player ==
  currentPlayer && aGrid[1, theScript.y].GetComponent.
  <Square>().player == currentPlayer && aGrid[2,
  theScript.y].GetComponent.<Square>().player == currentPlayer)
  return true;
```

12.16 继续清理代码

现在的代码看起来比以前简洁一点了，不过这个代码依然不易读，也不便于更新。我们试着再去优化一下。

在代码中会出现多次GetComponent.<Square>().player，如果我们创建一个函数来取而代之，是不是可以让代码得到进一步缩减呢？

通过设定一个接受x和y参数的函数，并返回方片上的玩家变量值，我们会得到一段可重复使用的代码，适用于各种情况。把它写进你的工程里吧。

```
function GetPlayer(x:int, y:int):int
{
  return aGrid[x,y].GetComponent.<Square>().player;
}
```

刚才发生了什么——自动售货机

正如我们在之前章节中用过的自动售货机的类比，GetPlayer函数接受两个名字分别为x和y的整数输入值（相当于硬币）。它根据这些值查找某个栅格单元里的方片，并且使用关键字return，函数会返回一个引用方片玩家变量值的int型值（相当于售货机里的一包玉米片）。

此函数可以让我们根据方片的坐标信息轻松地找到它上面落的是哪一方的棋子。

12.17 清理一下代码

多亏了GetPlayer函数，我们可以将冗长的代码大幅缩减。向CheckForWin函数中写入如下代码：

```
var theScript:Square = square.GetComponent.<Square>();
//Check the squares in the same column:
if(GetPlayer(theScript.x,0) == currentPlayer &&
  GetPlayer(theScript.x,1) == currentPlayer &&
  GetPlayer(theScript.x,2) == currentPlayer) return true;
// Check the squares in the same row:
if(GetPlayer(0,theScript.y) == currentPlayer &&
  GetPlayer(1,theScript.y) == currentPlayer &&
  GetPlayer(2,theScript.y) == currentPlayer) return true;
```

这会一定程度上精简我们的行列检查语句，不过依然还有很大优化的空间。

最终，我们要将值写入另外两个语句，用来检查对角线上的情况，要想在检查对角线的时候使用精简的循环语句可能会不太值得（加粗部分）：

```
function CheckForWin(square:GameObject):boolean
{
     var theScript:Square = square.GetComponent.<Square>();
    //Check the squares in the same column:
    if(GetPlayer(theScript.x,0) == currentPlayer &&
      GetPlayer(theScript.x,1) == currentPlayer &&
      GetPlayer(theScript.x,2) == currentPlayer) return true;
    // Check the squares in the same row:
    if(GetPlayer(0,theScript.y) == currentPlayer &&
      GetPlayer(1,theScript.y) == currentPlayer &&
      GetPlayer(2,theScript.y) == currentPlayer) return true;
    // Check the diagonals:
    if(GetPlayer(0,0) == currentPlayer && GetPlayer(1,1) ==
      currentPlayer && GetPlayer(2,2) == currentPlayer) return true;
    if(GetPlayer(2,0) == currentPlayer && GetPlayer(1,1) ==
      currentPlayer && GetPlayer(0,2) == currentPlayer) return true;
    return false; // If we get this far without finding a win, return
    false to signify "no win".
    }
```

刚才发生了什么——满足条件就算赢

CheckForWin函数将square作为唯一的接受参数。而square正好是被当前玩家点击以投放棋子的那个方片。结合GetPlayer函数，在玩家刚刚点击完方片时，CheckForWin首先会搜索同列上的三个方片。

如果被检查的那些方片上的所有棋子都相同，那就满足了三子一线的条件。关键字return会将结果返给调用该函数的代码块。

如果不满足此条件，那么该函数就会检查刚被玩家点击过的那个方片所在的行。如果满足三字一线，则返回true值，并忽略后面的代码。

我们对两条对角线执行同样的程序，不管当前点击的方片是否位于某条对角线上，因为如果不这么做就需要添加更多的代码，显然没有必要。

如果对角线上也没有满足取胜条件，那么函数会返回一个false值。

动手环节——检查取胜条件

CheckForWin函数准备好去发挥作用了！向ClickSquare函数添加一个取胜检查：

```
square.GetComponent.<Square>().player = currentPlayer;
if(CheckForWin(square)) print("player " + currentPlayer + "
  wins!!!");
```

我们来分析一下这一小段代码。该代码会执行CheckForWin函数，把它的引用传递给刚被点击的方片。如果函数调用到true值（因为CheckForWin返回一个true值），那么Unity应当打印一行语句显示当前玩家获胜。

以下是相同代码的未缩减版：

```
if(CheckForWin(square) == true)
{
  print("player " + currentPlayer + " wins!!!");
}
```

测试游戏。试着让×方或O方取得游戏胜利。代码生效了，获胜信息也显示在Unity界面底部以及控制台窗口中（图12.24）。

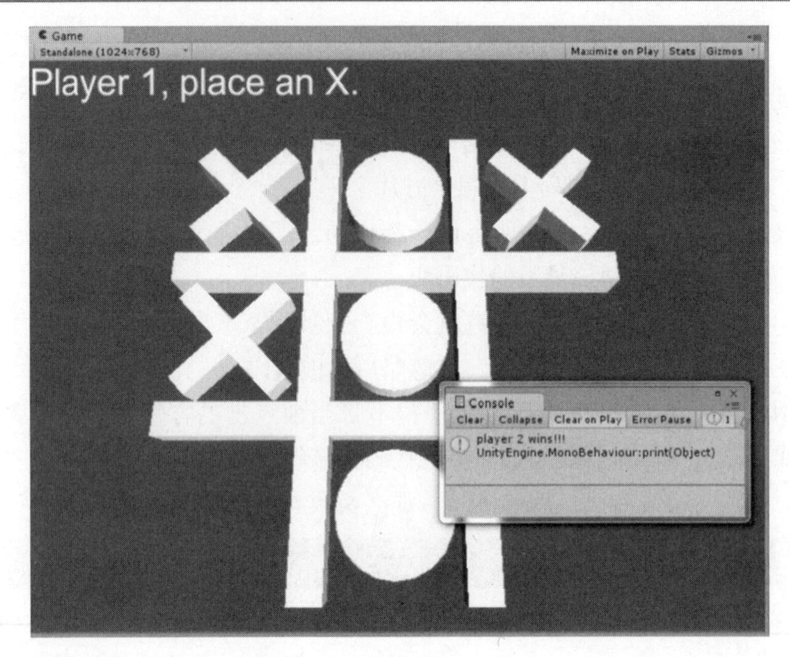

图12.24

12.18 不让输家继续走

毫无疑问，你会注意到，当一方玩家获胜时，游戏依然会提示另一方玩家继续走子。

我们需要创建一个布尔标记，以便在一方玩家获胜时翻转走子顺序，并对玩家显示另一条提示游戏结束的信息。

在GameLogic脚本中声明如下布尔变量：

```
var aGrid:GameObject[,];
var gameIsOver:boolean;
```

扩展CheckForWin() 条件语句：

```
if(CheckForWin(square))
{
  gameIsOver = true;
  ShowWinnerPrompt();
  return;
}
```

我们也可以使用return语句来实现。一个单纯的return语句只是会让我们略过函数的其余代码，且不会返回任何值。如果游戏真的结束了，那就没有必要再去执行余下的函数。直接从游戏里退出来就可以了。

动手环节——提醒赢家

我们创建一个刚才调用过的ShowWinnerPrompt函数：

```
function ShowWinnerPrompt()
{
  if(currentPlayer == 1)
  {
    prompt.text = "X gets 3 in a row. Player 1 wins!";
  } else {
    prompt.text = "O gets 3 in a row. Player 2 wins!";
  }
}
```

希望你能看懂上面代码，不过由于我有义务去解释自己代码，所以我会提醒你，这段条件语句会得出currentPlayer的值，并根据结果显示相应的信息。

测试游戏，直到让一方获胜（图12.25）。

图12.25

动手环节——获胜以后怎么办？

我们得到了正确的信息，但此后的游戏并没有做出相应的响应。我们来创建一个暂停机制，然后在出现胜局时重新加载游戏场景。

将下面的代码加载ShowWinnerPrompt函数的底部：

```
yield WaitForSeconds(3);
Application.LoadLevel(0);
```

我们让游戏暂停了3秒，以便让玩家看到获胜的信息，并享受片刻的成就感，然后会自动重新加载关卡，开始新一轮的游戏。

游戏还有个问题就是，如果我们陷入了一种僵局，也就是没人获胜的平局局面的话，游戏本身无法判定输赢，会让玩家继续轮番走子。因此，游戏应当能够判定何时为平局，并作出相应的响应。

探索吧英雄——平分秋色

正如在本章前面所做的那样，先停一下，像小鸡那样拍拍翅膀吧。然后思考如何判定游戏的平局。把你的方案和下面的方案比较一下。

12.19 下得漂亮

似乎用一个int型变量便足以跟踪玩家所下的步数，也就是每次落子后累计一次。如果我们下了九步依然没能产生赢家，也就是说届时九个格子都被下满了，这样就达到了一个状态。

在脚本顶部声明一个moves变量：

```
var gameIsOver:boolean;
var moves:int;
```

在ClickSquare函数的Instantiate的上行插入moves:，用于累积增量：

```
moves ++;
Instantiate(piece, square.transform.position, Quaternion.identity);
```

在CheckForWin条件检查语句中加入else语句，判定是否下完了九步依然没有产生赢家：

```
if(CheckForWin(square))
{
```

```
    gameIsOver = true;
    ShowWinnerPrompt();
    return;
  } else if(moves >= 9) {
    gameIsOver = true;
    ShowStalematePrompt();
    return;
  }
```

为什么要检查moves是否大于等于9呢？这原本不就是不可能发生的吗？的确如此。但是我想让自己的代码顾及到各种可能与不可能出现的情景。这为程序员多加了一层安全性。

由于我们调用了它，我们需要确保ShowStalematePrompt函数确实存在。将下面的代码写入GameLogic脚本：

```
function ShowStalematePrompt()
{
  prompt.text = "Stalemate! Neither player wins.";

  yield WaitForSeconds(3);
  Application.LoadLevel(0);
}
```

动手环节——最后的问题

游戏里最后的问题就是，在某一方获胜并且重新加载场景的间隙，玩家依然可以点击格子投放棋子。我们在ClickSpace函数顶部加一小段条件检查语句。如果有人赢了游戏，就中止执行其余的代码。

```
function ClickSquare(square:GameObject)
{
    if(gameIsOver) return;
```

这样就可以彻底退出啦！

12.20 万事俱备只欠东风

我们成功制作出了一款功能完备的单机多人回合策略型游戏，专为热血玩家倾情打造，完全不用现实中的物品（而是用了Unity里的基础形状）。我们可以就此收手，不过我承诺过会教大家引入人工智能（AI），以及AI编程技能。

在继续学习下一章内容之前，我们来回顾一下在本章中学会的知识点。

你学会了什么：

- 在Unity中用自带的基础形状制作一款具有可玩性的游戏。
- 通过Is Trigger复选框关闭物体的碰撞属性。
- 优化代码，以便提高可靠性与可维护性。
- 创建一个返回值的自定义函数。
- 使用`return`关键字在函数内部得出返回值。
- 不返回任何值，以便中止执行函数内的其余代码。

先别走！从现在起，你离真正的乐趣还有一页之遥。如果你想玩几局自己的《井字棋》游戏，那就尽情地玩吧！

12.21　C#脚本参考

《井字棋》的C#转译版脚本会在学完下章时看到哦！用一个代表喜马拉雅猫的日文ASCII表情符号作为本章的结尾吧。请看！

○人○

D'awwwww.

第13章 AI编程与主宰世界

在上一章中，我们做出了一个双人玩的《井字棋》游戏。我们可以玩上一整天。一个残酷的事实是，很多视频游戏都只是单方的交互，而我们作为游戏开发者，要设计出计算机控制的“朋友”去挑战人类玩家。随着游戏预算和网络化资本的提高，游戏制作逐渐回到社群、多用户的根本上。除此之外，“智能”的机器人对手总是会有一席之地——假使某天因特网挂掉了也不一定呢。

之所以叫“人工智能”，是因为它要试图让计算机看上去像是具备思考的能力，而在现实生活中，它只是会机械地遵从指令运转的机器而已。经过细心的设计，我们可以做出计算机在使用策略的假象，它甚至可以和人类一样犯错。学完本章内容后，你将编写出属于自己的AI程序，去“教”计算机毫不留情地主宰你的《井字棋》游戏。

13.1 把它拿走，计算机

目前，《井字棋》游戏有一个让人类玩家投放棋子的函数——ClickSquare。而计算机玩家不需要真地去点击什么元素，并且由于AI程序会包含特定针对计算机玩家的指令，所以应该创建一个专用函数来管理计算机的回合机制。

动手环节——添加计算机控制

我们来创建一个函数，让计算机参与到回合比赛中。在GameLogic脚本中添加一个ComputerTakeATurn函数：

```
function ComputerTakeATurn()
{
}
```

我们何时想要让计算机走棋呢？在1号玩家，也就是人类玩家走棋之后，并且

currentPlayer变量更新为2的时候。

因此，在ClickSquare函数中，在我们向玩家显示弹出信息后，我们让计算机走棋：

```
ShowPlayerPrompt();
  ComputerTakeATurn();
```

13.2 扫描空方片

为了实现这个目的，我们要尽量让人工智能按指令做事。计算机会扫描出空方片，从中随机选取一个，并在上面放一个O形棋子。

我们通过在我们的方片1D数组引用中循环读取，向一个单独的列表中随机添加空方片，然后从中随机选取一个方片即可。

将下面的代码添加到ComputerTakeATurn函数中：

```
function ComputerTakeATurn()
{
  var square:GameObject;
  var aEmptySquares:List.<GameObject> = new List.<GameObject>();

  for(var i:int = 0; i < aSquares.Length; i++)
  {
    square = aSquares[i];
    if(square.GetComponent.<Square>().player == 0)
      aEmptySquares.Add(square);
  }
  square = aEmptySquares[Random.Range(0,aEmptySquares.Count)];
}
```

在脚本顶部添加如下代码：

```
#pragma strict
import System.Collections.Generic;
```

刚才发生了什么——生成列表，检查两次

我们把代码拆解开来看。

```
var square:GameObject;
```

该变量会存储一个对方片的引用，该方片正是我们要放入数组中去的。和之前一样，我们要在后面的for循环的外侧声明这个变量。

```
var aEmptySquares:List.<GameObject> = new List.<GameObject>();
```

我们要在本章里用到大量的泛型数组（Generic Array）集合型。这里，我们声明一个aEmptySquares数组，用来存储所有的尚未被玩家落子的方片物体（我们在脚本顶部添加的import语句为使用Generic Array创造了条件）。

```
for(var i:int = 0; i < aSquares.Length; i++)
```

用一个for循环来在1D数组aSquares中拾取方片。

```
square = aSquares[i];
```

在循环内部，存储一个对位于数组中的第i个方片的引用。

```
if(square.GetComponent.<Square>().player == 0)
  aEmptySquares.Add(square);
```

如果方片的玩家值为0，那就表示它是空的，所以我们把它添加到我们的空方片列表中去。

```
square = aEmptySquares[Random.Range(0,aEmptySquares.Count)];
```

在循环外侧，在我们挑出所有的空方片后，我们就从中随机选择一个空方片。

13.3 解包代码

如果你在上一章中见过类似的脚本，并且当时还觉得不是很理解，那么这里就是更为详细的代码分析（不要将下面的代码添加到脚本里）：

```
var someRandomIndex:int = Random.Range(0,aEmptySquares.Count);
```

在数组aEmptySquares中从第0项到第n–1项（n为数组总长度）中选一个随机数。例如，如果aEmptySquares数组中包含五个方片，那么我们就需要将取值区间端值设为0和4。

```
square = aEmptySquares[someRandomIndex];
```

从aEmptySquares数组中检索出位于我们随机选取元素的下标对应的方片。例如，如果在0–5间随机选取的值是2，那么就在aEmptySquares数组的下标2处检索元素。

我们在脚本中用到的其实是上面那两行，把它们缩成一行就是：

```
square = aEmptySquares[Random.Range(0,aEmptySquares.Count)];
```

为什么要大费周章地把空方片汇成列表并随机从中选取一个单项元素呢？我们何不找到第一个空方片时就让计算机直接在上面投放棋子呢?

这就是人工智能的第一课：随机性会造成思维假象。

比方说，方片被依序列在了数组中，而数组中的第一个方片位于左上角的那个格子里。如果我们总是搜索到第一个空方片后就停止搜索的话，那么计算机会始终选用最左上角的方片（除非1号玩家的棋子占了该格，如果是这样，计算机将始终从数组中选择与它相邻的格子）。

如果你经常和别人一起玩井字棋，而且那个人总是会在同样的格子里落子，而且顺序都相同的话，你会觉得他有脑子吗？不会！而且你还得四处寻找头盔和手套，以免对手自残。

通过让计算机随机选取一个方片，我们可以改善计算机具备“思考能力”的假象。但以后你就会发现，这种障眼法也是经不起考验的。

动手环节——代码加固

我们已经选取了将要供计算机玩家落子的方片。接下来该怎么办？我们需要为moves变量赋予增量。我们要将一个棋子预制件实例化。我们要更新方片归属的玩家信息。我们要检查是否获胜或平局，并且还要更新玩家编号。

谢天谢地，所有这些步骤都是我们在人类玩家落子时就已经做好了的。我们应当将那些步骤缩合到一个函数中，可以让人类玩家和计算机玩家共同调用。

将下面代码中的加粗部分写入ClickSquare函数，并把它们放入一个名为PlacePiece()的新建函数中：

```
function ClickSquare(square:GameObject)
{
  if(gameIsOver) return;
  var piece:GameObject;
  if(currentPlayer == 1)
  {
    piece = XPiece;
  } else {
    piece = OPiece;
  }
```

```
    moves ++;

    Instantiate(piece, square.transform.position, Quaternion.identity);
      square.GetComponent.<Square>().player = currentPlayer;

    if(CheckForWin(square))
    {
      gameIsOver = true;
      ShowWinnerPrompt();
      return;
    } else if(moves >= 9) {
      gameIsOver = true;
      ShowStalematePrompt();
      return;
    }


    currentPlayer ++;
    if(currentPlayer > 2) currentPlayer = 1;

    ShowPlayerPrompt();

    ComputerTakeATurn();
}
```

然后把加粗部分替换成调用一个PlacePiece()函数。新的ClickSquare函数样式如下：

```
function ClickSquare(square:GameObject)
{
  if(gameIsOver) return;

  PlacePiece();

  ComputerTakeATurn();
}
```

PlacePiece函数的样式如下：

```
function PlacePiece()
{
  var piece:GameObject;
  if(currentPlayer == 1)
  {
    piece = XPiece;
  } else {
    piece = OPiece;
  }
  moves ++;
  Instantiate(piece, square.transform.position, Quaternion.identity);
  square.GetComponent.<Square>().player = currentPlayer;
  if(CheckForWin(square))
  {
    gameIsOver = true;
    ShowWinnerPrompt();
    return;
  } else if(moves >= 9) {
    gameIsOver = true;
    ShowStalematePrompt();
    return;
  }
  currentPlayer ++;
  if(currentPlayer > 2) currentPlayer = 1;
  ShowPlayerPrompt();
}
```

在PlacePiece函数顶部，我们有一个条件检查，用来判定是该投放×还是投放O，这取决于currentPlayer变量的值。现在我们来分别调用该函数，实际上，我们可以将想要投放的棋子传递过去，忽略那段条件检查。

更改ClickSquare函数中的PlacePiece()函数引用，以便能够明确传递一个对XPiece预制件的引用：

```
PlacePiece(XPiece);
```

在PlacePiece函数中，将piece接受为一个参数：

```
function PlacePiece(piece:GameObject)
```

从PlacePiece函数中删掉下面这一整段currentPlayer检查条件：

```
var piece:GameObject;
if(currentPlayer == 1)
{
  piece = XPiece;
} else {
  piece = OPiece;
}
```

Instantiate命令仍然指一个名为piece的游戏物体，现在来自参数，而不是在条件语句中定义。以下就是PlacePiece函数修改后的样子：

```
function PlacePiece(piece:GameObject)
{
  moves ++;
  Instantiate(piece, square.transform.position, Quaternion.identity);
  square.GetComponent.<Square>().player = currentPlayer;

  if(CheckForWin(square))
  {
    gameIsOver = true;
    ShowWinnerPrompt();
    return;
  } else if(moves >= 9) {
    ShowStalematePrompt();
    return;
  }
  currentPlayer ++;
  if(currentPlayer > 2) currentPlayer = 1;
  ShowPlayerPrompt();
}
```

当将这段代码放入PlacePiece函数中时，我们可能没注意到PlacePiece代码现在并不知道square为何物，因为函数中已经不存在对它的定义了。我们在调用PlacePiece也把它传递过来吧。修改函数签名：

```
function PlacePiece(piece:GameObject, square:GameObject)
```

在ClickSquare函数中，当你调用PlacePiece时传入点击的方片：

```
PlacePiece(XPiece, square);
```

在其后的ComputerTakeATrurn函数中，调用PlacePiece函数，并将由计算机玩家指定的棋子和方片引用传递进来：

```
square = aEmptySquares[Random.Range(0,aEmptySquares.Count)];
PlacePiece(OPiece, square);
```

我们来测试一下游戏，看看是否有什么问题。

13.4 光速井字棋

哇哦……好吧，计算机玩家落下了一枚棋子，但它几乎在人类玩家落子的瞬间就落下了。和超有智慧的对手对弈时就是这样！

为了让游戏的速度降到人类玩家可以理解的档次上，我们让计算机在调用ClickSquare函数时暂且等候片刻：

```
yield WaitForSeconds(2);
ComputerTakeATurn();
```

再来试试看。现在，计算机的落子时间延后了2秒，看上去就像是它在“思考”（而事实上，它可能在投掷飞镖打发时间呢）。人工智能越来越神奇了，不是吗？

13.5 输不起的人

你可能会发现，尽管如此，但计算机会作弊。如果人类玩家有三个×连成一线，当游戏结束时，计算机还是会再落下一个O。这是因为我们的代码让它这么做的。我们会始终在人类玩家走子后无条件地调用ComputerTakeATurn。

我们把ComputerTakeATurn调用封装进一个条件函数中，来判定游戏是否分出了胜负：

```
if(!gameIsOver)
{
  yield WaitForSeconds(2);
  ComputerTakeATurn();
}
```

这样应该能够避免计算机在游戏结束后依然继续走子了。

13.6 疯狂点击的乐趣

人类玩家也可以作弊，在计算机“思考”的间隙落下×形棋子。试试在栅格上不按套路地一通狂点。如果你速度够快，可以在计算机落下一个O形棋子之前用×棋子将栅格全部占满。

通过在ClickSquare函数中添加一个条件检查语句，我们可以确保人类玩家只有在轮到自己的时候才能走子：

```
function ClickSquare(square:GameObject)
{
  if(gameIsOver || currentPlayer == 2) return;
```

双竖线相当于“OR”。如果||两侧的任意一个条件检查得出了true值，则条件语句中的代码将得到执行。

也就是说，如果人类玩家点击棋盘落子，当游戏结束或轮到计算机走子时，我们就会用这个返回语句跳出该函数，避免去执行其余的代码。

测试一下游戏。现在，谁也甭想做弊喽。

13.7 人工低能

同样，我们也可以到此宣告工程结束了。我们现在做出了一个双人回合策略型人机对战游戏，人类玩家有机会获胜，而有时（当人类玩家是个“臭棋篓子”时），计算机玩家也有机会获胜。

试试跟那个智商很低的对手下几局井字棋吧。计算机玩家也是可以取胜的，不过想要输给自己一手打造的人工“智慧型”对手也不容易。

随便挑选某个空白方片落子不算什么本事。我们要让计算机对手变得更聪明些。因此，我们要好好研究一下井字棋，直到找出其中的奥妙。我们要深谙《井字棋》的玩法和取胜之道，创造打败了卡斯帕洛夫的“深蓝”程序的计算机科学家们也是在更加复杂的游戏中经过了相同的过程，学习套路并教会它如何应战。

探索吧英雄——井字棋博弈

井字棋在游戏研究者们口中称为“已解型游戏”。也就是说，在这样的游戏里，你可以随时预见到游戏的结局，只要双方玩家都严格按照完美或近乎完美的走法去走棋，即不犯策略性错误。博弈的过程需要找出游戏中所有可能的走法，形成一个“游戏树”表。在这张表中，按照一系列的步骤走棋将会让双方得到最理想的结果。

井字棋的游戏树包含138种不同的最终棋局，不算中心对称型的重复棋局。如果你够执着，完全可以拿起纸笔画出井字棋的游戏树。给你个模板好了（图13.1）。

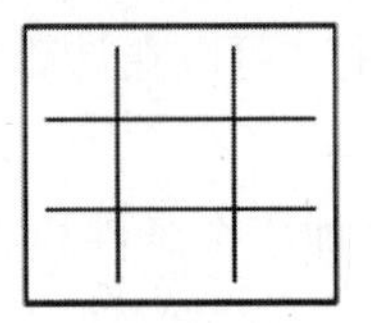

图13.1

乍一看，貌似1号玩家会有九种选择去投放×形棋子——毕竟有九个空方片嘛。但你要想想，把×落在左上角格其实等同于把它落在右下角格。如果旋转一下棋盘，会看到完全一样的棋局。

实际上，在井字棋开局时，玩家只有三种走法：走角格、走边格、走中心格。

最终，我们的游戏树会是图13.2所示的样子。

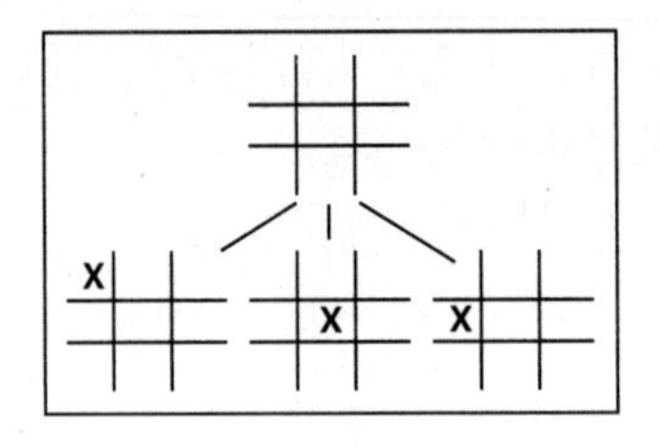

图13.2

继续沿图中的第一个分支走，也就是×落在角格里的情况。O棋子随后的走法有五种可能：相邻侧、对立侧、相邻角、对立角或是占据中心（图13.3）。

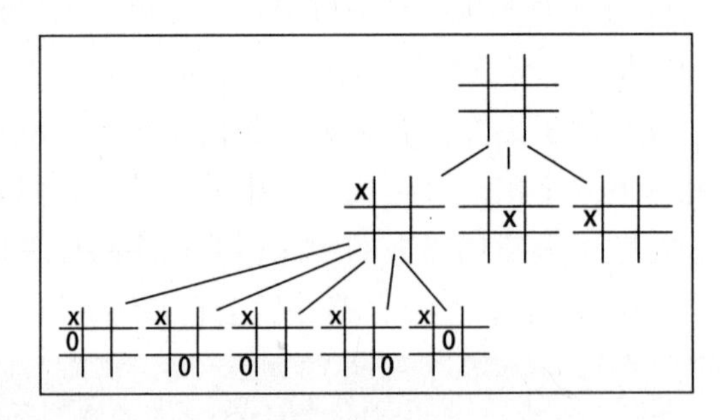

图13.3

井字棋的游戏树看着更像是足球教练手里的小画板。

针对上述五种可能性，你还可以继续分支下去，直到找出每个分支的尽头。然后返回，继续探索下一级分支的子分支、子子分支……

如果画这样的游戏树图标让你的强迫症心理得到释放，那么你可以一直找下去，直到挖掘出全部的138种最终棋局。整理出游戏树倒并不是本章的重点内容，不过它会让你更真切地体会到计算机科学家们为了回应“怎样才能下赢井字棋”的疑问所给出的答案有多长。

动手环节——胜利是唯一的目的

要想用最好的走法应招，我们要为计算创建一个走法套路表，作为走子的依据，会按照棋盘上的实际情况选择应对策略。假设我们是计算机，面对图13.4这样一种情况。

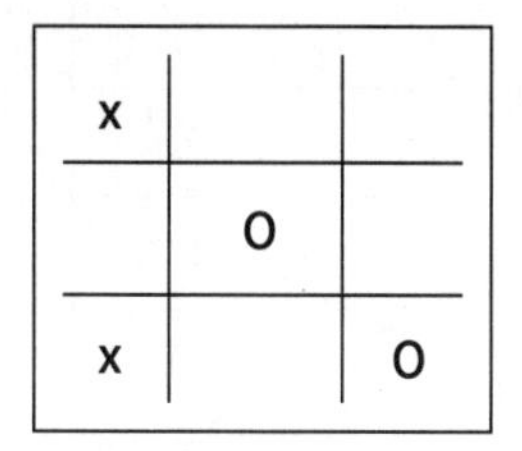

图13.4

随便在空格处乱下O棋子可是很不理智的——否则计算机就会输掉。所以我们定好第一条准则：阻止对手取胜。

现在我们来看图13.5这种情况。

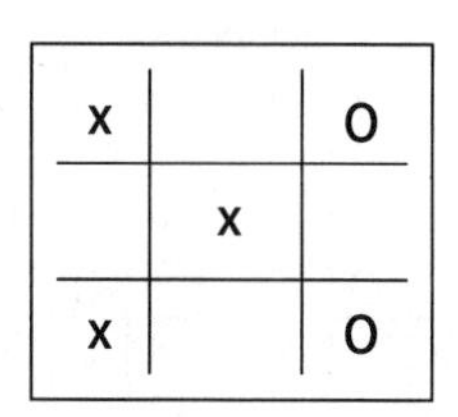

图13.5

显然，×方马上要赢了，不过O方也有一个赢棋的机会。那么问题来了：O方究竟是要阻止×获胜呢，还是要自己先胜呢？显然，对于O来说，取胜最重要。所以我们的第二条准则是：取胜。

我们刚才说了，对于O方来说，自己取胜比阻挡对方取胜更重要，所以我们重新排列上面两条准则的顺序：

- 取胜。
- 阻止对方取胜。

注意，我们的两个表述已经写在了伪代码里。`Win()`和`Block()`可以轻易地被写成函数调用。

然后，我们只要把通俗的文字描述转化成Unity JavaScript，理论上我们的代码会在游戏里生效。

13.8 有陷阱!

玩这款游戏时的最大优势是什么？井字棋高手们认为最有优势的方格就是中间那个格子（图13.6）。毕竟，那些光彩照人的明星们不都聚集在好莱坞广场的中心吗?

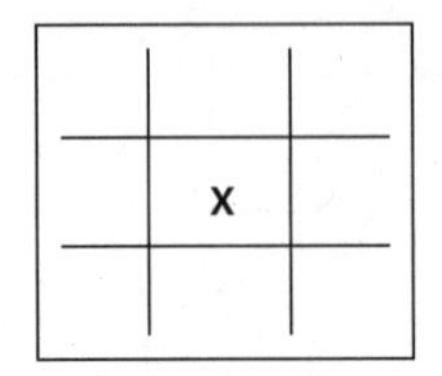

图13.6

不过，眼观独到的井字棋游戏的玩家知道，下到角格上或许是更明智的走法，因为它可以设置陷阱，也就是有机会让一横一纵行上的三子各连成一线。即使被对手挡住了一条线，也无法阻止自己在另一条线上取胜（图13.7）。

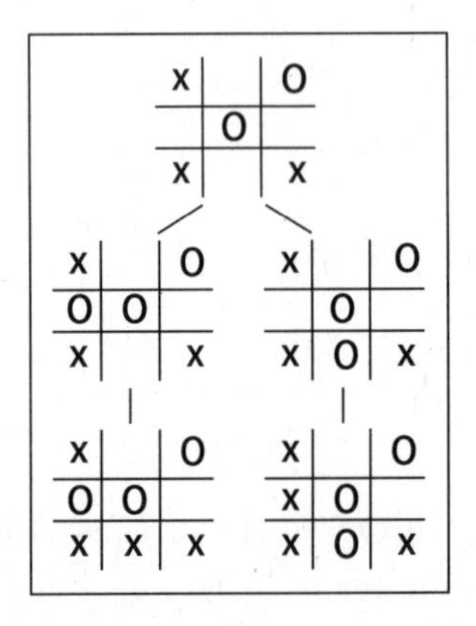

图13.7

在这种情况下，阻挡对手就不是明智之举了。唯一的选择就是赢，除非是刚阻止完对手形成的陷阱。这样我们又多了一条准则：阻止陷阱。

而且，如果确有可能为对手制造陷阱，那么我们也会让那个拥有人工智能的计算机玩家尝试去制造陷阱。所以：

- 阻止陷阱。
- 制造陷阱。

那么这两条准则要如何与我们之前排好顺序的下面两条准则匹配呢?

- 取胜。
- 阻止对方取胜。

由于玩家肯定是要比对手先取得胜利的，自己设置陷阱要比阻止对方的陷阱更有优势，这样一来，我们的准则优先顺序就应该是这样：

- 取胜。
- 阻止对方取胜。
- 阻止陷阱。
- 制造陷阱。

13.9 补 充

鉴于此，计算机玩家就可以在角格、边格和中心格中任选位置落子了。那么这三种位置中的哪个位置对于局势最为有利呢?

如果你已经在游戏树里映射出了所有可能的棋局，那么你应该已经知道答案了。或者，你可以直接去维基百科（Wikipedia）网站查阅井字棋（Tic Tac Toe）的介绍文章。截至写下这段话的时候，它算得上是不错的井字棋导读教材。由于人人都可以去编辑维基百科上的内容，很可能当你读到这里的时候，里面可能会被放满了一些猫咪的照片也不一定。但愿不会这样。

我们将站在巨人的肩膀上，从维基百科那里借鉴思想。从那篇文章来看，将棋子下在角格会更易于让你的对手失误，不过有两个前提：这是第一步棋；你的对手已经失误了。否则，有利位置的排序应该依次是中心格、角格、边格。

由于我们并不打算让我们的计算机犯错误（至少现在不会），我们的优先顺序表应该是这样的：

- 取胜。
- 阻止对手取胜。
- 阻止陷阱。
- 制造陷阱。
- 在中心格落子。
- 在角格落子。

● 在边格落子。

如果换成伪代码的描述语言，或许可以这样说：

● 尽力去赢。
● 如果赢不了，就要阻止对方赢。
● 如果阻止不了，那就设计陷阱。
● 如果做不了陷阱，那就阻止对手设计陷阱。
● 如果没有设计或阻止陷阱的机会，那就下在中心格。
● 如果中心格已经被其他棋子占了，那就下在角格。
● 如果角格也被占了，那就下在边格。

那么下在不同的角格上会不会有影响？或许吧。我们并不知道，除非我们画出了那张密如蛛网的游戏树图表，或者干脆测试一下代码是否管用。我选择后者。

动手环节——伪代码

为了把我们那通俗的伪代码描述转译成实际的代码，我建议将每种落子方案写成独立的函数。如果我们找到有效的走子方式，那么函数就会返回计算机玩家所选择的落子的格。如果没有有效的走子方式，函数会返回一个null，在计算机代码中相当于“不存在、什么也不是”的意思。

在ComputerTakeATurn 函数中，我们把随机挑选方片的那段代码删掉（或者注释掉），也就是下面加粗的那部分代码：

```
function ComputerTakeATurn()
{
  var square:GameObject;

  var aEmptySquares:List.<GameObject> = new List.<GameObject>();

  for(var i:int = 0; i < aSquares.Length; i++)
  {
    square = aSquares[i];
    if(square.GetComponent.<Square>().player == 0)
      aEmptySquares.Add(square);
  }
  square = aEmptySquares[Random.Range(0,aEmptySquares.Count)];

  PlacePiece(OPiece, square);
}
```

取而代之的是我们根据伪代码表述写成的可能走子代码：

```
var square:GameObject;
square = Win();
if(square == null) square =  Block();
if(square == null) square =  CreateTrap();
if(square == null) square =  PreventTrap();
if(square == null) square =  GetCentre();
if(square == null) square =  GetEmptyCorner();
if(square == null) square =  GetEmptySide();
if(square == null) square =  GetRandomEmptySquare();
PlacePiece(OPiece, square);
```

刚才发生了什么——逐步分析策略

我们将策略优先级排序表中的每一项都用一个函数单独呈现（那些函数目前尚不存在）。每个函数都会为计算机玩家去搜寻符合落子条件的方片，返回一个对方片物体的引用。

```
square = Win();
```

这样一来，我们就将这个square变量的值设为Win函数贩卖机吐出的任何值。如果Win函数找到一个可以取胜的方片，那就返回该方片的值。如果win函数没能找到可供取胜的方片，那么就会返回一个null值。

```
if(square == null) square = Block();
```

在下一行里，我们判定square的值是否为null，如果是，那么我们就继续尝试下一条策略，以此类推，按降序检查条件，直到计算机只得随机选择方片去落子，也就是下下策了。

动手环节——倒着做

先挑简单的开始做并不可耻。我们就从优先排序表的末尾往前倒着做吧，直到做到顶部最复杂的那一条。

GetRandomEmptySquare()函数实现的就是最烂的计算机玩家才能采用的走棋方式：找到一个空方片，然后不假思索地就在上面落子。我们可以把刚才写过的代码直接拿来用：

```
function GetRandomEmptySquare():GameObject
{
```

```
  var square:GameObject
  var aEmptySquares:List.<GameObject> = new List.<GameObject>();

  for(var i:int = 0; i < aSquares.Length; i++)
  {
    square = aSquares[i];
    if(square.GetComponent.<Square>().player == 0)
      aEmptySquares.Add(square);
  }
  square = aEmptySquares[Random.Range(0,aEmptySquares.Count)];
  return square;
}
```

如果一切都失败了，这会是我们最后的方案。如果其他函数均不返回方片的值，那么我们就只能指望这行代码去随便挑选一个空白格子了。

GetEmptySide函数需要检查所有四个边格，并返回其中的一个空白格（如果确实存在的话）。我们固然可以只返回找到的第一个，但我们之前也看到了，那样会打破计算机在“思考”的假象。比较好的方法是将所有空白的边格汇成一个列表，并从中随机选择一个，就像我们为之前的那个并不具备人工智能的计算机玩家选区空方片时一样。

我们知道需要用到列表。我们要把任何能找到的空边格放入列表中。然后，如果列表中仍至少存在一个空边格，那么我们就从列表中随机返回一个空边格。否则，我们就返回null。

用伪代码来表述就是：

GetEmptySide函数返回一个游戏物体。

1. 创建一个空列表。
2. 如果顶边格是空的，那就把它加入列表中。
3. 如果左边格是空的，那就把它加入列表中。
4. 如果右边格是空的，那就把它加入列表中。
5. 如果底边格是空的，那就把它加入列表中。
6. 如果列表中至少存在一项，那就从中随机选取并返回一项。
7. 否则，返回null。

在UnityScript中，对应的代码如下：

```
function GetEmptySide():GameObject
{
  var aEmptySides:List.<GameObject> =
    new List.<GameObject>();
  if(GetPlayer(1,0) == 0) aEmptySides.Add(aGrid[1,0]);
  if(GetPlayer(0,1) == 0) aEmptySides.Add(aGrid[0,1]);
  if(GetPlayer(2,1) == 0) aEmptySides.Add(aGrid[2,1]);
  if(GetPlayer(1,2) == 0) aEmptySides.Add(aGrid[1,2]);
  if(aEmptySides.Count > 0) return
    aEmptySides[Random.Range(0,aEmptySides.Count)];
  return null;
}
```

返回一个空白角格的过程也是几乎一样的。将下面的函数加到代码中：

```
function GetEmptyCorner():GameObject
{
  var aEmptyCorners:List.<GameObject> = new List.<GameObject>();

  if(GetPlayer(0,0) == 0) aEmptyCorners.Add(aGrid[0,0]);
  if(GetPlayer(2,0) == 0) aEmptyCorners.Add(aGrid[2,0]);
  if(GetPlayer(0,2) == 0) aEmptyCorners.Add(aGrid[0,2]);
  if(GetPlayer(2,2) == 0) aEmptyCorners.Add(aGrid[2,2]);

  if(aEmptyCorners.Count > 0) return aEmptyCorners
    [Random.Range(0,aEmptyCorners.Count)];

  return null;
}
```

至于中心格则更简单了，如果那里是空的，那就直接返回值即可。将下面的函数加入代码中：

```
function GetCentre():GameObject
{
  if( GetPlayer(1,1) == 0 ) return aGrid[1,1];
  return null;
}
```

需要提醒你一下，return语句会阻止其他的代码执行。例如，在GetCentre函数中，如果该代码在中心格找到了空白方片，那么它会返回方片的值然后跳出该函数，这样一来返回null的那行代码就不会被执行了。

动手环节——最后四个

现在只剩下四个函数要写了：Win()、Block()、CreateTrap()，以及PreventTrap()。注意，在本章后面的内容里，我们将用到一个词“row（排）”，用来表示水平直线，并且，只要是三个方片连成一线，不管方向如何，都叫做“连成一排”。

如果我们仔细找出这三个函数的执行条件，那会是很有趣的事。首先来看Win（取胜）和Block（阻止对手取胜）函数。

要想判定是否可以取胜，我们需要检查连成一排的三个方片。如果其中一排上有两个方片包含我们的棋子，而第三个位置是空的，那么我们就能判定可以取胜。

要想判定是否可以阻止对方取胜，我们需要检查连成一排的三个方片。如果其中两个方片上的棋子是对方的，并且第三个格是空的，那么我们就可以阻止。

13.10 合二为一

不知道你怎么看，反正我是发现重复的地方了。判定有机会取胜与判定有机会阻止对方的伪代码貌似是一回事。也就是说，我们或许可以把win检查和block检查合并到一个高效的函数里去。说做就做。

先将两个ComputerTakeATurn行从这种样式：

```
square = Win();
if(square == null) square = Block();
if(square == null) square = CreateTrap();
if(square == null) square = PreventTrap();
```

合并成这种样式：

```
square = WinOrBlock();
if(square == null) square = CreateTrap();
if(square == null) square = PreventTrap();
```

我得承认，我尝试了几次才写出了这个可以使用的WinOrBlock()函数。和其他任何代码一样，可能还会有更好的方法实现同一个目的，但这是我目前能想出的唯一方案了。我会逐渐完善这个函数，让它最终实现我的目的。你也知道，在计算机编程的道路上，不积跬步无以至千里。

探索吧英雄——为难作者

在你知道我的方案之前，先自己动动脑，看看你有没有更好的办法去判定计算机是否具有取胜或阻挡你取胜的条件。终极揭秘我们方案将要采用的方法会用到两个函数！

13.11 人工智能背后的奥妙

如图13.8所示，函数需要检查所有的八种取胜方式：三列、三行、两个对角线上连成一排的情况。当我意识到当我在检测到一次阻止对手的机会时无法用一个return语句跳出函数的时候才恍然大悟，这是因为（根据我们的优先策略排序表），取胜的优先级要高于阻止对手。如果立即返回我找到的第一个阻止对手的机会，那么我或许会错失尚未搜索到的取胜的机会。

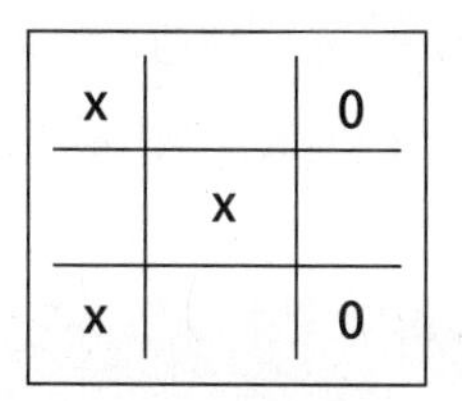

图13.8

显然我需要创建一个用来存储阻止可能性的列表，还要根据这个列表创建一个存储取胜可能性的列表（如果存在的话）。当我遍历了所有的八种可能取胜的局面时，函数应当随机返回其中的某个可能取胜值（如果存在的话）。如果没有找到这样的局面，那么函数应随机返回一个可能阻挡值（如果存在的话）。如果既没有能阻挡对方的可能，也没有取胜的可能，那么函数应返回null。

以图13.9为例，搜索过程中会找到一个取胜的可能（将棋子落在右侧边格内即可取胜），以及一次阻挡的机会（将棋子落在左侧边格内）。这两种选择会被存储在不同的列表中。由于取胜的优先级大于阻挡，因此代码会从取胜可能性列表中随机选取一项（列表中唯一的一项），并且跳过其余函数的执行。

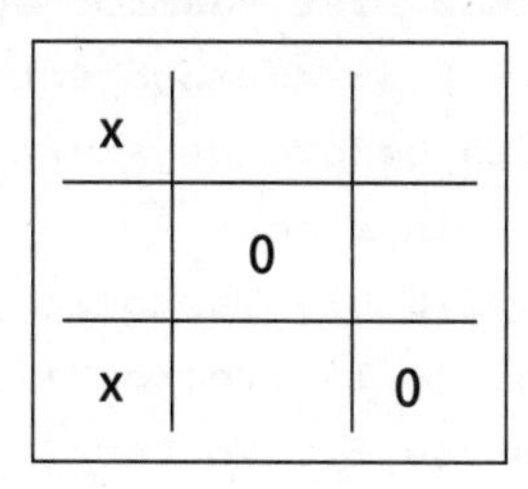

图13.9

在上图中，搜索过程值找到一个阻挡可能性（落在左侧边格内）。代码将检查取胜的可能。如图13.10所示，由于该列表为空，因此它从阻挡可能性列表中随机选取一项（列表中唯一的一项）。

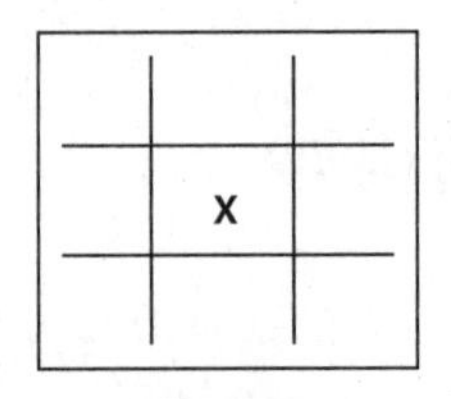

图13.10

在图13.10中，既没有取胜的可能，也没有阻挡的可能，因此两个列表在搜索后都为空。因此函数会返回null。

第二个攻关要点在于将我们的搜索步骤分配成一个单独的函数，并将三个独立的方块作为输入项。写一个用来从行、列、对角线上选取对象的简明的循环语句并非易事，因此，定义一个函数，并将三个尚未连成一线的方格作为输入项，这样的方法可以让代码显得简洁明了。

动手环节——得分！

由于该方案需要两个函数，每个函数需要分别读取取胜可能性列表与阻挡可能性列表，因此需要在代码顶部定义这些列表，作为可供任何函数访问的变量：

```
var aGrid:GameObject[,];
var gameIsOver:boolean;
var moves:int;
var aBlockOpportunities:List.<GameObject>;
var aWinOpportunities:List.<GameObject>;
```

完整的WinOrBlock函数如下：

```
function WinOrBlock():GameObject
{
  aBlockOpportunities = new List.<GameObject>();
  aWinOpportunities = new List.<GameObject>();
  // Empty out these lists before we start searching.
  // Check the rows for 2 in a row:
  CheckFor2InARow([Vector2(0,0), Vector2(1,0), Vector2(2,0)]);
  CheckFor2InARow([Vector2(0,1), Vector2(1,1), Vector2(2,1)]);
  CheckFor2InARow([Vector2(0,2), Vector2(1,2), Vector2(2,2)]);
```

```
    // Check the columns for 2 in a row:
    CheckFor2InARow([Vector2(0,0), Vector2(0,1), Vector2(0,2)]);
    CheckFor2InARow([Vector2(1,0), Vector2(1,1), Vector2(1,2)]);
    CheckFor2InARow([Vector2(2,0), Vector2(2,1), Vector2(2,2)]);
    // Check the diagonals for 2 in a row:
    CheckFor2InARow([Vector2(0,0), Vector2(1,1), Vector2(2,2)]);
    CheckFor2InARow([Vector2(0,2), Vector2(1,1), Vector2(2,0)]);
    // If there are any opportunities to win, return one at random:
    if(aWinOpportunities.Count > 0) return
      aWinOpportunities[Random.Range(0, aWinOpportunities.Count)];
    // If there are any opportunities to block, return one at random:
    if(aBlockOpportunities.Count > 0) return
      aBlockOpportunities[Random.Range(0, aBlockOpportunities.Count)];
    // There are no opportunities to win or block, so return null:
    return null;
}
```

如果函数找到两个×或两个O位于同一排，那么在每次调用CheckFor2InARow时都会更新aWinOpportunities和aBlockOpportunities列表。CheckFor2InARow函数的样式如下：

```
function CheckFor2InARow(coords:Vector2[])
{
  var p1InThisRow:int = 0; // the number of X's in this row
  var p2InThisRow:int = 0; // the number of O's in this row
  var player:int;
  var square:GameObject = null;
  var coord:Vector2;
  // Step through each of the 3 Square coordinates
    that were passed in:
  for (var i:int = 0; i<3; i++)
  {
    coord = coords[i];
    player = GetPlayer(coord.x,coord.y);
    // Find the piece in this Square
    if(player == 1)
    {
      p1InThisRow ++; // Tally up an X
```

```
    } else if(player == 2) {
      p2InThisRow ++; // Tally up an O
    } else {
      square = aGrid[coord.x,coord.y];
      // This Square is empty. Store it for later.
    }
  }

  if(square != null)
  {
    // We found an empty Square in this row.
    if(p2InThisRow == 2)
    {
      // There are two O's in a row with an empty Square.
      aWinOpportunities.Add(square);
      // Add a win opportunity to the list.
    } else if (p1InThisRow == 2) {
      // There are two X's in a row with an empty Square.
      aBlockOpportunities.Add(square);
      // Add a block opportunity to the list.
    }
  }
}
```

刚才发生了什么——搜索在继续

WinOrBlock函数首先会清空aBlockOpportunities和aWinOpportunities。

```
aBlockOpportunities = new List.<GameObject>();
aWinOpportunities = new List.<GameObject>();
// Empty out these lists before we start searching.
```

这样我们就能确保将此前的搜索结果清空，从头开始。

接下来的八行代码几乎是一样的，它们都会向CheckFor2InARow函数传递由不同的三个方片组成的集合。

```
CheckFor2InARow([Vector2(1,0), Vector2(1,1), Vector2(1,2)]);
```

拿这行调用来说，它会传入同在一列中的三个方格，也就是穿过中心格的那个纵列。

```
if(aWinOpportunities.Count > 0) return aWinOpportunities
  [Random.Range(0, aWinOpportunities.Count)];
```

这一行和它后面的那行一样，用来判定aWinOpportunities数组中是否至少存在一个元素。如果是，则从中随机选取并返回一项。

我们来仔细看看CheckFor2InARow函数。

```
var p1InThisRow:int = 0; // the number of X's in this row
var p2InThisRow:int = 0; // the number of O's in this row
var player:int;
var square:GameObject = null;
var coord:Vector2;
```

顶部的这些变量声明都会在循环内部得到调用，正如我们之前所看到的那样。

```
for (var i:int = 0; i<3; i++)
```

我们在函数声明中对传入coords数组的三个坐标值执行循环语句。

```
coord = coords[i];
```

首先，我们将下标为i的一对坐标取出并存储到其坐标变量中。

```
player = GetPlayer(coord.x,coord.y);
// Find the piece in this Square
```

接着，我们使用之前建好的GetPlayer函数返回指定坐标处的方片上的玩家变量值。

```
if(player == 1)
{
  p1InThisRow ++; // Tally up an X
```

如果方片的玩家值为1，我们就在p1InThisRow变量上累积增量。

```
} else if(player == 2) {
  p2InThisRow ++; // Tally up an O
```

否则，如果方片上的玩家值为2，则在p2InThisRow变量上累积。

```
} else {
  square = aGrid[coord.x,coord.y]; // This Square is empty.
    Store it for later.
}
```

如果玩家值既不是1也不是2，那就说明方片未被占用。在方片变量中存储一个指向它的引用。

```
if(square!= null)
```

如果我们的确在那一排中的某处找到了一个方片，那就可能出现取胜或阻挡对方的可能。

```
if(p2InThisRow == 2)
```

特别是如果当中一个空方片，且该排中有两个O棋子，则应该是取胜的可能。

```
aWinOpportunities.Add(square);
```

我们想要将这个方片放入取胜可能性列表中。

```
} else if (p1InThisRow == 2) {
```

同样，如果当中有一个空方片，且该排中有两个×棋子，则应该是阻挡对方的可能。

```
aBlockOpportunities.Add(square);
```

13.12 关闭陷阱

我们就要完成一项完整的AI编写工作了。我们最后要做的检查就是，在可能的时候设置一个陷阱，或是在对手有机会摆出陷阱的时候阻止他。如果你不明白我说的，可以用双斜杠注释掉下面这两行来测试一下：

```
// if(square == null) square = CreateTrap();
// if(square == null) square = PreventTrap();
```

你很快会发现阻止陷阱的智能机制有多重要了。可试着在角格里投放×棋子（图13.11）。

图13.11

人工智能的执行逻辑步骤如下：

- 尝试去取胜或阻挡对方（失败）。
- 如果无法阻挡，则试着设置陷阱（此步骤已被注释掉）。
- 如果无法设置陷阱，则尝试阻挡对手设置陷阱（此步骤已被注释掉）。
- 如果没有可以阻挡的陷阱，就在中心格中落子（完成了！图13.12）。

图13.12

计算机将棋子下在了中心格。然后你下在对侧的角格（图13.13）。

图13.13

计算机再次遵从自己的逻辑，优先级高低依次为：

- 尝试取胜或阻挡（失败）。
- 如果你无法阻挡，就试着设置陷阱（此步骤已被注释掉）。
- 如果你无法设置陷阱，那就试着阻止对手设置陷阱（此步骤已被注释掉）。
- 如果没有可以阻挡的陷阱，则在中心格落子（失败）。
- 如果中心格被占用，则下在角格（图13.14）（完成！）。

图13.14

这样一来，你就要将棋子落在第三个角格了，同时为计算机制造一个战无不胜的陷阱。这样就可以每次都稳赢计算机了（图13.15）。

图13.15

13.13 检测三角式陷阱

子曰：“要想下赢井字棋，就要充分了解它。”在我们能够阻止或设置陷阱之前，要先了解陷阱是怎样形成的。

在井字棋中，存在图13.16所示的四种取胜方法。

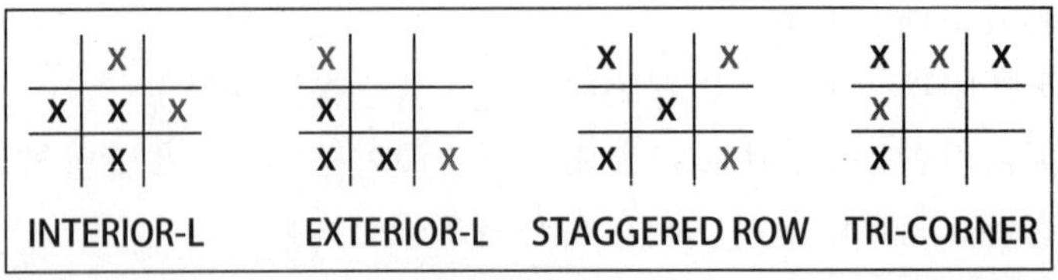

INTERIOR-L
EXTERIOR-L
STAGGERED ROW
TRI-CORNER

图13.16

由于我们的人工智能会严格按照代码执行，那么唯一可能的陷阱局面就是三角式。不妨自己试试看，由于计算机在按照规定的套路运行，因此你无法做出第一种、第二种或是第三种陷阱。这是好消息！这意味着我们只需要思考最后那种情况即可。

正如我们之前对Win()和Block()函数做的那样，我们来看看如何为双方玩家判定三角式陷阱：

- 要想制造一个陷阱，需要对我能控制的角格数量计数。如果我控制2个角格，且第三个角格为空，那么就可以计数。
- 要想阻止一个陷阱，需要对对手控制的角格数量计数。如果对手控制2个角格，那就在下在一个边格上，迫使对方防御（这样也就阻止它去在第三个角格上落子了）。

和之前一样，这两个函数存在很多功能重复的地方。或许我们可以把它们合并成一个函数，就像之前对Win和Block函数所做的那样。

动手环节——牵制对手

将两个独立的函数调用：

```
square = Win();
if(square == null) square = Block();
if(square == null) square = CreateTrap();
if(square == null) square = PreventTrap();
```

合并为下面这样：

```
square = Win();
if(square == null) square = Block();
if(square == null) square = PreventOrCreateTrap();
```

PreventOrCreateTrap函数也很直观易懂：

```
function PreventOrCreateTrap():GameObject
{
  var aP1Corners:List.<GameObject> = new List.<GameObject>();
    // Create an empty list to store X-controlled corners
  var aP2Corners:List.<GameObject> = new List.<GameObject>();
    // Create an empty list to store O-controlled corners
  var aOpenCorners:List.<GameObject> = new List.<GameObject>();
    // Create an empty list to store unoccupied corners

  var aCorners:GameObject[] = [aGrid[0,0],aGrid[2,0],aGrid[0,2],
    aGrid[2,2]];
```

```
    // Create an array to store the corner coordinates

  var player:int;
  var square:GameObject;

  // Loop through the corner coordinates:
  var i:int;
  for(i = 0; i < 4; i++)
  {
    square = aCorners[i];
    player = square.GetComponent.<Square>().player;
      // Find the piece that's in this corner
    if(player == 1)
    {
      aP1Corners.Add(square);
        // If it's an X, add it to the X-controlled corners lists
    } else if (player == 2) {
      aP2Corners.Add(square);
        // If it's an O, add it to the X-controlled corners lists
    } else {
      aOpenCorners.Add(square);
        // If it's empty, add it to the empty corners list
    }
  }

  // Set a trap!
  // If O has two corners and there's at least one empty corner,
  // randomly return an empty corner from the empty corners list:
  if( aP2Corners.Count == 2 && aOpenCorners.Count > 0)
    return aOpenCorners[Random.Range(0,aOpenCorners.Count)];

  // Prevent a trap!
  // If X has two corners, take a side to force him to defend:
  if(aP1Corners.Count == 2) return GetEmptySide();

  // If there's no trap to set or prevent, return null:
  return null;
}
```

动手环节——我造不出陷阱了

我们来从头分析一下代码中发生了什么。

```
var aP1Corners:List.<GameObject> = new List.<GameObject>();
  // Create an empty list to store X-controlled corners
var aP2Corners:List.<GameObject> = new List.<GameObject>();
  // Create an empty list to store O-controlled corners
var aOpenCorners:List.<GameObject> = new List.<GameObject>();
  // Create an empty list to store unoccupied corners
```

在preventOrCreateTrap函数中，我们先创建三个空的泛型列表，用来存储被1号玩家占据的角格方片的引用，以及被2号玩家占据的角格方片的引用。

```
var aCorners:GameObject[] =
  [aGrid[0,0],aGrid[2,0],aGrid[0,2],aGrid[2,2]];
    // Create an array to store the corner coordinates
```

然后，我们定义一个角格泛型列表，根据坐标值把它们从aGrid数组中抽出。我们可以随后循环查找该列表（实际上也会这么做！）。

```
var player:int;
var square:GameObject;
```

这两个变量需要在循环语句中调用：

```
var i:int;
for(i = 0; i < 4; i++)
```

这是个标准的迭代循环设定，我们之前用过很多次了。迭代变量i在循环外部得到了声明，便于我们在函数中的其他循环中重复使用。（对于这个函数，i仅在一个迭代循环中使用）

```
square = aCorners[i];
```

获取指向aCorners列表中的第i个方片的引用，并把它分配给小写的square变量。

```
player = square.GetComponent.<Square>().player;
  // Find the piece that's in this corner
```

存储指向方片上的玩家值（即0、1或2）的引用。

```
if(player == 1)
{
```

```
  aP1Corners.Add(square);
    // If it's an X, add it to the X-controlled corners lists
} else if (player == 2) {
  aP2Corners.Add(square);
    // If it's an O, add it to the X-controlled corners lists
} else {
  aOpenCorners.Add(square);
    // If it's empty, add it to the empty corners list
}
```

如果该方片被1号玩家控制，则将该方片添加到aP1Corners列表中。如果它被2号玩家控制，则将该方片添加到aOpenCorners列表中。

```
if( aP2Corners.Count == 2 && aOpenCorners.Count > 0)
  return aOpenCorners[Random.Range(0,aOpenCorners.Count)];
```

如果2号玩家（计算机玩家）已经占据了两个角格，并且aOpenCorners列表中至少有一个空格，则该方片就是计算机玩家制造一个三角式陷阱的机会！于是就从aOpenCorners列表中随机选取一个空格。

```
if(aP1Corners.Count == 2) return GetEmptySide();
```

如果1号玩家（人类玩家）已经占据了两个角格，则计算机玩家不应让他有机会下在第三个角格上从而构成陷阱。应在其中一个边格上投放O棋子，迫使人类玩家去防御，于是就用GetEmptySide函数随机选取一个空边格，并返回它的值。

13.14 完美即无敌

经过了对计算机玩家大脑的一番改造，我们来测试一下游戏。

老天爷！我们居然做出了一台井字棋版的“深蓝”计算机！它的水平非常高，以至于每局比赛要么是它赢，要么是平局。没有打败它的可能。我们创造了一个怪物！看来天网派出终结者已为时不远。我们都干了些什么？

动手环节——编写不可靠因素性

正如我们在之前做过的其他游戏里所看到的，如果游戏不能取悦人类玩家，那么就算是个失败的游戏。我们要改动一下代码，让我们那个极度完美的计算机偶尔犯个错。可是要如何编写不可靠性，让一个毫无情感的冷血计算机犯错呢？

图13.17

其实只需要投几把骰子就好了。

我们在计算机每次“思考”的时候随机选取一个数值作为一种成功使用智能的条件，以此来模拟计算机犯错。

将ComputerTakeATurn函数顶部的square变量设为null，然后添加几行随机处理代码（骰子）：

```
function ComputerTakeATurn()
{
  var square:GameObject = null;
  if(Random.value > 0.5f) square = WinOrBlock();
  if(square == null&& Random.value > 0.5f) square =
    PreventOrCreateTrap();
  if(square == null&& Random.value > 0.5f) square = GetCentre();
  if(square == null&& Random.value > 0.5f) square = GetEmptyCorner();
  if(square == null&& Random.value >0.5f) square = GetEmptySide();
  if(square == null) square = GetRandomEmptySquare();
  PlacePiece(OPiece, square);
}
```

刚才发生了什么——投骰子

在计算机每次“思考”的时候，我们会抽取一个随机数值。如果上一步棋之后尚未有过有效的走子行为，并且计算机投出了一个《龙与地下城》那样风格的骰子，那么计算机就会继续完成后面的走子判定（也是最期望的）。

如果计算机未能随机抽取到数值，那么逻辑就会跳转到下一个优先级上的步法处理，而计算机玩家需要再次执行一次随机数检查。结果就是，一旦没能投出期望的“骰子点数”（也就是当随机数值小于0.5f时，即接近一半的概率），那么计算机就会犯错，并且走错关键的棋。

当你玩游戏时，你会发现会比较容易战胜计算机玩家了，因为我们使用了随机数来模拟判断失误（或者用通俗的人类语言说就是“大脑秀逗了”）。

如果经过随机数环节却未能执行WInOrBlock()函数，这会让计算机看起来明显愚钝许多，只要一有机会，谁不愿意去取胜或是阻挡呢？你可能会考虑将WinOrBlock()函数调用之前的条件语句移除，以免让人们感觉到你是在刻意降低人工智能的水准。

13.15 让它恢复“智力”

有趣的是，这个浮点值0.5f可以很方便地作为计算机的关卡难度系数。如果我们增加此值，那么就会减少计算机的失误概率，进而让它变得更“聪明”。如果减少此值，计算机就会变得更容易犯错。简单来讲，我们可以用一个拨号盘来让电脑变笨，方法是将所有这些0.5f的实例替换成名为difficulty（意为“难度”）的变量，并在游戏脚本的顶部声明该变量。

用合适的方法控制计算机的人工智能是很有用的，因为它可以让我们做出不同难度的关卡。我们可以让玩家选择容易、中等或困难的难度等级，或是在开始游戏时从1-10关中选一关去玩。我们还可以根据人类玩家的输赢状况去调节变量值的高低。

13.16 完整的代码

万一你自己的AI代码中的难度值被设成了0.2f，而且丝毫没有头绪继续的话，下面就是这款《井字棋》游戏的完整游戏逻辑代码：

```
#pragma strict

import System.Collections.Generic;

varXPiece:GameObject;
var OPiece:GameObject;
```

```
varcurrentPlayer:int = 1;
varprompt:GUIText;
var aSquares:GameObject[];
var aGrid:GameObject[,];
var gameIsOver:boolean;
var moves:int;
var aBlockOpportunities:List.<GameObject>;
var aWinOpportunities:List.<GameObject>;


function Start ()
{
  ShowPlayerPrompt();

  aGrid = new GameObject[3,3];

  var theSquare:GameObject;
  var theScript:Square;
  for(var i:int =0; i < aSquares.Length; i++)
  {
    theSquare = aSquares[i];
    theScript = theSquare.GetComponent.<Square>();
    aGrid[theScript.x,theScript.y] = theSquare;
  }

}


function ClickSquare(square:GameObject)
{
  if(gameIsOver) return;

  PlacePiece(XPiece,square);

  if(!gameIsOver)
  {
    yield WaitForSeconds(2);
    ComputerTakeATurn();
```

```
  }

}


function PlacePiece(piece:GameObject,square:GameObject)
{

  moves ++;
  Instantiate(piece, square.transform.position, Quaternion.identity);
  square.GetComponent.<Square>().player = currentPlayer;
  if(CheckForWin(square))
  {
    gameIsOver = true;
    ShowWinnerPrompt();
    return;
  } else if(moves >= 9) {
    gameIsOver = true;
    ShowStalematePrompt();
    return;
  }

  currentPlayer ++;
  if(currentPlayer > 2) currentPlayer = 1;

  ShowPlayerPrompt();
}

function ComputerTakeATurn()
{

  var square:GameObject = null;

  if(Random.value > 0.5f) square = WinOrBlock();
  if(square == null && Random.value > 0.5f)
    square = PreventOrCreateTrap();
  if(square == null && Random.value > 0.5f) square = GetCentre();
  if(square == null && Random.value > 0.5f)
```

```
    square = GetEmptyCorner();
  if(square == null && Random.value > 0.5f) square = GetEmptySide();


  PlacePiece(OPiece, square);
}

function GetRandomEmptySquare():GameObject
{
  var square:GameObject
  var aEmptySquares:List.<GameObject> = new List.<GameObject>();

  for(var i:int = 0; i < aSquares.Length; i++)
  {
    square = aSquares[i];
    if(square.GetComponent.<Square>().player == 0)
      aEmptySquares.Add(square);
  }
  square = aEmptySquares[Random.Range(0,aEmptySquares.Count)];
  return square;
}

function WinOrBlock():GameObject
{
  aBlockOpportunities = new List.<GameObject>();
  aWinOpportunities = new List.<GameObject>();
    // Empty out these lists before we start searching.
    // Check the rows for 2 in a row:
    CheckFor2InARow([Vector2(0,0), Vector2(1,0), Vector2(2,0)]);
    CheckFor2InARow([Vector2(0,1), Vector2(1,1), Vector2(2,1)]);
    CheckFor2InARow([Vector2(0,2), Vector2(1,2), Vector2(2,2)]);

    // Check the columns for 2 in a row:
    CheckFor2InARow([Vector2(0,0), Vector2(0,1), Vector2(0,2)]);
    CheckFor2InARow([Vector2(1,0), Vector2(1,1), Vector2(1,2)]);
    CheckFor2InARow([Vector2(2,0), Vector2(2,1), Vector2(2,2)]);

    // Check the diagonals for 2 in a row:
```

```
  CheckFor2InARow([Vector2(0,0), Vector2(1,1), Vector2(2,2)]);
  CheckFor2InARow([Vector2(0,2), Vector2(1,1), Vector2(2,0)]);

  // If there are any opportunities to win, return one at random:
  if(aWinOpportunities.Count > 0)
    return aWinOpportunities[Random.Range(0,
      aWinOpportunities.Count)];

  // If there are any opportunities to block, return one at random:
  if(aBlockOpportunities.Count > 0)
    return aBlockOpportunities[Random.Range(0,
      aBlockOpportunities.Count)];

  // There are no opportunities to win or block, so return null:
  return null;
}

function PreventOrCreateTrap():GameObject
{
  var aP1Corners:List.<GameObject> = new List.<GameObject>();
    // Create an empty list to store X-controlled corners
  var aP2Corners:List.<GameObject> = new List.<GameObject>();
    // Create an empty list to store O-controlled corners
  var aOpenCorners:List.<GameObject> = new List.<GameObject>();
    // Create an empty list to store unoccupied corners

  var aCorners:GameObject[] =
    [aGrid[0,0],aGrid[2,0],aGrid[0,2],aGrid[2,2]];
      // Create an array to store the corner coordinates

  var player:int;
  var square:GameObject;

  // Loop through the corner coordinates:
  var i:int;
  for(i = 0; i < 4; i++)
  {
    square = aCorners[i];
```

```
      player = square.GetComponent.<Square>().player;
        // Find the piece that's in this corner
      if(player == 1)
      {
        aP1Corners.Add(square);
        // If it's an X, add it to the X-controlled corners lists
      } else if (player == 2) {
        aP2Corners.Add(square);
        // If it's an O, add it to the X-controlled corners lists
      } else {
        aOpenCorners.Add(square);
        // If it's empty, add it to the empty corners list
      }
    }

    // Set a trap!
    // If O has two corners and there's at least one empty corner,
    //randomly return an empty corner from the empty corners list:
    if( aP2Corners.Count == 2 && aOpenCorners.Count > 0)
      return aOpenCorners[Random.Range(0,aOpenCorners.Count)];

    // Prevent a trap!
    // If X has two corners, take a side to force him to defend:
    if(aP1Corners.Count == 2) return GetEmptySide();

    // If there's no trap to set or prevent, return null:
    return null;
}


function CheckFor2InARow(coords:Vector2[])
{
    var p1InThisRow:int = 0; // the number of X's in this row
    var p2InThisRow:int = 0; // the number of O's in this row
    var player:int;
    var square:GameObject = null;
    var coord:Vector2;
    // Step through each of the 3 Square coordinates
```

```
    // that were passed in:
  for (var i:int = 0; i<3; i++)
  {
    coord = coords[i];
    player = GetPlayer(coord.x,coord.y);
      // Find the piece in this Square
    if(player == 1)
    {
      p1InThisRow ++; // Tally up an X
    } else if(player == 2) {
      p2InThisRow ++; // Tally up an O
    } else {
      square = aGrid[coord.x,coord.y]; // This Square is empty.
        //Store it for later.
    }
  }

  if(square != null)
  {
    // We found an empty Square in this row.
    if(p2InThisRow == 2)
    {
      // There are two O's in a row with an empty Square.
      aWinOpportunities.Add(square);
      // Add a win opportunity to the list.
    } else if (p1InThisRow == 2) {
      // There are two X's in a row with an empty Square.
      aBlockOpportunities.Add(square);
      // Add a block opportunity to the list.
    }
  }
}


function GetEmptySide():GameObject
{
  var aEmptySides:List.<GameObject> = new List.<GameObject>();
  if(GetPlayer(1,0) == 0) aEmptySides.Add(aGrid[1,0]);
```

```
    if(GetPlayer(0,1) == 0) aEmptySides.Add(aGrid[0,1]);
    if(GetPlayer(2,1) == 0) aEmptySides.Add(aGrid[2,1]);
    if(GetPlayer(1,2) == 0) aEmptySides.Add(aGrid[1,2]);
    if(aEmptySides.Count > 0)
      return aEmptySides[Random.Range(0,aEmptySides.Count)];
    return null;
  }

  function GetEmptyCorner():GameObject
  {
    var aEmptyCorners:List.<GameObject> = new List.<GameObject>();

    if(GetPlayer(0,0) == 0) aEmptySides.Add(aGrid[0,0]);
    if(GetPlayer(2,1) == 0) aEmptySides.Add(aGrid[2,1]);
    if(GetPlayer(0,2) == 0) aEmptySides.Add(aGrid[0,2]);
    if(GetPlayer(2,2) == 0) aEmptySides.Add(aGrid[2,2]);

    if(aEmptyCorners.Count > 0)
      return aEmptyCorners[Random.Range(0,aEmptyCorners.Count)];

    return null;
  }

  function GetCentre():GameObject
  {
    if( GetPlayer(1,1) == 0 ) return aGrid[1,1];
    return null;
  }


  function ShowPlayerPrompt()
  {
    if(currentPlayer == 1)
    {
      prompt.text = "Player 1, place an X.";
    } else {
      prompt.text = "Player 2, place an O.";
    }
```

```
}

function ShowWinnerPrompt()
{
  if(currentPlayer == 1)
  {
    prompt.text = "X gets 3 in a row. Player 1 wins!";
  } else {
    prompt.text = "O gets 3 in a row. Player 2 wins!";
  }

  yield WaitForSeconds(3);
  Application.LoadLevel(0);

}

function ShowStalematePrompt()
{
  prompt.text = "Stalemate! Neither player wins.";

  yield WaitForSeconds(3);
  Application.LoadLevel(0);
}


function CheckForWin(square:GameObject):boolean
{
  var theScript:Square = square.GetComponent.<Square>();

  //Check the squares in the same column:
  if(GetPlayer(theScript.x,0) == currentPlayer &&
    GetPlayer(theScript.x,1) == currentPlayer &&
      GetPlayer(theScript.x,2) == currentPlayer) return true;

  // Check the squares in the same row:
  if(GetPlayer(0,theScript.y) == currentPlayer &&
    GetPlayer(1,theScript.y) == currentPlayer &&
    GetPlayer(2,theScript.y) == currentPlayer) return true;
```

```
  // Check the diagonals:
  if(GetPlayer(0,0) == currentPlayer &&
    GetPlayer(1,1) == currentPlayer &&
    GetPlayer(2,2) == currentPlayer) return true;
  if(GetPlayer(2,0) == currentPlayer &&
    GetPlayer(1,1) == currentPlayer &&
    GetPlayer(0,2) == currentPlayer) return true;

  return false; // If we get this far without finding a win,
    return false to signify "no win".

}

function GetPlayer(x:int, y:int):int
{
  return aGrid[x,y].GetComponent.<Square>().player;
}
```

13.17 总 结

如果你是追求图文并茂型教学内容的人，那么可能会觉得本章内容颇有难度。计算机程序员的一项重要技能就是将非可视的东西（例如想法），变成计算机能够理解的程序步骤。但首先，作为人类的你，首先要充分理解它们才行！

通过井字棋这样的简单案例，你已经在向那些打败了顶尖象棋大师的计算机科学家们的境界迈进了。

在本章中你学会了以下技能：

- 将一款策略游戏细化成若干核心元素。
- 探索了游戏树，以及如何用它们来绘制出策略游戏里所有可能出现的棋局分支。
- 按照策略选项的优先级排出一个列表，为玩家提供策略参照。
- 使用操作符‖（意为“或”）创建出更复杂的条件语句。
- 找到做出计算机思考的假象的方法，并且从一个建议步法列表中随机选取走子方式。
- 借助一个随机数机制，教会了计算机去模拟犯错。

再来点料

最后一章就要来啦！在这终极一章中，我们将把《射月》案例中的双摄像机技术移植到《Ticker Taker》游戏的背景主题上来。然后我们会探索动画制作工具，并学习如何发布游戏，让别人能够玩到它们。

13.18 C#脚本参考

下面就是井字棋游戏代码的C#版本。其中包含几处需要重点处理的地方。

当一个函数返回一个值时，该值的类型需要在函数签名中得到声明，且位于函数名之前。因此，下面这行Unity JavaScript版本的函数声明：

```
function CheckForWin(square:GameObject):boolean
```

转译成C#版本时就是这样：

```
private bool CheckForWin(GameObject square)
```

在之前的章节中，我们并没有使用waitForSeconds方法，而是使用了另一种完全不同的函数。现在我们对return语句的用法有了更多的了解，我们可以探讨还需要些什么。

在C#代码中，下面这行代码：

```
yield WaitForSeconds(3);
```

变成了：

```
yield return new WaitForSeconds(3);
```

WaitForSeconds方法返回一个IEnumerator的结果。因此，任何使用WaitForSeconds方法的C#函数必须返回IEnumerator。例如，ShowStalematePrompt声明使用了WaitForSeconds方法，会从：

```
function ShowStalematePrompt()
```

转译为：

```
private IEnumerator ShowStalematePrompt()
```

在C#语言中，协同程序（coroutine，用于返回IEnumerator值的方法）必须以StartCoroutine方法开头，否则代码将不会被执行。例如：

```
StartCoroutine(ShowStalematePrompt())
```

而在JavaScript语言中，协同程序则以常规方法开头：ShowStalematePrompt()。

注：StartCoroutine仅可用于源自MonoBehaviour行为的脚本。在JavaScript语言中，所有的脚本默认都会从中衍生。在C#语言中，需要在类声明中查找MonoBehaviour基础类。

由于SquareCSharp脚本会访问GameLogicCSharp脚本中的ClickSquare方法，因此ClickSquare方法也必须被设置为public：

```
public IEnumerator ClickSquare(GameObject square)
```

ClickSquare方法也在GameLogicCSharp脚本中使用了WaitForSeconds，因此它需要返回一个IEnumerator类型值。这会暴露出一个问题，因为下面这行：

```
if(gameIsOver) return;
```

由于该函数希望我们为它返回一个IEnumerator类型值，我们无法使用一个空的return关键字，因为它实质上并未返回任何值。我们可以用下面这行代码替换掉return关键字来解决此问题：

```
yield break;
```

以下就是井字棋中用到的两个脚本的完整的C#转译版：

SquareCSharp.cs脚本：

```
using UnityEngine;
using System.Collections;

public class SquareCSharp : MonoBehaviour {

  public int x;
  public int y;
  public int player = 0;
  private GameObject gameLogic;


  private void Start ()
  {
    gameLogic = GameObject.Find("GameLogic");
  }
```

```
    private void OnMouseDown()
    {
      print ("player = " + player);
      if(player == 0)
      {
        print ("let's do this");
        StartCoroutine((gameLogic.GetComponent<GameLogicCSharp>().
          ClickSquare(gameObject));
      }
    }
  }
```

GameLogicCSharp.cs脚本：

```
using UnityEngine;
using System.Collections;
using System.Collections.Generic;

public class GameLogicCSharp : MonoBehaviour
{


  public GameObject XPiece;
  public GameObject OPiece;
  private int currentPlayer = 1;
  public GUIText prompt;
  public GameObject[] aSquares;

  private GameObject[,] aGrid;
  private bool gameIsOver;
  private int moves;

  private List<GameObject> aBlockOpportunities;
  private List<GameObject> aWinOpportunities;

  private void Start()
  {
    ShowPlayerPrompt();
```

```
    aGrid = new GameObject[3,3];

    GameObject theSquare;
    SquareCSharp theScript;

    for(int i = 0; i < aSquares.Length; i++)
    {
      theSquare = aSquares[i];
      theScript = theSquare.GetComponent<SquareCSharp>();
      aGrid[theScript.x,theScript.y] = theSquare;
    }

  }


  public IEnumerator ClickSquare(GameObject square)
  {
    print ("click square!");
    if(gameIsOver || currentPlayer == 2) yield break;

    PlacePiece(XPiece, square);

    print ("keep going");

    if(!gameIsOver)
    {
      yield return new WaitForSeconds(0.5f);
      ComputerTakeATurn();
    }
  }
  private void ComputerTakeATurn()
  {
  GameObject square = null;

  if(Random.value > 0.5f) square = WinOrBlock();
  if(square == null && Random.value > 0.5f)
    square = PreventOrCreateTrap();
  if(square == null && Random.value > 0.5f) square = GetCentre();
```

```
  if(square == null && Random.value > 0.5f)
    square = GetEmptyCorner();
  if(square == null) square = GetEmptySide();

  PlacePiece(OPiece, square);

}

private GameObject GetEmptySide()
{
  List<GameObject> aEmptySides = new List<GameObject>();

  if(GetPlayer(1,0) == 0) aEmptySides.Add(aGrid[1,0]);
  if(GetPlayer(0,1) == 0) aEmptySides.Add(aGrid[0,1]);
  if(GetPlayer(2,1) == 0) aEmptySides.Add(aGrid[2,1]);
  if(GetPlayer(1,2) == 0) aEmptySides.Add(aGrid[1,2]);
  if(aEmptySides.Count > 0) return
  aEmptySides[Random.Range(0,aEmptySides.Count)];

  return null;
  }

private GameObject GetEmptyCorner()
{
  List<GameObject> aEmptyCorners = new List<GameObject>();

  if(GetPlayer(0,0) == 0) aEmptyCorners.Add(aGrid[0,0]);
  if(GetPlayer(2,0) == 0) aEmptyCorners.Add(aGrid[2,0]);
  if(GetPlayer(0,2) == 0) aEmptyCorners.Add(aGrid[0,2]);
  if(GetPlayer(2,2) == 0) aEmptyCorners.Add(aGrid[2,2]);
  if(aEmptyCorners.Count > 0) return
  aEmptyCorners[Random.Range(0,aEmptyCorners.Count)];

  return null;
}
private GameObject GetCentre()
{
  if( GetPlayer(1,1) == 0 ) return aGrid[1,1];
```

```
    return null;
  }
  private GameObject WinOrBlock()
  {
    aBlockOpportunities = new List<GameObject>();
    aWinOpportunities = new List<GameObject>();
      // Empty out these lists before we start searching.

    // Check the rows for 2 in a row:
    CheckFor2InARow(new Vector2[] {new Vector2(0,0),
      new Vector2(1,0), new Vector2(2,0)});
    CheckFor2InARow(new Vector2[] {new Vector2(0,1),
      new Vector2(1,1), new Vector2(2,1)});
    CheckFor2InARow(new Vector2[] {new Vector2(0,2),
      new Vector2(1,2), new Vector2(2,2)});

    // Check the columns for 2 in a row:
    CheckFor2InARow(new Vector2[] {new Vector2(0,0),
      new Vector2(0,1), new Vector2(0,2)});
    CheckFor2InARow(new Vector2[] {new Vector2(1,0),
      new Vector2(1,1), new Vector2(1,2)});
    CheckFor2InARow(new Vector2[] {new Vector2(2,0),
      new Vector2(2,1), new Vector2(2,2)});

    // Check the diagonals for 2 in a row:
    CheckFor2InARow(new Vector2[] {new Vector2(0,0),
      new Vector2(1,1), new Vector2(2,2)});
    CheckFor2InARow(new Vector2[] {new Vector2(0,2),
      new Vector2(1,1), new Vector2(2,0)});

    // If there are any opportunities to win, return one at random:
    if(aWinOpportunities.Count > 0) return
      aWinOpportunities[Random.Range(0, aWinOpportunities.Count)];

    // If there are any opportunities to block, return one at random:
    if(aBlockOpportunities.Count > 0) return
      aBlockOpportunities[Random.Range(0,
      aBlockOpportunities.Count)];
```

```
    // There are no opportunities to win or block, so return null:
    return null;
  }
  private void CheckFor2InARow(Vector2[] coords)
  {

    int p1InThisRow = 0; // the number of X's in this row
    int p2InThisRow = 0; // the number of O's in this row
    int player;
    GameObject square = null;
    Vector2 coord;

    // Step through each of the 3 Square coordinates that
      were passed in:
    for (int i = 0; i<3; i++)
    {
      coord = coords[i];
      player = GetPlayer((int)coord.x, (int)coord.y);
        // Find the piece in this Square
      if(player == 1)
      {
        p1InThisRow ++; // Tally up an X
      } else if(player == 2) {
        p2InThisRow ++; // Tally up an O
      } else {
        square = aGrid[(int)coord.x, (int)coord.y];
          // This Square is empty. Store it for later.
      }
    }

    if(square != null)
    {
      // We found an empty Square in this row.
      if(p2InThisRow == 2)
      {
        // There are two O's in a row with an empty Square.
        aWinOpportunities.Add(square);
```

```
      // Add a win opportunity to the list.
    } else if (p1InThisRow == 2) {
      // There are two X's in a row with an empty Square.
      aBlockOpportunities.Add(square);
      // Add a block opportunity to the list.
    }
  }
}

private GameObject PreventOrCreateTrap()
{
  List<GameObject> aP1Corners = new List<GameObject>();
    // Create an empty list to store X-controlled corners
  List<GameObject> aP2Corners = new List<GameObject>();
    // Create an empty list to store O-controlled corners
  List<GameObject> aOpenCorners = new List<GameObject>();
    // Create an empty list to store unoccupied corners

  GameObject[] aCorners = new GameObject[]
    {aGrid[0,0],aGrid[2,0],aGrid[0,2],aGrid[2,2]};
      // Create an array to store the corner coordinates

  int player;
  GameObject square;

  // Loop through the corner coordinates:
  int i;
  for(i = 0; i < 4; i++)
  {
    square = aCorners[i];
    player = square.GetComponent<SquareCSharp>().player;
      // Find the piece that's in this corner
    if(player == 1)
    {
      aP1Corners.Add(square);
        // If it's an X, add it to the X-controlled corners lists
    } else if (player == 2) {
      aP2Corners.Add(square);
```

```
        // If it's an O, add it to the X-controlled corners lists
      } else {
        aOpenCorners.Add(square);
          // If it's empty, add it to the empty corners list
      }
    }

    // Set a trap!
    // If O has two corners and there's at least one empty corner,
      randomly return an empty corner from the empty corners list:
    if( aP2Corners.Count == 2 && aOpenCorners.Count > 0)
      return aOpenCorners[Random.Range(0,aOpenCorners.Count)];

    // Prevent a trap!
    // If X has two corners, take a side to force him to defend:
    if(aP1Corners.Count == 2) return GetEmptySide();

    // If there's no trap to set or prevent, return null:
    return null;

  }

  private void PlacePiece(GameObject piece, GameObject square)
  {
    moves ++;

    Instantiate(piece, square.transform.position,
      Quaternion.identity);
    square.GetComponent<SquareCSharp>().player = currentPlayer;

    if(CheckForWin(square))
    {
      gameIsOver = true;
      StartCoroutine(ShowWinnerPrompt());
      return;
    } else if(moves >= 9) {
      gameIsOver = true;
      StartCoroutine(ShowStalematePrompt());
```

```
        return;
    }

    currentPlayer ++;
    if(currentPlayer > 2) currentPlayer = 1;

    ShowPlayerPrompt();
}
private void ShowPlayerPrompt()
{
    if(currentPlayer == 1)
    {
      prompt.text = "Player 1, place an X.";
    } else {
      prompt.text = "Player 2, place an O.";
    }


}

private IEnumerator ShowWinnerPrompt()
{
    if(currentPlayer == 1)
    {
      prompt.text = "X gets 3 in a row. Player 1 wins!";
    } else {
      prompt.text = "O gets 3 in a row. Player 2 wins!";
    }

    yield return new WaitForSeconds(3);
    Application.LoadLevel(0);
}

private IEnumerator ShowStalematePrompt()
{
    prompt.text = "Stalemate! Neither player wins.";

    yield return new WaitForSeconds(3);
    Application.LoadLevel(0);
```

```
}

private bool CheckForWin(GameObject square)
{
  SquareCSharp theScript = square.GetComponent<SquareCSharp>();

    //Check the squares in the same column:
    if(GetPlayer(theScript.x,0) == currentPlayer &&
      GetPlayer(theScript.x,1) == currentPlayer &&
      GetPlayer(theScript.x,2) == currentPlayer) return true;
    // Check the squares in the same row:
    if(GetPlayer(0,theScript.y) == currentPlayer &&
      GetPlayer(1,theScript.y) == currentPlayer &&
      GetPlayer(2,theScript.y) == currentPlayer) return true;

    // Check the diagonals:
    if(GetPlayer(0,0) == currentPlayer &&
      GetPlayer(1,1) == currentPlayer &&
      GetPlayer(2,2) == currentPlayer) return true;
    if(GetPlayer(2,0) == currentPlayer &&
      GetPlayer(1,1) == currentPlayer &&
      GetPlayer(0,2) == currentPlayer) return true;

    return false; // If we get this far without finding a win,
      return false to signify "no win".

  }

  private int GetPlayer(int x, int y)
  {
    return aGrid[x,y].GetComponent<SquareCSharp>().player;
  }
}
```

第14章 开　拍!

我们之前有一个尚未完成的《Ticker Taker》的游戏，也是一款有点疯狂的医院主题型颠物游戏，我们用两只手拿着一个托盘颠着一颗心脏。游戏机制已经基本做出来了，但我们还没有把它打造成一款完整的游戏。如果《Ticker Taker》讲的是一名护士端着一颗心奔向移植手术室，那么医院在哪里?

在这最后一章里，我们将：

- 使用《射月》游戏中的双摄像机技术渲染一个完全的3D环境。
- 为我们的场景设定一个可移动的灯光摇臂。
- 深入Unity的动画工具，为游戏物体添加动画。
- 发布成Unity游戏，让人们去体验我们的杰作。

14.1　心脏手术

首先，打开先前的《Ticker Taker》工程，你也可以将游戏文件拷贝到其他文件夹，正如我们在《分手大战》和《射月》游戏中所做的那样。

打开工程后，在工程面板中找到Game Scene（游戏场景），双击打开它（如果默认尚未开启的话），你会看到场景就是我们最后见到时的样子：心脏，双手和托盘。

我花了点时间将各种资源归类到不同的文件夹里，让工程看起来井然有序，减轻大脑的压力（图14.1）。

整理好以后，下载并导入与本章配套的资源包，现在我们已经算是正式开始了。

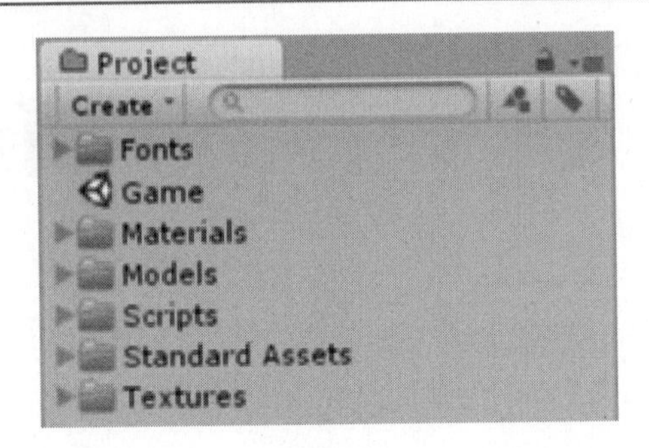

图14.1

14.2 导入走廊

资源包内包含一个走廊模型，是在免费的3D软件Blender中制作好的，基本上就是一个回廊，法线反转到内侧，相当于内外对调了一下。

什么是法线？一个3D物体通常只有一面可以被“着色”（这就是为什么你可以将镜头推到3D物体内部，并且此时你会看不见它）。法线决定的是每个独立的网格多边形的哪个面会被着色。

我们要来设置我们的摄像机，让它上下颠簸，就好像角色是在奔跑一样，目的是为了配合心脏和托盘的动作。通过在前景摄像机上使用Depth（深度）作为ClearFlags（清空标记）设定，背景摄像机会显示空旷的空间，让它看起来就像是玩家在沿着走廊奔跑一样。

1. 如图14.2所示，在工程面板中找到走廊模型，也就是旁边的一个显示有蓝色的立方体“模型”的图标——不要与模型的材质相混淆哦，后者的图标上有一个图像缩略图（我将我的模型放在一个名为Models的文件夹中，并将贴图都放入名为Textures的文件夹，以此来为文件归类）。

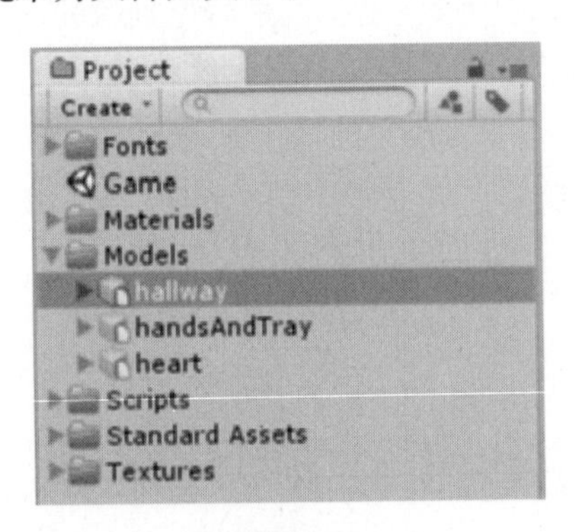

图14.2

2. 将hallway模型拖拽到场景中。

3. 在检视面板中调整hallway模型的Transform属性：

Position： X：0，Y：2，Z：-25

Rotation： X：0，Y：0，Z：180

这些设置会将走廊置于场景中的Main Camera物体之后，便于编辑。在层级面板中，选择hallway物体并按F键居中显示它（图14.3）。

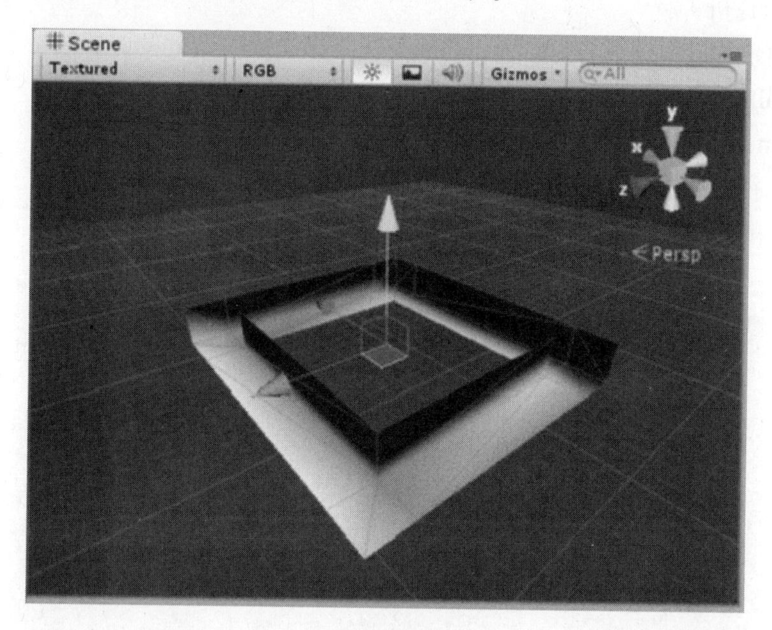

图14.3

4. 在检视面板中，新建一个名为hallway的层，就像我们在《射月》游戏的工程里创建starfield层那样。确定新建的是个层（Layer），而不是标签（Tag）。

5. 在层级面板中选中hallway。在层（Layer）下拉菜单中选择新建好的hallway层，Unity会弹出对话框询问你是否希望让它的子物体也这样。如图14.4所示，我们点击“Yes, change children（是的，更改子对象）”

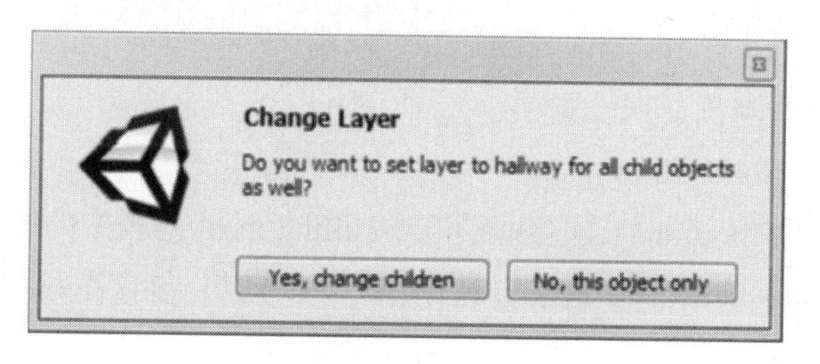

图14.4

14.3 第二台摄像机

为了实现这样的前景/背景效果，我们需要两台摄像机。我们来创建第二台摄像机并让它始终朝向走廊。

1. 在菜单中依次点击GameObject（游戏物体）|Create Other（创建其他物体）|Camera（摄像机）。

2. 将新建的摄像机更名为hallwayCam。

3. 将hallwayCam物体的Transform设定值更改为：

Position：X：6.5，Y：1.2，Z：-31.5

将场景视图切换为顶视图视角，你会看到hallwayCam物体被放到了hallway模型的一角（图14.5）。

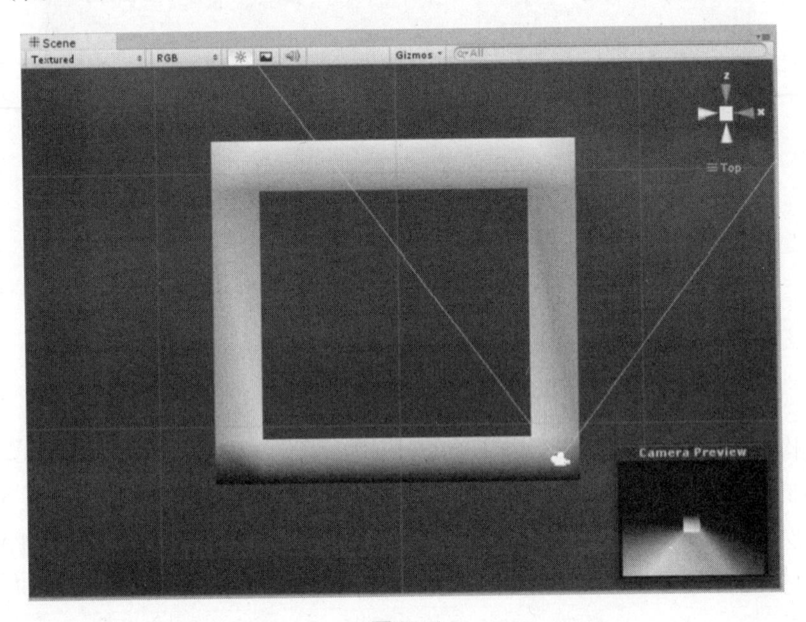

图14.5

4. 在层级面板中选择hallwayCam。

5. 在检视面板中调节下列设置项：

■ Clear Flags：Solid Color。

■ Culling Mask：nothing（这会取消选中culling mask列表中的所有项目）。

■ Culling Mask：hallway（这只会选中hallway层，包含了我们的走廊模型）。

■ Depth：-1。

■ Flare Layer：不勾选或移除。

■ Audio Listener：不勾选。

显然这些设置项在《射月》游戏中设定背景摄像机时都用到过。

14.4 调节主摄像机

和之前一样，我们要对主摄像机稍加改动，以便将两个摄像机的视图内容合并到一起。

1. 在层级面板中选择Main Camera。

2. 在检视面板中调节如下设置：

■ Clear Flags：Depth only。

■ Culling Mask：不勾选hallway（现在显示为Mixed...）。

■ Depth：-1。

现在，这两个摄像机视角就合并显示在了游戏视图中（图14.6）。还不错，不要骄傲，继续努力！

图14.6

14.5 添加贴图

灰色的走廊模型看上去可不怎么像是个医院，更像是病人在生命垂危之际看到的奈何桥。好在这个很好解决：工程面板中有一张贴图，我们要把它应用给模型，让它看上去更像医院。

1. 在层级面板中点击hallway旁边的灰色箭头将其展开，以便看到它的子对象。

2. hallway包含了一个子对象，名字也叫`Hallway`，它包含了一个Mesh Renderer和一个Mesh Filter组件。选中这个`Hallway`子对象（图14.7）。

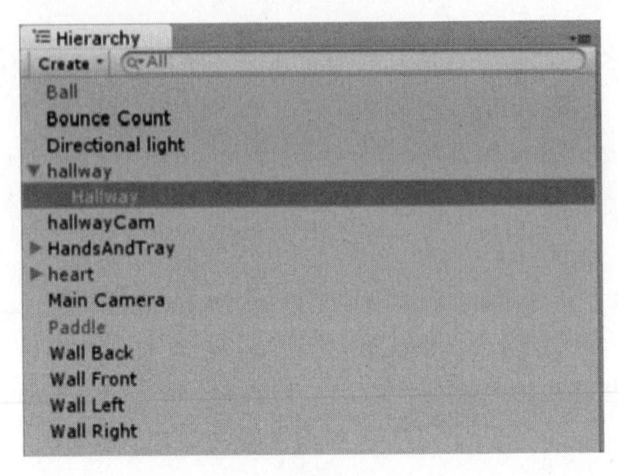

图14.7

3. 在工程面板中找到`hallway`贴图，并把它拖拽到检视面板中的贴图块上，位于hallway的Material面板下方（图14.8）。

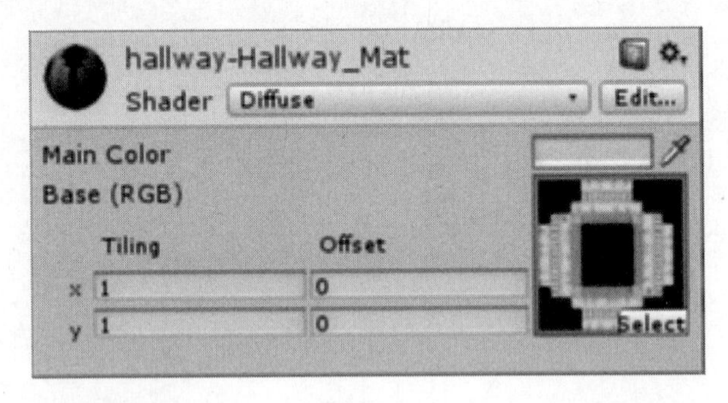

图14.8

hallway贴图会神奇般地贴在了hallway模型上。眨眼间，我们已经置身于一家医院里啦（图14.9）！

图14.9

14.6 把灯打开

这张医院的贴图很是生动，不过我们的关卡看上去更像是一个惊悚的生存游戏。我所见过的医院都是明明亮亮的。我们来加几盏灯，让关卡看上去亮堂点。

1. 在场景视图右上角的轴向操纵件上点击代表Y轴的绿色锥形，这会将视角切换到顶视图，俯视我们的场景（图14.10）。

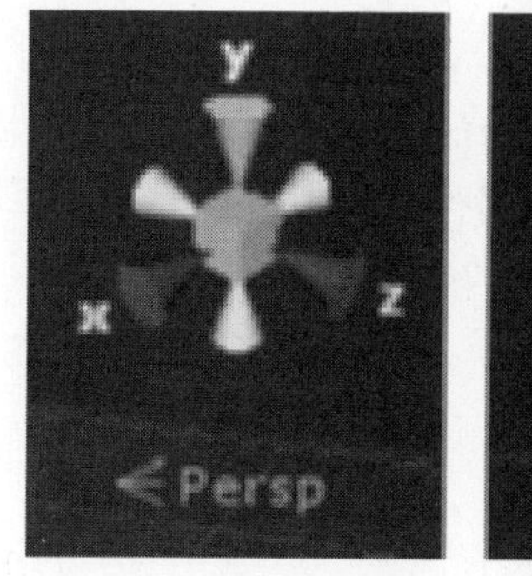

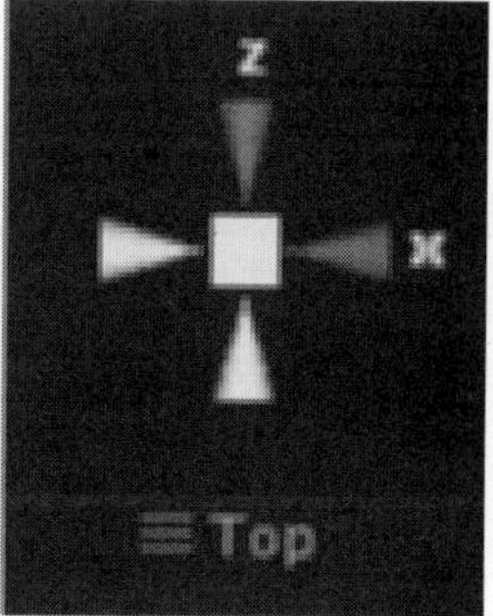

图14.10

2. 平移、缩放场景视图，将hallway模型居中显示在窗口中（图14.11）。

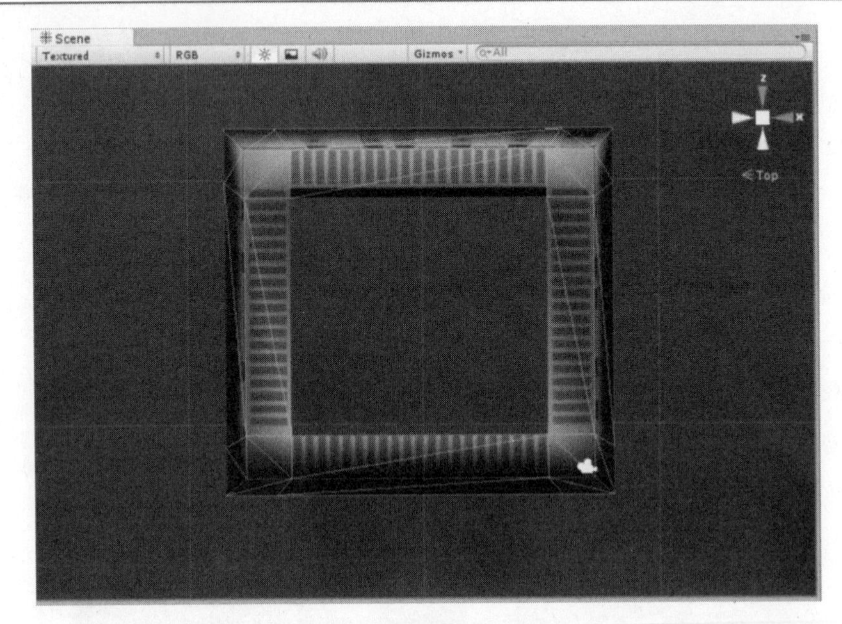

图14.11

3. 在菜单中，依次点击GameObject（游戏物体）| Create Other（创建其他物体）| Point Light（点光）。

4. 新建一个预制件，并更名为hallwayLight。

5. 在层级面板中点选点光物体，并在检视面板中将其变换值归零。

6. 将点光物体拖拽到hallwayLight预制件里。

7. 将点光物体从层级面板中删除。

8. 从工程面板中将hallwayLight预制件拖拽到场景中，以创建一个实例。将它摆放到走廊的右上角——大概位置是x:6.3,y:1,z:-19.7。

注意：如图14.12所示，我们也可以把点光保留在场景里，因为它关联到了hallwayLight预制件上，不过我觉得在一个频繁使用预制件实例的工程里，这样做会更方便。

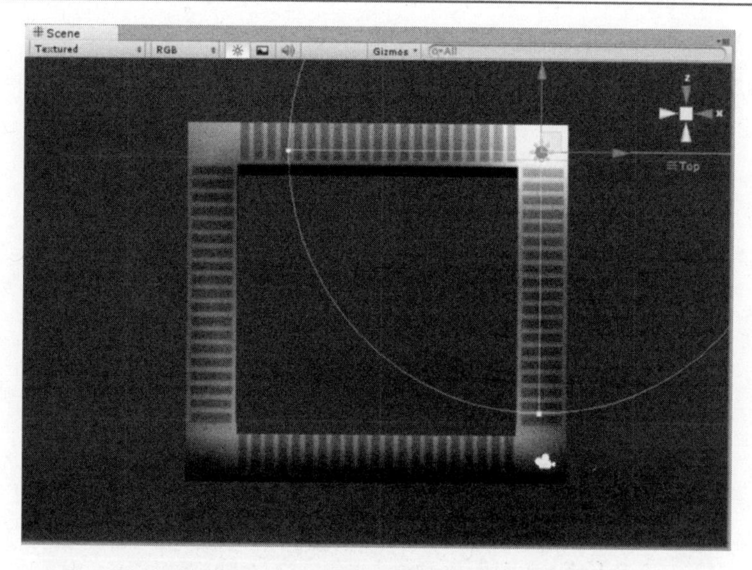

图14.12

9. 新建一个空物体，更名为LightingRig（意为“照明摇臂”）。该物体将用来承载我们所有的灯光，这样方便管理。将照明摇臂摆放到x:0 y:0 z:-25的位置上。

10. 在层级面板中，选中hallwayLight实例并把它拖拽到LightingRig物体上。这会将灯光定义为摇臂的子对象，我们此时会看到那个熟悉的灰色箭头了，表示存在父子级关系。

11. 选中hallwayLight实例，然后按Ctrl + D创建一个副本。注意，第二个灯光默认也是LightingRig物体的子对象（图14.13）。

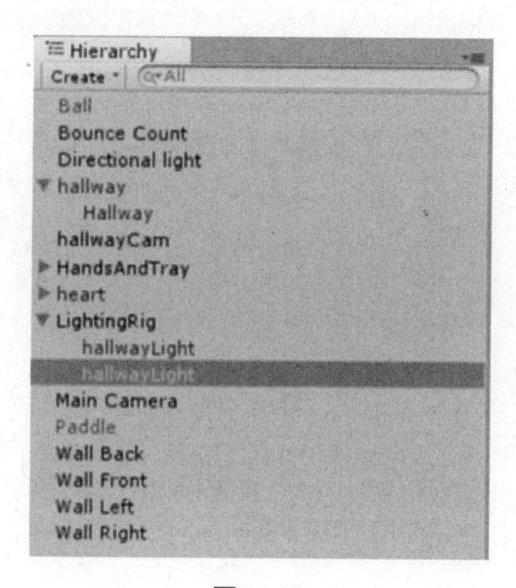

图14.13

12. 将该灯光副本移动到hallway模型的中上方。

13. 创建第三个灯光副本，并把它放到关卡的左上角（图14.14）。

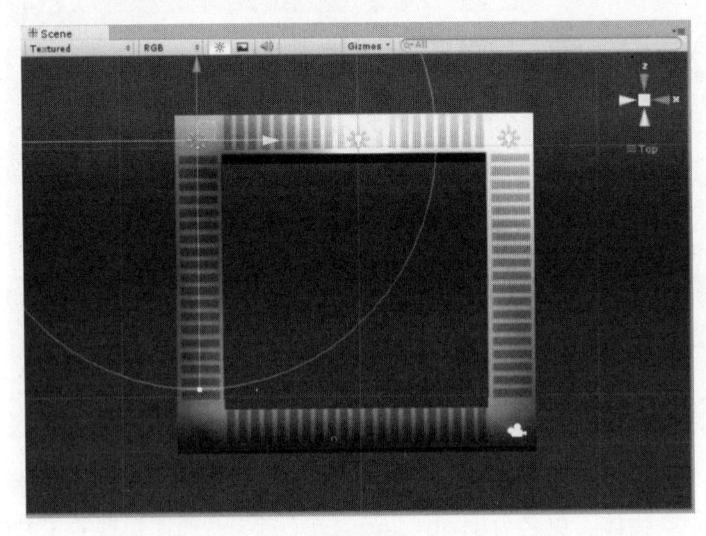

图14.14

14. 按住Shift键并点击另外两个灯光，直到将所有三个灯光都选中（在层级面板中这样操作会比在场景中更方便些）。

15. 再根据选中的这几个灯光创建出三个新灯光物体，并把它们移动到关卡的中间，可能需要将视图拉近些才能看到变换操纵件的手柄（图14.15）。

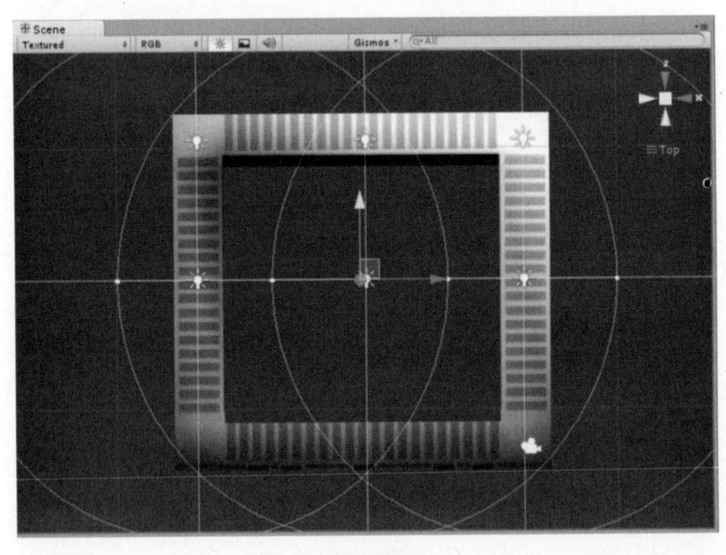

图14.15

16. 再次创建三个灯光副本，并把它们移动到关卡底部，这样就做出了一个3 × 3的灯光阵列（图14.16）。

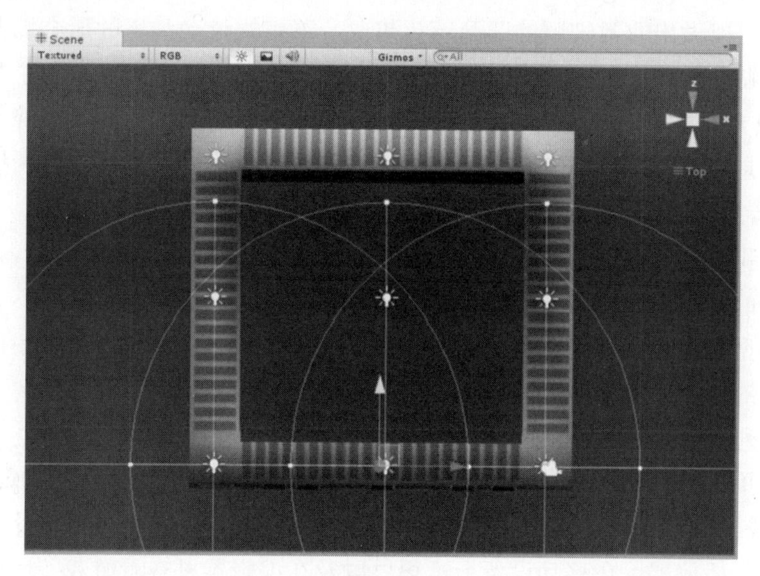

图14.16

17. 在场景视图中的空白区域点击一下鼠标，这样可以取消选择。

18. 点选关卡中央的那个灯光，把它删掉。现在，走廊的每个角上都有一盏灯，每条走廊的中段位置也都有一盏灯了（图14.17）。

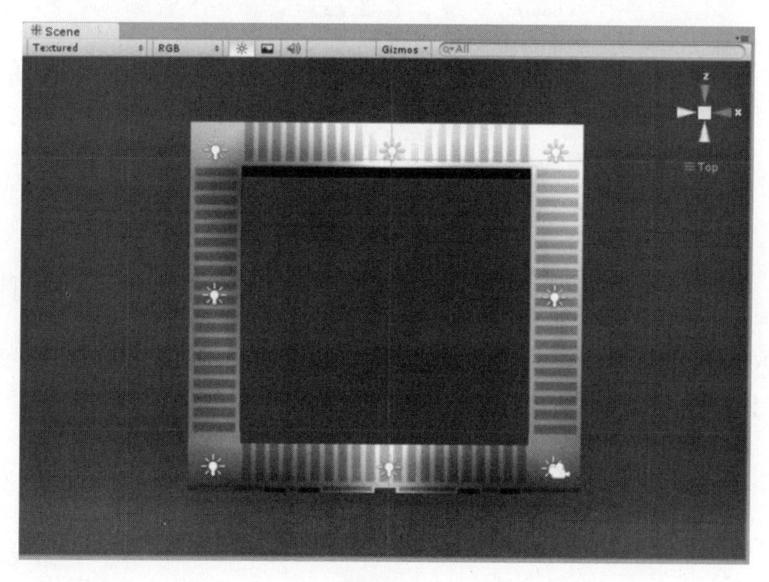

图14.17

Unity 3D支持相对较耗资源的像素照明技术，以及相对较省资源的顶点照明技术。像素照明（pixel lighting）对玩家的电脑来说较为消耗性能，但会做出非常逼真的视觉效果，它可以做出非常细腻的凹凸感（想象一下蝙蝠侠动画里的那个蝙蝠标识），也支持法线贴图映射，可以在平坦的多边形上做出细节的视觉假象。为了节约性能，Unity默认只允许在两个灯光上启用像素照明，并将其他灯光的品质一律降为顶点照明品质，也就是通过多边形顶点上的灯光亮度计算出三角形面的灯光亮度的插值。效果相对没有前者那么细腻逼真，这会让场景的效果大打折扣。

为了让我们的灯光摇臂为场景做出理想的光照效果，我们需要让Unity知道它可以将我们所有的灯光都作为像素照明灯。这种方案有点取巧，但我们可以不去管它，因为我们的模型实在是太简单了。对于更复杂的游戏，你或许需要设计真正优化的解决方案，在尽量少占用性能的前提下获得尽可能理想的照明效果。

跟随下列步骤，提高Unity允许的像素光照数值：

1. 在菜单中依次点击Edit（编辑）| Project Settings（工程设置）| Quality（品质）。Unity允许我们创建不同的品质预设，并在不同的情景中应用对应的预设：玩单机游戏、使用网页播放器、在移动设备上运行，以及在编辑器里查看游戏。所有这些情景默认都是用Good（良好）预设（图14.18）。

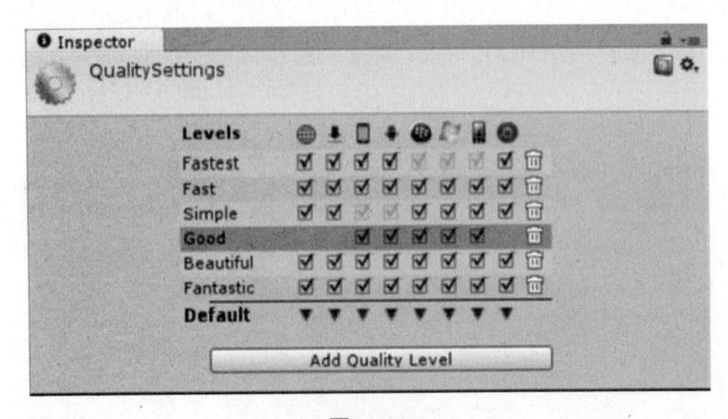

图14.18

2. 选中Good预设，在Pixel Light Count一行中输入8，增加Unity所允许的像素照明灯数量（图14.19）。

Name	Good
Rendering	
Pixel Light Count	8
Texture Quality	Full Res
Anisotropic Textures	Per Texture
Anti Aliasing	Disabled
Soft Particles	☐
Shadows	
Shadows	Hard and Soft Shadows
Shadow Resolution	Medium Resolution
Shadow Projection	Stable Fit
Shadow Cascades	Two Cascades
Shadow Distance	40
Other	
Blend Weights	2 Bones
VSync Count	Every VBlank
Lod Bias	1
Maximum LODLevel	0
Particle Raycast Budget	256

图14.19

改动以后，你会看到场景中的灯光亮度明显增强了。现在Unity让场景中的每个灯光都作为像素照明灯来渲染，而不是只用两个“真货”和其他一些“冒牌货”应付了事。

灯光太刺眼了！好在所有的八盏灯都是同一个预制件的实例，所以只需调节其中的一个，即可同步更新其他实例。

19. 在工程面板中点选`hallwayLight`预制件。

20. 在检视面板中，将intensity（强度）值改为`0.5`，并将range（范围）改为`20`。

这样会让所有的灯光点亮时降至合适的范围，而不至于让医院看上去是建在太阳表面一样（图14.20）。

图14.20

当你旋转场景视图时，你会看到所有的八盏灯都位于hallway模型内。如果它们的位置高于或低于关卡，那就直接调整LightingRig物体的位置，这样可以同时带动八个灯光一起动（图14.21）。

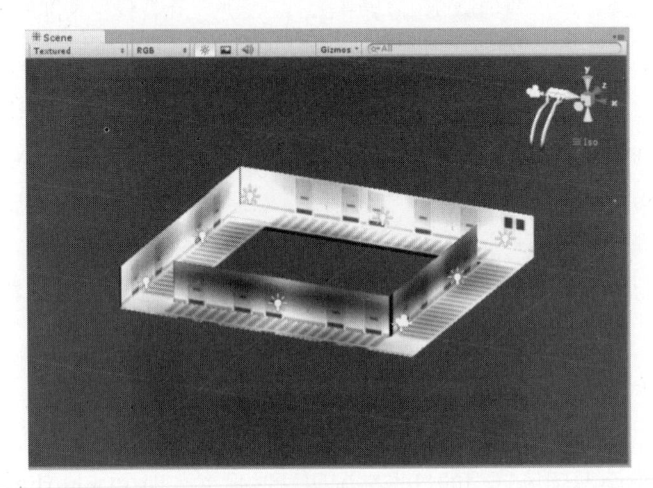

图14.21

14.7 设置摄像机摇臂

我们想要讲述的是玩家在走廊里飞奔的情形。处理HallwayCam动画的方法至少有两种。我们可以用一个脚本控制摄像机运动，或者可以使用Unity内建的动画工具记录某些摄像机运动，然后在游戏中回放。我们已经做了大量的脚本工作，所以我们不妨来看看Unity的集成开发环境如何在不用一行代码的前提下帮我们实现“在走廊里飞奔”的效果。

我们要创建一个摄像机摇臂，将摄像机作为它的子对象，然后随之上下颠簸，该摇臂物体同时又是另一个跟随玩家一起运动的游戏物体的子对象。

操作的执行顺序

考虑到Unity的内建动画工序机制，在你制作动画之前，先设定好物体间的父子级关系是非常重要的。我们在动画剪辑里设置的数值会以父级物体为参照。简单来说，如果你在装配摄像机摇臂之前就先把动画做好，那就不好了。现有的动画会大大偏离原来的位置。鉴于返工起来会得不偿失，因此我们还是先友情提示一下为好。

1. 创建一个空物体，命名为bouncer。

2. 将其Transform设置为：

■ Position：X：6.5，Y：1.2，Z：-31.5

这些数值与hallwayCam物体的相同。

3. 创建一个bouncer物体的副本，并取名为runner。

4. 在层级面板中，点击hallwayCam物体并把它拖拽到bouncer上，将其定义为bouncer的子对象。

5. 用同样的方法将bouncer定义为runner的子对象（图14.22）。

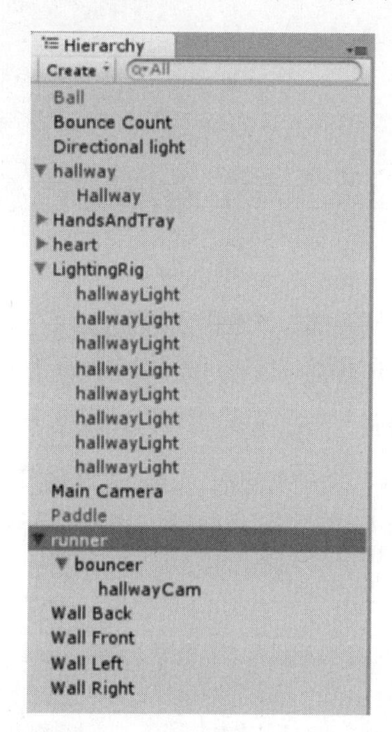

图14.22

14.8 制作bouncer的动画

我们要使用Unity的动画工具为bouncer物体制作一个动画剪辑。

1. 在层级面板中点选bouncer物体。

2. 依次点击菜单Window（窗口）| Animation（动画）打开动画窗口。你可以把它停靠在层级面板和工程面板那样的界面上。但我不喜欢这样，因为我想让它在屏幕上

放大显示。我调整窗口的位置，让它覆盖右半边屏幕。你可以拖动动画窗口中的分割线（分割深色区与浅色区的那条线），这样可以看到更大范围的键视图（深色区域）。

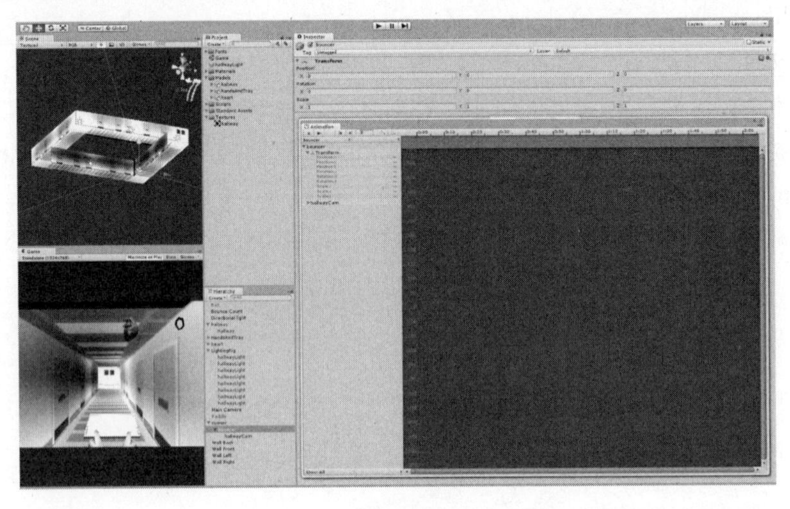

图14.23

3. 点击窗口左上方那个圆圆的粉红色的录制按钮。

4. Unity会要求你为新动画片段命名。我们把它保存为`animBounce`。

刚才发生了什么——录制动画

如图14.24所示，当你保存动画剪辑时，会发生两件事：第一，剪辑会变成一个实实在在的资源列在了工程面板中；第二，录制、播放、暂停以及步进按钮都会变成红色，这表示你正处于动画模式。

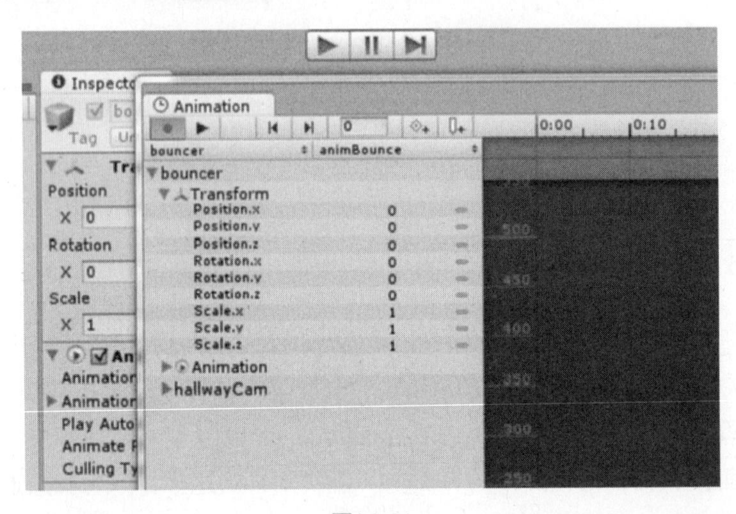

图14.24

为什么要这么醒目地标示出来呢？因为每当你移动正在被录制的物体时，Unity就会把它的位置、旋转和缩放值实时记录为一个关键帧。关键帧（keyframe）一词源于传统动画术语。动画软件将物体的位置、旋转及缩放值记录到关键帧，并用插值算法算出物体在这些键态间的过渡动画。在传统动画中，这叫做中间帧（in–betweening）。

如果你在第1帧上为某个游戏物体创建了一个关键帧，并且在第10帧处创建了另一个关键帧（假设此时物体的位置已被挪到屏幕的另一侧），那么Unity会在这两帧之间进行插值运算，填充中间的空白帧，让游戏物体产生在屏幕上穿过的动画效果。

14.9 动起来吧

以这个bouncer物体为例，我们要设置三个关键帧：一个定义上位，一个定义下位，第三个又回到上位。

1. 在场景视图右上角的操纵件上点击代表X轴的红色锥形，切换到侧视图视角（图14.25）。

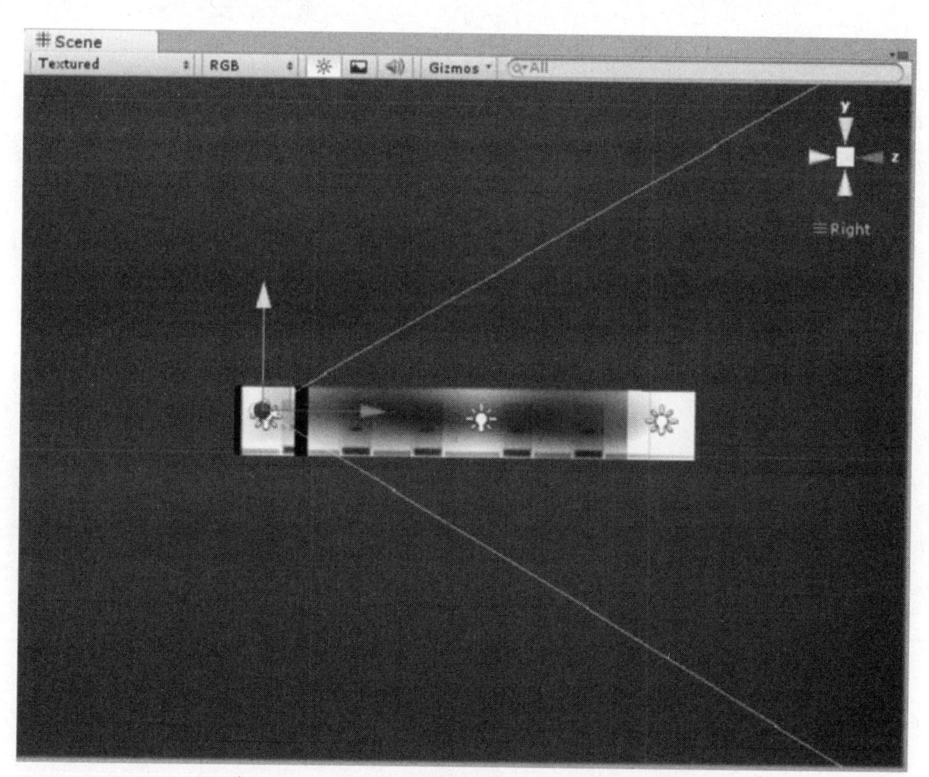

图14.25

2. 在动画窗口中，为bouncer物体的Position.y值输入-0.5。在第1帧上会出现一个白色的菱形块。这表示Unity正在记录游戏物体在那一帧上的位置、旋转或缩放值。而那些指定数值旁边的彩色菱形块表示Unity正在此帧上存储那些指定的参数值（图14.26）。

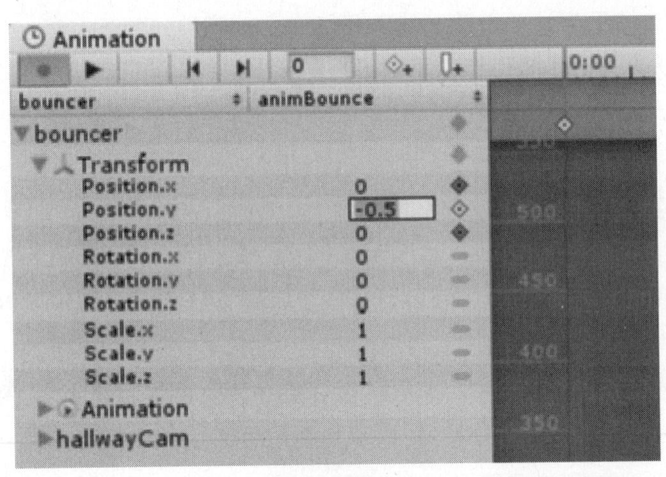

图14.26

3. 点击那条红色竖线（不是那个代表关键帧的菱形块）并拖拽到第10帧，或者直接在动画窗口顶部的帧数值栏（位于回放控制区旁边）那里输入10。注意，数值10和代表时间的10:00的秒数值标记可是两码事哦!

4. 在第10帧上，为Position.y定义数值-0.1。这样就在第10帧创建了我们的第二个关键帧，并存储了新的属性值。

5. 跳转到第20帧。

6. 输入Position.y的最初值-0.5，让它回到顶部。你会看到第三个菱形块也出现了。

7. 在动画窗口的顶部，点击标有Default的下拉菜单，并从中选择Loop（图14.27）。

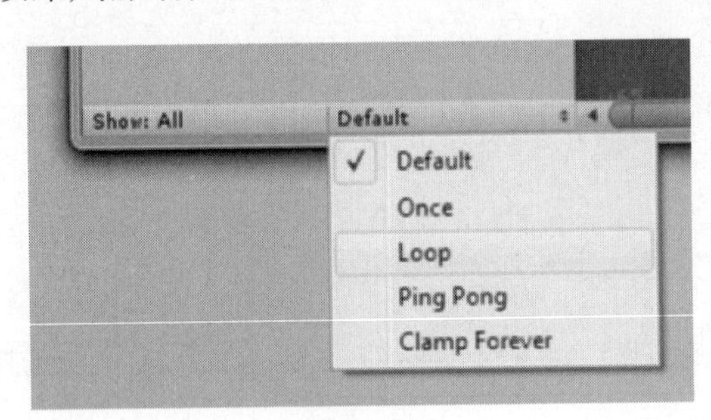

图14.27

8. 如图14.28所示，bouncer的y向位置关键帧间的动画弧线会无限延伸下去，表示动画循环（你需要在动画窗口中平移和缩放才行，操作方法与在3D场景中一样）。

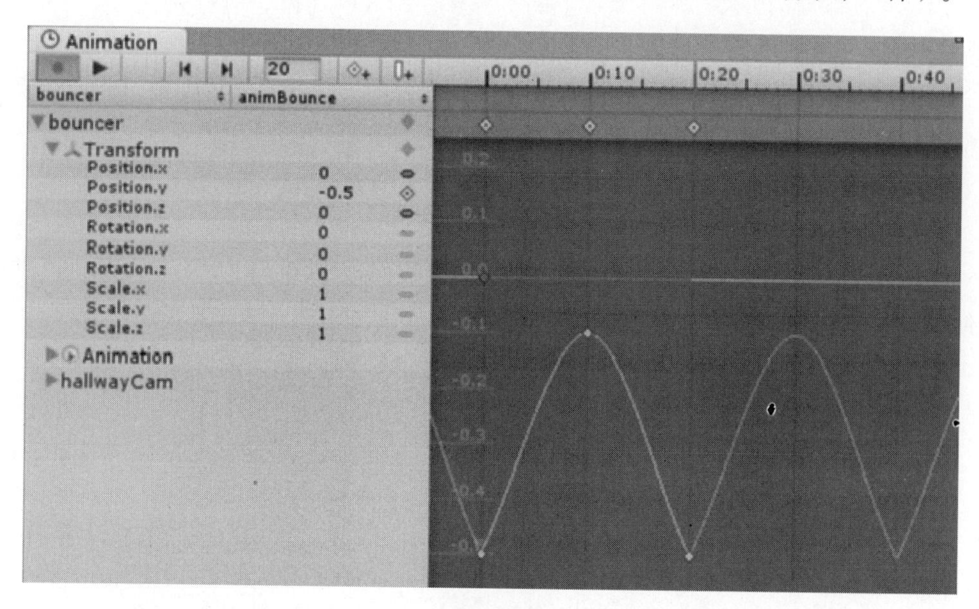

图14.28

9. 点击录制按钮停止录制。

10. 测试游戏。

现在就可以看到我们的护士颠着心脏奔跑了！这样的有氧运动倒是对她的健康大有好处，不过对于那位等待做移植手术的病人来说可不是什么好事。

注意：如果游戏中并没有出现我们希望的效果，那么请确保animBounce动画组件被赋给了bouncer物体。

探索吧英雄——随意套用动画

你可以点击动画并把它拖拽到任何物体上。试试把animBounce动画从bounce物体上的移除，并把它赋给hallway物体。

当测试游戏时，你会看到走廊会吸附到animBounce动画关键帧所定义的X和Z位置。整个走廊模型在上下颠簸，就像我们之前的bounce物体那样。你可以把同样的动画赋给心脏或托盘物体。就像你可以把同一个脚本用到不同的物体上一样，同一段动画也可以被多个物体调用。

14.10 制作玩家角色动画

奔跑吧，角色!

1. 点击操纵件上的绿色的Y轴锥形，切换到顶视图。平移并缩放视角，让走廊模型完整显示在场景窗口中，就像我们创建灯光摇臂时那样。

2. 在层级面板中选中`runner`物体。

3. 在动画窗口中点击录制按钮。

4. 将新动画命名为`animRun`，然后会看到工程面板中多了一个动画资源，可供重复使用。

5. 如图14.29所示，在第0帧上按如下方式定义属性值：

Position.x：6.5

Position.y：1.2

Position.z：–31.5

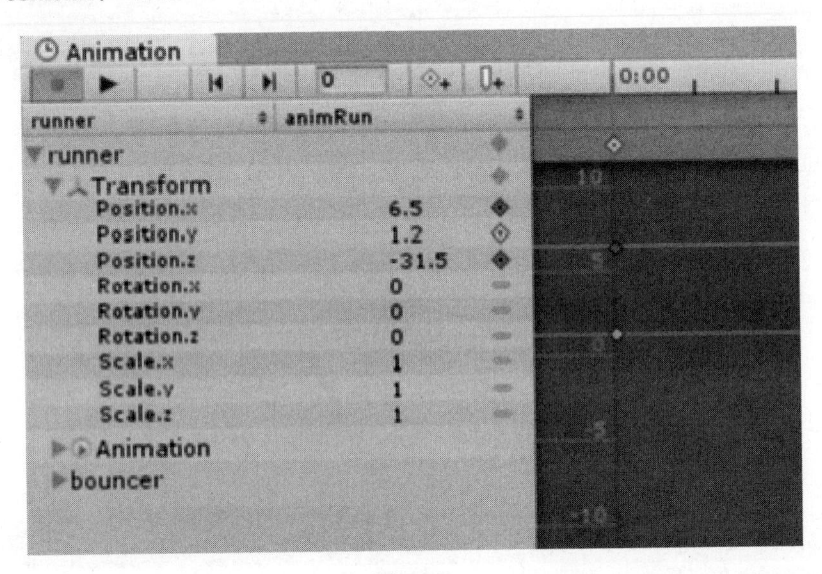

图14.29

如果那些值已经在创建动画时存在了，那么点击其中一项并按回车键，确保Unity注册了一个代表关键帧的菱形块来记录这些设定。

6. 点击`Rotation.x`值右侧的灰色小箭头。会看到一个小下拉菜单。从中选择Add Curves（添加曲线），这样就为旋转值添加了一个曲线，因为我们随后要编辑它们（图14.30）。

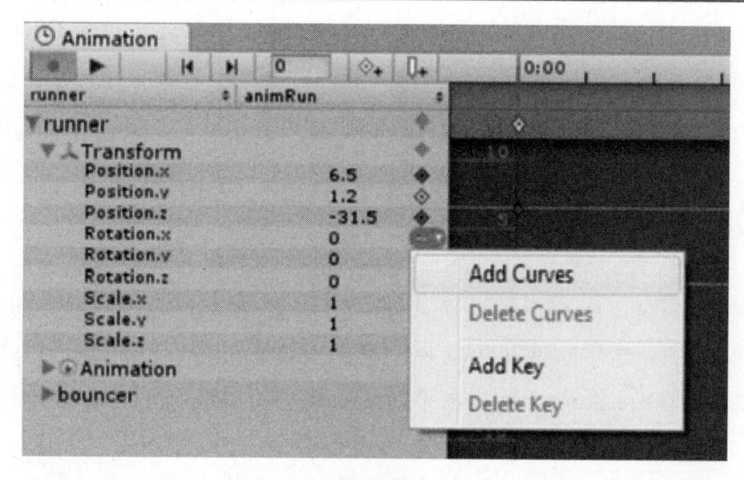

图14.30

7. 转到第120帧。
8. 将`runner`物体沿Z轴向建筑的右上角移动，或者为`Position.z`值输入`-19.4`。

你需要对x、y和z值上都手动敲一次回车键才能让它们记录到关键帧上。注意观察彩色的小椭圆是否变成了彩色菱形块。

9. 转到第240帧。
10. 将`runner`物体沿X轴向关卡的左上角移动，或者为`Position.x`输入`-6.5`。
11. 移动到第360帧。
12. 将`runner`物体沿Z轴向走廊的左下角移动`-31.5`。
13. 转到第480帧。
14. 将runner物体沿X轴向右上角移动，回到最初的位置。

    Position.x: 6.5

    Position.y: 1.2

    Position.z: –31.5

15. 像对bounce物体那样将动画剪辑设置为循环式播放。
16. 去掉“Animate”按钮旁边的勾选框以停止记录，然后测试一下你的游戏吧！

刚才发生了什么——医院大暴走，蝙蝠侠！

此时，貌似护士自己也有问题了。的确，我们还没有让她面朝走廊的方向，不过即便如此，她也像一个女妖精那样在急诊室里飘过，让我感到毛骨悚然。

这是因为Unity和其他3D软件一样，都使用贝塞尔曲线控制关键帧值。贝塞尔（Bezier）曲线是一条可以用手柄弯曲的线，可以单独存在，也可以串联起来做出平滑的动画效果。这可以让我们把动画做得缓入缓出，减少机械化的僵硬感（视需要而定）。

14.11 如何“处理”护士

你可以在动画窗口中点击那些圆点来调节贝塞尔曲线的控制柄，可以在右键菜单里选择手柄风格，然后拉拽灰色的控制柄，关键帧的曲线样式分为Flat（平直）、Broken（间断）或Free Smooth（自由平滑）。要想简单地纠正这段动画，我们要在所有的键点之间应用直线段样式。

1. 在动画窗口中，按Ctrl + A选中动画中的所有顶点。

2. 在任意节点上点击鼠标右键。

3. 依次找到菜单项Both Tangents（双切线）| Linear（线性），将节点间的曲线拉平（图14.31）。

4. 测试你的游戏。

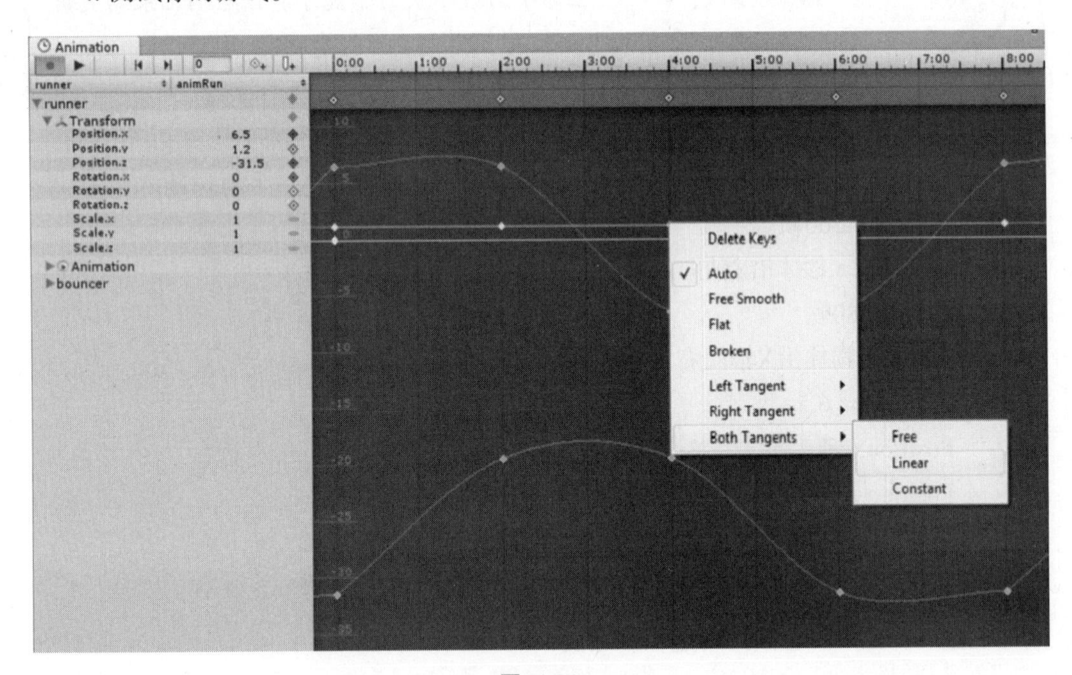

图14.31

这样好多了！护士在奔跑时依然面朝右方。但至少她不再需要趋吉避凶了。

注意：如果护士依然面向墙壁，那么你就要重新检查一下关键帧上的数值设置，确保她在第0帧（右下）、第120帧（右上）、第240帧（左上）、第360帧（左下）和第480帧（右下）时都朝向正确的方向。如果调整后的结果不是你想要的，那么可能是你忘记了去按回车键确认对x、y、z位置坐标值的更改，而且对所有关键帧都需要这样。

14.12 你让我兜圈子

我们来纠正护士小姐身体来回倾斜的问题，只需增加runner物体的旋转角度值，让她面朝合适的方向即可。

1. 在动画窗口中，转到第100帧。此帧距离下一个关键帧有20帧的间隔。

2. 点击图14.32中那个带有菱形块和加号图标的按钮——“添加关键帧”按钮——让Unity在该帧对runner物体的position（位置）、rotation（旋转）及scale（缩放）值进行记录。

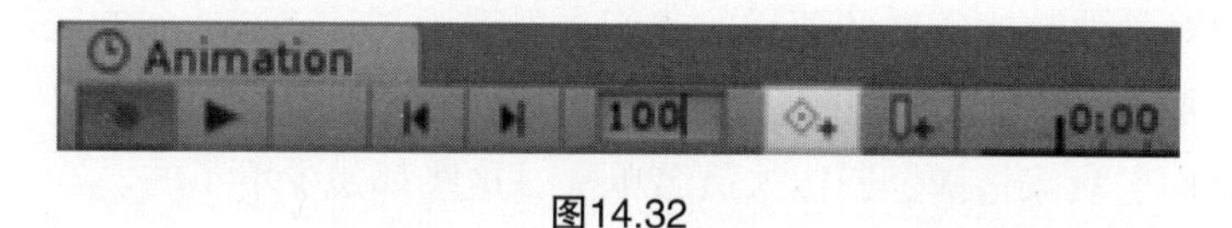

图14.32

3. 转到第120帧。

4. 为摄像机的`Rotation.y`值输入`-90`，让摄像机面朝下一段走廊。

5. 将runner向第二段走廊移动一点点，`Position.x`大概是`6.0`，让运动看上去没那么生硬。

6. 转到第220帧，添加一个关键帧。

7. 在第240帧处，将`runner`的`Rotation.y`设为`-180`，让她朝向第三段走廊。

8. 用同样的操作做完后面动画的修改。在已有的关键帧之前20帧处添加一个关键帧，然后移动拐角的关键帧并设定Y向rotation值。对接下来的两个Y向rotation值使用`-270`和`-360`。

9. 选中所有的关键帧，并将它们的曲线类型设为linear（线性）。

10. 停止动画录制，测试一下游戏。

runner在走廊里一路飞奔，在拐弯的时候也朝向了合适的方向。让游戏的医院主题的可信度得到了显著提升！就像是被医生打了一针强心剂一样兴奋！

提前转弯

你是否在好奇为什么我们要在转过拐角的前20帧处加关键帧？如果我们只是在每次转弯时加了旋转关键帧，那么Unity会用穿过各段走廊所用的整段时间去过渡这个旋转效果。所以我们加上关键帧，相当于断点的作用，告诉Unity："好了，这帧才是旋转值过渡的起始帧"。

探索吧英雄——让护士栩栩如生

当节点之间用线性的贝塞尔曲线相连时，我们的runner物体动画看上去会稍显生硬、不自然。既然你已经在右键菜单里看到让曲线平滑的调节项，何不试试让奔跑的动作看上去更加自然逼真呢？不过首先得提个醒：调节3D动画的贝塞尔曲线手柄可是需要花点工夫的！如果你没有头绪，或是打算放弃，可以将节点的类型切换为Linear即可。这个过程相当于摧毁一座建筑然后像个大反派那样慢慢地离去，天上腾起一团大火球……要的就是这样吸引眼球效果。

探索吧英雄——善用你的新技能

正如我们对其他游戏所做的那样，我们来看看为了让《Ticker Taker》成为一个完整的游戏还需要做哪些修改和完善：

- 标题画面、玩家指南、制作人员名单——这些都是少不了的。
- 声效——你知道这有多重要，为什么不加呢？《Ticker Taker》游戏可以在每次心脏落到托盘上时发出一声湿滑的"吧唧"声。你也可以添加护士的鞋走在光滑地面上的声音效果。
- 再回到"无休无止且玩家最终都会输掉"与"玩家最终可以通关"这两类游戏理念的争论上来，如果你创建一个GUI元素，上面有一个2D的护士图标从A点跑向B点会怎样（就像竞技比赛中的那种进度表）？玩家必须让心脏不落地，直到护士图标到达进度条的终点才算赢。
- 为了加点难度，你可以在屏幕一角加一张小小的心电图，每当玩家颠的力度达到一定程度时就会跳一下。添加一个计时器，如果玩家在x秒时间内并没有颠到心脏，那么心脏就会停止跳动，玩家也就输了。这会确保玩家在到达手术室之前不会偷懒让心脏停在托盘上不动。
- 玩家会很快发现护士是在绕圈跑！如果做出两个相连的回廊，让她绕8字形路线跑，这样会不会从视觉上带来变化感呢？

● 回廊现在还是很空旷的。或许你可以在里面加点其他物品，例如医院的轮床、输液架，甚至是其他病人。

14.13 将游戏发布到各个平台

你或许会好奇，作为本书的最后一段内容，为什么发布游戏会只占这么一小段篇幅。这是因为Unity让游戏的打包过程变得极其简单，以至于无需更多的篇幅去赘述。下面就是发布游戏的步骤：

1. 依次点击菜单File（文件）| Build Settings（编译设置）...。

2. 我们要将场景添加到该列表，也就是我们想要绑定到游戏文件中的内容。我们向列表中添加的第一个场景将会是Unity首先呈献给玩家的场景，因此通常会是预加载场景或是标题画面之类的。

由于我们这个的游戏中目前只有一个场景，点击Add Current（添加当前）按钮，把它添加到列表中。在包含多个场景的游戏中，你可以把那些场景直接拖拽到列表中，即可把它们加到编译列表中。如果你想要生成一个可以在网页里播放的文件，那就应该选用Web Player（网页播放器）作为你的目标发布平台（图14.33）。

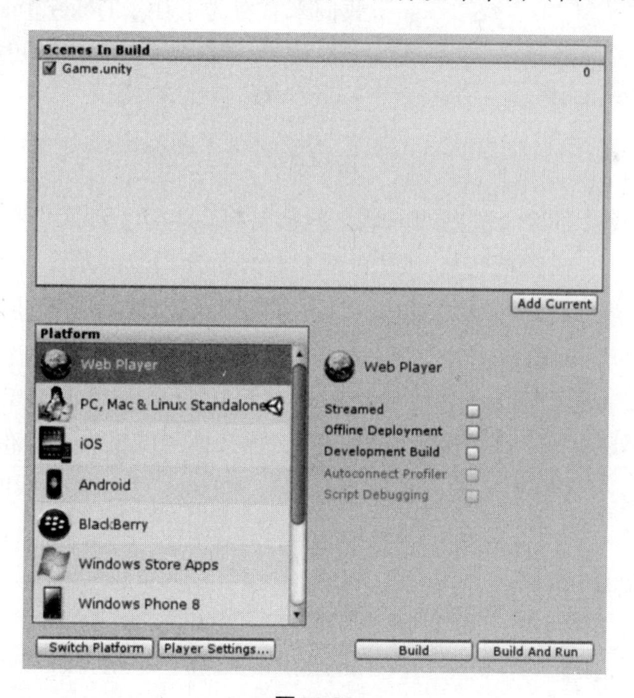

图14.33

3. 点击Build And Run（编译并运行）按钮。

4. Unity会询问你想要将.unity3d游戏文件保存到那里。选择一个文件夹后点击Save（保存）按钮。

5. 在程序后台，Unity生成一个格式为.unity3d的文件，以及另一个.html格式的文件。然后Unity就会把我们带到默认的网页浏览器中并打开那个HTML文件。然后就会看到游戏在网页里完美地运行起来了（图14.34）。

图14.34

6. 要想将游戏发布给全世界的人玩，只需要将.unity3d文件和.html文件上传到你的网络主机上，或者把它放到我们在本书前面介绍过的某个Unity游戏门户网站上。支持Unity游戏的门户与日俱增，因此，等到你阅读这段文字的时候，必然会有更多的地方可供发布Unity游戏。

你也可以将游戏发布成一个运行在Mac、PC及Linux平台上的单机版本。而且，如果你购买了额外的Unity许可证及开发套件，那么你可以将内容发布到更多的平台上去，并且平台种类是不断更新的，包括流行的游戏平台、手机及平板电脑等。

14.14　成长时间

一切的主题都在于“成长”。从Unity诞生之日起，它就为游戏开发领域带来了变革，提供了很多工具，引领了网页3D游戏的风潮，而人们无需具备C语言相关的编程知识也能开发与外置设备对接的功能。

这当然是一定的了，但唯有实践才是将你与在本书开始时放入罐子并摆到架子上的那些大工程隔开的因素。先从自己熟知的游戏做起。每做一个工程，都要为自己设置新的、切实的挑战。本书已经教会了你如何为一个平淡无奇的走廊环境设置灯光。不过，你在解释3D游戏和模型时也听说过“光线映射（lightmap）”吧。这又是什么东西？何不用自己已经掌握的技能制作一款新游戏，并在其中使用一个光线映射物体呢？当你完成游戏时，你将会为自己的工具背包增添又一个利器，而你的游戏作品集里也会多了一个新的游戏成品。

如何制作一个天空盒，同时又看不出盒子的每个顶角呢？你的玩家跌进了熔岩，你会做出怎样的惨象？什么是法线映射？如何编写一个敌人跟在玩家后面向他射击？如何制作你自己的模型、贴图和动画？如何为角色模型更换服饰与武器？如何检测某个物体接近另一个物体但又没发生碰撞？

每当你想为游戏增添一个新元素，你就会遇到一个新问题。问题太多会打消你的积极性，会让你望而却步。从中选择一个，然后锁定它。尽一切努力去探索解决方法。去屠龙，去把问题列表中的条目一一勾掉。在你的游戏开发之旅中，你将屠掉很多恶龙，也会遇到很多小猫。但也没必要一气呵成。应当逐一去解决。

一定要记得查看书后的资源列表，当你遇到困难时，可以参考里面的资源。你也可以利用那些资源来武装自己，打造工具利器。

14.15 本书以外

如果你从零开始一直学到现在，那么我希望你已经发现自己可以开发Unity 3D或2D游戏了。如果你熟悉其他的开发工具，例如Flash、GameMaker Pro或Unreal Engine等，那么我希望本书能够有助于你了解Unity的软件工作流程。本书仅能涵盖Unity的众多强大工具中的一点皮毛而已；如果你对自己用Unity做出来的作品感到满意，那么本书的封底上面还有用户支持社区以及深度开发工具等着你去探索哦。

附 录

正如前文所说，这里列出了一系列的资源，你可以用来敲开游戏开发之门。记得要先从小目标做起，并为自己取得的每个小胜利喝彩。

在线资源

以下是Unity开发社区网站列表，里面你可以找到方方面面的问题以及对应的答案。要记得对资历更高的开发者的时间给予足够的尊重。正如在其他的在线论坛里那样，在提问之前，要先自行搜索一下，看看能够搜出已有的答案。

Unity手册：当你针对一个全新的技术而提出一个幼稚或略显外行的问题时，别人往往会常对你说"RTFM"，意思是"能否先去翻翻产品手册呢亲？"好吧，下面就是产品手册的链接，初级与高级的内容都有。包括自定义着色器案例，便于你写自己的自定义着色器：

http://docs.unity3d.com/Manual/index.html

Google：搜索引擎往往是寻找答案的首选。如果你的问题完全可以通过一次简单的搜索就能找到答案，那么你会很快让社区的其他人失去帮助你的耐心：

http://lmgtfy.com/

Unity问答：Unity官方网站的一个子版块，口号是"Unity开发问答之最佳去处"，这话不假。你在Google上搜索到的很多结果都是出自这里：

http://answers.unity3d.com/

互联网中继聊天（IRC）：这是一套历史悠久的聊天系统。你可以下载一个IRC客户端并连接到任何一个服务器上去。不同主题的聊天频道会聚集不同的IRC用户。人气最高的Unity讨论频道当属irc.freenode.net服务器组上的#unity3d。该IRC客户端程序列表由维基百科负责维护：

http://en.wikipedia.org/wiki/Comparison_of_Internet_Relay_Chat_clients

Unity 3D 教程：Unity的开发者们一直在官方网站上不断发布新的教学内容：

http://unity3d.com/learn/tutorials/modules

YouTube：这是互联网上最受欢迎的视频分享网站，上面有大量的Unity 3D教学资源，只需搜索“Unity 3D”即可：

http://www.youtube.com

Twitter：可以说，要想获得最新的新闻资讯，Twitter网站是最佳去处。多找几个Unity的开发人员然后关注他们，并关注#unity3D标签，随时掌握最新消息。Twitter可不只是一个让你和朋友们分享午餐内容的地方哦。

Unity 社区百科：这是一个优秀的Unity资源，你可以在里面得到开发者的帮助。下面这个链接就详细介绍了如何使用各种集合，包括数组（Array）、列表（List）、哈希表（Hashtable）等等，这让我受益匪浅。

http://wiki.unity3d.com/index.php?title=Which_Kind_Of_Array_Or_Collection_Should_I_Use?

线下资源

本地用户群：很多Unity开发者们都联合起来建立用户群，一般每月会聚一次。如果你的城市还没有建立用户群，何不自己发起一个?

Unite：这是Unity 3D开发者年会，堪称Unity界的盛会，在那里，你可以见到顶尖的Unity开发者们，并且获得来自官方的关于产品未来发展的振奋人心的消息。我们大会上见！

http://unity3d.com/unite/

免费的开发工具

有很多优秀的开发工具软件都能很好地兼容Unity 3D。例如3D Studio Max和Maya等。然而，其中多数软件都是价格不菲的商业软件（例如上面那两个软件）。下面列出了几个免费的工具软件，能够对你的游戏开发有所帮助：

图形处理类

Blender：这是一款3D建模及动画制作软件，它甚至有自己内建的游戏引擎。尽管Blender入门需要花点精力，但如果你买本书去学就没什么问题：

http://www.blender.org/download/

GIMP：这是一款平面图像处理软件，和Photoshop属于同类软件：

http://www.gimp.org/downloads/

Paint.NET：另一款平面图像处理软件，界面看上去比GIMP简洁一些。

http://www.getpaint.net/

声音效果类

BFXR：用于低品质的声效创作。本书中的声效是用它的前辈SFXR制作的。

http://www.bfxr.net

Audacity：用于音频的编辑与处理：

http://audacity.sourceforge.net/

Unity资源商店

曾经有很多公司提供可以直接在Unity里使用的材质及模型，你可以为自己的游戏购买使用许可。Unity将这些资源整合到同一个网站，也就是Unity资源商店（Unity Asset Store）。启动Unity 3D后，在菜单中找到Window（窗口）| Asset Store（资源商店），即可访问商店。下面列出了Unity社区里常被人使用的优秀的资源：

2DToolkit：在Unity 4.3之前的版本中，在Unity中创建2D游戏可不是件容易的事，但也并非不可能。2DToolkit这样的资源包提供了出精灵表单（sprite sheet）以及贴图打包系统，为2D游戏的开发带来了便利。

NGUI：另一个很受欢迎的资源包叫做NGUI，里面包含了大量的GUI资源，该系统的用户友好性甚至超过了Unity内建的直接GUI模式。

playMaker：这个组合式的系统提供了类似乐高玩具的“行为块”，你可以把它们连接起来，而且无需编程。

Assetpacks：里面提供大量的资源包，从建造飞机模型到中世纪城堡所需的所有元素，应有尽有，你可以直接拿来制作游戏原型。我强烈建议你尽可能利用现成的资源去做游戏。花30美元就能省去你几个月的工作量，这不叫投机取巧，这叫善于动脑。一边只需要花点小钱，另一边是你要没完没了地去亲手制作游戏资源，你会如何选择？该掏钱时就掏钱吧。

游戏门户

在开始阅读本书时，我们先是了解了一些Unity游戏，下面就是Unity 3D游戏的门户与分销服务平台：

http://www.wooglie.com/

http://blurst.com/

http://www.kongregate.com/unity-games